测绘科技经典著作

空间大地测量学

——卫星导航与精密定位

KONGJIAN DADI CELIANGXUE

——WEIXING DAOHANG YU JINGMI DINGWEI

许其凤　著

测绘出版社

·北京·

内容简介

本书共九章,由围绕卫星导航与精密定位的四部分内容组成,其中第一、二、三章为基础知识,第四、五章为卫星导航及其应用技术,第六、七章为卫星大地测量及其应用技术,第八、九章为卫星轨道理论。

本书可作为卫星导航方向的硕士研究生教学用书和本科生选修教材,同时也可作为科研、生产、教学等部门相关专业人员的参考用书。

图书在版编目(CIP)数据

空间大地测量学 : 卫星导航与精密定位 / 许其凤著
. -- 北京 : 测绘出版社, 2022.7
(测绘科技经典著作)
ISBN 978-7-5030-4376-5

Ⅰ. ①空… Ⅱ. ①许… Ⅲ. ①空间大地测量 Ⅳ. ①P228

中国版本图书馆 CIP 数据核字(2022)第 119078 号

责任编辑　云　雅	封面设计　李　伟	责任印制　陈姝颖

出版发行	测绘出版社	电　话	010－68580735(发行部)
地　址	北京市西城区三里河路 50 号		010－68531363(编辑部)
邮政编码	100045	网　址	www.chinasmp.com
电子邮箱	smp@sinomaps.com	经　销	新华书店
成品规格	184mm×260mm	印　刷	北京建筑工业印刷厂
印　张	19.75	字　数	490 千字
版　次	2022 年 7 月第 1 版	印　次	2022 年 7 月第 1 次印刷
印　数	0001－1000	定　价	78.00 元

书　　号　ISBN 978-7-5030-4376-5
审 图 号　GS(2021)3467 号

前 言

近40年来卫星导航定位技术的发展，是导航的阶段性进展，也是大地测量的阶段性进展。就卫星导航而言，除了大幅度提高精度和可用于高动态用户，还从二维导航发展为三维导航，不仅用于海上航行，还用于陆地、空中和近地空间。就大地测量精密定位而言，空间大地测量的高精度、高效率和远距离使大地测量具有了新的高效手段，同时大地测量也从平面加高程测量步入三维测量，卫星大地测量技术已成为动态大地测量的主要技术手段。不论建设卫星导航定位系统的初始目的如何，其效果是使两个学科同时取得飞跃式发展，其内在因素是它们都是以测距为基本手段，以定位为主要目的，只是使用条件和要求不尽相同。鉴于此，本书将导航与精密定位并重，一并作为主要内容进行讲述。

卫星导航定位系统涉及伪随机噪声码、导航定位、大地测量、卫星轨道等诸多理论和技术。为使读者了解系统全貌并为我国卫星导航事业的发展提供基础知识，同时适应不同专业和不同基础的读者，本书作者对相关学科的有关理论和技术做了择要介绍，择要的原则是导航卫星定位系统的需要及其本身的系统性。

卫星精密定轨是导航卫星定位系统的重要组成部分，也是发展我国导航卫星系统所必须掌握的技术。它涉及对于卫星轨道特定问题的微分方程的数值解法和卫星轨道改进，因此本书也将其作为重要内容。

本书主要包括四部分，第一部分(一、二、三章)为基础知识，第二部分(四、五章)为卫星导航及其应用技术，第三部分(六、七章)为卫星大地测量及其应用技术，第四部分(八、九章)为卫星轨道理论。除基础部分外，其他部分具有一定的独立性，读者可按需求选择。

前 言

目 录

绪 论

运动是人类活动的主要形式之一。随着科学技术的发展和需求的不断增加,运动的范围从陆地、海洋、天空发展到太空,这种运动往往是自主的运动,即按照人们的意志从一个特定位置(当前位置)到另一个特定位置(目的位置)。例外的是卫星和宇宙飞船的在轨飞行,它们在作用力的作用下飞行,但其从发射到入轨、返回,再到变轨和调姿仍属自主运动。随着运动,当前的位置是经常变化的,要解决的问题是,确定当前的位置、当前位置和目的位置的几何关系,以确定正确的运动方向和运动方向周边的环境,从而选择最佳运动路线。传统测量学各分支(大地测量、航空摄影测量、地图制图)的综合产品——地图是解决以上问题的传统技术。使用地图,参考周围的地形与用户点的相关位置,可以在图上相应地确定用户目前的位置;按照图上目的位置,借助于指南针,可以确定正确的运动方向;在地图上可以了解该方向的周边环境(如道路、水系、地形),选择最佳运动路线。

尽管近代发展的数字地图(电子地图)可供漫游和方便地改变比例尺与主题,解决了图幅和比例尺等问题带来的不便,但地图的使用还是受到一些限制。例如,受到能见度的影响,当夜间或气象条件很差时难以观察周围的地形;受到地形特征的影响,在沙漠、丛林、海上、高空等很难找到可供利用的参照物。也就是说,在不少情况下,靠地图无法确定当前所在位置,尤其是在日趋广泛的海上、空中和高动态应用中。现代导航是对陆、海、空的动态用户(包括高动态用户)实时提供当前位置和速度的理论与技术(以当前速度矢量调整正确航向,代替指北器件)。在运动中,还结合使用各种形式的“地图”(可以是纸质图或数字图,也可以是一系列坐标)以完成预定的运动。在现代技术的支持下,这一过程可以是人工控制的,也可以是计算机智能化控制的。由此可见,在运动的应用中,测量与导航有着十分密切的关系。

从技术上讲,不论是导航还是大地测量中的精密定位,它们的目的都是确定一点的几何位置,其基本技术手段都是借助观测量建立未知点(待测量点或导航用户点)和已知点间的数学关系,从已知的点位求定未知的点位。这种观测量可以是方向(光学技术),可以是距离或距离差(无线电测距技术)。其中,已知点可以是恒星(方向),可以是地面点(控制点或导航台站)。已知点、未知点和观测量间的数学关系也可称为数学模型,通常是建立在几何学基础上的数学关系式(方程),通过观测取得一定数量的方程,进而解算未知点的位置。在发展过程中,它们都与取得观测量的技术手段密切相关。这些共性体现为导航与测量定位在总体上有着相近和互相渗透的发展史,这种相近和渗透在现代卫星导航和卫星大地测量的发展过程中表现得更明显。

导航与测量定位的工作条件不同、技术要求不同,因此其具体技术、应用范围和发展也有所不同。一般测量定位要求的定位精度较高(如厘米级或更高),导航要求的定位精度较低(如十米到千米级)。测量定位的点位大多处于静止状态,它允许采用多次观测以取得高精度,允许事后处理取得定位结果。导航测定的用户点大多是处于运动状态的,因而它要求实时提供定位结果,一般也不能多次观测以提高精度。测量定位的作用范围(测量的范围)可以是较大的(如数千千米),也可以是较小的(如几千米、几十千米)。现代导航还提供测速功能,测量时处于零速状态。导航一般作用距离较长。导航要求在时间上提供连续服务,而测量定位不要求。就总体而言,二者在时域和空域方面的要求存在差异,正是这些差异,使它们又具有不同的发展过程和方式。

导航和测量都是古老的学科,它们都是天文学的最早应用之一。欧洲最早的天文导航为约在公元前 1 000 年从希腊到埃及的航海,那时只是用观察太阳和大熊星座的β星确定北的方向。18 世纪以后,天文学的发展支持了大地测量(法国科学院于 1735 年至 1752 年完成的弧度测量)和具有定位意义的导航(六分仪测定船位)。这些都可以说是实用天文学的应用技术。虽然它们的精度差别很大,但各自都能满足当时本领域的要求。

19 世纪末英国物理学家麦克斯韦(Maxwell)的电磁波理论及随后测定的电磁波传播速度(约为 300 000 km/s)是无线电测距的基础,也是近代无线电导航与测量的基础。

近代导航始于第二次世界大战。大战期间德国首先发展的无线电导航系统实际上是一种导向系统,它利用几个发射源(站),如三个,以相位延迟构成功率波瓣图,用户选择并沿着一个指向目标的波瓣,始终保持接收功率最大即可到达目标。战后改进并在挪威、英国等地取得应用的 Consol-Consolan 属于这一类系统。此后 20 年间,无线电导航取得较大的发展,先后有台卡(Decca)、罗兰 A(Loran A)、罗兰 C(Loran C)和奥米伽(Omega)等导航系统,它们都是双曲面定位系统。

无线电测距是测量无线电信号在两点间的传播时间,从而确定两点间的距离,即

$$D = \Delta t \cdot v$$

式中,D 为两点间距离,Δt 为电磁波传播时间,v 为电磁波传播速度。取得点间(已知点到未知点)距离观测量,不难得到联系已知点和未知点位置的方程,从而解算未知点位置。

这一简单数学公式的实现(用于测距)却并不简单,它涉及一系列技术问题,这些技术问题解决的完善程度决定了测距的精度,进而决定了导航定位的精度。

导航主要的技术问题之一是传播时间的测定。电磁波在真空中的传播速度约为 300 000 km/s,如果时间测定误差为 1/300 000 s(0.003 3 ms),将产生 1 km 的测距误差;定位解算还将使结果的精度降低,称为定位解算的精度衰减。要达到较高的时间测定精度,除了要有精密时间记录设备外,还要求信号具有陡峭的前沿。具有陡峭前沿的信号将产生大量的谐波,这就要求发射和接收设备具有很大的带宽。

另一个主要技术问题是时钟的同步。设从已知点到未知点的电磁波传播时间为

$$\Delta t = t_{收} - t_{发}$$

式中,$t_{收}$是未知点收到电磁波信号(测距信号)的时刻,$t_{发}$是已知点发播电磁波信号的时刻。通常测距信号是按约定时刻发播的,但 $t_{收}$ 和 $t_{发}$ 都是以各自的时钟为准发播和记录的,这就要求用户(未知点)钟和已知点的钟同步。以 0.003 3 ms 的精度保持时钟同步,在当时(20 世纪中期)并非易事,传统的天文测量测时精度只有 1~0.1 ms。搬运钟的方法可以达到很高的精度,但难以在导航用户或定位接收机中应用。

要求用户钟与已知点(导航台站)的钟同步是困难的,若要求两个导航台站的钟同步则相对容易实现。假定两个导航台站的钟保持同步并发播测距信号,并为用户机所接收,则

$$\Delta_t^1 = t_{收}^1 - t_{发}^1 + \delta_t$$

$$\Delta_t^2 = t_{收}^2 - t_{发}^1 + \delta_t$$

式中,δ_t 为用户钟相对导航台站钟的差异(通常称为钟差);上标 1、2 表示 1、2 导航台站,下标

表示发播或接收。若两导航台站都在约定时刻发播信号,则

$$\Delta_t^2 - \Delta_t^1 = t_{收}^2 - t_{收}^1$$

乘以电磁波传播速度,得

$$D^2 - D^1 = (t_{收}^2 - t_{收}^1)v \tag{0-1}$$

式中,不涉及用户机与导航台站的时钟同步,所得到的是用户到两个导航台站的距离差。

不难看出,若观测量为距离差,则用户在由导航站坐标及其到用户的距离差所决定的双曲面上,该面与地球椭球面相交为一条曲线,称为位置线,用户即在此位置线上;两条不同的位置线(不同导航站与用户的距离差)交点即为用户站的位置。这种导航系统假定用户在地球椭球体上,故一般限用于海上导航。

测量距离差取代测量距离,避开了导航用户钟与台站的时钟同步问题,是无线电导航系统采用双曲面导航的主要技术原因。

由于导航站的作用距离(可提供有效测距)有限,故常用多站组网,这样就扩大了系统的作用范围,这种作用范围称为导航系统的覆盖。

精确的电磁波传播速度也是取得正确测距的基础,它以相对误差影响测距误差,即

$$\delta D = \Delta t\,\delta v$$

$$\frac{\delta D}{D} = \frac{\delta v}{v}$$

早在1676年,人们就开始测定光(也是电磁波)的传播速度,20世纪40年代测定的传播速度已相当精确。例如,1946年的测定值为299 793.0 km/s,1947年的测定值为299 792.0 km/s,它与目前采用的精确值的相对误差约为1.6×10^{-6},当所测距离为1 000 km时仅产生1.6 m的误差,可以说具有了足够的精度。

上述测定值是电磁波在真空中的传播速度,电磁波在地面或海面的传播速度不同于其在真空中的传播速度,它与传播路径(地面或海面)的介电系数、气象和采用电磁波的频率有关,这一因素限制了无线电测距的精度,进而限制了导航的精度。

另一个与测距精度有关的问题是多路径效应。导航台站发播的无线电信号不仅沿地面或海面传播,也经电离层反射后传至用户站(称为天波)。天波受到电离层高度的影响,对测距精度影响很大。天波的强弱和传播距离与信号的载波频率有关,低频具有较少的地面(海面)吸收和天波干扰,对提高导航精度有利。夜间电离层高度较稳定,也可以利用天波进行远距离导航(当然精度严重下降),如罗兰C系统发播的信号是不连续的脉冲串,它的间断足以使用户端分离地波和天波信号(天波滞后)。

综合考虑传播速度、传播吸收(涉及发射功率和作用距离)、天波的削弱(或利用),选择合适的无线电频率是发展导航系统的重要议题。经分析和实验,小于100 kHz的低频和10 kHz左右的甚低频具有综合优势,为主要的导航系统采用。

这一时期发展起来的差分导航技术、相位差测量的应用对以后发展的导航理论和技术有重要影响。为了校正传播速度引起的测距误差,罗兰C导航系统首先采用了差分导航,这一技术也用于奥米伽系统。在覆盖区域内布设一些监测站,由于监测站的位置已知,可以准确地计算其到各导航站的距离及距离差,它和实测的距离差存在差异。该差异包括了传播速度采用值的误差和两导航站时钟不同步的误差。监测站向用户广播这种差异,并将其作为修正信息,附近的导航用户可以使用这种差异修正并提高测距和定位精度。这种精度的提高与用户

站到监测站的距离有关，距离越近效果越好，远离监测站则效果降低。

奥米伽系统用两导航站调制信号的相位比较（相位差测定）代替接收信号时间差测定，以提高距离差的测定精度。例如，在 10～50 kHz 的载波上调制 200 Hz 的正弦信号用于相位差测量。与脉冲信号相较，它占用频带窄（甚低频载波难以使用较大的带宽）、测量分辨率高。至于采用的周期信号产生的多值解问题（也称模糊问题），由于其模糊波长约为 1 500 km，一般不会引起实质性问题。

这些无线电导航系统的单站作用距离在 1 000 km，多采用多站组网（导航链），以加大覆盖范围。它们的定位精度约为 1 km，采用差分导航时精度可达 100 m 左右。

与此同时，无线电测距技术也成功地应用于测量，不同的是它沿着短距离和高精度方向发展。尽管无线电测距技术也曾用于长距离测量，如跨海联测、海岛测量、航空摄影测量的摄影站（飞机）位置测定等，但因前述诸多因素的影响，定位精度不是很高，不能很好地满足大地测量对定位的要求，未能取得广泛的应用。

电磁波（包括光波）及其传播的理论在测试应用中有不同发展形式，它不是以系统，而是以设备为主要代表。

测距在测量定位中有重要的、不可替代的作用。传统的方法是以经过检定的因瓦基线尺量测距离。因瓦尺具有良好的热稳定性（经气象修正后尺长有很高的准确度），可以达到 10^{-6} 相对测距精度（边长为 10 km，精度为 1 cm）。这种测距方法需要较平坦的场地，测量是一尺一尺（每尺 24 m）地进行，再经严格的归算取得的。尽管理论上早已证实测距结合测向对提高定位精度和作业的灵活性有很大贡献，但技术要求和相对较低的效率使测距在测量定位中未能普遍应用。

20 世纪 40 年代，瑞典 Bergstrand 和 AGA 公司制成世界第一台用于测量的光电测距仪和商品化的 AGA GeodimeteR-2A，它以可见光为载波，以克尔效应和偏振片进行低频调制。测量时主站发射经调制的光波，副站置角反射镜（保持按原方向反射），主站接收返回信号并测量传播时间。这是一种双程测距，即所测距离是光程的一半。由于所测量的周期信号（正弦波）相位存在多值性（模糊）问题，故测距仪采用 2～3 种调制频率，以粗测（频率较低）和精测（频率较高）解决模糊度问题。

20 世纪 60 年代，以 AGA-8 和 AGA-600 为代表的光电测距仪采用当时发展起来的激光作为载波，它具有很好的方向性（窄波束），在同样测程下降低了功耗，提高了精度；80 年代发展起来的红外测距仪也属激光测距，它采用了晶体管激光发射器件和数字化测相技术，使仪器功耗降低、数字化和小型化，甚至与测向的经纬仪结合成为全站仪。

20 世纪 50 年代，南非 Wadley 设计并商品化的 Teuurometer-MRA1 测距仪是以微波为载波的测距仪器，虽然精度略低于光波测距仪，但具有全天候作业能力。70、80 年代的 TeuurometeR-MRA3、CMW-20 以体效应管代替速调管，载波频率提高到 130 MHz，更窄的波束减少了地面杂散回波，提高了精度。

除了以相位方式工作的测距仪，也有以脉冲方式工作的测距仪。由于激光具有极窄的波束，故其可以在极短的时间内取得极高的功率，可以对远目标进行测量，如卫星激光测距仪，20 世纪 60 年代它的精度约为米级，80 年代可达厘米级。近来可用于工程测量的轻便脉冲式测距仪的精度为厘米级，测程约为千米。

1957 年人造地球卫星的发射成功（苏联的 СПУТНИК）开始了卫星导航和卫星测量的

发展。

卫星导航和卫星测量是将卫星作为导航站或测量定位的已知点，由卫星发播无线电测距信号进行测距、导航或定位。一个显著的不同是：卫星是在不断运动的，必须精确测定它的轨道才可以通过计算得到它的精确位置。用卫星进行导航或测量的优点也是十分显著的。它采用超高频信号，穿过电离层（不是反射）和大气层到达用户，其传播路径中大部分接近真空，速度恒定，穿过电离层时引起的速度改变可以通过双频信号计算、修正，因而测距精度显著提高。此外，卫星，尤其是高轨卫星的覆盖范围大，可用不多的卫星达到全球覆盖。由于卫星离地面很远（近地卫星覆盖小）、信号功率有限，故低电平接收是必须解决的技术问题。此外，作为信号传播时间测量的基准，卫星上必须有高稳定度的时钟（频标）。

20 世纪 60 年代发展的铷原子频标和随后发展的铯频标、氢频标及其小型化，以及可供低电平接收和测距的伪随机噪声码通信的理论与实践奠定了卫星导航和测量的基础，连同随后的电子计算机的高速发展都为卫星导航提供了技术基础。卫星导航和定位就是在这样的技术背景下发展的。

20 世纪 50 年代末和 60 年代初，卫星大地测量取得的明显成就之一当属地球引力场的测定。卫星主要在地球引力场的作用力（还包括其他摄动力，但小得多）下运动，尽管大地测量的研究人员为此曾做了许多努力，但地球引力场测定的精确程度还不能很好地满足精密计算卫星轨道的要求。正是由于卫星主要是在重力下运动的，对卫星运动的监测（当时主要是光学观测）可以精确地反解地球重力场。对低轨卫星观测所取得的地球重力场足以满足导航卫星（高轨）的精密轨道计算要求。在解算地球引力场的同时也解算了监测站的地心坐标。1966 年，史密森标准地球Ⅰ率先给出了一组地球引力场球谐函数展开式的系数及跟踪站的地心坐标。这些结果及其以后的精化为精密确定卫星轨道做了必需的技术准备。

第一个卫星导航系统是美国的军用子午卫星系统（Transit）。这一系统的研制始于 1958 年 12 月，1964 年 1 月投入使用。初期仅供军用，1967 年解密提供民用。子午卫星系统是一种以卫星为“基站”（导航站）的距离差测量系统。这种距离差是靠接收卫星发播连续信号的多普勒频移取得的，常称为卫星多普勒导航或卫星多普勒测量。用户机使用与发播信号相同频率的本振频率对接收信号进行混频，如果卫星相对用户的距离始终不变，则混频后为一个线状波形，如距离变化则产生多普勒频移，混频后为正弦波形，该正弦波的频率就是多普勒频率，即

$$f_d = f^s - f^r \tag{0-2}$$

式中，f_d 为多普勒频移，f^s 为卫星发播信号频率，f^r 为用户机本振频率。以一定的时间段通过计数器对正弦波正过零计数（也称多普勒计数），即

$$N = \int_{t_1}^{t_2} f_d \mathrm{d}t \tag{0-3}$$

多普勒频移是距离变化率的反映，即

$$\frac{\mathrm{d}\rho}{\mathrm{d}t} = \lambda f_d$$

式中，λ 是信号的载波波长。由上式可得

$$N\lambda = \int_{t_1}^{t_2} \frac{\mathrm{d}\rho(t)}{\mathrm{d}t}\mathrm{d}t = \rho(t_2) - \rho(t_1) \tag{0-4}$$

这样，通过测量多普勒计数 N 取得卫星在 t_1 和 t_2 时刻两个位置到用户的距离差。典型的一次卫星通过大约为 10～18 分钟，可以获得 20～40 个这样的距离差。与前述双曲面导航系统一样，可以在地球椭球面上取得一系列位置线，用户位置在位置线上。或者说，用户的位置（经度 L，纬度 B）满足位置线方程，该方程是 L、B 及卫星在 t_1、t_2 时刻的位置 $\boldsymbol{r}(t_1)$、$\boldsymbol{r}(t_2)$ 和距离差的函数，即

$$F = F(L, B, \boldsymbol{r}(t_1), \boldsymbol{r}(t_2), \rho(t_2) - \rho(t_1)) = 0$$

由于 $\rho(t_2) - \rho(t_1)$ 是多普勒计数 N 的函数，上式还可写为

$$F = F(L, B, \boldsymbol{r}(t_1), \boldsymbol{r}(t_2), N) = 0$$

或改化为

$$N = E(L, B, \boldsymbol{r}(t_1), \boldsymbol{r}(t_2)) \tag{0-5}$$

式中，卫星位置 $\boldsymbol{r}(t_1)$、$\boldsymbol{r}(t_2)$ 为已知量，B、L 为变量。以 B、L 的近似值 B_0、L_0 代入式(0-5)，并以级数展开，取至一阶项，得

$$B = B_0 + \Delta B$$

$$L = L_0 + \Delta B$$

$$N = \frac{\partial E}{\partial B}\Delta B + \frac{\partial E}{\partial L}\Delta L + E(L_0, B_0, \boldsymbol{r}(t_1), \boldsymbol{r}(t_2)) \tag{0-6}$$

在导出式(0-3)时曾假定用户机的本振频率与卫星发播频率相同，实际上这难以做到，本振频率与卫星发播频率之差在相同时间间隔会产生常值的附加多普勒计数 ΔN，此外多普勒计数还有随机误差 ε，因此，式(0-6)应改写为

$$\varepsilon = \frac{\partial E}{\partial B}\Delta B + \frac{\partial E}{\partial L}\Delta L + \Delta N + [E(L_0, B_0, \boldsymbol{r}(t_1), \boldsymbol{r}(t_2)) - N] \tag{0-7}$$

式(0-7)是对应一次卫星通过中在 t_1、t_2 时刻间所得多普勒计数的方程(也称为观测方程)，对 t_i 和 t_{i-1} 的观测方程可写为

$$\varepsilon_i = \frac{\partial E_i}{\partial B}\Delta B + \frac{\partial E_i}{\partial L}\Delta L + \Delta N + [E_{i0}(L_{i0}, B_{i0}, \boldsymbol{r}(t_i), \boldsymbol{r}(t_{i-1})) - N_i] \tag{0-8}$$

式中的偏导数可以用解析式求得，也可以用数值差分求得。一次卫星通过可以取得几十个如式(0-8)的方程，可以采用最小二乘的方法求解经纬度初值的修正值（ΔL，ΔB）和 ΔN，即

$$\boldsymbol{X} = (\boldsymbol{A}^{\mathrm{T}}\boldsymbol{A})^{-1}\boldsymbol{A}^{\mathrm{T}}\boldsymbol{L} \tag{0-9}$$

式中

$$\boldsymbol{X} = \begin{bmatrix} \Delta B \\ \Delta L \\ \Delta N \end{bmatrix}, \quad \boldsymbol{A} = \begin{bmatrix} \dfrac{\partial E_1}{\partial B} & \dfrac{\partial E_1}{\partial L} & 1 \\ \dfrac{\partial E_2}{\partial B} & \dfrac{\partial E_2}{\partial L} & 1 \\ \vdots & \vdots & \vdots \\ \dfrac{\partial E_i}{\partial B} & \dfrac{\partial E_i}{\partial L} & 1 \end{bmatrix}, \quad \boldsymbol{L} = \begin{bmatrix} E_{10} - N_1 \\ E_{20} - N_2 \\ \vdots \\ E_{i0} - N_i \end{bmatrix}$$

其中，E_{i0} 是以用户的近似位置 B_{i0}、L_{i0} 代入函数 E 计算的值，当近似值不精确时需要进行迭代解算。

在实时进行上述解算时，必须已知对应时刻 t_1、t_2……t_i 的卫星位置 $\boldsymbol{r}(t_i)$，这可通过卫星发播的载波信号上调制的电文码(称导航电文)计算获得。导航电文包括计算卫星位置所需的

卫星轨道参数(称为广播星历)、卫星实际发播频率相对标称频率的修正值及时间同步信号,用户依广播星历自行计算所需的卫星位置。这些卫星轨道参数则是由地面监测站对卫星进行观测,经计算中心汇总并计算卫星轨道参数,再由注入站将其注入卫星上的存储器,并发播给用户。子午卫星系统的配置就是为了实现上述诸多功能。可以将该系统分为以下 3 部分:

(1)空间部分,包括 6 颗高度约 1 000 km 的圆形轨道卫星,绕地飞行周期约为 120 分钟,轨道面与赤道的夹角为 90°。卫星发播 2 个载波频率,分别为 400 MHz 和 150 MHz,采用 2 个频率是为了计算电磁波通过电离层时因传播速度改变引起的修正值。发播信号调制有导航电文,其中包括时间同步信号、卫星频率修正、卫星轨道参数。

(2)地面监控部分,包括若干地面监测站、计算中心、通信链路和注入站。监测站对所有的卫星进行观测,并将观测数据通过数据传输链路送往计算中心。计算中心计算卫星轨道参数、卫星钟频偏并连同用于统一时间系统的时标经注入站对通过的卫星进行数据注入。

(3)用户部分,指各种型号的用户机,也称接收机。用户机接收卫星发播的信号,以锁相技术进行多普勒测量(计数),并利用双频修正电离层传播延迟、调解导航电文、进行时间同步、依卫星星历计算卫星位置和依广播星历中卫星钟频偏解算用户位置(必要时进行迭代)。

按前述,不难看出子午卫星系统仍属双曲面导航系统,它应用了与地球椭球体相交的位置线,其应用范围也是在海上或高程近于 0 的大陆。不同的是,它具有较多的多余观测量,能以最小二乘法一并解出用户本振的频偏并提高解的精度。

卫星导航的优越性在于信号近于直线传播,在很大程度上避免了多路径问题。信号在空中传播,较好地解决了传播速度不准的问题,高频多普勒测量(400 MHz 载波,每周相当于 0.75 m)提高了测量分辨率。子午卫星系统的导航定位精度为 40~100 m。

子午卫星系统是以卫星为定位基准的星基导航系统,它改变了传统无线电导航以地面导航站为定位基准的地基导航,技术上有较大突破,在导航精度上有大幅度提高,应该说是一种阶段性的跨越。

作为第一代卫星导航系统,子午卫星系统也存在一些不足。由于卫星的运动和地球自转,子午卫星系统轻易地做到了全球海域的覆盖,但因卫星轨道不高,少量卫星(如 6 颗卫星)难以做到连续导航。平均每一个多小时才有一次卫星通过,通常要与其他导航系统(如惯性导航系统)组合,才能提供时间连续的导航。此外随着对扩大导航范围需求的增长,不但在海上而且在大陆和空中也需要导航的支持,子午卫星系统只能用于海上(是一种二维定位技术),不能满足日益增长的大陆和空中的需求。卫星多普勒导航一次定位时间约需 10 分钟,在一定程度上限制了动态用户的使用。子午卫星系统提供民用后,卫星导航系统在大地测量中取得广泛应用,解决了传统测量无有效办法进行绝对定位(不依托已知点进行未知点定位)和长距离联测定位的问题。20 世纪 70 年代发展的差分定位、短弧轨道改进定位,提高了定位精度,用于高精度地球自转和极移(地球自转轴的变化)监测,并取得了成功。

大地测量是静态测量,可以利用多次观测提高性能和精度。在大地测量中,卫星的多普勒观测不只对一次卫星通过,而是对几十次卫星通过统一进行数据处理。一次卫星通过(如导航)时,卫星几乎在一个平面内运动,不能取得三维定位解。多次卫星通过时,相对测站分布在多个平面,从而可以取得三维定位解。在定位解算中,不使用与地球椭球体相交的位置线,而是直接利用空间距离差,即

$$(N_i^j + \Delta N^j)\lambda = \rho^j(t_i) - \rho^j(t_{i-1})$$

式中，ΔN^j 为用户接收机本振频偏在积分期间内引起的附加多普勒计数，上标表示卫星的第 j 次通过(可以是同一卫星的不同次通过，也可以是不同卫星通过)；t_i 为第 i 次多普勒计数的结束时刻。利用两点距离公式可得

$$N_i^j = F_i^j(\boldsymbol{r}^j(t_i),\ \boldsymbol{r}^j(t_{i-1}),\ \boldsymbol{r},\ \Delta N^j)$$

式中，$\boldsymbol{r}^j(t_i)$ 为卫星在 t_i 时的位置 $[x^j\ \ y^j\ \ z^j]$，$\boldsymbol{r}=[x\ \ y\ \ z]^{\mathrm{T}}$ 为测站位置。式中未知数为用户位置和 ΔN^j，应用最小二乘法可得

$$\boldsymbol{X} = (\boldsymbol{A}^{\mathrm{T}}\boldsymbol{A})^{-1}\boldsymbol{A}^{\mathrm{T}}\boldsymbol{L} \tag{0-10}$$

$$\boldsymbol{X}=\begin{bmatrix}\Delta x\\ \Delta y\\ \Delta z\\ \Delta N^1\\ \vdots\\ \Delta N^j\end{bmatrix},\quad \boldsymbol{A}=\begin{bmatrix}\frac{\partial F_1^1}{\partial x} & \frac{\partial F_1^1}{\partial y} & \frac{\partial F_1^1}{\partial z} & 1 & 0 & 0 & \cdots & 0\\ \frac{\partial F_2^1}{\partial x} & \frac{\partial F_2^1}{\partial y} & \frac{\partial F_2^1}{\partial z} & 1 & 0 & 0 & \cdots & 0\\ \vdots & \vdots & \vdots & \vdots & \vdots & \vdots & & \vdots\\ \frac{\partial F_I^1}{\partial x} & \frac{\partial F_I^1}{\partial y} & \frac{\partial F_I^1}{\partial z} & 1 & 0 & 0 & \cdots & 0\\ \frac{\partial F_1^2}{\partial x} & \frac{\partial F_1^2}{\partial y} & \frac{\partial F_1^2}{\partial z} & 0 & 1 & 0 & \cdots & 0\\ \vdots & \vdots & \vdots & \vdots & \vdots & \vdots & & \vdots\\ \frac{\partial F_I^2}{\partial x} & \frac{\partial F_I^2}{\partial y} & \frac{\partial F_I^2}{\partial z} & 0 & 1 & 0 & \cdots & 0\\ \vdots & \vdots & \vdots & \vdots & \vdots & \vdots & & \vdots\\ \frac{\partial F_I^J}{\partial x} & \frac{\partial F_I^J}{\partial y} & \frac{\partial F_I^J}{\partial z} & 0 & 0 & 0 & \cdots & 1\end{bmatrix},\quad \boldsymbol{L}=\begin{bmatrix}F_1^1-N_1^1\\ F_2^1-N_2^1\\ \vdots\\ F_I^1-N_I^1\\ F_1^2-N_1^2\\ \vdots\\ F_I^2-N_I^2\\ \vdots\\ F_I^J-N_I^J\end{bmatrix}$$

与导航应用不同，这样取得的解是三维(空间)定位。相邻的卫星通过间隔约 1 小时，这样的观测往往要进行数天。选择卫星相对测站的良好分布和使卫星视轨迹上行及下行对称还可进一步削弱卫星轨道误差的影响，以提高精度。这样的测量定位可以达到 5 m 左右的三维定位精度。卫星多普勒定位是大地测量获得绝对定位的高精度测量手段。

大地测量除取得了三维定位外，还在提高相对定位精度方面取得进展。

卫星导航系统以运动的卫星为定位基准，卫星轨道的精确程度会影响定位精度。如果导航定位精度不高，卫星轨道误差的影响还不十分明显，当定位精度提高到米级时，卫星轨道误差的影响就成为进一步提高精度的限制。在测量工作中发现，卫星多普勒定位的点间坐标差的精度高于单个点的定位精度。这可以解释为相距不远(如几百千米)的两点受到卫星轨道误差的影响及大气传播延迟的影响，带有很强的系统性。或是说它们是相近的，在坐标取差时削弱了这种影响，从而提高了精度。这种定位称为差分定位，或称为坐标差分。该方法是以一个已知点的卫星多普勒定位解与已知坐标比较得出差值，并将其作为改正数，用于未知点的修正(需要采用共同的卫星通过)。已知点与未知点的距离一般不超过数百千米。尽管差分定位的解是未知点的坐标值，但它属于相对定位。

为了提高观测量的分辨率，大地测量中使用的接收机，除了进行多普勒整周计数外，还采用了细分技术，使多普勒计数不仅包括了整数，还包括了周的小数，这实际相当于是包括了整周计数的相位测量。

连续计数的多普勒测量和网的短弧法平差是数据处理方面的新探索，并取得了成功。在相距 300～500 km 的一些点的多普勒同步观测中，将各段的多普勒计数累加成连续的采样（载波相位测量的雏形），并在数据处理中将卫星的轨道修正作为待定参数（对于短弧近似为平移）一并求解，这样可以提高网的相对定位精度（精度为几十厘米），实际上这已是卫星轨道改进定位的雏形。在短弧法平差中，还根据残差进行“滑周”的整周调整（类似 GPS 技术中的周跳处理）。可以毫不夸张地说，卫星多普勒测量的后期发展已为现代卫星测量（包括 GPS）奠定了技术基础。

GPS 是美国第二代卫星导航系统。早在 1964 年，美国第一代卫星导航系统——子午卫星系统投入使用后不久，美国海军和空军就已着手进行新一代卫星导航系统的研究工作，并分别提出了“621B”计划和“TIMAION”计划。

美国空军研究的“621B”计划拟采用 3～4 个卫星星座覆盖全球，每个卫星星座由 4～5 颗卫星组成，中间 1 颗为地球同步卫星，其余为轨道面倾斜一定角度（相对赤道）的 24 小时卫星。每个星座分别覆盖地球的一部分地区。这一卫星分布对两极地区覆盖不好，且要求卫星监测跟踪站的分布范围要广。海军的“TIMAION”计划拟采用 12～18 颗高度为 10 000 km 的卫星覆盖全球。两个计划都采用 20 世纪 60 年代才进入实际应用阶段的伪随机码测距技术。1973 年，美国国防部正式批准陆海空三军共同研制国防卫星导航系统——全球定位系统（Global Positioning System，GPS）。GPS 由 24 颗高度为 20 000 km 的卫星形成空间部分——卫星星座。这样的卫星星座，连同设在美国本土的地面监测部分和采用伪随机码测距技术的接收机基本上满足了全球范围、时间连续、全天候、实时、三维导航的要求。

与子午卫星系统相似，GPS 也由空间、地面监测和用户机三部分组成。

GPS 与子午卫星系统主要的不同可以用多星、高轨、同步测距概括。多星是指一次导航定位不是只测量 1 颗卫星（如子午卫星系统只对 1 颗卫星进行多次测量），而是同步测量 4 颗或 4 颗以上的卫星。高轨是指卫星的轨道高度（约 20 000 km）。高轨卫星单星的地面覆盖面积大，才有可能使用少量卫星保障全球各地在任意时间均可对 1 颗卫星实施观测；高的卫星轨道才有可能用已掌握的地球重力场测定结果保障高精度定轨（精度稍低的高阶系数对高轨卫星影响很小）。GPS 采用了 20 世纪 60 年代发展的伪随机码测距技术（测定传播时间），同步测距指对可观测的 4 颗或 4 颗以上卫星在同一瞬间进行测距（或称采样）。

传统的卫星导航系统多属于双曲面导航系统，而 GPS 属于球面导航系统，它的观测量不是距离差而是距离，用户机钟差靠多星同步观测解决。依距离观测量可以直接列出三维距离方程，4 个这样的方程将可解出采样瞬间的钟差（δt_r）和用户的三维位置（x,y,z）4 个未知数，即

$$\left.\begin{aligned} \rho_r^j &= c\,(t_r + \delta t_r - t^j) \\ c\,(t_r - t^j) &= \sqrt{(x^j - x)^2 + (y^j - y)^2 + (z^j - z)^2} - c\,\delta t_r \end{aligned}\right\} \tag{0-11}$$

式中，带有上标 j 的（x,y,z）表示所测 j 卫星的坐标，ρ_r^j 表示用户至所测 j 卫星的距离，c 为光速。式(0-11) 即为通过传播时间观测量（$t_r - t^j$）建立的卫星与用户坐标间的关系式。当卫星坐标已知时，有 4 个未知参数，即用户坐标和用户机钟差。观测 4 颗卫星可解这 4 个参数，完成定位；当观测卫星数大于 4 时，可应用与式(0-9)类似的最小二乘法解算。

GPS 是三维定位系统，可用于海洋、大陆和近地空间；它瞬时完成距离观测，解算瞬时位

置,可用于动态甚至高动态用户;它在时域和空域都是连续的。可以说,第二代卫星导航系统——GPS全面地完善了第一代卫星导航系统的不足,成为现代导航手段的主流技术。

GPS采用双频载波,调制发播两种测距码,即粗捕获码(C/A码)和精码(P码),前者供捕获P码和民用,后者供军用。两者都是伪随机码,但码频率不同(P码为10 MHz,C/A码为1 MHz),因而测距精度不同,所取得的定位精度也不同。设计的定位精度为民用100 m、军用10 m,系统部分投入使用后,经过测试,民用定位精度可达30 m,军用为5~7 m。1992年,美国政府人为将民用精度降低到100 m[添加了选择可用性(selective availability,SA)政策]。

早在GPS实验阶段,人们就开始研究GPS差分定位,美国的选择可用性政策在一定意义上促使了这一技术的发展(现已取消选择可用性政策)。差分在罗兰C、奥米伽和子午卫星系统中的成功应用使其自然地用于GPS。GPS的有利条件和定轨技术又使GPS差分导航有了新的发展。坐标差分、伪距差分和在一定数量地面站(差分基准站)支持下的广域差分、广域增强差分系统相继出现,不仅把C/A码定位精度提高到5 m左右,而且提高了系统的可用性。GPS差分导航的局限性在于它是区域性系统,其覆盖范围取决于设置的地面基准站。应该说,GPS差分导航是在传统差分导航的基础上,充分利用了GPS特点和新技术条件的发展,并取得了广泛的应用和效益。如果说差分技术在罗兰C、奥米伽和子午卫星系统都取得了成功的应用,则GPS差分在理论上和精度提高的幅度上都取得了突破性进展。

在子午卫星系统的大地测量应用基础上,GPS应用于大地测量也得到了快速发展,它取得了较卫星多普勒测量更多的进展,已成为大地测量的主流技术。

大地测量定位采用载波相位作为基本观测量,这实际上是前述连续多普勒计数的另一种形式,但具有更高的分辨率。它除了带有一个整周不定度(也称整周模糊度)外,是一系列离散的距离观测量。借助于可进行较长时间的多次测量,可以解算整周模糊度。利用空间点的距离公式不难建立观测方程,并解算点位坐标(连同整周模糊度)。大地测量多为相对定位,可利用多站同步观测的站间取差消除或削弱卫星钟频率误差(包括频偏和频漂)、大气传播误差修正后残余误差和卫星星历误差。近年来发展的优秀数据处理软件具有轨道改进功能和对流层随机模型参数改进功能,进一步削弱了卫星星历和大气传播误差的影响,定位精度得到进一步提高。通常GPS相对测量可以在1~1 000 km的距离上取得10^{-6}的相对精度(10 km距离,精度1 cm),这需要观测0.5~3小时(视距已知点的距离而定)。长时间观测和精细的数据处理可以在较长的距离(数百千米到上千千米)取得优于10^{-8}的精度。

GPS用于导航和测量都属于卫星定位,何以精度差别如此之大?首先这两类定位工作条件不同,其精度概念也不完全相同,二者不宜直接比较。导航中的精度是绝对定位精度,是用户机相对坐标系原点的位置精度,定位中不需已知点的支持;大地测量中的精度属于相对精度,是未知点相对已知点的位置精度,它需要已知点的支持(与之同步观测)。此外,不论导航还是测量,其观测量和解的关系都是建立在几何学基础上(严格)的,其解的精度取决于观测量的精度。观测域的精度,或者说观测量中的误差,在导航应用和测量应用中有很大差别。导航使用的观测量是伪距,其测量精度一般为2 m,而大地测量使用的观测量是载波相位,其单次测量精度的等效距离优于1 mm。除测量误差,观测量中包含的其他误差对解的影响方式和修正程度,对定位精度有重要影响。例如,卫星轨道误差对相对定位(相同部分可消除)的影响要小于绝对定位,卫星钟的频偏和频漂在相对定位中可在两站同步观测取观测量之差中予以消除,静态定位的大量多余观测(冗余)不但可进一步削弱随机误差的影响,还可设置随机参数，以削弱系统误差的影响。一个可供参考的事实是，当采用载波相位测量进行绝对定位（同样采用较长的观测时间，并于事后处理）时，其精度就不是厘米级而是米级。可见在相对定位中，充分削弱或消除多种误差起到至关重要的作用，而高精度的观测、相对定位和大量冗余观测是充分削弱或消除多种误差的必需条件。正是这些因素导致测量和导航的定位精度有较大差别。

卫星测量的相对定位大体沿两个方向发展：一是以高精度为主要目标，二是以高效率为主要目标。前者主要是高精度控制网和地学研究，后者主要是工程应用。

近年来在高精度方面的发展，除接收机性能的提升和天线的改进外，数据处理方法和软件的发展起了重要作用。例如，轨道改进（轨道松弛）、已知点改进、对流层天顶延迟的参数估计，以及相对论效应修正、地球固体潮修正等技术处理使 GPS 在长距离（几百或上千千米）相对定位中达到 10^{-9}～10^{-8} 的精度。取得这样的精度需要进行数天的连续同步观测。GPS 同样可用于监测地球自转和极移，并取得很高的精度；反过来，高精度的地球自转监测又给高精度 GPS 定位提供数据保障。

在多数工程测量中，对定位精度要求不高但对效率要求高。一般 GPS 测量时间较长，对于距离不长的工程测量而言效率不高。20 世纪 80 年代中期提出的 kinematic surveying 就是出于这一目的。不同于动态定位（dynamic positioning），它是一种测量，只是在测量中具有运动的特征。GPS 测量之所以要求观测时间较长，是因为采用周期信号（载波）测距，存在整周不定问题（整周模糊度），只有通过较长的观测时间取得卫星空间图形较大变化才能取得整周的解（第一次采样时的相位整周数）和定位解，称为初始化。在取得整周的解后，只要保持不失锁，到临近的另一个未知点时就不需要长时间观测以求定整周的解，只需很短时间即可完成定位，提高了效率（精度约为 3 cm）。通常把这种方法叫作“走-停”定位（real time kinematic surveying，RTK），其作用范围一般不超过 10 km。近年来的研究进展主要围绕行进中失锁的检测、周跳的恢复和加入数据通信的实时“走-停”定位。该方法已用于小范围工程控制网、工程放样和测图。原则上这一方法也可用于动态定位，但其作用范围和高机动时的可靠性受到一定限制，只能用于特定条件下的动态定位。

GPS 展示了广泛的应用领域，具有重要的军用、民用价值。由于 GPS 是美国军用导航系统，受美国的军事政治等因素控制，为了摆脱美国的控制，一些国家或集团发展了或计划发展符合自身应用目的的卫星导航系统，如苏联发展的 GLONASS 卫星导航系统、欧洲计划发展的伽利略卫星导航系统等，以及其他系统的发展计划。不同卫星导航系统的卫星星座分布和卫星总数可能不同，可提供的覆盖范围和精度可能不同，它们所采用的编码和电文格式也会有所不同。但这些卫星导航系统的导航原理相似，而且有很多共同的技术特点。例如，它们都可分为空间部分、地面监测部分和用户机部分；它们都采用了伪随机码测距作为取得观测量的技术手段等。它们的应用，包括导航和精密定位理论，也是相近的。

卫星导航定位不论在导航领域还是在大地测量的精密定位领域都取得了阶段性的突破，它们逐步成为各自领域的主导技术手段。卫星导航与定位中有些理论和技术已趋成熟，有些理论和技术还在发展，如卫星导航系统的完善性监测和加强，以及用户设备的数字化、低功耗和小型化。尤其是近年来发展的窄相关技术，它提高了伪随机码测距的精度，使 C/A 码的测距精度达到几十厘米。观测量精度的提高至关重要，它可以综合地提高系统性能和精度，如提高导航信息（广播星历、钟差）的精度，降低对卫星几何分布的要求，提高导航精度。以载波相位测量和相对定位为特征的精密定位正在向区域性的精密动态定位发展，届时导航和精密定位的界限将更模糊。正处于发展阶段的地面服务网络将综合地提高完备性和导航精度，将改变精密定位的作业模式，使之更灵活、快捷。另外，还会开发该技术在特定条件和特定要求下的新应用领域。由于军事应用的特殊性，部分国家或区域会设计与建设新的卫星导航系统。卫星导航系统是一项技术复杂、耗资巨大的基本建设，一般属于国家行为，它的设计、建设应符合国家发展战略(包括军事战略)、技术条件、国情和经济实力。从全局、系统和运行效果的角度全面研究总结目前已有的GPS和GLONASS的经验有重要的参考意义。

第一章　卫星导航原理和坐标系统

第一节　卫星定位与 GPS 概况

作为卫星导航系统近期发展的代表，GPS 是在子午卫星系统的基础上发展起来的，它采纳了子午卫星系统的成功经验。与子午卫星系统一样，GPS 由空间部分、地面监控部分和用户接收机三大部分组成。

GPS 的空间部分包括 24 颗高度约 20 200 km 的卫星，组成卫星星座。卫星均为近圆形轨道，运行周期约为 11 小时 58 分钟，分布在 6 个轨道面上(每个轨道面 4 颗)，轨道倾角为 55°，如图 1-1 所示。卫星的分布使得在全球的任何地方、任何时间都可观测到 4 颗以上的卫星，并能保持良好定位解算精度的几何图形，这就提供了在时间上连续的全球导航能力。目前在轨工作卫星为 24 颗，甚至多于 24 颗。

GPS 卫星重约 500 kg，主体呈柱形，直径为 1.5 m；星体两侧装有对日定向的太阳能电池帆板，电池帆板总面积约为 5 m^2，所提供的功率大于 410 W。卫星进入地球阴影区时由 3 组 54kC 的镉镍蓄电池供电。采用三轴稳定系统控制卫星的姿态，同时还采用对日定向系统使太阳电池帆板始终正对太阳。卫星还装有肼推进系统，通过速度控制提供轨道保持能力。在卫星的底部装有多波束定向天线，发射 L 波段的导航信号。此外，卫星还装有遥控遥测天线。GPS 导航卫星星体如图 1-2 所示。

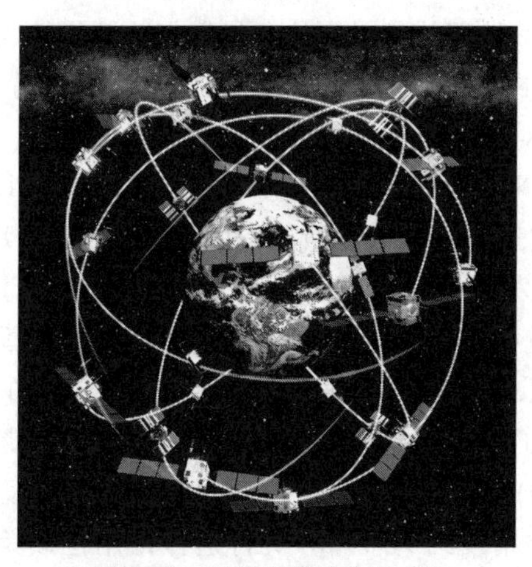

图 1-1　GPS 卫星分布示意

图 1-2　GPS 导航卫星

卫星发播 2 个频率的载波无线电信号，即 L_1＝1 575.42 MHz，L_2＝1 227.60 MHz，在 L1 载波上调制有 2 种测距码及每秒 50 bit 的导航电文。码频率为 1.023 MHz 的伪随机码称为粗捕获码，或称为 C/A 码；另一种精密测距码称为精码，或称为 P 码，它是码频率为 10.23 MHz 的伪随机码。在 L2 载波上只调制有精码和导航电文。粗捕获码可用于低精度测距，并过渡到捕获精码；精码用于精密测距。所有这些信号都受卫星上的原子频标控制。每颗卫星装有4台原子钟(2台铯原子钟和2台铷原子钟),组成卫星基准频率。

地面监控部分包括监控站、注入站和主控站。作为军用系统,为不受国际政治形势的影响,地面监控部分均在美国国内设站。主控站设在美国本土科罗拉多·斯平士(Colorado Spings)的联合执行中心(Consolidated Space Operation Center,CSOC);3个注入站分别设在大西洋美军基地阿森松(Ascension)、印度洋美军基地迪戈加西亚(Diego Garcia)和太平洋美军基地夸贾林(Kwajalein),注入站包括3.6 m的天线和C波段发射机;在夏威夷设有监控站。主控站和注入站本身也是监控站。

监控站设有GPS用户接收机、原子钟、收集当地气象数据的传感器和进行数据初步处理的计算机。监控站的主要任务是取得卫星观测数据,并将这些数据传送至主控站。这样的监控站可以是无人值守的,并可以适当增加其数量。主控站对地面监控部分实行全面控制,其主要任务是收集各监控站对GPS卫星的全部观测数据,利用这些数据计算每颗GPS卫星的轨道和卫星钟钟差改正值,以此外推一天以上的卫星星历及钟差,并按一定格式转化为导航电文以便由注入站注入到卫星的存储器中。注入站的任务主要是在每颗卫星运行至上空时把这些导航数据及主控站的指令注入卫星。这种注入每天对每颗GPS卫星进行一次,并在卫星离开注入站作用范围之前进行最后的注入。

用户接收机应具备的主要功能是接收卫星发播的伪随机码信号,并利用本机产生相同的伪随机码,将两个码信号进行相关处理,取得距离观测量和导航电文;根据导航电文提取的卫星位置和卫星钟钟差改正信息计算接收机的位置与接收机钟差。用户接收机可以有多种分类。按使用环境,可分为低动态用户接收机、高动态用户接收机;按所要求的精度,可分为单频粗捕获码(C/A码)接收机和双频精码(P码)接收机,后者的导航精度较前者约高5~10倍。近几年发展起来的相位测量接收机以其观测量的高精度在精密定位领域取得了广泛的应用。相位测量接收机的观测量是载波或码频率与本机振荡器的相位差。从本质上讲,它不需要已知伪随机码序列。这种类型的接收机主要用于事后处理的相对定位。尽管相位测量接收机不是GPS总体设计序列,但是由于它可以取得很高的解算精度又不需要已知保密的精码序列,故需要高精度定位的民用部门及美国以外的用户对此十分重视。

从已发射的GPS卫星和GPS卫星发射计划来看,GPSⅡ星可分为第一批卫星(BLOCKⅠ)、第二批卫星(BLOCKⅡ)和第二批卫星的改进型(BLOCKⅡR)。BLOCKⅠ卫星是实验性的卫星,自1978年发射PRN6号卫星开始,共发射了11颗卫星,其中10颗发射成功。BLOCKⅠ卫星的轨道倾角为63°,分布在3个轨道面上。这一实验卫星星座保证在美国本土每天有3~4个小时连续可见4颗以上卫星,且有良好的卫星几何图形,以便进行GPS的各项实验。在地球的其他地区,也可以有3小时左右的实验时间,但卫星的几何图形则不保证良好。从进行的实验来看,结果是好的。使用P码的GPS接收机实时的三维定位精度好于10 m;使用C/A码的GPS接收机实时的三维定位精度约为30 m,实行选择可用性政策后定位精度人为地降低到100 m左右。GPS导航除可用于车船等中低动态用户外,还可用于飞机、导弹、卫星等高动态用户。使用载波相位测量的GPS接收机于事后处理的相对定位精度可达10^{-6},甚至10^{-8}。

在实验已取得成功的基础上,1989年2月14日开始BLOCKⅡ卫星的发射(PRN 14号卫星)。有所不同的是,为了控制非美国军方和特许用户的使用,BLOCKⅡ卫星上采用了选择可用性和反电子欺骗(anti-spoofing,AS)技术。BLOCKⅡR卫星增设了各卫星间的测距、数据传输及发播修正值的功能，以进一步提高卫星星历的精度，从而提高系统的导航精度。

在削弱选择可用性影响的差分和广域差分技术取得成功应用，以及俄罗斯卫星导航定位系统GLONASS建成的背景下，1999年5月美国取消了限制民用精度的选择可用性政策，同时宣称将在L2波段增加C/A码，使民用用户可以取得双频测距，削弱电离层对定位精度的影响。同时将增设L5波段。

从以上情况来看，GPS具有性能好、精度高、应用广的特点，是迄今最好的导航定位系统。因此，它已引起各国军事部门、民用部门的关注，并已得到了广泛的应用。

GPS是美国军用卫星导航系统，为了军事目的，美国会采取一系列控制使用的技术措施，这就涉及美国的GPS政策，以及在其政策范围内如何扩大使用范围和提高性能的问题。

世界上一些发达国家或国家集团也发展或计划发展卫星导航定位系统，这些系统之间有很多共同点，也有不同之处。为了叙述方便，本书将系统地讨论目前应用最广的GPS，对于其他卫星导航定位系统则侧重讨论其不同之处。

第二节　卫星导航原理

一、距离测量

GPS采用（也是多数卫星导航系统所采用的）多星高轨测距体系，以距离为基本观测量，同时对多颗高轨道卫星的观测取得导航定位解。同时对四颗卫星进行伪距测量即可解算出接收机的位置。由于测距可在极短的时间内完成，所以定位可在极短的时间内完成，可用于动态用户。

现代的测距方法多使用测量的无线电信号在所测距离上的传播延迟（传播时间）计算距离（传播时间$\tau \times$光速$c=$距离ρ）。可以测量往返传播延迟，也可以测量单程传播延迟。所使用无线电波的频率从几十千赫的甚低频到几千兆赫的甚高频。

测量往返传播延迟的工作方式是主站（如卫星或用户）发播无线电信号，副站（如用户或卫星）转发所接收的信号，并为主站所接收。主站接收和发播该信号的时间差即为往返传播延迟，从而算出距离，即

$$\rho = \frac{1}{2} c\tau$$

这样的工作方式要求卫星与用户都具备收发能力。对用户来说，无论从仪器的复杂程度，还是从隐蔽性来看都是不利的。尤其是后一因素，因发射信号易造成暴露，为军用用户之忌。

测量单程传播延迟在很大程度上避免了这一缺点。这时主站（卫星）按预定时刻发播信号，副站（用户）接收该信号并记录时刻，所记录的接收时刻与发播时刻的时间差即是单程传播延迟，从而算出距离，即

$$\rho = c\tau$$

GPS卫星导航即采用了测量单程传播延迟的测距方式。

单程测距方式不要求卫星与用户都具备收、发能力，但是要求卫星与用户接收机的时钟同步（即两个时钟对准）。如果两个时钟不同步（没对准），那么在所测量的时间差（传播延迟）中，除了因卫星与用户接收机之间距离引起的传播延迟之外，还包含了因两个时钟没对准而产生

的时间差。因此,测量单程传播延迟时严格要求两个时钟同步。这种同步的精度要求很高。例如,时间同步误差为 1 ms(卫星钟比接收机钟快或慢 1 ms),将引起所测距离差 300 km。如果希望测距精度为 1 m,卫星钟和接收机钟的同步精度应为 3×10^{-9} s(3 ns)。这一要求在实际工作中很难做到,但可通过适当的方法达到。

二、钟 差

在实际工作中,要求两个钟所显示的钟面时刻达到 3 ns 的同步精度是很难的。可以采用钟差改正的方法,即将所使用的钟和标准钟对比,检测并记录所用的钟比标准钟快(或慢)多少,在以后由所使用的钟读定时刻时,按其快(或慢)多少加以修正即可得到与标准钟同步的时刻。这在生活中也是常用的方法。这种修正值称为钟差,计算公式为

$$\delta t = T' - T \tag{1-1}$$

式中,δt 为钟差,T' 为钟面时。或

$$T = T' - \delta t$$

如果已知钟差,可得到与标准钟同步的时刻。

熟悉天文测量的读者需要注意,这里钟差的定义与天文中的定义反号,这只是在 GPS 设计时为了使用方便而规定的。

GPS 采用统一的原子时系统,常称为 GPS 时,以 T 表示。所观测的第 j 颗卫星钟的钟面时以 T^j 表示,接收机钟的钟面时以 T_r 表示。

由于接收机钟与 GPS 原子时不同步,其钟差为

$$\delta t_r = T_r - T$$

当接收机钟差已知时,可以从所读(记录)的钟面时加钟差修正值得到 GPS 时,即

$$T = T_r - \delta t_r \tag{1-2}$$

同样,卫星钟与 GPS 原子时不同步,其钟差为

$$\delta t^j = T^j - T$$

当卫星钟钟差已知时,可以从所读(记录)的钟面时加钟差修正值得到 GPS 时,即

$$T = T^j - \delta t^j \tag{1-3}$$

这样得到的 GPS 时,其准确程度取决于钟差的精度。

GPS 卫星钟的钟差是通过地面监控站对各卫星不断进行观测、经计算得到的。所测得的卫星钟钟差作为导航电文的一部分,经注入站分别注入到卫星的寄存器,由卫星不断地发播给用户。对用户而言,可以认为所测卫星的钟差是已知的。

精确测定用户接收机的钟差是困难的。传统天文测量中,测定钟差的精度约为 1 ms,按前述,它将引起 300 km 的测距误差。较近代的时间同步方法,如罗兰 C 或利用电视消隐信号进行时钟同步,精度约为 $10^{-6}\sim10^{-7}$ s,将引起 3 km 到 300 m 的测距误差。显然这达不到所要求的精度,且需专用设备。事实上,可以通过其他方法取得接收机钟差。该方法是卫星导航所应用的方法,也是 GPS 导航所采用的方法,即通过观测解算接收机钟差。地面监控站测定卫星钟钟差也是通过观测和一定的解算方法求得,只是具体方法不同(通常与卫星轨道一起测定,并解算)。

三、卫星导航原理

设 j 卫星发播某一信号的时刻为$(T^j)_{发}$,接收机接收该信号的时刻为$(T)_{收}$,信号的传

播延迟为

$$\tau^j = (T)_{收} - (T^j)_{发}$$

上式只在卫星钟和接收机钟同步的条件下成立。

事实上，卫星只能按卫星钟的钟面时发播信号，即得到的发播时刻是卫星钟的钟面时；同样，得到的接收时刻也是接收机钟的钟面时。也就是说，在实际工作中上式并不成立。

可用式(1-3)和式(1-2)将两个钟的钟面时都改化为GPS时，即

$$(T^j_{GPS})_{发} = (T^j)_{发} - \delta t^j \tag{1-4}$$

$$(T_{GPS})_{收} = (T)_{收} - \delta t_r \tag{1-5}$$

信号的传播延迟实际为

$$\tau^j = (T_{GPS})_{收} - (T^j_{GPS})_{发}$$

式中，发播时刻和接收时刻都是GPS时，上式是成立的。

将式(1-2)和式(1-3)代入上式，得

$$\tau^j = (T)_{收} - \delta t_r - (T^j)_{发} + \delta t^j$$

得到的观测量是接收时刻的接收机钟面时和发播时刻的卫星钟面时，即

$$(T)_{收} - (T^j)_{发} = \tau^j + \delta t_r - \delta t^j \tag{1-6}$$

由于卫星钟和接收机钟不同步，得到的观测量是传播延迟与两个时钟钟差的修正之和。将式(1-6)两端乘以光速 c，得

$$c[(T)_{收} - (T^j)_{发}] = c\tau^j + c\delta t_r - c\delta t^j$$

而光速乘以传播延迟是所测 j 卫星到接收机的距离，记为 ρ^j，可得

$$c[(T)_{收} - (T^j)_{发}] = \rho^j + c\delta t_r - c\delta t^j$$

通常称上式的左端为伪距(观测量)，记为 $\rho^{j'}$，它等于所测 j 卫星到接收机的距离加两个钟钟差的修正，即

$$\rho^{j'} = \rho^j + c\delta t_r - c\delta t^j \tag{1-7}$$

式中，卫星钟的钟差可自卫星发播的导航电文得到，是已知的。卫星到接收机的距离为

$$\rho^j = \sqrt{(x^j - x)^2 + (y^j - y)^2 + (z^j - z)^2}$$

式中，x、y、z 表示接收机在地球坐标系中的三维坐标值；x^j、y^j、z^j 为 j 卫星在同一坐标系中的坐标值，它们可利用卫星发播导航电文中卫星位置信息经计算得到。这样式(1-7)中除观测量和已知的卫星钟钟差 δt^j、卫星位置(x^j, y^j, z^j)外，尚有4个待定参数，它们是接收机位置(x, y, z)和接收机钟差 δt_r。

一般用户很难(也没有必要)以足够的精度测定接收机的钟差，可以把它作为一个待定参数与接收机的位置一并解出。也就是说，式(1-7)中共有4个未知数，只需要对4颗卫星进行观测即可解出这4个参数。以上即是GPS伪距法定位的基本原理。事实上，它不仅可用于GPS导航，也适用于其他类似条件的卫星导航。应说明的是，实际上GPS卫星并不是于某一约定时刻发播一个单一的信号，而是在卫星钟的控制下按时间连续发播伪随机码序列，其码频率达到1 MHz(C/A码)或10 MHz(P码)。关于如何利用伪随机码测量伪距将在以后讨论。此外，在解式(1-7)时，需要已知所测卫星的位置，这将涉及卫星运动理论及卫星轨道计算问题，也将在以后的有关章节中讨论。

第三节 卫星测量中的坐标系和坐标变换

大地测量的基本任务之一是确定地面上系列点的位置，而坐标系是表示空间点位置及点间几何关系的常用数学手段。常用坐标系有天球坐标系和地球坐标系。卫星测量涉及卫星和地面点，前者多在天球坐标系中讨论和计算，后者多在地球坐标系中讨论与计算，下面引入这两种坐标系间的坐标转换问题。

一、坐标系的定义

(一)坐标系的几何定义

在几何学中，通常使用坐标表示一个几何点的位置。为此，首先要定义(或是说要确定)一个坐标系。定义一个三维直角坐标系要明确坐标系原点的位置，它有3个自由度。

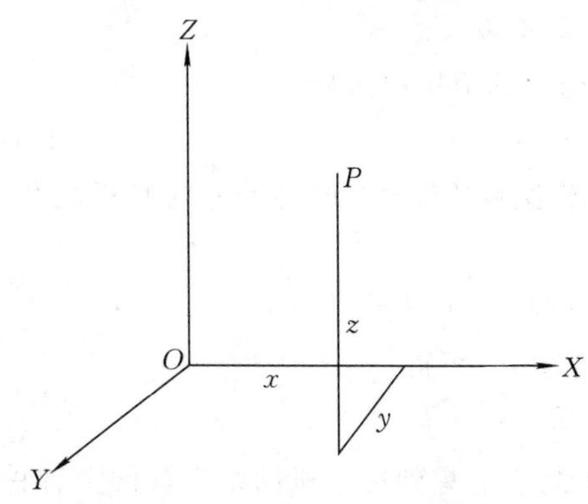

图 1-3 直角坐标系和点与坐标的对应关系

坐标系有3个坐标轴，其中第一轴指向有2个自由度；第二轴指向有1个自由度(因需满足与第一轴垂直的约束条件)；由于第三轴需满足与第一轴和第二轴垂直(2个约束条件)，故无自由度，只需指定哪个方向为正(通常以右手规则指定，也称右手坐标系)就定义了第三轴。

一旦定义了坐标系的原点、坐标轴指向和长度单位，空间一点就对应了唯一的一组坐标值(x, y, z)；反之，一组坐标值也对应唯一的空间点(图1-3)。可以把一点所对应的3个坐标值(x, y, z)称为点位的坐标参数。

坐标系有不同的定义(指原点、3个坐标轴的指向和长度单位有所不同)，即使同1个几何点，其坐标值也会不同，进而2个点间的几何关系(如边长、方位或坐标差)也会有所不同。

(二)坐标系参数的不同选择

1. 球面坐标系

以上以空间直角坐标系为例说明了坐标系的定义。事实上，同一定义的坐标系可以有不同的数学形式，即采用不同的参数。例如，球面坐标系的原点与直角坐标系的原点重合，三轴指向也相同。第一参数为原点O到所论点P的距离r，第二参数θ为OP与OZ轴的夹角，第三参数α为ZOX平面与ZOP平面的夹角(图1-4)。其中，第二参数常采用$\delta=\pi/2-\theta$表示。

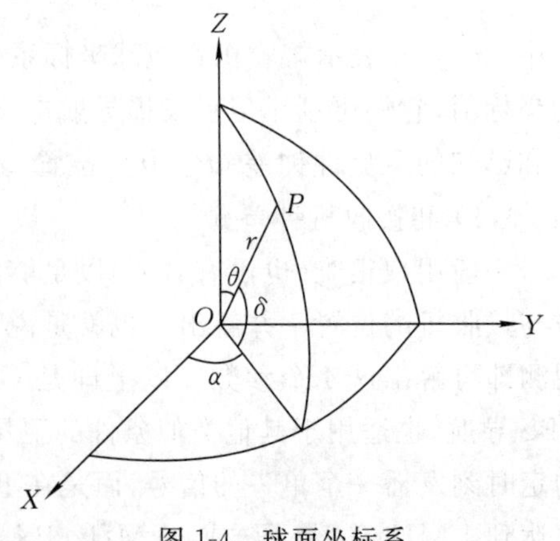

图 1-4 球面坐标系

同一点位的这两种参数(坐标)之间的关系为

$$x = r\cos\alpha\cos\delta$$
$$y = r\sin\alpha\cos\delta$$
$$z = r\sin\delta$$

或

$$r=\sqrt{x^2+y^2+z^2}$$

$$\alpha=\arctan\frac{y}{x}$$

$$\delta=\arctan\frac{z}{\sqrt{x^2+y^2}}$$

尽管同一点位的这两种坐标表示的数学形式不同(坐标参数不同),但它们的原点、坐标轴指向和长度单位相同,它们之间存在唯一的变换关系,可以称它们为等价的(至少在应用中是等价的)坐标系。至于原点、坐标轴指向和长度单位定义不同的坐标系,可以称为不同定义的坐标系或简称为不同坐标系。

应该说明的是,坐标系是研究点间几何位置的一种数学手段,研究不同的问题可能采用不同的坐标系和坐标系的数学形式,这主要取决于所研究问题的性质和方法(技术途径)。对一些具体问题而言,采用合适的坐标系会简化问题的研究。在一定意义上,所研究问题的特殊性决定或影响了所采用坐标系的定义和数学形式。在以后要讨论的一些坐标系问题中将说明这一点。

2. 大地坐标系

大地坐标系是一种椭球面坐标系,是大地测量中经常使用的一种坐标系,也是空间直角坐标系的一种等价坐标系。大地坐标系通过一个椭球(参考椭球)来定义坐标系,可以认为它是在前述球面坐标系基础上的发展。

事实上,前述球面坐标系也可以稍做改变:选择一个参考球,其半径为 R_0,定义其第一参数为

$$h=r-R_0$$

或

$$r=R_0+h$$

式中,h 为 P 点到球面的距离(沿过 P 点的球面法线,即过 P 点的半径)。其第二参数 θ 为 OP 与 OZ 轴的夹角,即过 P 点球面法线与 OZ 轴的夹角,常采用 $\delta=\pi/2-\theta$ 表示。第三参数 α 不变,仍为 ZOX 平面与 ZOP 平面的夹角(图 1-5)。显然,这仍然是原球面坐标系,只是改变一下参数的数学描述方式。如果所讨论的点都在所选参考球附近,则参数 h 能更直观地给出该点在参考球面以上(或以下)的位置,如把 h 称为点相对参考球的"高程"。地面点分布在地球表面,如果选择一个接近地球的参考球,地面点在参考球的附近,使用这种坐标系的表示方法比球面坐标系更直观。

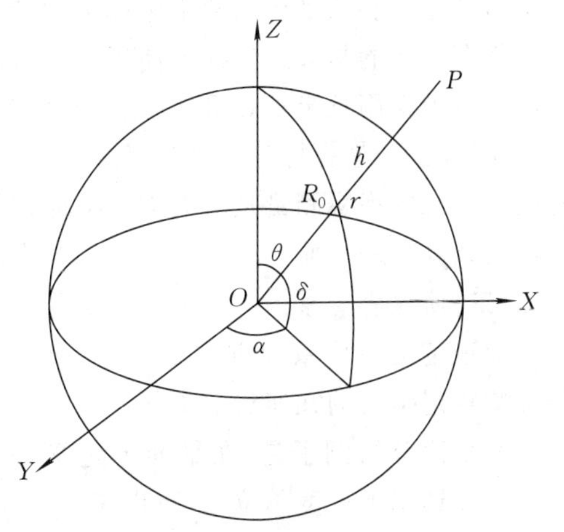

图 1-5　球面坐标系的另一种数学描述

由于地球更接近于椭球,只要把球面坐标系中参考球改为参考椭球就是大地坐标系。可以在空间直角坐标系的基础上建立大地坐标系。

大地坐标系选择椭球作为参考球,其长半轴为 a,短半轴为 b。定义其原点(椭球中心)与

相应直角坐标系原点重合，且 OZ 轴为椭球短轴，OX 轴也与直角坐标系重合；定义其第一参数 H 为 P 点到椭球面的距离（沿过 P 点的椭球面法线），称为大地高；第二参数 B 为过 P 点椭球面法线与 OZ 轴的夹角的余角，称为大地纬度；第三参数 L 为 ZOX 平面与 ZOP 平面的夹角，称为大地经度（图 1-6）。

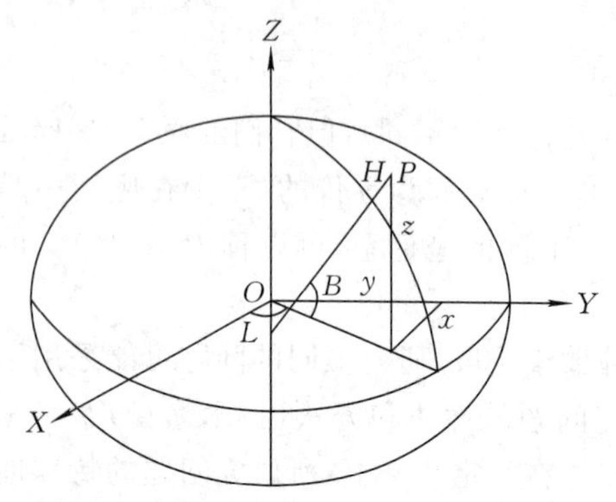

图 1-6 空间直角坐标系和大地坐标系

大地坐标系和空间直角坐标系也是等价的，它们之间存在唯一的变换关系，即

$$\left.\begin{aligned} x &= (N+H)\cos B\cos L \\ y &= (N+H)\cos B\sin L \\ z &= [N(1-e^2)+H]\sin B \end{aligned}\right\} \tag{1-8}$$

式中，N 为该点卯酉圈曲率半径，e 为椭球的第一偏心率，计算公式分别为

$$N=\frac{a}{\sqrt{1-e^2\sin^2 B}}$$

$$e^2=\frac{a^2-b^2}{a^2}$$

其逆变换（自 x、y、z 求 B、L、H）关系也是唯一的，即

$$\left.\begin{aligned} B &= \arctan\frac{z(N+H)}{(x^2+y^2)^{1/2}[N(1-e^2)+H]} \\ L &= \arctan\frac{y}{x} \\ H &= \frac{z}{\sin B}-N(1-e^2) \end{aligned}\right\} \tag{1-9}$$

由于等式右端含有待求参数，故式(1-9)需迭代解算。

定义大地坐标系的方法与定义直角坐标系的方法一样，要确定坐标系原点的位置（这里原点是指椭球中心）、坐标系两个坐标轴的指向和坐标系所采用的长度单位。

稍有不同的是大地坐标系使用了参考椭球作为高程的起算面，因此还需要确定参考椭球。大地测量中常用长半轴 a 和第一偏心率 e（与短半轴 b 等效）定义参考椭球。

应该说明，选择椭球作为参考球，不仅是为了使用的直观，还与高程（大地高）的测定方法有关。传统的高程测量是沿大地水准面进行的，选择与大地水准面相近的参考椭球会给高程测量的归算带来方便。

（三）协议坐标系

前述定义坐标系的方式不是唯一的，也可以采用某些给定坐标的几何点定义坐标系。

一个简单的例子是，在平面上定义一个二维坐标系。在选用了尺度单位后，可以定义一个原点，再定义 X 轴指向。也可以采用另外的方式定义该坐标系，即定义两个具体的点位 P_1、P_2 的坐标分别为 (x_1,y_1) 和 (x_2,y_2)（图 1-7），将

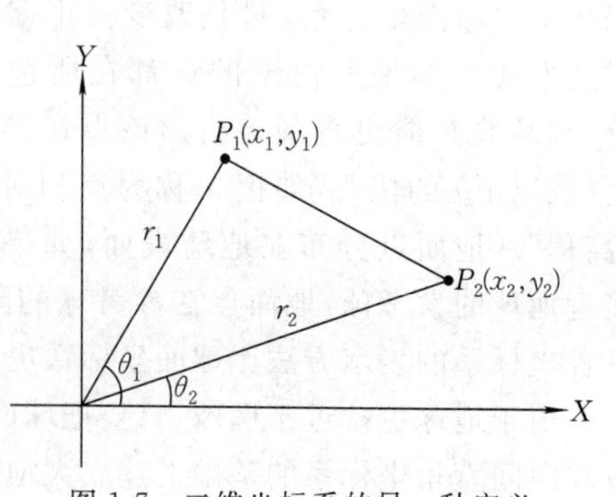

图 1-7 二维坐标系的另一种定义

$$P_1P_2=\sqrt{(x_2-x_1)^2-(y_2-y_1)^2}$$

与 P_1、P_2 实际距离相比较就可得到采用的尺度单位。由

$$r_1 = \sqrt{x_1^2 + y_1^2}$$

$$r_2 = \sqrt{x_2^2 + y_2^2}$$

可知坐标系原点是圆心为 P_1 点、半径为 r_1 和圆心为 P_2 点、半径为 r_2 所确定的两个圆的交点。一般这样的交点有两个，在对原点位置有一定先验知识的情况下不难判断其伪根，最后自

$$\theta_1 = \arccos \frac{x_1}{r_1}$$

$$\theta_2 = \arccos \frac{x_2}{r_2}$$

可确定坐标系 X 轴指向。

由此可见，定义具体点位的坐标值同样可以定义坐标系。

对于三维坐标系也有类似情况。至少可以通过给定 3 个具体点的坐标值 $P_1(x_1, y_1, z_1)$、$P_2(x_2, y_2, z_2)$、$P_3(x_3, y_3, z_3)$ 定义该坐标系，可得

$$P_1P_2 = \sqrt{(x_2 - x_1)^2 + (y_2 - y_1)^2 + (z_2 - z_1)^2}$$

与 P_1、P_2 实际距离相比较就可得到采用的尺度单位。由

$$r_1 = \sqrt{x_1^2 + y_1^2 + z_1^2}$$

$$r_2 = \sqrt{x_2^2 + y_2^2 + z_2^2}$$

$$r_3 = \sqrt{x_3^2 + y_3^2 + z_3^2}$$

可以确定坐标系原点为 3 个球面的交点，这 3 个球分别为：P_1 点为圆心，r_1 为半径；P_2 点为圆心，r_2 为半径；P_3 点为圆心，r_3 为半径。此外，O 至 3 个点的 $r_i(i = 1,2,3)$ 与 Z 轴的夹角为

$$\theta_i = \arccos \frac{z_i}{r_i} \quad (i = 1,2,3)$$

上式表明，Z 轴是以 OP_i 为轴、幅角为 θ_i 的 3 个圆锥面的交线$(i = 1,2)$。

在确定了原点和 Z 轴后，只需知道 r_1 与 X 轴的夹角 ψ_1，即

$$\psi_1 = \arccos \frac{x_i}{r_i}$$

即可确定 X 轴。过原点且垂直于 Z 轴的平面与以 OP_i 为轴、幅角为 ψ_1 的圆锥面的交线即为 X 轴。至此，已完全确定了坐标系(Y 轴按右手坐标系定义)。

以上说明，当定义了一个坐标系后，几何点位就对应一组坐标值；在已知若干点位的坐标值后，又可反过来定义该坐标系。可以将前一种方式称为坐标系的理论定义，后一种方式称为实际的定义或协议定义。在不存在误差的情况下，这两种方式对坐标系的定义是一致的。

事实上，点位的坐标值通常是通过一定测量手段取得的，它们总是含有误差的。由点位坐标反过来定义的坐标系与原来理论定义的会有所不同。尤其是所采用的坐标值多于坐标系定义所必需的参数时，其结果只能是在平差意义上的平均定义。这就是为什么存在一些理论定义相同但实际又有差异的坐标系。这一定义往往与理论定义不同，但它却有更多的实用意义，凡依据这些点位坐标值测定的其他点位的坐标值均属这一系统，而不属于理论定义的坐标系。例如，所测定的卫星轨道和利用卫星轨道(星历)进行的定位属于卫星跟踪站及其坐标采用值所定义的坐标系。可以说 GPS 定位或导航所采用的坐标系是测轨跟踪站及其坐标采用值所

定义的协议坐标系。由于这些跟踪站可以采用卫星激光测距(satellite laser ranging,SLR)、甚长基线干涉测量(very long baseline interferometry,VLBI)等高精度测量手段及自身长期观测可以不断改进,故这种实际(协议)的坐标系与理论定义偏差不大。当然,也可以认为这种坐标系是带有系统性偏差的理论坐标系。大地测量采用的坐标系也有类似的情况。

二、不同坐标系间的坐标转换

这里不同坐标系间的坐标转换是指不同定义(原点、三轴指向不同)的坐标系间的转换,即在一个坐标系内的一个几何点的坐标值转换为另一个坐标系的坐标值,或以另一个坐标系的坐标值表示同一个几何点的位置。

既然一些常用坐标系(如球面坐标、大地坐标)与直角坐标系是等价的,它们之间存在唯一的变换关系,可以只就直角坐标系这一种形式进行讨论。

如果已知两个坐标系的原点、三轴指向和长度单位间的关系,就可以通过平移变换、旋转变换和比例变换建立两坐标系间的关系,即

$$\begin{bmatrix} x \\ y \\ z \end{bmatrix}_{\mathrm{II}} = \begin{bmatrix} x_0 \\ y_0 \\ z_0 \end{bmatrix} + (1+K)\boldsymbol{R}\begin{bmatrix} x \\ y \\ z \end{bmatrix}_{\mathrm{I}} \tag{1-10}$$

式中,x_0、y_0、z_0 为 Ⅰ 坐标系原点在 Ⅱ 坐标系中的坐标值;$\boldsymbol{R}$ 为旋转矩阵;K 为 Ⅱ、Ⅰ 坐标长度单位的比值减 1,即

$$K = \frac{(\text{长度单位})_{\mathrm{II}}}{(\text{长度单位})_{\mathrm{I}}} - 1 \tag{1-11}$$

Ⅰ坐标系轴进行若干次旋转(一般不大于 3 次)后,可使Ⅰ坐标轴的三轴指向平行于Ⅱ坐标系的三轴指向。例如,先绕 Z 轴旋转 θ_z 后,绕 Y 轴旋转 θ_y,再绕 X 轴旋转 θ_x。此时旋转矩阵 $\boldsymbol{R}$ 为

$$\boldsymbol{R} = \boldsymbol{R}_x(\theta_x)\boldsymbol{R}_y(\theta_y)\boldsymbol{R}_z(\theta_z) \tag{1-12}$$

式中

$$\boldsymbol{R}_x(\theta_x) = \begin{bmatrix} 1 & 0 & 0 \\ 0 & \cos\theta & \sin\theta \\ 0 & -\sin\theta & \cos\theta \end{bmatrix}, \quad \boldsymbol{R}_y(\theta_y) = \begin{bmatrix} \cos\theta & 0 & -\sin\theta \\ 0 & 1 & 0 \\ \sin\theta & 0 & \cos\theta \end{bmatrix}, \quad \boldsymbol{R}_z(\theta_z) = \begin{bmatrix} \cos\theta & \sin\theta & 0 \\ -\sin\theta & \cos\theta & 0 \\ 0 & 0 & 1 \end{bmatrix}$$

实际的旋转次数和顺序依具体问题而定,按实际顺序自右向左写出旋转矩阵。旋转角 θ 的量取符号,对右手坐标系右旋为正,对左手坐标系左旋为正。

在实际工作中常常遇到三个旋转角 θ_x、θ_y、θ_z 均很小的情况,如理论定义一样、但实际定义不同的坐标系之间的转换,其 θ 角为秒级或不足 1″,这时坐标转换可以简化为

$$\begin{bmatrix} x \\ y \\ z \end{bmatrix}_{\mathrm{II}} = \begin{bmatrix} x_0 \\ y_0 \\ z_0 \end{bmatrix} + (1+K)\begin{bmatrix} 1 & \theta_z & -\theta_y \\ -\theta_z & 1 & \theta_x \\ \theta_y & -\theta_x & 1 \end{bmatrix}\begin{bmatrix} x \\ y \\ z \end{bmatrix}_{\mathrm{I}} \tag{1-13}$$

式(1-10)或式(1-13)是已知一点在 Ⅰ 坐标系内的坐标值,通过坐标转换可以求得该点在 Ⅱ 坐标系内的坐标值的数学模型。在转换中需要给定七个参数,它们是平移参数 x_0、y_0、z_0,旋转参数 θ_x、θ_y、θ_z 和长度比参数 K。通常将这七个参数称为坐标转换参数。

显然,也可以进行逆变换,即已知一点在Ⅱ坐标系内的坐标值,通过坐标转换可以求得该

点在Ⅰ坐标系内的坐标值。此时只需将坐标转换参数反号。

在实际工作中也常遇到两个坐标系原点相同，长度单位也相同，仅三个坐标轴指向不同，或三个坐标轴指向相同，而原点不同、长度单位不同等情况，此时式(1-10)可以简化。也就是说，不一定采用全部七个参数，也可以是四参数、三参数等，这要依实际问题的具体情况或条件而定。

应该说明的是，坐标转换本身在数学上是严格的，通过坐标转换并不会影响点位的精度。但是，坐标转换参数往往是通过一定的数学手段求定的，它们可能存在误差，这会影响几何点在Ⅱ坐标系内坐标值的精度。

三、天球坐标系和地球坐标系

卫星导航与测量常使用两类坐标系，即地球坐标系和天球坐标系。

在研究地面点间几何关系的问题中宜使用地球坐标系。地球坐标系固定在地球上，它跟随地球自转而不断地运动，相对地球却不存在运动，因此也称地固坐标系。所有和地球保持固定关系的点，如地面点，它们在地球坐标系中的坐标值是不变的，研究它们之间的几何和动力学问题是方便的。

天文学研究天体间的几何学和动力学问题，天体(如恒星)是不随地球自转而运动的，或者说它们与地球存在相对运动，只是不随地球自转。在空中固定的坐标系下，诸多天体(如恒星)的坐标可以保持不变(不考虑自行)。这对研究天体间几何学问题是方便的。此外，不随地球运动的天球坐标系可以看作惯性坐标系，这对研究天体动力学问题也是十分重要的条件。卫星也是不随地球运动的天体，在天球坐标系下研究其几何学和动力学问题是方便的。

一个实际问题是两类坐标系的混合应用问题。例如，在地球上的观测站对天体进行观测，往往是研究天体运动或在地球上定位的基本手段。又如，不论卫星导航还是卫星定位都是建立在距离的几何关系式上的，即

$$\rho=\sqrt{(x^j-x_r)^2+(y^j-y_r)^2+(z^j-z_r)^2}$$

式中，卫星的坐标 (x^j, y^j, z^j) 和接收机或测站的坐标 (x_r, y_r, z_r) 必须是同一坐标系下的坐标值，上式才能成立。接收机的位置随地球自转而运动，使用固定在地球上的坐标系的坐标表示，而卫星的位置则用天球坐标系的坐标表示。这就需要进行坐标转换，使之统一在一个坐标系下。至于统一在哪个坐标系下，要看所研究的问题，依研究方便而定。例如，要研究(测定)卫星轨道，应统一在天球坐标系下较有利；而研究(测定)观测站位置(如导航、定位)，则统一在地球坐标系下更方便。不论如何统一，都涉及两类坐标系间的相互转换问题。定义以下两类坐标系应能较方便地进行这样的坐标转换。

(一)瞬时极天球坐标系和瞬时极地球坐标系

如前所述，人们希望表示天体位置的天球坐标系与表示测站位置的地球坐标系之间便于相互转换。由于地球的自转，地球坐标系与天球坐标系之间存在相对运动，我们所能做的只是选择坐标系的定义，使其相对运动形式最简单。如果两个坐标系原点重合，取为地球质心，两坐标系的 Z 轴重合并取为瞬时地球自转轴，则所定义的天球坐标系与地球坐标系具有最简单的转换关系。

定义瞬时极天球坐标系(也称真天球坐标系)：原点为地球质心，Z 轴指向为瞬时地球自转轴(也称真天极)方向，X 轴指向为瞬时春分点(也称真春分点)方向，Y 轴按右手坐标系取向，单位为米。

定义瞬时极地球坐标系：原点为地球质心，Z 轴指向为瞬时地球自转轴（也称真天极）方向，X 轴指向为瞬时赤道面与包含地球自转轴和平均天文台赤道参考点的子午面交点方向，Y 轴按右手坐标系取向，单位为米。

这样定义的瞬时极天球坐标系和瞬时极地球坐标系具有简单的转换关系，即

$$\begin{bmatrix} x \\ y \\ z \end{bmatrix}_{et} = \boldsymbol{R}_z(\theta_G)\begin{bmatrix} x \\ y \\ z \end{bmatrix}_{ct} \tag{1-14}$$

$$\theta_G = \bar{\theta}_0 + \frac{d\bar{\theta}_0}{dt}\text{UT1} + \Delta\Psi\cos\varepsilon \tag{1-15}$$

式中，下标 et 表示对应 t 时刻的地球坐标系，下标 ct 表示对应 t 时刻的天球坐标系，θ_G 为对应 t 时刻的平格林尼治子午面的春分点时角，$\Delta\Psi$ 和 ε 分别为黄经章动和黄道与赤道的平交角（平黄赤交角），$\bar{\theta}_0$ 和 $d\bar{\theta}_0/dt$ 为世界时 0 点的格林尼治平恒星时及其变率，即

$$\bar{\theta}_0 = 6^h41^m50^s.548\,1 + 8\,640\,184^s.812\,866T + 0^s.093\,104T^2 - 6^s.2\times10^{-6}T^3$$

$$\frac{d\bar{\theta}_0}{dt} = 1.002\,737\,909\,357\,95 + 5.900\,6\times10^{-11}T - 5.9\times10^{-5}T^2$$

$$T = \frac{D_U}{3\,625}$$

式中，D_U 为自 2000 年 1 月 1 日 UT1 为 12^h 时起算的日数。UT1 为自天文观测得到的世界时。

（二）固定极天球坐标系——平天球坐标系

瞬时极天球坐标系，即真天球坐标系，可以方便地与地球坐标系相互转换，但它在天球上是运动的坐标系。由于地球是非球形的（近似为旋转椭球），故日、月对地球的引力将产生力矩，从而使地球自转轴在空间产生进动，即地球自转轴的方向在天球上缓慢移动。这种运动取决于日、月、地球三者的相关位置，其结果是运动变得十分复杂。可以将运动分解为一个长周期变化和一系列短周期变化的叠加。长周期变化约为 2.58 万年，绕黄极 1 周，由于所论时间相对长周期来说很短，故可以视为每年约 50.2″向春分点的长期变化，称为岁差。一系列短周期变化中幅值最大的约为 9″，周期为 18.6 年，这些短周期项统称为章动。地球自转轴的变化引起与它垂直的赤道面的倾斜变化，从而使春分点（黄道与赤道的交点）发生变化。除因地球自转轴方向改变引起的变化外，春分点还因黄道的缓慢变化（行星引力对地球绕日运动轨道的摄动）而变化，将该变化称为行星岁差。

瞬时极天球坐标系的坐标轴指向是不断变化的，即它是一个不断旋转的坐标系。一个旋转的坐标系不是惯性坐标系，在这样的坐标系中不能直接使用牛顿第二定律，这对研究卫星运动是不便的。为此需要建立一个三轴指向不变的坐标系，以便在这样的坐标系下研究卫星的运动（计算卫星的位置）。所得到的这个坐标系下的卫星位置（坐标）又可以方便地转换为瞬时极天球坐标系，以便与地球坐标系进行转换。历元平天球坐标系，常简称平天球坐标系或固定极天球坐标系，就是这样的坐标系。选择一个历元时刻（即时间参考点或起算点），以此瞬间的地球自转轴和春分点方向分别扣除此瞬间的章动值，分别将其作为 Z 轴和 X 轴的指向，Y 轴按构成右手坐标系取向，坐标系原点与瞬时极天球坐标系相同，这样的坐标系称为该历元时刻的平天球坐标系。

可以通过两次旋转变换实现瞬时极天球坐标系与平天球坐标系间的坐标转换。

1. 岁差旋转变换

图 1-8 中 $Z_M(t_0)$ 至 $Z_M(t)$ 表示从 J2000.0 年(J 表示儒略历，2000 年 1 月 1 日 12 时)至所论时刻 t，岁差导致了地球自转轴的运动；$X_M(t_0)$ 至 $X_M(t)$ 表示岁差导致的春分点运动。可以通过三次旋转变换得到两个坐标系间的转换，即

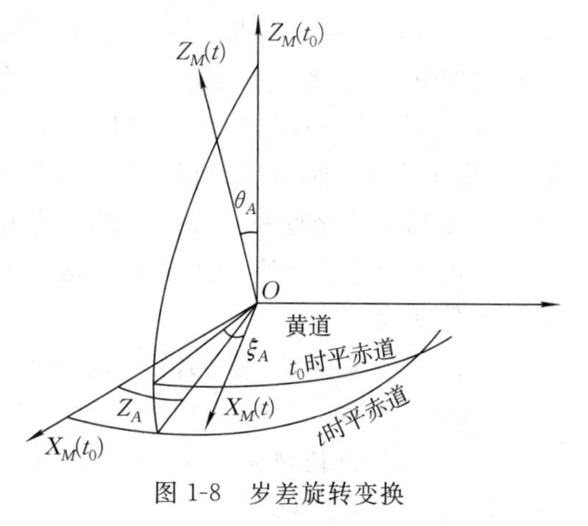

图 1-8　岁差旋转变换

$$\begin{bmatrix} x \\ y \\ z \end{bmatrix}_{M(t)} = \boldsymbol{R}_Z(-Z_A)\boldsymbol{R}_Y(\theta_A)\boldsymbol{R}_Z(-\xi_A)\begin{bmatrix} x \\ y \\ z \end{bmatrix}_{M(t_0)} \tag{1-16}$$

式中，ξ_A、θ_A、Z_A 为岁差参数，即

$$\xi_A = 2\,306.218\,1''T + 0.301\,88''T^2 + 0.017\,998''T^3$$

$$\theta_A = 2\,004.310\,9''T + 0.426\,65''T^2 - 0.041\,833''T^3$$

$$Z_A = 2\,306.218\,1''T + 0.094\,68''T^2 + 0.018\,203''T^3$$

其中，T 是自 J2000.0 至所论历元的儒略世纪数。

2. 章动旋转变换

在已进行岁差旋转变换的基础上，还要进行章动旋转变换，如图 1-9 所示。章动旋转变换与岁差旋转变换相类似，即

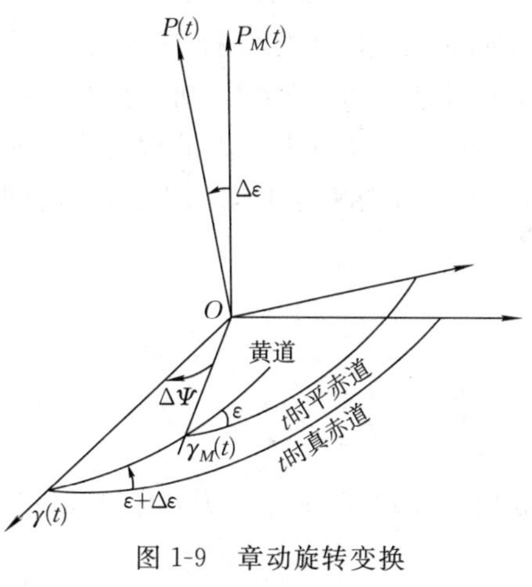

图 1-9　章动旋转变换

$$\begin{bmatrix} x \\ y \\ z \end{bmatrix}_{C(t)} = \boldsymbol{R}_X(-\varepsilon-\Delta\varepsilon)\boldsymbol{R}_Z(-\Delta\Psi)\boldsymbol{R}_X(\varepsilon)\begin{bmatrix} x \\ y \\ z \end{bmatrix}_{M(t)} \tag{1-17}$$

式中，ε 为所论历元的平黄赤交角，$\Delta\Psi$ 与 $\Delta\varepsilon$ 分别为黄经章动和交角章动，具体为

$$\varepsilon = 84\,428.26'' - 46.845''T - 0.005\,9''T^2 + 0.001\,81''T^3$$

$$\Delta\Psi = \sum_{j=1}^{106} C_\Psi^j \sin\left(\sum_{k=1}^{5} \mathit{Э}_k^j A_k\right)$$

$$\Delta\varepsilon = \sum_{j=1}^{106} C_\varepsilon^j \cos\left(\sum_{k=1}^{5} \mathit{Э}_k^j A_k\right)$$

其中，A_k 的下标 k 取 1、2……5，A_1 为月球平近点角、A_2 为太阳平近点角、A_3 为月球平升交角距、A_4 为日月平角距、A_5 为月球轨道对黄道平升交点的黄经，C_Ψ^j 为与黄经章动有关的常系数，C_ε^j 为与交角章动有关的常系数，$\mathit{Э}_k^j$ 为引数系数。它们的值可自天文年历中查取。

(三)固定极地球坐标系——平地球坐标系

对于一个无约束的自由转动刚体，若其初始条件为自转轴与刚体的主惯量轴一致，则其瞬时自转轴将与主惯量轴保持一致；若其初始条件为自转轴与刚体的主惯量轴不一致而存在某一夹角，根据欧拉方程的解，其瞬时自转轴将不会与主惯量轴重合，而在其附近不停地摆动。

如果把地球视为刚体(有某些近似,但不妨碍人们定性地讨论这一问题),则它的自转轴与主惯量轴的关系恰是后一情况。主惯量轴在地球上基本上是不变的,因此地球瞬时自转轴在地球上随时间而变,称为极移。经观测,极移主要包括两种周期变化:一种周期约为1年,振幅约为0.1″;另一种周期约为432天,振幅大约为0.2″。这意味着地极在地球表面有近10 m的移动量。瞬时极地球坐标系是以地球自转轴定向的,地球自转轴的不断变化将使地球上的测站在该坐标系下不能得到一个确定不变的坐标值。与天球坐标系一样,需要定义一个在地球上稳定不变的坐标系。这一坐标系应与瞬时极地球坐标系有明确的关系,以便进行坐标变换。

1960年,国际大地测量与地球物理联合会(International Union of Geodesy and Geophysics,IUGG)决定以1900.0至1905.0共5年地球自转轴瞬时位置的平均值为地球的固定极,称为国际协议原点(conventional international origin,CIO)。平地球坐标系定义其Z轴指向国际协定原点。

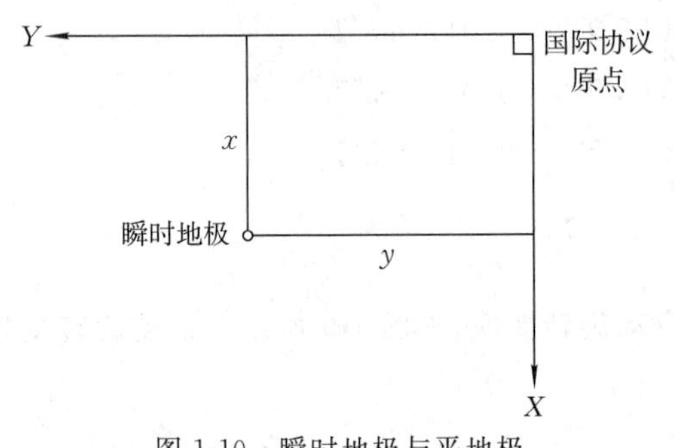

图1-10　瞬时地极与平地极

由于地球不是刚体及存在其他一些地球物理因素,地球瞬时地极(也称平地极)相对协议原点的运动十分复杂,难以用解析式表示它们之间的关系。国际极移局(International Polar Motion Service,IPMS)通过观测于事后公布对应各时刻的地球瞬时极坐标(x_P, y_P);取平地极为原点,x_P指向格林尼治平子午圈经度为0°的方向,y_P指向经度为270°的方向(图1-10)。

国际时间局发表的极坐标是根据所属40个台站的观测结果推算的。初步坐标的间隔为10天,每期包括20～30天,刊于该局出版的“B通报”上。内插坐标约迟2周出版,外插值约提前10周出版,间隔为5天的暂定为最后坐标,并刊于“D通报”上,约迟1个月出版。间隔为10天的最后坐标载于时间局出版的“时间公报”上,约迟1年出版。

平地球坐标系与瞬时极地球坐标系的转换关系为

$$\begin{bmatrix} x \\ y \\ z \end{bmatrix}_{em} = \boldsymbol{R}_y(-x_P)\boldsymbol{R}_x(y_P)\begin{bmatrix} x \\ y \\ z \end{bmatrix}_{et} \tag{1-18}$$

式中,下标em表示平地球坐标系,下标et表示t时刻的瞬时极坐标系,x_P、y_P为t时刻以角秒表示的极移值。

以上讨论的4种坐标系,主要是解决平地球坐标系(观测站具有固定的坐标)和平天球坐标系(牛顿运动学定律成立的惯性坐标系)间的坐标转换问题。这两种都是固定极坐标系,而瞬时极坐标系则是必需的过渡(图1-11)。

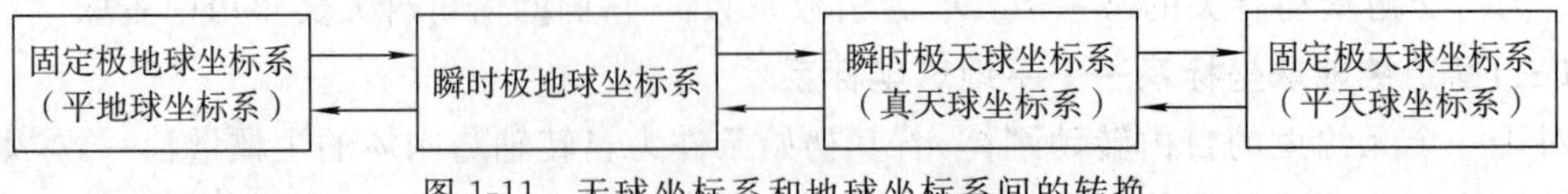

图1-11　天球坐标系和地球坐标系间的转换

四、我国大地测量中常用坐标系

大地测量的一个重要领域是研究点间的几何关系。它包括研究两个或多个点间的几何关系，如边长、方位、高程差，也包括了研究使用测量取得的几何关系，如三角测量、测距、水准测量，确定一个或几个点的几何位置。前者为大地测量反解问题，后者为大地测量正解问题。为了方便地研究这些问题，也受所研究问题的条件制约，大地测量常用的主要坐标系的数学形式为空间直角坐标系、大地坐标系，其定义的则主要有参考坐标系和地心坐标系。

（一）大地测量参考坐标系和地球质心坐标系

尽管从理论上（或数学上）讲，可以任意定义坐标系，但实际工作中坐标系的定义可以使所讨论的问题简化，所以实际使用的坐标系不是任意定义的。

传统大地测量的基本观测量是以经纬仪、水准仪取得的水平角和高程差。它们都是以当地的水准面的法线（即铅垂线）为基准的（操作体现为观测仪器整平），因此选择与大地水准面最接近的椭球作为参考椭球会使问题简化。大地测量中通常确定与大地水准面相近的椭球，由平差确定参考椭球的中心（即坐标系原点），使该椭球与本地区的大地水准面符合得最好。椭球的短半轴（相当于直角坐标系的 OZ 轴）的指向平行于协议平北极，与 OX 轴一起构成了直角坐标系的 XOZ 面，该面称为首子午面，它的指向平行于平格林尼治天文台子午面。

大地测量参考坐标系常是局部坐标系（上述定义过程是在局部地区进行的）。大地测量参考坐标系通常使用大地坐标 (B,L,H) 作为坐标系的坐标参数，也可以使用直角坐标 (x,y,z) 作为坐标系的坐标参数，它们是等价的，存在明确、唯一的变换关系，只是数学表示形式不同而已。

地球质心坐标系的定义方法与大地测量参考坐标系的不同在于，它定义地球质心为坐标系的原点。

空间科学和远程武器的发展对测量坐标系统提出了新的要求。卫星轨道和武器弹道的计算涉及地球引力、日月位置等诸多因素，采用原点在地球质心的坐标系可以使轨道和弹道计算简化，这些学科的理论和计算多采用地球质心坐标系。这些学科要求大地测量提供的地面点位也是地球质心坐标系的坐标值。

由于研究对象涉及两种坐标系（天球、地球）的转换，进行前述转换的条件是两坐标系的 Z 轴均为地球（瞬时）自转轴，这就隐含了坐标系原点应在地球自转轴上（瞬时地球自转轴通过地球质心）。这说明选择地球质心坐标系不会引入额外误差。

地球引力场是近地天体运动的主要作用力，通常采用球谐函数计算。

空间一点的地球引力可以表示为

$$f_x=\frac{\partial V}{\partial x},\quad f_y=\frac{\partial V}{\partial y},\quad f_z=\frac{\partial V}{\partial z}$$

式中，f_x、f_y、f_z 为引力沿坐标轴的三个分量；V 为地球引力场位函数，它是空间位置 (r,φ,λ) 的函数，r 表示地心距，φ 为纬度，λ 为经度。V 不能用封闭式表达，但可以展开为球谐函数表达式，即

$$V(r,\varphi,\lambda)=\frac{GM}{r}\left[1+\sum_{n=1}^{\infty}\left(\frac{a_e}{r}\right)^n J_n P_n(\sin\varphi)+\sum_{n=2}^{\infty}\sum_{m=1}^{\infty}\left(\frac{a_e}{r}\right)^n P_n^m(A_{mn}\cos m\lambda+B_{mn}\sin m\lambda)\right]$$

式中，GM 为地球引力常数与地球总质量的积，a_e 为地球椭球的长半轴，$P_n(X)$ 为勒让德多项

式，J_n 为带谐系数，$P_n^m(X)$ 为缔合勒让德多项式，A_{mn}、B_{mn} 为田谐系数。系数 A_{mn}、B_{mn}、J_n 与地球内部质量分布有关，一旦这些系数确定（测定）后，就可计算空间任意点的地球引力。利用重力测量与地球重力场的理论和方法测定了这些系数，可供使用。

在求定这些系数时，球谐系数的一阶项 A_{10}、A_{11}、B_{11} 曾定义为 0，即

$$A_{10}=G\iiint_e z\,\mathrm{d}m=0,\quad A_{11}=G\iiint_e x\,\mathrm{d}m=0,\quad A_{10}=G\iiint_e y\,\mathrm{d}m=0$$

在刚体力学中

$$\frac{1}{M}\iiint_e z\,\mathrm{d}m=x_c,\quad \frac{1}{M}\iiint_e x\,\mathrm{d}m=y_c,\quad \frac{1}{M}\iiint_e y\,\mathrm{d}m=z_c$$

式中，x_c、y_c、z_c 为刚体在所采用坐标系的质心坐标值。它们为 0，即意味着地球引力球谐展开式采用坐标系的原点（坐标值为 0）为地球质心，或者说，只有原点在地球质心的坐标系内，引力的计算及卫星的轨道计算才是正确的。在具体工作中体现为所有卫星监测站必须采用地心坐标，卫星定位所获得的解也是地心坐标。

另外，既然卫星的轨道是以地球质心坐标系计算的，也就提供了通过观测卫星定义地球质心坐标系的手段。事实上，地球质心坐标系就是在这样的需要与可能的背景下发展的。

地球质心坐标系通常使用直角坐标 (x,y,z) 作为坐标系的坐标参数，也可以使用大地坐标 (B,L,H) 作为坐标系的坐标参数。同样，它们也是等价的，存在明确、唯一的变换关系。

（二）我国常用的大地测量参考坐标系

我国常用的大地测量参考坐标系主要有 1954 北京坐标系、1980 西安坐标系和 1954 北京坐标系整体平差转换值。

1. 1954 北京坐标系

1954 北京坐标系是大地测量参考坐标系，也是目前常用的坐标系之一。它是我国 20 世纪 50 年代由苏联远东一等锁联测传算的，原则上它属于苏联 1942 年普尔科沃坐标系，采用克拉索夫斯基椭球，但高程系统中的正常高采用了我国青岛验潮站 1956 年求出的黄海平均海水面作为基准。

1954 北京坐标系未经全网（一等锁网）整体平差，大体上是由北向南、由东向西分区平差的，平差时本区与已平差过的区（邻区）有连接点，将该点在邻区的平差值作为本区的已知点。二等补充网在已进行局部平差的一等锁控制下进行平差。

2. 1980 西安坐标系

1980 西安坐标系也称为 1980 国家大地坐标系，也是大地测量参考坐标系。它选用国际大地测量与地球物理联合会 1975 年推荐的椭球参数作为参考椭球，全国均匀选取 922 点，按高程异常均方和为最小确定坐标系原点，椭球短轴指向平行于 JYD 极轴，首子午面指向平行于平格林尼治天文台子午面。

1980 西安坐标系通过整体平差确定所选取的全国约 5 万点（含一等锁和二等补充网）的坐标值。

3. 1954 北京坐标系（整体平差转换值）

与 1980 西安坐标系相较，1954 北京坐标系并非理想的大地测量参考坐标系，因其未进行整体平差，其点间相对位置的精度也不够高。但几十年来已积累大量的中小比例尺地形图、城市控制测量成果、大比例尺规划图等，这些资料和成图已广泛使用。如果改变坐标系，必须进

行坐标系的改化，这些资料和成图（主要是成图，其图廓和方里网都将有明显的改变）将不能继续使用。事实上，就是这一生产上的原因，而不是技术上的原因，使1954北京坐标系仍在广泛应用。

考虑1980西安坐标系的点间相对位置精度较高，而大量现有地图资料又属于1954北京坐标系，有一个办法是坐标系采用目前大量使用的1954北京坐标系，点间的相对位置使用精度较高的1980西安坐标系，这就是1954北京坐标系（整体平差转换值）。为实现这一目的，可以采用1980西安坐标系成果中的点间坐标差作为导出观测量，采用1954北京坐标系成果中点位坐标作为点位的坐标初始值，并赋以一定的先验权进行整体平差。

4. 天文经纬度

天文经纬度也是大地测量中常用的，一般常将使用天文测量的方法取得的天文经纬度称为天文坐标系（的两个分量）。事实上，这一称谓不一定合适。一点的天文经纬度标示了该点铅垂线或重力（作用力）的方向，即表示该点的物理特征而不是几何特征，但不能精确表示（或说明）该点的几何位置；两点的天文经纬度，即使附加高程分量，也不能表示（或计算）两点间的相对几何位置。尽管天文经纬度这一物理量与点的位置这一几何量有一定的关系，但这种关系十分复杂，且不是几何性质的关系，精确确定这种关系也是十分困难的。因此，就几何的坐标系而言，天文经纬度不应看作一个坐标系或一个坐标系的两个分量。

（三）常用的地球质心坐标系

地球质心坐标系也常简称地心坐标系，下面介绍一些常用的地心坐标系。

1. WGS-84坐标系

WGS-84坐标系是地球质心坐标系。它的坐标原点与地球质心重合，Z轴指向地球平北极，X轴指向平格林尼治天文台子午面与地球平赤道的交点。WGS-84坐标系是美国GPS监控站采用的坐标系，用GPS卫星发播的广播星历计算的卫星位置也属于WGS-84坐标系，因此使用GPS获得的测量结果也属于WGS-84坐标系。

通过卫星测量网可以再现地球质心坐标系。所谓再现地球质心坐标系是指通过卫星测量，取得网内一些点的坐标从而定义的坐标系。事实上，一个坐标系常常是以一系列点位的坐标值体现的，即给定一系列点的坐标值也就确定了一个坐标系。

我国一级GPS网的网点通过观测GPS卫星、使用卫星的广播星历计算出卫星位置，并计算点位的坐标。由于使用的卫星广播星历属于WGS-84坐标系，计算出的卫星位置也属于WGS-84坐标系，进而按几何关系解出的点位坐标也应属于WGS-84坐标系。原则上，使用C/A码的导航定位所得的就是WGS-84坐标系下的坐标值，但所测伪距精度过低，因此所得点位坐标的精度也不高；我国GPS一级网使用较高精度的相位观测所取得的点位坐标的精度较高，再现的WGS-84坐标系精度也较高，经全网平差后坐标系的精度优于1 m。

严格地讲，按上述方法取得的（或再现的）WGS-84坐标系应称为WGS-84（广播星历）坐标系，这一坐标系对GPS应用而言有重要意义。我国的GPS用户绝大多数在工作（数据处理）中使用广播星历，其所得成果均属于此坐标系。在相对定位中，所需的起算数据也应是这一坐标系的坐标，否则在理论上是不严格的，应用中精度也受影响（详见第六章）。

如果已知一点（或几点）的WGS-84（广播星历）坐标系下的坐标值，使用广播星历，以GPS相对定位的方法取得其他一系列点的坐标也可再现WGS-84坐标系，但在我国建立一级GPS网时没有这样的点。如果使用其他坐标系的点位坐标作为已知点，又使用广播星历以GPS相对定位的方法确定其一系列点的坐标，这在理论上是不严格的，对精度也是有影响的。

2. ITRF96 坐标系

ITRF96 是国际地球自转服务局(International Earth Rotation Service，IERS)公布的地球参考框架(历元为 1997.0)，它是一组分布于全球的国际 GPS 服务(International GPS Service，IGS)跟踪站的四维坐标值(三维坐标及其时间变率)。其相应的坐标系是目前精度最高的地心坐标系。我国国内的 IGS 跟踪站有台北、上海、西安、拉萨和武汉，它们都有较精确的坐标值及其年变化。我国二级 GPS 网即是以上述台站和周边的一些国外台站作为基准的，即属于 ITRF96。

3. DX-1 地心坐标转换参数和 DX-1 地心坐标系

DX-1 地心坐标转换参数是以五种方法确定的自 1954 北京坐标系转换为地心坐标的一组坐标转换参数。与之相对应的转换后坐标系称为地心一号(DX-1)坐标系。这五种方法是：利用全球天文大地水准面建立地心坐标系；利用全球天文大地水准面和重力大地水准面建立地心坐标系；利用国内点的天文大地水准面和重力大地水准面及垂线偏差建立地心坐标系；利用卫星多普勒技术建立地心坐标系；利用高精度卫星多普勒定位测定我国地心坐标转换参数。这五种方法求得的转换参数存在一些差异，取权中数作为采用的转换参数，即 DX-1 坐标转换参数。

五、坐标转换参数的求定

坐标转换参数的求定即是求定两个坐标系进行坐标转换必需的七个参数。

如果已知某点在两个坐标系内的坐标值，就可以用该点在第一坐标系内的坐标值和七个坐标转参数(它们是未知数)，列出求定该点在第二坐标系内的坐标值的数学表达式，该表达式的值应该等于该点在第二坐标系内的坐标值。

这种坐标转换参数的求定往往在两个相近的坐标系之间进行，由式(1-13)可得

$$\left.\begin{aligned} x_{\mathrm{II}} &= x_0 + (1+K)x_{\mathrm{I}} + y_{\mathrm{I}}\theta_z - z_{\mathrm{I}}\theta_y \\ y_{\mathrm{II}} &= y_0 + (1+K)y_{\mathrm{I}} - x_{\mathrm{I}}\theta_z + z_{\mathrm{I}}\theta_x \\ z_{\mathrm{II}} &= z_0 + (1+K)z_{\mathrm{I}} + x_{\mathrm{I}}\theta_y - y_{\mathrm{I}}\theta_x \end{aligned}\right\} \tag{1-19}$$

式中，有七个未知的坐标转换参数，如果列出七个这样的方程式(这意味着至少已知三个点在两个坐标系内的坐标值)，就可以完全确定七个坐标转换参数。式(1-19)为忽略了微小项的结果。实际工作中，已知两个坐标系下的坐标值的点不只三个，因此列出的方程式不止七个，就需要用最小二乘法求解七个坐标转换参数。可以将式(1-19)写成误差方程的形式，即

$$\left.\begin{aligned} v_x &= x_0 + x_{\mathrm{I}}K + y_{\mathrm{I}}\theta_z - z_{\mathrm{I}}\theta_y + (x_{\mathrm{I}} - x_{\mathrm{II}}) \\ v_y &= y_0 + y_{\mathrm{I}}K - x_{\mathrm{I}}\theta_z + z_{\mathrm{I}}\theta_x + (y_{\mathrm{I}} - y_{\mathrm{II}}) \\ v_z &= z_0 + z_{\mathrm{I}}K + x_{\mathrm{I}}\theta_y - y_{\mathrm{I}}\theta_x + (z_{\mathrm{I}} - z_{\mathrm{II}}) \end{aligned}\right\} \tag{1-20}$$

应用最小二乘法不难得出上述七个未知参数的解。

观察误差方程，其未知参数的系数为各已知点(已知两个坐标系内的坐标值)的坐标。当上述已知点的分布区域不大时，各方程的相应系数变化不大。其结果是所解的坐标转换参数相关性较强。由于已知的坐标值是有误差的，具体表现为有“张冠李戴”的现象，即部分旋转参数的影响算在平移参数上(在区域不大时，旋转变换有较大的常量成分，与平移变换相近)，因此，当区域不大时，坐标转换参数本身的求解精度不高。

从另一角度看，如果以转换至第二坐标系为目的，上述方法相当于最小二乘拟合插值。可以估计，在已知点覆盖范围内及不大的边缘地区，其插值的精度较好，在远离已知点覆盖的区域，插值精度急剧下降。

有时，如数百千米范围，当精度要求不高时，常只采用三个平移参数作为两个坐标系的转换参数。这实际上是采用区域的中部点的旋转变换代替全区的旋转变换(尺度比参数通常不大)。显然，当区域较大时，如数百或上千千米范围，不同点的旋转变换相差较大，不宜采用三参数法进行坐标转换。我国国土范围达数千千米，应采用七参数作为坐标转换参数。

由于我国完成的 GPS 一级网和二级网测定了网点的 WGS-84 坐标或 ITRF96 坐标，又经全网的平差，这些 GPS 一、二级网点又大多选在原 1980 西安坐标系总体平差的点上，故全国 GPS 一、二级网点大都已知其在 WGS-84 或 ITRF96 坐标系下的坐标值和在 1980 西安坐标系下的坐标值，可用其求定这两个坐标系间的坐标转换参数。经平差，可以求定 WGS-84 坐标系或 ITRF96 与我国 1980 西安坐标系间的坐标转换参数。以该坐标转换参数在任意一个 GPS 一、二级网点上进行坐标转换，其转换后所得的坐标值与原已知的坐标值差异约为 1 m(全网平均)。这一差异是对点位的 WGS-84 坐标系下的坐标值相对精度和点位的 1980 西安坐标系下的坐标值相对精度的综合反映，也大体上反映了在我国范围内从 1980 西安坐标系转换为 WGS-84 坐标系(或反之)的精度。这一事实也反映了我国大地网和 GPS 一级网(更主要反映了大地网)的相对精度是比较好的。

尽管也已知 GPS 一、二级网点的 1954 北京坐标系的坐标值，却不宜以之求定全国范围内的两坐标间的坐标转换参数。这是因为 1954 北京坐标系不是整体平差而是分区平差，不同分区间可能存在较大的系统性偏扭，整体求定一组坐标转换参数的精度不会很高。从需要的角度，如果要求它们之间的坐标转换参数，应分别求定 1954 北京坐标系原分区平差时的分区的坐标转换参数。鉴于 1954 北京坐标系在我国的应用仍相当广泛(尤其是在地图、工程或城市控制网等经济建设中)，比较精确地求定这两个坐标系间的转换参数是有一定意义的。这一工作目前尚待完成。

六、卫星测量中的时间系统

时间与长度、温度一样是一个基本物理量，在描述物质运动时，时间是必不可少的因素。卫星测量主要的观测对象是以每秒数千米的速度运动的卫星，对观测者而言它的位置(方向、距离)和速度都在不断地迅速变化。因此，任何观测量都必需给定取得观测量的时刻，为了保障观测量不损失精度，对观测时刻有一定的精度要求，如几十微秒或更高。此外，多数导航系统(包括 GPS)是建立在测量信号传播延迟的基础上的，将它转化为距离时要乘以光速，这就对短时间的时间间隔提出了很高的精度要求，如短时间的时间稳定度为 10^{-10} 左右。

时间系统与坐标系统一样，应有尺度(时间单位)和原点(历元)。只有将尺度和原点结合起来，才能给出时刻。

就理论而言，任何周期运动，只要它的周期是恒定的并可观测，都可以作为时间尺度(单位)。实际上，人们所能得到的(或实用的)时间尺度只能在一定的精度上满足这一理论要求，随着观测技术的发展(观测精度的提高)和更稳定的周期运动的发现，正在不断地接近这一理论要求。

(一)世界时

1956年以前,秒被定义为1平太阳日的1/86 400,以平太阳中天作为12小时。将实测的恒星时参考格林尼治平子午圈换算为平太阳时刻,即得到世界时(universal time,UT)UT0。UT0加入极移改正即可得到UT1,UT1在数值上代表地球自转的角度。由于高精度石英钟的普遍采用,以及观测精度的提高,人们发现地球自转周期存在季节性变化、长期变化和其他不规则变化,加入季节性改正后的世界时称为UT2。1956年,国际上采用新的秒长定义,定义回归年长度的1/31 556 925.974 7为1历书时秒。就时间尺度而言,世界时已被历书时所取代。1976年,更稳定的原子时又在许多领域代替了历书时。但是UT1在卫星测量等许多领域中仍被广泛使用,只是它不再作为时间尺度。由于UT1在数值上反映了地球自转的角度,故它可用于天球坐标系和地球坐标系的坐标转换。

(二)国际原子时

卫星测量等许多技术领域多使用国际原子时(international atomic time,ATI)。国际原子时被定义为在海平面铯原子的两个超细能级间跃迁辐射振荡9 192 631 770周所持续的时间。国际原子时的起点按国际协议取为1958年1月1日0时0秒,与UT2重合。但事后发现,在这一瞬间国际原子时与UT2相差0.003 9 s。就目前的观测水平而言,原子时的时间尺度是均匀的(依据的周期运动具有稳定的周期),被广泛应用于动力学作为时间单位,其中包括卫星动力学。

(三)协调世界时

由于地球自转周期存在长期项,随着时间的积累,国际原子时与世界时的时刻将越差越大。这种时刻与太阳的视运动(昼夜变化等与之有关)脱节,会产生某些不便。许多应用领域除对稳定度有较高的要求外,还要求时间系统的时刻接近世界时UT1,协调世界时(coordinated universal time,UTC)即是这样一种折中。协调世界时采用国际原子时秒长,但与国际原子时相差若干整秒,以保持与UT1的时刻之差不超过1 s,它既能保持时间尺度的稳定,又能近似反映地球自转的状态。按国际无线电咨询委员会(CCIR)通过的关于协调世界时的修正案,从1972年1月1日起协调世界时和UT1之间的差值最大可以达到0.9 s。超过或接近0.9 s时以跳秒补偿,跳秒必需安排在最后一天的结束时刻,优先选择12月末和6月末,其次是3月末和9月末。为了保障需使用UT1的用户能得到精度较高的UT1时刻,时间服务部门在发播协调世界时时号的同时,还给出协调世界时与UT1差值的信息,以方便地自协调世界时得到世界时UT1,即

$$UT1 = UTC + \Delta t \tag{1-21}$$

式中,Δt 即为所发播的差值。

(四)GPS时

GPS时(GPS time,GPST)是GPS使用的时间系统(不同的卫星导航系统使用的时间系统可能不同)。卫星导航系统是以时间(传播延迟)作为基本观测量的。卫星运动又是时间的函数,故对时间系统有很高的要求。GPS时与协调世界时一样,以原子频标作为GPS时的尺度基准,但不进行跳秒(跳秒可能使导航在此时产生混乱)。GPS时在1980年1月1日0时与协调世界时的时刻一致,此后随着协调世界时跳秒的出现,协调世界时与GPS时有数秒的差异。此外,GPS时是以其系统内的原子频标维持的,它们与协调世界时采用的原子频标不全一致,故其时刻秒以下的小数部分也有差异,这种差异保持在100 μs以内,并定期公布这种差

异。卫星发播的卫星钟钟差都是相对 GPS 时的钟差，在利用 GPS 进行时间校准时应注意这一情况。

(五)时间与频率

频率是某周期事件在单位时间内发生的次数。显然，频率是与时间密切相关的量。事实上，国际原子时的秒长就是以高稳定度的频标定义的。一个高稳定度频率发生器就能以相应的精度再现时间尺度。因此，一个具有恒定频率的信号发生器(或频标)就等效于一个精度与频率稳定度相应的时钟，其间的差别仅是一个计数器。

关于频标或时钟的精度，常使用两种指标来描述，即准确度和稳定度。一个频率的准确度定义为它的实际频率值 f 与其标称频率值 f_0 的相对偏差，即

$$\text{频率准确度} = \frac{f - f_0}{f_0}$$

频率稳定度则指在指定的抽样时间内频率准确度的变化，常用阿伦方差的平方根来表示，即

$$\left.\begin{aligned} \delta_y(T) &= \sqrt{\frac{1}{M-1}\sum_{k=1}^{M-1}(Y_{k+1} - Y_k)^2} \\ Y_k &= \frac{1}{\tau}\int_{t_k}^{t_{k+1}} y(t)\mathrm{d}t \end{aligned}\right\} \tag{1-22}$$

式中，Y_k 为抽样时间 τ 内的平均频率值；一般 M 可取 101，即用 100 个无间隙连续取样数据；$y(t)$ 为瞬时频率。

显然，频率稳定度是与抽样时间有关的，不同的抽样时间会有不同的结果。通常按抽样时间的长短可以分为长期稳定度、短期稳定度和瞬时稳定度，简称长稳、短稳和瞬稳，但其间并没有严格的界限。通常长稳是指年或月的稳定度，短稳是指日或小时的稳定度，而瞬稳则指秒甚至毫秒的稳定度。对于一个具体的频标或钟，通常在给出稳定度的同时也给出抽样时间。表 1-1 给出几种频率标准的典型数据。

表 1-1　几种频率标准的典型数据

频率标准	准确度	秒稳定度	小时稳定度	日稳定度	系统漂移
高精度石英频标	—	$10^{-9} \sim 10^{-12}$	$10^{-9} \sim 10^{-12}$	$10^{-9} \sim 10^{-12}$	1×10^{-11}
铷气泡频标	—	5×10^{-12}	5×10^{-13}	5×10^{-13}	2×10^{-11}/月
铯原子束频标	1×10^{-13}	5×10^{-12}	5×10^{-12}	2×10^{-14}	3×10^{-12}/寿命期
氢原子激射器	1×10^{-12}	3×10^{-13}	7×10^{-15}	7×10^{-15}	1×10^{-12}

作为星载频率标准，除要求高稳定度外，还要求设备几何尺寸小、重量轻和功耗低。

第二章 卫星的运动

和所有的运动物体一样，人造地球卫星的运动取决于它所受的作用力。人造地球卫星在绕地球运转中所受的作用力主要有地球对卫星的引力，日、月对卫星的引力，大气阻力，光辐射压力及潮汐力。所谓潮汐力是指日月引力引起地球变形，从而改变地球对卫星的引力，这可等效为一定的地球引力与一个附加力的和，这一附加力称为潮汐力。在这些作用力中，地球引力是主要的。考察这些作用力的相对值，如果将地球引力视为1，则其他作用力均小于10^{-5}。

如果地球是密度均匀的球体，或是由无限多密度均匀的同心球层所构成的，可以证明它对球外一点的引力等效于质量集中于球心的质点所产生的引力。实际上，地球内部的质量分布要复杂得多，但前述假定与实际情况十分接近。如果地球在其形成阶段曾为流体，没有自转，则由于内部重力作用，必然要形成等密度面为同心球层的情况才能达到平衡。但地球有自转(内部等密度层形状接近于旋转椭球体)且经历了复杂的形成过程(伴随着质量分布的变化)，故地球对外部一点的引力并不等于质量集中于球心的质点引力，其差异约为10^{-3}量级。为了方便讨论，可以将地球对外部一点的引力看作质点引力与一系列附加引力的和(地球引力场摄动力)，该质点集中了全部地球质量并位于地球质心(对于球形，质心与球的中心重合)。至于卫星，相较它与地球的距离而言，其体积很小，可以看作质量集中于卫星质心的质点。

综上所述，可以把卫星只受地球质心引力(也可称为质心引力)的作用作为第一近似(误差约为10^{-3})来研究卫星的运动，通常称之为二体问题。二体问题受到普遍重视的原因有三个：其一，它是卫星运动的一种近似描述；其二，它是至今唯一能得到的、严密分析解的运动；其三，它是一些更精确解(考虑全部作用力)的基础。

显然，对于多数应用问题，这样只考虑地球质心引力的二体问题的解是不够精确的，必须考虑卫星所受的全部作用力。除地球质心引力外的其他作用力均不大于10^{-3}量级，通常称为摄动力。在摄动力的作用下，卫星的运动将偏离二体问题的运动轨道，通常称考虑了摄动力作用的卫星运动为卫星的受摄运动。

第一节 二体问题的运动方程和运功方程的解

与所有运动物体一样，研究卫星运动主要是研究卫星运动状态随时间的变化规律。可以用一个简单的例子说明物体运动的动力学解算过程。

常力作用下的质点运动是一个最简单的动力学问题，其求解过程如下：

(1)分析受力情况，列出运动方程。质点受常力 f 的作用，按牛顿第二定律可以列出其运动方程，即

$$\frac{\mathrm{d}^2 x}{\mathrm{d}t^2}=\frac{f}{m}$$

定义 X 轴沿作用力方向，m 为质点的质量，上式或写为

$$\ddot{x}=\frac{f}{m}$$

$\dot{x}$ 是一阶导数$\frac{\mathrm{d}x}{\mathrm{d}t}$的简略写法，同理，$\ddot{x}$ 是二阶导数的简略写法。

(2)解微分方程，求通解。上式是一维的二阶微分方程，进行积分，即

$$\dot{x}=\frac{f}{m}t+C_1$$

$$x=\frac{1}{2}\left(\frac{f}{m}\right)t^2+C_1t+C_2$$

式中，C_1、C_2 是对应二阶微分方程的两个积分常数。

(3)分析积分常数的物理意义。从上述两个方程不难看出，C_1 是 $t=0$ 时的运动速度，C_2 是 $t=0$ 时的质点位置。可以称积分常数 C_1、C_2 是运动的初始状态。

(4)求积分常数，即解初值问题或边值问题。通常由观测来确定积分常数，但考虑位置的测定较速度测定易于实现，一般采用解边值问题，即

$$x_A=\frac{1}{2}\left(\frac{f}{m}\right)t_A^2+C_1t_A+C_2$$

$$x_B=\frac{1}{2}\left(\frac{f}{m}\right)t_B^2+C_1t_B+C_2$$

式中，x_A 为 t_A 时测得的质点位置，x_B 为 t_B 时测得的质点位置。通过解方程即可确定积分常数 C_1、C_2。

(5)求指定时刻 t 的质点位置或运动状态。把已确定的积分常数 C_1、C_2 代入前述 x 的表达式中，即可求得对应任意时刻 t 的质点位置。同理，也可以求定对应任意时刻 t 的质点速度。常将求任意时刻 t 的质点位置和速度称为求解质点在任意时刻 t 的运动状态。

在解卫星运动时，尽管情况要复杂得多，但基本思路是一样的。在解卫星运动时常将求定积分常数的过程称为轨道测定或定轨，求定指定时刻(常是多个时刻)卫星运动状态(位置、速度)常称为求解卫星星历。此外，解微分方程时产生的积分常数，可以进行组合或变换，只要它们是独立的且积分常数的总数不变(总数为微分方程的阶数)。解卫星运动的微分方程时常将积分常数进行一些变换，使其具有明显的几何或物理意义，常称为轨道参数或轨道根数。

一、二体问题的微分方程

在牛顿第三定律和第二定律的基础上可以很方便地得到二体问题的运动方程。由于牛顿第二定律只在惯性参考系中成立，首先建立惯性坐标系 $O\xi\eta\zeta$(图 2-1)。以地球与人造地球卫星为例，图中 E 表示地球，S 表示卫星；$\boldsymbol{r}_e$ 与 $\boldsymbol{r}_s$ 分别为地球与卫星在 $O\xi\eta\zeta$ 坐标系内坐标值的矢量表示。

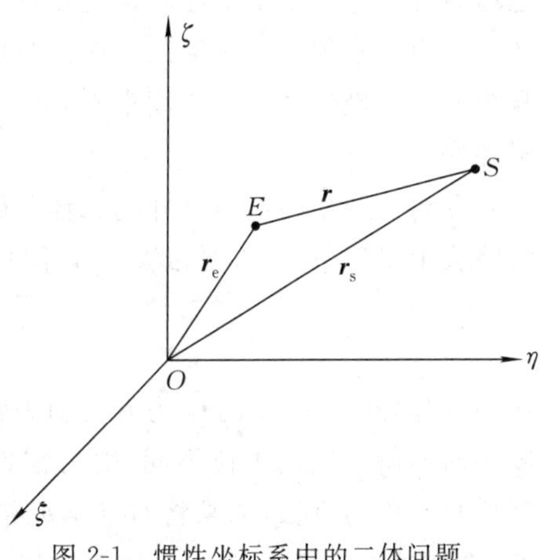

图 2-1　惯性坐标系中的二体问题

在二体问题中，两个所讨论的物体均受且只受万有引力的作用，它们的大小相等、方向相反，即

$$\left.\begin{aligned}\boldsymbol{F}_s&=-\frac{GMm}{r^2}\frac{\boldsymbol{r}}{r}\\ \boldsymbol{F}_e&=\frac{GMm}{r^2}\frac{\boldsymbol{r}}{r}\end{aligned}\right\}\qquad(2\text{-}1)$$

式中，矢量 $\boldsymbol{F}_s$、$\boldsymbol{F}_e$ 分别表示卫星与地球所受的引力作用力；M、m 分别表示地球与卫星的质量；G 为万有引力常数；$\boldsymbol{r}$ 为连接地球至卫星的矢量，即

$$\boldsymbol{r}=\boldsymbol{r}_s-\boldsymbol{r}_e \tag{2-2}$$

按牛顿第二定律可得卫星与地球的运动方程，即

$$\left.\begin{aligned} m\frac{\mathrm{d}^2\boldsymbol{r}_s}{\mathrm{d}t^2}&=-\frac{GMm}{r^2}\frac{\boldsymbol{r}}{r}\\ M\frac{\mathrm{d}^2\boldsymbol{r}_e}{\mathrm{d}t^2}&=\frac{GMm}{r^2}\frac{\boldsymbol{r}}{r}\end{aligned}\right\} \tag{2-3}$$

按简化写法，可以写为

$$\left.\begin{aligned} \ddot{\boldsymbol{r}}_s&=-\frac{GM}{r^2}\frac{\boldsymbol{r}}{r}\\ \ddot{\boldsymbol{r}}_e&=\frac{Gm}{r^2}\frac{\boldsymbol{r}}{r}\end{aligned}\right\} \tag{2-4}$$

由于两个表达式右端均含有 $\boldsymbol{r}=\boldsymbol{r}_s-\boldsymbol{r}_e$，它包括全部 6 个坐标分量（卫星与地球的位置），故必须联立求解。如果将式(2-4)写成分量形式即可明显看出它是六元二阶微分方程组，必须确定 12 个积分常数才能确定它们的运动。

实际上，人们只关心卫星相对地球的运动（事实上也只有这种相对运动才能得到严格的分析解）。将式(2-4)中的两式相减，可以得到

$$\ddot{\boldsymbol{r}}=-\frac{G(m+M)}{r^2}\frac{\boldsymbol{r}}{r} \tag{2-5}$$

注意到 $\boldsymbol{r}$ 是自地球（质心）至卫星的矢量，它是卫星对地球质心的相对位置。或者说，如果将坐标系原点平移至地球质心，$\boldsymbol{r}$ 就是卫星在该坐标系内的位置矢量。我们即将在这样的坐标系中讨论二体问题运动方程式(2-5)的解。显然在这样的坐标系中（坐标原点在地球质心）会使问题简化。与在惯性坐标系中的运动方程式(2-4)相比，在地球坐标系中的运动方程式(2-5)将六元二阶联立方程简化为三元二阶联立方程，只需要确定 6 个积分常数就能确定卫星在该坐标系内的运动。

式(2-5)是在惯性坐标系中的运动方程式(2-4)的基础上导出的，是严格的。但是原点在地球质心的坐标系本身已不再是惯性坐标系，如果在这样的坐标系中考虑其他作用力（如第三体的引力），必须对牛顿第二定律进行修正，即须加入附加的惯性力。事实上，从这一坐标系本身为非惯性坐标系这一角度来看，式(2-5)中包含 m 的项即是在二体问题条件下的惯性力的附加修正。

在讨论卫星与地球这样的二体问题时，由于地球质量(5.97×10^{24} kg)远大于卫星质量，通常略去卫星质量 m 的项，式(2-5)可写为

$$\ddot{\boldsymbol{r}}=-\frac{GM}{r^2}\frac{\boldsymbol{r}}{r} \tag{2-6}$$

如前所述，式(2-6)中的 G 为万有引力常数，正如许多物理常数一样，随着式(2-6)中的质量、长度和时间所采用的单位不同，引力常数 G 具有不同的值。此外，由于难以精确地分别测定地球质量与引力常数，通常将 $GM=\mu$ 称为地球引力常数。由于基本单位选择的任意性，为了方便，选取地球赤道半径 $a_e=6\,873\,140$ m 作为长度单位，地球引力常数 $GM=\mu$ 定义为 1，此时，

时间单位为 806.811 66 s。这样的单位称为人卫单位。此时式(2-6)可写为

$$\ddot{\boldsymbol{r}}=-\frac{\boldsymbol{r}}{r^{3}} \tag{2-7}$$

在二体问题的计算中，由于令地球引力常数 $\mu=1$ 会带来一些方便，故在实际计算中也常使用该值。

可以将式(2-7)写成分量形式，即

$$\ddot{x}=-\frac{x}{r^{3}}$$

$$\ddot{y}=-\frac{y}{r^{3}}$$

$$\ddot{z}=-\frac{z}{r^{3}}$$

式中，x、y、z 是卫星与地球质心的坐标差。由于 r 中含有 x、y、z，上述 3 个二阶微分方程须联立求解，或统称为六阶微分方程，在积分求解的过程中将产生 6 个独立的积分常数。

二、轨道平面参数与面积速度

前面已经导出了二体问题的运动微分方程式(2-6)，在导出过程中定义坐标系原点在地球质心，坐标轴指向仍为惯性坐标系指向。惯性坐标系的坐标轴指向是任意的，但不存在任何旋转，为了讨论问题方便，定义坐标系 Z 轴与地球自转轴重合，X 轴指向春分点，Y 轴按右手坐标系取向，并假定它们在空间的指向是不变的(如采用平春分点与平极)。

在这样定义的坐标系 $OXYZ$ 中，将式(2-6)写成分量形式，即

$$\left.\begin{aligned}\ddot{x}+\mu\frac{x}{r^{3}}=0\\ \ddot{y}+\mu\frac{y}{r^{3}}=0\\ \ddot{z}+\mu\frac{z}{r^{3}}=0\end{aligned}\right\} \tag{2-8}$$

将式(2-8)中的第一式乘以 y，第二式乘以 x，并相减，可消掉含 r 的项，得

$$x\ddot{y}-y\ddot{x}=0$$

可写为

$$\frac{\mathrm{d}}{\mathrm{d}t}(x\dot{y}-y\dot{x})=0$$

积分可得

$$x\dot{y}-y\dot{x}=C$$

式中，C 为积分常数。

同样地，第一式乘以 z，第三式乘以 x，整理可得

$$z\dot{x}-x\dot{z}=B$$

第二式乘以 z，第三式乘以 y，整理可得

$$y\dot{z}-z\dot{y}=A$$

至此，我们已把三元二阶联立微分方程化简为三元一阶微分方程，即

$$\left.\begin{aligned} y\dot{z}-z\dot{y}&=A\\ z\dot{x}-x\dot{z}&=B\\ x\dot{y}-y\dot{x}&=C \end{aligned}\right\}\tag{2-9}$$

式中，包括 3 个积分常数 A、B、C。

在解式(2-9)之前，先讨论一下 3 个积分常数 A、B、C 的物理意义。将式(2-9)中的第二式乘以 x，第一式乘以 y，第三式乘以 z，并取和，则得

$$Ax+By+Cz=0\tag{2-10}$$

这意味着式(2-9)的解满足式(2-10)，即卫星的运动满足平面方程式(2-10)，卫星是在过坐标原点的平面上运动，该平面称为轨道平面。自式(2-10)可得轨道平面的法线单位矢量，即

$$\boldsymbol{n}^0=\frac{1}{h}\begin{bmatrix}A\\B\\C\end{bmatrix}\tag{2-11}$$

$$h=\sqrt{A^2+B^2+C^2}\tag{2-12}$$

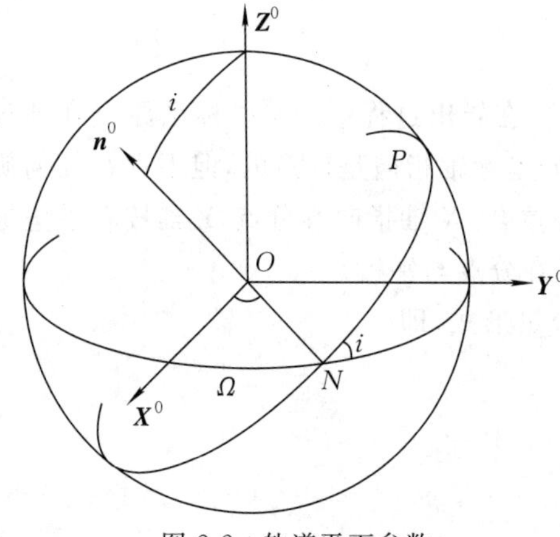

图 2-2　轨道平面参数

参考图 2-2 可以建立积分常数 A、B、C 与轨道平面参数的关系。图中 P 为卫星轨道平面；i 为轨道平面与地球赤道面的夹角，称为轨道倾角；N 为卫星自南半球运行至北半球时与赤道面的交点在天球(单位球)的投影，称为升交点；直角坐标 X 轴是指向春分点的，把春分点至升交点 N 的角距称为升交点赤经 Ω。i 与 Ω 两个参数确定了过坐标原点的轨道平面，可以称它们为轨道平面参数。建立轨道平面参数与积分常数间的关系，即

$$\begin{aligned} i&=\arccos(\boldsymbol{Z}^0\cdot\boldsymbol{n}^0)\\ &=\arccos\left(\frac{C}{h}\right)\\ &=\arccos\left(\frac{C}{\sqrt{A^2+B^2+C^2}}\right) \end{aligned}$$

又

$$\begin{aligned} \boldsymbol{ON}&=\frac{\boldsymbol{Z}^0\times\boldsymbol{n}^0}{|\boldsymbol{Z}^0\times\boldsymbol{n}^0|}\\ &=\frac{\begin{bmatrix}-B/h\\A/h\\0\end{bmatrix}}{|\boldsymbol{Z}\times\boldsymbol{n}|} \end{aligned}\tag{2-13}$$

可得

$$\left.\begin{aligned} \tan\Omega&=-\frac{B}{A}\\ \Omega&=\arctan\left(-\frac{B}{A}\right) \end{aligned}\right\}\tag{2-14}$$

现在考虑 $h=\sqrt{A^2+B^2+C^2}$ 的物理意义，式(2-9)是质点在有心力作用下角动量守恒的

一种数学表示形式。现考察角动量，即

$$\boldsymbol{J}=\boldsymbol{r}\times\boldsymbol{p}=\boldsymbol{r}\times m\boldsymbol{v}$$

式中，$\boldsymbol{p}=m\boldsymbol{v}$ 是质点的动量，$\boldsymbol{v}$ 为质点运动速度，$\boldsymbol{r}$ 为质点向径。对上式进行矢量积运算，即可得到

$$\boldsymbol{J}=\begin{bmatrix} y\dot{z}-\dot{y}z \\ z\dot{x}-\dot{z}x \\ x\dot{y}-\dot{x}y \end{bmatrix} m \tag{2-15}$$

与式(2-9)相比较可知，角动量矢量的3个分量是积分常数 A、B、C 乘以卫星质量 m，这说明在二体问题中卫星所受的作用力为有心力(作用力方向与矢径 $\boldsymbol{r}$ 一致)，力矩为零，其角动量守恒。从式(2-15)与式(2-9)的比较中还可以得到

$$\boldsymbol{r}\times\boldsymbol{v}=\begin{bmatrix} A \\ B \\ C \end{bmatrix}=\boldsymbol{h}$$

式中，$\boldsymbol{h}$ 为常矢量，它与角动量 $\boldsymbol{J}$ 只相差一个常因子 m，它的模为

$$|\boldsymbol{h}|=h=\sqrt{A^2+B^2+C^2} \tag{2-16}$$

式(2-16)即是由式(2-12)所定义的积分常数 h。还可以进一步分析 h 的几何意义，由于

$$h=|\boldsymbol{r}\times\boldsymbol{v}|$$

式中，式右端是由 $\boldsymbol{r}$、$\boldsymbol{v}$ 构成的平面四边形的面积(图2-3)，它等于矢径 $\boldsymbol{r}$ 所扫过面积的2倍(微分意义而言)。由于 $\boldsymbol{v}$ 的模是单位时间矢径 $\boldsymbol{r}$ 所移动的距离，故 h 为单位时间矢径 $\boldsymbol{r}$ 所扫过的面积，称为面积速度 $\dot{A}$，即

$$\dot{A}=\frac{1}{2}h \tag{2-17}$$

至此，本书已讨论了三个积分常数的物理意义。通常，采用比较直观的 i、Ω、h 三个独立参数代替 A、B、C 三个参数。

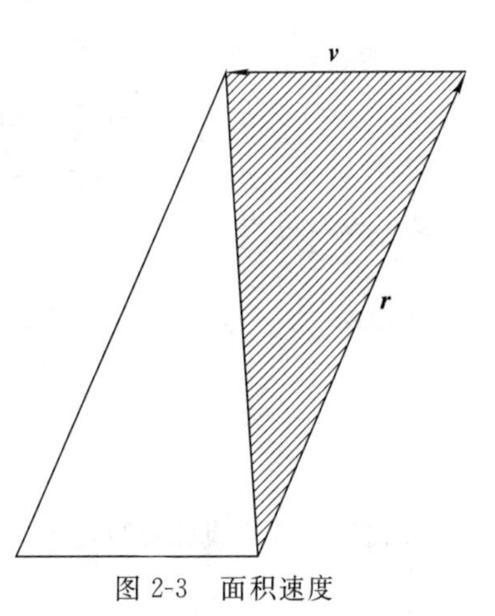

图2-3　面积速度

三、轨道椭圆参数

已导出的卫星活动状态满足平面方程，即运动是在一个轨道平面上进行的，且通过前面导出的参数已确定了该轨道的平面。为了简化，可以在轨道平面上，作为平面问题(二维)进一步求运动方程的解。为此建立轨道平面坐标系 Oxy，其原点仍在地球质心，x 轴指向升交点 N，自 x 轴按卫星运行方向旋转90°为 y 轴，见图2-4。

在这一平面坐标系中建立运动微分方程，即

$$\left.\begin{aligned} \ddot{x}&=-\mu\frac{x}{r^3} \\ \ddot{y}&=-\mu\frac{y}{r^3} \end{aligned}\right\} \tag{2-18}$$

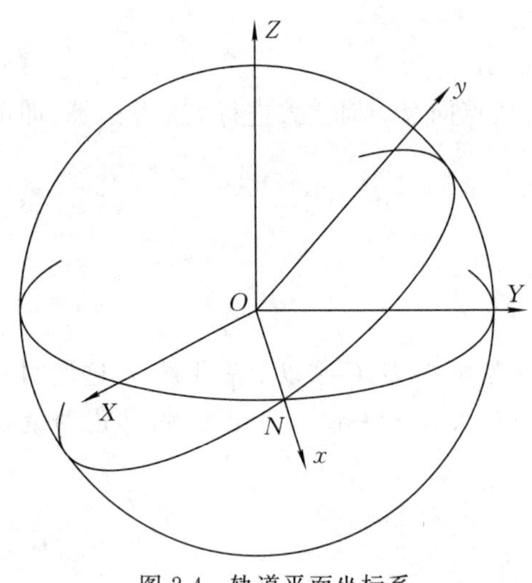

图 2-4 轨道平面坐标系

式(2-18)是一个二元二阶微分方程组。解这样的微分方程组，将出现四个积分常数。事实上，对这一二体问题的运动方程(共六个独立的积分常数)，已解出了三个积分常数 i、Ω、h。可知，式(2-18)出现的积分常数必有一个不独立，须找出那个不独立的积分常数，舍去即可。

为了求解简便，不按力与加速度在 x 轴和 y 轴的分量建立运动微分方程[如式(2-18)]，而是按力与加速度在径向和切向分量给出微分方程，可得

$$\left.\begin{aligned} ma_r &= F_r \\ ma_t &= F_t \end{aligned}\right\} \tag{2-19}$$

式(2-19)的简便之处在于二体问题中径向力 F_r 为万有引力，切向力 $F_t=0$。

为了导出径向与切向加速度分量 a_r、a_t 的表达式，建立辅助极坐标系 $Or\theta$。极轴与 X 轴重合，即指向升交点。辅助极坐标系与直角坐标系间的坐标变换关系为

$$\left.\begin{aligned} x &= r\cos\theta \\ y &= r\sin\theta \end{aligned}\right\} \tag{2-20}$$

在极坐标系中速度与加速度通常以径向速度 v_r、切向速度 v_t(图 2-5)、径向加速度 a_r、切向加速度 a_t 表示，即

$$\left.\begin{aligned} v_r &= \dot{x}\cos\theta + \dot{y}\sin\theta \\ v_t &= -\dot{x}\sin\theta + \dot{y}\cos\theta \end{aligned}\right\} \tag{2-21}$$

$$\left.\begin{aligned} a_r &= \ddot{x}\cos\theta + \ddot{y}\sin\theta \\ a_t &= -\ddot{x}\sin\theta + \ddot{y}\cos\theta \end{aligned}\right\} \tag{2-22}$$

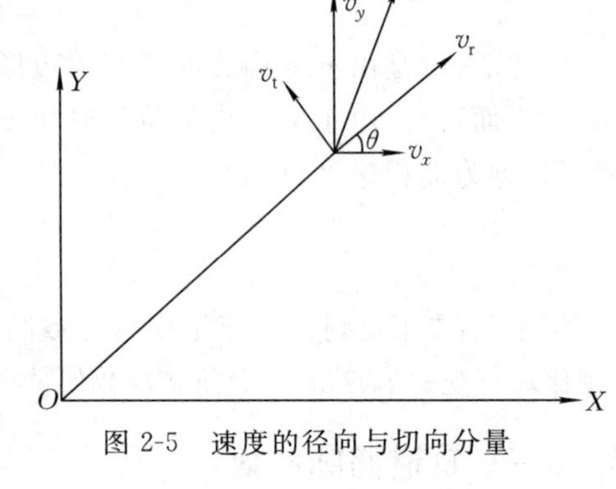

图 2-5 速度的径向与切向分量

由式(2-20)可得

$$\begin{aligned} \dot{x} &= \dot{r}\cos\theta - r\dot{\theta}\sin\theta \\ \dot{y} &= \dot{r}\sin\theta + r\dot{\theta}\cos\theta \\ \ddot{x} &= (\ddot{r} - r\dot{\theta}^2)\cos\theta - (r\ddot{\theta} + 2\dot{r}\dot{\theta})\sin\theta \\ \ddot{y} &= (\ddot{r} - r\dot{\theta}^2)\sin\theta + (r\ddot{\theta} + 2\dot{r}\dot{\theta})\cos\theta \end{aligned}$$

代入式(2-21)及式(2-22)可得径向与切向速度及径向与切向加速度，即

$$\left.\begin{aligned} v_r &= \dot{r} \\ v_t &= r\dot{\theta} \end{aligned}\right\} \tag{2-23}$$

$$\left.\begin{aligned} a_r &= \ddot{r} - r\dot{\theta}^2 \\ a_t &= r\ddot{\theta} + 2\dot{r}\dot{\theta} \end{aligned}\right\} \tag{2-24}$$

将式(2-24)代入式(2-19)，即得到用极坐标表示的运动微分方程

$$\left.\begin{aligned} \ddot{r} - r\dot{\theta}^2 &= -\frac{\mu}{r^2} \\ r\ddot{\theta} + 2\dot{r}\dot{\theta} &= 0 \end{aligned}\right\} \tag{2-25}$$

式(2-25)中的第二式可直接积分，得

$$r^2\dot{\theta} = h \tag{2-26}$$

式中，h 是积分常数。由于 $r\dot{\theta}$ 是切向速度，r 为矢径长，故 $r^2\dot{\theta}$ 即为面积速度的 2 倍。可知这里所导出的积分常数就是前面已导出的积分常数，不是新的独立积分。此时，式(2-25)可写为

$$\left.\begin{aligned} \ddot{r} - r\dot{\theta}^2 &= -\frac{\mu}{r^2} \\ r^2\dot{\theta} &= h \end{aligned}\right\} \tag{2-27}$$

为便于应用与求解，可以将这一微分方程组的求解分为两步。首先解出变量 r 与 θ 的函数关系，即求出运动的轨迹，然后再求出其中任一参数，如 r 与时间 t 的函数关系，从而得到卫星运动的解。

为了解出两个坐标 r、θ 之间的函数关系，即运动轨迹，应将式(2-27) 改化为 r、θ 的微分方程(r 的以 θ 为自变量的微分方程)。

此外，为了公式推导方便，做变量替换。令

$$u = \frac{1}{r} \tag{2-28}$$

用变量 u 替换变量 r，显然 u 是 θ 的函数。可得

$$\begin{aligned} \dot{r} &= \frac{\mathrm{d}r}{\mathrm{d}t} = \frac{\mathrm{d}r}{\mathrm{d}u}\frac{\mathrm{d}u}{\mathrm{d}\theta}\frac{\mathrm{d}\theta}{\mathrm{d}t} \\ &= -r^2 \cdot \frac{\mathrm{d}u}{\mathrm{d}\theta} \cdot \dot{\theta} \end{aligned}$$

$$\dot{r} = -h\frac{\mathrm{d}u}{\mathrm{d}\theta} \tag{2-29}$$

$$\begin{aligned} \ddot{r} &= \frac{\mathrm{d}}{\mathrm{d}t}(\dot{r}) = \frac{\mathrm{d}}{\mathrm{d}\theta}(\dot{r})\frac{\mathrm{d}\theta}{\mathrm{d}t} \\ &= -h\frac{\mathrm{d}^2u}{\mathrm{d}\theta^2}\dot{\theta} \\ &= -h\frac{\mathrm{d}^2u}{\mathrm{d}\theta^2} \cdot hu^2 \end{aligned}$$

$$\ddot{r} = -h^2u^2\frac{\mathrm{d}^2u}{\mathrm{d}\theta^2} \tag{2-30}$$

代入式(2-27)中第一式，得

$$-h^2u^2\frac{\mathrm{d}^2u}{\mathrm{d}\theta^2} - \frac{1}{u}u^4h^2 = -\mu u^2$$

得

$$\frac{\mathrm{d}^2u}{\mathrm{d}\theta^2} + u = \frac{\mu}{h^2} \tag{2-31}$$

式(2-31)即是关于极坐标的两个坐标分量 r、θ 的微分方程(其中 r 被 u 替换)。解出这一个二阶微分方程就得到了卫星运动的轨迹。

式(2-31)是二阶非齐次线性方程,其对应的线性齐次方程为

$$\frac{d^2u}{d\theta^2}+u=0$$

其通解为

$$u=C_1\cos\theta+C_2\sin\theta$$

式中,C_1、C_2 是积分常数,可以用其他形式的两个常数代替它们,这样做的目的是进行解的化简。令

$$\left.\begin{aligned}\frac{C_2}{C_1}&=\tan\omega\\ \sqrt{C_1^2+C_2^2}&=\frac{e\mu}{h^2}\end{aligned}\right\} \tag{2-32}$$

以 e、ω 两个独立参数代替 C_1、C_2,即

$$C_1=\frac{\mu}{h^2}e\cos\omega$$

$$C_2=\frac{\mu}{h^2}e\sin\omega$$

此时,齐次微分方程的通解为

$$\begin{aligned}u&=\frac{\mu}{h^2}(e\cos\theta\cos\omega+e\sin\theta\sin\omega)\\ &=\frac{\mu}{h^2}e\cos(\theta-\omega)\end{aligned} \tag{2-33}$$

对于非齐次微分方程式(2-31),可得一个特解,即

$$u=\frac{\mu}{h^2}$$

将其代入式(2-31),很容易看出它确是该式的一个特解。

对于非齐次微分方程式(2-31),其通解即为对应的齐次微分方程通解与原方程的特解之和。于是得到式(2-31)的解,为

$$u=\frac{\mu}{h^2}(1+e\cos(\theta-\omega))$$

将变量 u 换回为 r,则得卫星在轨道平面上的运动方程,即

$$r=\frac{h^2}{\mu(1+e\cos(\theta-\omega))} \tag{2-34}$$

式(2-34)是圆锥曲线的极坐标方程。该方程可以与极点(坐标原点)在焦点、极轴指向另一焦点的标准圆锥曲线方程做比较。圆锥曲线方程为

$$\rho=\frac{p}{1-e\cos\varphi}$$

$$p=a(1-e^2)$$

式中,a 为长半轴,e 为圆锥曲线的离心率。对于绕地球运行的人造地球卫星,有 $e\leqslant 1$,且满足

$$\left.\begin{aligned}\frac{h^2}{\mu}&=p=a(1-e^2)\\ \theta-\omega&=\varphi+180^\circ\end{aligned}\right\} \tag{2-35}$$

这就是积分常数 e 的几何意义。

在标准圆锥曲线中，极角 φ 与 $\theta-\omega$ 相差 180°，这意味着 $\theta-\omega$ 与极角 φ 一样，不过它是自标准极轴的反方向、自近地点量取的（图 2-6）。通常定义

$$f=\theta-\omega \tag{2-36}$$

式中，f 称为卫星的真近点角。这样卫星在其轨道面上的轨道方程为

$$r=\frac{p}{1+e\cos f} \tag{2-37}$$

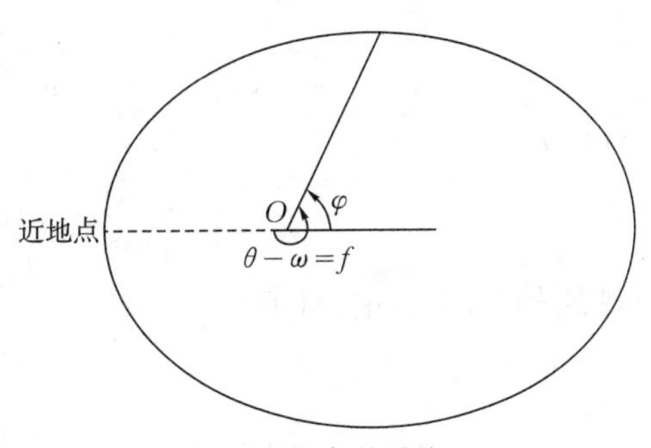

图 2-6　幅角的量取

现在分析积分常数 ω 的几何意义。按前述，θ、ω 是自近地点起算的卫星幅度，当卫星运行至近地点时，有

$$f_0=\theta_0-\omega=0$$

$$\omega=\theta_0$$

考虑到 θ 是辅助极坐标中（极轴指向升交点 N）的极角，是卫星与升交点间的夹角，故 ω 为近地点与升交点间的夹角，称为近升角距（图 2-7）。

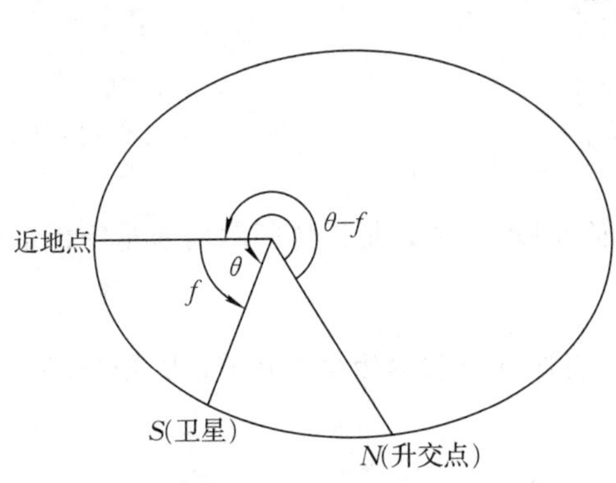

图 2-7　近升角距与真近点角

根据式(2-35)，有

$$h^2=\mu a(1-e^2)$$

上式说明积分常数 h 可以用 a 代替，由于长半轴 a 有明显的几何意义，通常采用独立参数 a 代替 h 作为积分常数。

至此，我们已导出了 5 个积分常数 i、Ω、a、e、ω，并已知卫星运动的轨道是一椭圆，其焦点在地球质心。积分常数 i、Ω 确定了轨道平面的位置，积分常数 a、e 确定了椭圆的大小与形状，积分常数 ω 确定了椭圆在轨道平面内的取向（确定近地点的位置）。图 2-8 给出了部分积分常数的几何意义。

四、速度公式与平均角速度公式

在推导最后一个积分公式之前，讨论两个常用公式。由直角坐标系中的微分方程式(2-18)，可得

$$\ddot{x}=-\frac{\mu x}{r^3}$$

$$\ddot{y}=-\frac{\mu y}{r^3}$$

第一式乘以 $\dot{x}$，第二式乘以 $\dot{y}$ 之后取和，得

$$\dot{x}\ddot{x}+\dot{y}\ddot{y}=-\frac{\mu}{r^3}(x\dot{x}+y\dot{y}) \tag{2-38}$$

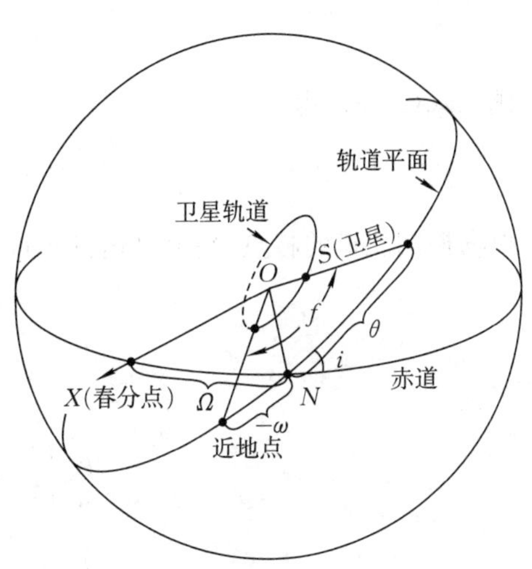

图 2-8　积分常数的几何意义

观察式(2-38)左端，由于速度的平方有

$$v^2=\dot{x}^2+\dot{y}^2$$

$$\frac{\mathrm{d}}{\mathrm{d}t}(v^2)=2\dot{x}\ddot{x}+2\dot{y}\ddot{y}$$

可写为

$$\dot{x}\ddot{x}+\dot{y}\ddot{y}=\frac{1}{2}\frac{\mathrm{d}}{\mathrm{d}t}(v^2)$$

观察式(2-38)右端，由于

$$r^2=x^2+y^2$$

$$2r\dot{r}=2x\dot{x}+2y\dot{y}$$

可写为

$$x\dot{x}+y\dot{y}=r\dot{r}$$

于是式(2-38)可写为

$$\frac{1}{2}\frac{\mathrm{d}}{\mathrm{d}t}(v^2)=-\frac{\mu}{r^2}\dot{r}$$

对上式进行积分可得

$$\frac{1}{2}v^2=\frac{\mu}{r}+L \tag{2-39}$$

考虑 $\frac{v^2}{2}$ 与 $\frac{\mu}{r}$ 分别省去了公因子 m 的质点动能与位能，即式(2-39)是二体问题的能量守恒的体现。

通过卫星运动轨道的特性可以确定积分常数 L。将速度 v 写为极坐标形式[由式(2-23)、式(2-26)、式(2-35)]，即

$$\begin{aligned} v^2&=v_r^2+v_t^2\\ &=\dot{r}^2+r^2\dot{\theta}^2\\ &=\dot{r}^2+\frac{h^2}{r^2}\\ &=\dot{r}^2+\frac{\mu a(1-e^2)}{r^2} \end{aligned}$$

代入式(2-39)，得

$$\dot{r}^2+\frac{\mu a(1-e^2)}{r^2}-\frac{2\mu}{r}=2L$$

根据椭圆轨道的特点，当卫星运行至近地点时有

$$\dot{r}=0$$

$$r=a(1-e)$$

于是

$$\frac{\mu a(1-e^2)}{a^2(1-e)^2}-\frac{2\mu}{a(1-e)}=2L$$

$$L=-\frac{\mu}{2a}$$

由于长半轴 a 是前面已导出的积分常数，故这里导出的常数 L 不是独立的积分常数。将上式代入式(2-39)可得

$$v^2 = \mu\left(\frac{2}{r} - \frac{1}{a}\right) \tag{2-40}$$

式(2-40)称为活力公式，也称为活力积分。它虽然没有给出新的积分常数，但是可以用它简捷地得到卫星运动速度，它又是能量守恒的一种表示形式，故为常用公式之一。

除了上述关于卫星运动速度的活力公式，还有一个常用公式，即卫星运动的平均角速度公式。式(2-35) 给出了 2 倍面积速度 h 与椭圆轨道长半轴 a 的关系式，即

$$\frac{h^2}{\mu} = a(1 - e^2)$$

$$h^2 = \mu a(1 - e^2) \tag{2-41}$$

由于面积速度为常量，故在一周期 T 内扫过的面积为轨道椭圆的面积，即

$$\frac{1}{2}hT = \pi ab = \pi a^2\sqrt{1 - e^2}$$

引入平均角速度 n，即

$$n = \frac{2\pi}{T}$$

代入前式，得

$$h = na^2\sqrt{1 - e^2}$$

$$h^2 = n^2a^4(1 - e^2) \tag{2-42}$$

比较式(2-41)与式(2-42)可得

$$n^2a^3 = \mu \tag{2-43}$$

式(2-43)给出了卫星运行的平均角速度 n 与轨道长半轴 a 的关系，已知轨道椭圆的长半轴即可方便地得到卫星运行的平均角速度。

将式(2-43)稍做改化，得

$$a^3 = \left(\frac{1}{2\pi}\right)^2\mu T^2$$

即卫星绕地球旋转周期的平方与其轨道椭圆的长半轴的三次方成正比。

五、过近地点的时刻参数

在轨道平面上所建立的微分方程式(2-27)的阶数为 3，应解得 3 个独立的积分常数。在前面我们解出了 2 个独立的积分常数 e、ω，并得到了 r 与 θ 间的关系式，即得到了卫星运动的轨迹。现从第二式出发推导时间 t 与参数 r 或 θ 的关系，即推求第三个积分常数（六阶微分方程的第六个积分常数）。

首先将第二个公式中的积分常数 h 改为常用的积分常数 a。将式(2-35) 中第一个公式，代入微分方程式(2-27) 中的第二个公式，得

$$r^4\dot{\theta}^2 = \mu a(1 - e^2) \tag{2-44}$$

式(2-44) 中包含了参数 r 与 θ，为导出参数 r 与时间 t 的关系式，应以参数 r 或 $\dot{r}$ 代替 θ。由式(2-23) 及活力公式式(2-40)，得

$$v^2 = \dot{r}^2 + r^2\dot{\theta}^2$$
$$= \mu\left(\frac{2}{r} - \frac{1}{a}\right)$$

可得

$$\dot{\theta}^2 = \frac{\mu\left(\frac{2}{r} - \frac{1}{a}\right) - \dot{r}^2}{r^2}$$

代入式(2-44),得

$$\dot{r}^2 = \frac{\mu}{r^2 a}\left[a^2 e^2 - (a-r)^2\right]$$

代入平均角速度公式,得

$$\mu = n^2 a^3$$
$$\dot{r}^2 = \frac{n^2 a^2}{r^2}\left[a^2 e^2 - (a-r)^2\right]$$
$$\dot{r} = \frac{na}{r}\sqrt{a^2 e^2 - (a-r)^2} \tag{2-45}$$

或写为

$$\frac{r}{a\sqrt{a^2 e^2 - (a-r)^2}}\frac{\mathrm{d}r}{\mathrm{d}t} = n$$

在运动轨道为椭圆的情况下显然有

$$a(1-e) \leqslant r \leqslant a(1+e)$$
$$-ae \leqslant r - a \leqslant ae$$

可以定义

$$a - r = ae\cos E$$

式中,E 为一辅助变量。上式又可写为

$$r = a(1 - e\cos E) \tag{2-46}$$

r 是时间 t 的函数,显然 E 也是 t 的函数,有

$$\frac{\mathrm{d}r}{\mathrm{d}t} = \frac{\mathrm{d}r}{\mathrm{d}E}\frac{\mathrm{d}E}{\mathrm{d}t}$$
$$= ae\sin E\frac{\mathrm{d}E}{\mathrm{d}t}$$

代入式(2-45),得

$$\frac{a(1-e\cos E)ae\sin E}{a\sqrt{a^2 e^2 - a^2 e^2\cos^2 E}}\frac{\mathrm{d}E}{\mathrm{d}t} = n$$
$$(1 - e\cos E)\frac{\mathrm{d}E}{\mathrm{d}t} = n$$

积分后,得

$$E - e\sin E = nt + T$$

式中,T 为积分常数,通常可用常数 τ 代替,得

$$\tau = -\frac{T}{n}$$

即

$$n(t-\tau)=E-e\sin E \tag{2-47}$$

这就是著名的开普勒方程。它导出了第六个积分常数τ，给出了辅助参数E与时间t的函数关系。

式(2-47)与式(2-46)给出了卫星的极坐标参数r与时间t的关系式，只是这一关系式不是直接给出的，是通过一个辅助参数E给出的。通常称参数E为偏近点角。

现在考察积分常数τ的物理意义。当$E=0$时，有

$$t=\tau$$

$$r=a(1-e)$$

在卫星轨道为椭圆的情况下，只是在卫星运行至近地点时才有$r=a(1-e)$。可见，积分常数τ是卫星运行过近地点的时刻。

在天体力学中，为了方便，常令

$$\left.\begin{aligned}M&=n(t-\tau)=nt-M_0\\M_0&=n\tau\end{aligned}\right\} \tag{2-48}$$

此时，开普勒方程式(2-47)可写为

$$\left.\begin{aligned}M&=E-e\sin E\\M&=nt-M_0\end{aligned}\right\} \tag{2-49}$$

式中，M随时间t以平均角速度n变化，称为平近点角，以过近地点的平近点角M_0代替过近地点时刻τ，作为积分常数。

作为二体问题的卫星运动微分方程，已经求得全部六个积分常数，并讨论了其物理意义。其中，轨道平面参数包括轨道平面倾角i、升交点赤经Ω，轨道椭圆形状参数包括轨道椭圆长半轴a、轨道椭圆离心率e，轨道椭圆定向参数为升交点至近地点的夹角ω，时间参数为卫星过近地点时刻τ(以M_0代替)。

以上六个参数通常称为卫星的轨道根数。在二体问题的情况下，若已知六个轨道根数，就唯一地确定了卫星的运动状态。也就是说，已知六个轨道根数就可确定任意时刻的卫星位置及其运动速度。

六个轨道根数a、e、i、ω、Ω、M_0，并不是积分常数的唯一表达形式。例如，在e趋近0时，近地点的位置不易准确确定，从而导致ω与M带有较大偏差，故在讨论某些问题时常使用a、i、Ω、ξ、η、λ_0六个积分常数代替前面的六个积分常数，作为卫星运动的轨道根数。其中

$$\xi=e\cos\omega$$

$$\eta=-e\sin\omega$$

$$\lambda_0=M_0+\omega=n\tau+\omega$$

第二节　二体问题的卫星星历计算

通常把求定对应任意时刻卫星位置(有的应用问题还包括卫星速度)称为卫星的星历计算。在本章第一节已经得到了二体问题卫星的原则解法，即可按以下步骤求解：

(1)利用式(2-43)，得

$$n^2a^3=\mu$$

由已知的轨道根数 a 求得平均角速度 n。

(2)利用式(2-48),式(2-49)(即开普勒方程)有

$$M = nt - n\tau$$

$$M = E - e\sin E$$

由已知的轨道根数 τ 及离心率 e 计算偏近点角 E。

(3)利用式(2-46),即

$$r = a(1 - e\cos E)$$

求得卫星矢径的模 r,并利用式(2-37)及

$$p = a(1 - e^2)$$

求得卫星的真近点角 f。

(4)利用式(2-36),即

$$f = \theta - \omega$$

并利用已知的轨道根数 ω,求得卫星在辅助极坐标系(见图 2-5 及该坐标系的定义)中的极角 θ。

(5)利用式(2-20),有

$$x' = r\cos\theta$$

$$y' = r\sin\theta$$

可求得卫星在轨道平面坐标系中的坐标 (x', y')。

(6)利用已知的轨道根数 i、Ω 进行坐标变换,就可利用 x'、y',计算空间直角坐标系中的卫星坐标(x, y, z)。

实际的卫星星历计算与上述原则解法稍有不同。例如,在求得偏近点角 E 后,不是如步骤(3) 所述利用椭圆方程在求得 r 之后求真近点角 f,而是利用所导出的真近点角 f 与偏近点角 E 的关系式直接求 f。甚至可以利用步骤(3) 至步骤(6) 的公式导出直接自偏近点角 E 计算卫星的空间直角坐标的公式,使实际计算更加简便。

一、三种近点间的关系与开普勒方程的迭代解法

开普勒方程式(2-49)是联系平近点角 M 与偏近点角 E 的关系式。它是一个超越方程。在已知 E 时可以简便地求得 M,但反过来,已知 M 却不易求得 E。 而卫星星历计算属于后一种情况。由于导航或测地卫星的离心率很小(如 GPS 卫星的 $e < 0.05$),方程可以采用迭代解法。最简单的迭代方法如下:

赋初值,令

$$E_0 = M$$

迭代公式为

$$E_{i+1} = M + e\sin E_i \tag{2-50}$$

迭代终止条件为

$$|E_{i+1} - E_i| \leqslant \varepsilon$$

式中,ε 小于所允许的误差。

由于 e 远小于1,在求 E_{i+1} 时,E_i 的误差被缩小后引入 E_{i+1},使得 E_{i+1} 的误差小于 E_i。 如此迭代直至满足精度。

微分迭代法的收敛速度比简单迭代更快。由开普勒方程可得到

$$dM = dE - e\cos E dE$$

$$dE = \frac{dM}{1 - e\cos E} \tag{2-51}$$

迭代方法是令

$$E_0 = M$$

迭代公式为

$$dM = M + e\sin E_i - E_i$$

$$E_{i+1} = E_i + \frac{dM}{1 - e\cos E_i} \tag{2-52}$$

迭代终止条件为

$$\left| \frac{dM}{1 - e\cos E_i} \right| \leqslant \varepsilon$$

实践证明,微分迭代法比简单迭代法更省时。

如前所述,导出偏近点角 E 与真近点角 f 的关系式,可由 E 直接得到 f(或在计算须用 f 时,可以用已求得的 E 来代替),使计算更加简捷,由式(2-46) 和式(2-37) 有

$$1 - e^2 = (1 - e\cos E)(1 + e\cos f)$$

可知

$$\cos f = \frac{\cos E - e}{1 - e\cos E}$$

$$\sin f = \frac{\sqrt{1 - e^2}\sin E}{1 - e\cos E}$$

从而得到

$$\tan\frac{f}{2} = \frac{\sqrt{1 + e}}{\sqrt{1 - e}}\tan\frac{E}{2} \tag{2-53}$$

用半角公式式(2-53)计算 f 更为方便。这是因为在求反三角函数时,象限的判断往往很频繁,且易出差错。对于半角公式而言,角度值被限制在Ⅰ象限、Ⅱ象限,正切函数在不同象限中反号,因此较易判断。

二、卫星位置与速度的计算

尽管可以在求得真近点角 f 之后按前述原则解法求得卫星在轨道平面坐标系中的坐标,而后经坐标变换求得卫星在空间直角坐标系中的位置,但下面所介绍的方法更为简洁有效。

由于真近点角 f 是由近地点量取的[见式(2-36) 及图 2-6],令近地点方向的单位矢量为 $\boldsymbol{P}$,在轨道平面内按卫星运动方向取与 $\boldsymbol{P}$ 成 90°夹角的单位矢量为 $\boldsymbol{Q}$,如图 2-9 所示。由于卫星矢径在轨道平面上,它可以由沿 $\boldsymbol{P}$、$\boldsymbol{Q}$ 方向上的两个矢量相加而得,即

$$\boldsymbol{r} = r\cos f\boldsymbol{P} + r\sin f\boldsymbol{Q} \tag{2-54}$$

利用式(2-46)和之前推出的公式

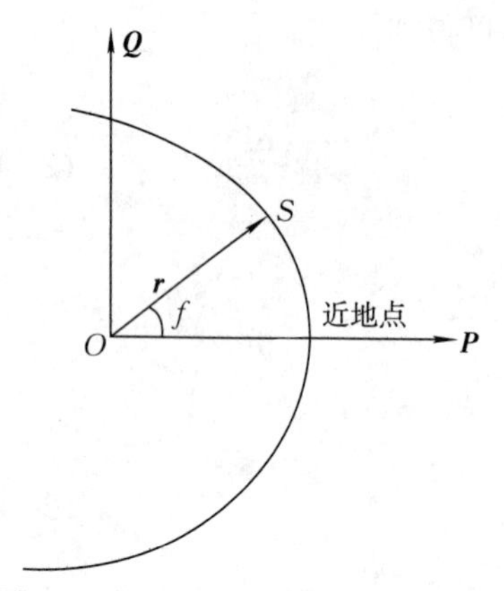

图 2-9　轨道平面上的单位矢量 $\boldsymbol{P}$、$\boldsymbol{Q}$

$$\cos f=\frac{\cos E-e}{1-e\cos E}$$

$$\sin f=\frac{\sqrt{1-e^2}\sin E}{1-e\cos E}$$

可得

$$\boldsymbol{r}=a(\cos E-e)\boldsymbol{P}+a\sqrt{1-e^2}\sin E\boldsymbol{Q} \tag{2-55}$$

依式(2-55)还可求得卫星的运动速度 $\dot{\boldsymbol{r}}$。由于 a、e 与 $\boldsymbol{P}$、$\boldsymbol{Q}$ 均与时间 t 无关，将式(2-55)对时间 t 求导，可得

$$\dot{\boldsymbol{r}}=-a\sin E\frac{\mathrm{d}E}{\mathrm{d}t}\boldsymbol{P}+a\sqrt{1-e^2}\cos E\frac{\mathrm{d}E}{\mathrm{d}t}\boldsymbol{Q}$$

由开普勒方程 $n(t-\tau)=E-e\sin E$，可得

$$\frac{\mathrm{d}E}{\mathrm{d}t}=\frac{n}{1-e\cos E}=\frac{na}{r}$$

代入前式，可得

$$\dot{\boldsymbol{r}}=-\frac{\sin E}{\sqrt{a}(1-e\cos E)}\boldsymbol{P}+\frac{\sqrt{1-e^2}\cos E}{\sqrt{a}(1-e\cos E)}\boldsymbol{Q} \tag{2-56}$$

单位矢量 $\boldsymbol{P}$、$\boldsymbol{Q}$ 在空间直角坐标系的坐标分量是它们分别与三个坐标轴的方向余弦。由图 2-10 中的球面三角形 PNX 可得

$$\cos(\boldsymbol{P},\boldsymbol{X}^0)=\cos\omega\cos\Omega-\sin\omega\sin\Omega\cos i$$

同理可得

$$\cos(\boldsymbol{P},\boldsymbol{Y}^0)=\cos\omega\sin\Omega+\sin\omega\cos\Omega\cos i$$

$$\cos(\boldsymbol{P},\boldsymbol{Z}^0)=\sin\omega\sin i$$

即

$$\boldsymbol{P}=\begin{bmatrix}\cos\omega\cos\Omega-\sin\omega\sin\Omega\cos i\\ \cos\omega\sin\Omega+\sin\omega\cos\Omega\cos i\\ \sin\omega\sin i\end{bmatrix} \tag{2-57}$$

同样

$$\boldsymbol{Q}=\begin{bmatrix}-\sin\omega\cos\Omega-\cos\omega\sin\Omega\cos i\\ -\sin\omega\sin\Omega+\cos\omega\cos\Omega\cos i\\ \cos\omega\sin i\end{bmatrix} \tag{2-58}$$

按式(2-55)至式(2-58)，可由已知的轨道根数及求得的偏近点角 E 直接求得卫星在赤道直角坐标系中的位置与速度。

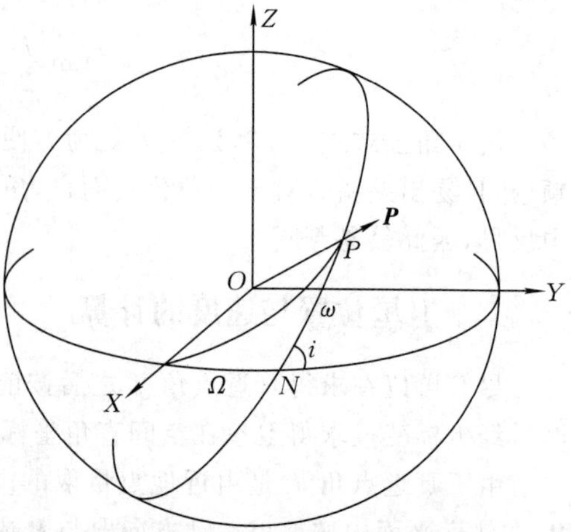

图 2-10　单位矢量 $\boldsymbol{P}$ 与轨道根数的关系

我们已经就二体问题的情况讨论了卫星运动的微分方程，得到了微分方程的通解，讨论了积分常数的物理意义及在已知积分常数轨道根数的情况下，如何求定对应任意时刻的卫星位置与速度。但是没讨论积分常数(轨道根数)如何求定的问题。

对这一问题，原则上可以通过观测解决，如通过观测获得 t_0 时刻的卫星位置 $\boldsymbol{r}(t_0)$ 和速度

$\dot{\boldsymbol{r}}(t_0)$，可以唯一地确定六个轨道根数(微分方程的初值问题)。或者通过观测获得 t_1、t_2 时刻的卫星位置 $\boldsymbol{r}(t_1)$、$\boldsymbol{r}(t_2)$ 也可以唯一地确定六个轨道根数(微分方程的边值问题)。在本章中不详细讨论这一问题，是因为：①在卫星导航和精密定位中应用的卫星都是长期运行的卫星，一般应用问题中其轨道根数都有一定精度的先验值可供使用；②由于二体问题没有考虑摄动力，精确程度有一定限制，在二体问题的基础上讨论轨道根数求定没有实用价值，应用现代的观测仪器可以取得卫星位置或速度的一个量且具有一定的观测误差，只有考虑全部摄动力，利用大量观测资料，精确测定轨道根数的问题才可以解决。

第三节　卫星的受摄运动

对于卫星导航与精密定位而言，在只考虑地球质心引力情况下计算卫星运动状态是不能满足精度要求的。必须考虑地球引力场摄动力、日月摄动力、大气阻力摄动力、光压摄动力、潮汐摄动力，这些摄动与地球质心引力相较，小于 10^{-3}。在这些摄动力的作用下，用 $\boldsymbol{r}(t)$、$\dot{\boldsymbol{r}}(t)$ 对应某一时刻的卫星位置矢量与速度矢量，显然不同于二体问题中同一时刻的卫星位置矢量 $\boldsymbol{r}_0(t)$ 与速度矢量 $\dot{\boldsymbol{r}}_0(t)$。如果以二体问题计算所得的卫星位置矢量 $\boldsymbol{r}_0(t)$ 与速度矢量 $\dot{\boldsymbol{r}}_0(t)$ 求定轨道根数 $\boldsymbol{\sigma}$，这里以 $\boldsymbol{\sigma}=[\sigma_1\ \ \sigma_2\ \ \sigma_3\ \ \sigma_4\ \ \sigma_5\ \ \sigma_6]^{\mathrm{T}}$ 表示六个轨道根数，其结果将仍然是在历元时刻 t_0 给定的轨道根数 $\boldsymbol{\sigma}(t_0)$，这是因为在二体问题中轨道根数是不变的积分常数。但是若用全部摄动力作用下所得的卫星位置 $\boldsymbol{r}_0(t)$ 和速度 $\dot{\boldsymbol{r}}(t)$ 来计算轨道根数 $\boldsymbol{\sigma}(t)$，它将与历元时刻的轨道根数 $\boldsymbol{\sigma}(t_0)$ 不同，我们称它们之间的差异为轨道根数摄动，即

$$\delta\boldsymbol{\sigma}(t)=\boldsymbol{\sigma}(t)-\boldsymbol{\sigma}(t_0)$$

式中，称 $\boldsymbol{\sigma}(t)$ 为对应 t 时刻的瞬时轨道根数。称考虑了摄动力作用的卫星运动为卫星的受摄运动。

这说明卫星受摄运动的轨道根数不再保持常数，而是随时刻不断变化，如果能以一定的方法得到卫星的瞬时轨道根数 $\boldsymbol{\sigma}(t)$，则可按二体问题的方法算得 t 时刻的卫星位置和速度。

与二体问题的解法类似，解卫星的受摄运动要先按卫星所受的作用力(包括摄动力)的物理特性导出其表达式，然后建立受摄运动的微分方程，最后解受摄运动方程得出卫星运动方程。

一、直角坐标表示的受摄运动方程

在直角坐标系中，卫星运动有简洁的形式，按牛顿第二定律，有

$$\ddot{\boldsymbol{r}}=\frac{1}{m}(\boldsymbol{f}_0+\boldsymbol{f}_{\mathrm{e}}+\boldsymbol{f}_{\mathrm{m}}+\boldsymbol{f}_{\mathrm{s}}+\boldsymbol{f}_{\mathrm{d}}+\boldsymbol{f}_{\mathrm{p}}+\boldsymbol{f}_{\mathrm{T}})$$

式中，m 为卫星质量，$\boldsymbol{f}_0$ 为地球质心引力，$\boldsymbol{f}_{\mathrm{e}}$ 为除地球质心引力外的地球引力场摄动力，$\boldsymbol{f}_{\mathrm{m}}$ 为月球(引力)摄动力，$\boldsymbol{f}_{\mathrm{s}}$ 为太阳(引力)摄动力，$\boldsymbol{f}_{\mathrm{d}}$ 为大气阻力摄动力，$\boldsymbol{f}_{\mathrm{p}}$ 为太阳辐射压摄动力，$\boldsymbol{f}_{\mathrm{T}}$ 为地球潮汐附加摄动力。

或写为

$$\ddot{\boldsymbol{r}}=\frac{\boldsymbol{F}}{m} \tag{2-59}$$

式中，$\boldsymbol{F}$ 为上述各力之和。视精度要求，还可以包括其他微小摄动力。式(2-59)还可以写为分量形式，即

$$\ddot{x}=-\frac{F_x}{m}$$

$$\ddot{y}=-\frac{F_y}{m}$$

$$\ddot{z}=-\frac{F_z}{m}$$

上式是联立的三个二阶微分方程。这种形式的微分方程不适于用分析法求解，但适于应用数值法求解。数值法求解可以不涉及轨道根数，虽然可解得满意的结果，但是难于得到关于卫星的轨道根数及其变化规律。下面将介绍的拉格朗日行星运动方程既可用于分析解法又可用于数值解法。

二、拉格朗日行星运动方程及其原则解法

(一)拉格朗日行星运动方程

如果作用于卫星的摄动力是保守力，如地球引力、日月引力、潮汐摄动力等(也是高轨卫星主要摄动力)，则存在势函数。保守力指在该力的作用下，质点从 A 运动到 B 所做的功与路径无关。势函数的特性之一是其对三个坐标轴的导数分别等于单位质量的质点沿该坐标轴方向所受到的力，或者说，该导数等于质点沿三个坐标轴方向的加速度。一般而言，势函数是位置的函数。例如，质心引力的势函数为

$$V_0=\frac{\mu}{r}=\frac{\mu}{\sqrt{x^2+y^2+z^2}}$$

其沿矢径 $\boldsymbol{r}$ 方向的导数为

$$\frac{\mathrm{d}V_0}{\mathrm{d}r}=-\frac{\mu}{r^2}$$

从上式不难看出，这就是地球质心引力，其中负号表示力的方向与 $\boldsymbol{r}$ 矢径的方向相反(向心力)。势函数也称位函数。

设作用于卫星的摄动力的位函数为 R，则可得到

$$\left.\begin{aligned}\ddot{x}&=-\frac{\mu}{r^3}x+\frac{\partial R}{\partial x}\\\ddot{y}&=-\frac{\mu}{r^3}y+\frac{\partial R}{\partial y}\\\ddot{z}&=-\frac{\mu}{r^3}z+\frac{\partial R}{\partial z}\end{aligned}\right\}\tag{2-60}$$

式中，$-\frac{\mu}{r^3}x$ 、$-\frac{\mu}{r^3}y$、$-\frac{\mu}{r^3}z$ 分别为卫星在地球质心引力作用下产生的加速度沿三个坐标轴的分量。R 也称为摄动函数。

拉格朗日利用参数变易法解式(2-60)，得到以二体问题轨道根数为变量的受摄运动方程，即

$$
\left.\begin{aligned}
\frac{\mathrm{d}a}{\mathrm{d}t}&=\frac{2}{na}\frac{\partial R}{\partial M_0}\\
\frac{\mathrm{d}e}{\mathrm{d}t}&=\frac{1-e^2}{na^2e}\frac{\partial R}{\partial M_0}-\frac{\sqrt{1-e^2}}{na^2e}\frac{\partial R}{\partial \omega}\\
\frac{\mathrm{d}i}{\mathrm{d}t}&=\frac{\cot i}{na^2\sqrt{1-e^2}}\frac{\partial R}{\partial \omega}-\frac{1}{na^2\sqrt{1-e^2}\sin i}\frac{\partial R}{\partial \Omega}\\
\frac{\mathrm{d}\Omega}{\mathrm{d}t}&=\frac{1}{na^2\sqrt{1-e^2}\sin i}\frac{\partial R}{\partial i}\\
\frac{\mathrm{d}\omega}{\mathrm{d}t}&=\frac{\sqrt{1-e^2}}{na^2e}\frac{\partial R}{\partial e}-\frac{\cot i}{na^2\sqrt{1-e^2}}\frac{\partial R}{\partial i}\\
\frac{\mathrm{d}M_0}{\mathrm{d}t}&=-\frac{2}{na}\frac{\partial R}{\partial a}-\frac{1-e^2}{na^2e}\frac{\partial R}{\partial e}
\end{aligned}\right\}\tag{2-61}
$$

拉格朗日行星运动方程说明卫星的受摄运动与二体问题不同，这时轨道根数 $\boldsymbol{\sigma}$（以 $\boldsymbol{\sigma}$ 表示全部六个轨道根数）已不再是常数，其随时间的变化率取决于式(2-61) 右端的函数。右端函数包括了轨道根数和摄动函数 R 对各轨道根数的偏导数。

(二)拉格朗日行星运动方程原则解法

应用拉格朗日行星运动方程解卫星受摄运动原则上可以按如下步骤进行：

(1)导出式(2-61)右端的具体表达式。摄动函数 R 一般是卫星位置的函数，应将它改化为卫星轨道根数的函数，以便求导。改化后的右端函数可以用 $F_j(\boldsymbol{\sigma},t)$ 表示($j=1,2,\cdots,6$)，分别对应左端$\frac{\mathrm{d}a}{\mathrm{d}t}$、$\frac{\mathrm{d}e}{\mathrm{d}t}$……$\frac{\mathrm{d}M}{\mathrm{d}t}$ 改化为的轨道根数函数求导后的摄动函数。

(2)解受摄运动方程。一般初始条件为初始时刻（常称为初始历元）t_0 时的轨道根数 $\boldsymbol{\sigma}(t_0)$。通过定积分得到指定时刻轨道根数 $\boldsymbol{\sigma}(t)$，即

$$
\int_{t_0}^{t}\frac{\mathrm{d}\sigma_j}{\mathrm{d}t}=\int_{t_0}^{t}F_j(\boldsymbol{\sigma},t)\mathrm{d}t\quad(j=1,2,\cdots,6)\tag{2-62}
$$

$$
\sigma_j(t)=\sigma_j(t_0)+\int_{t_0}^{t}F_j(\boldsymbol{\sigma},t)\mathrm{d}t
$$

(3)计算对应时刻 t 的卫星位置和速度。依瞬时轨道根数 $\boldsymbol{\sigma}(t)$ 按二体问题的公式计算对应时刻 t 的卫星位置和速度。

以上过程称为受摄运动的分析解。其中，步骤(2)也可以用数值法解受摄运动方程，称为拉格朗日行星运动方程的数值解。但是，目前数值法解受摄运动通常直接解直角坐标表示的微分方程，这样效率更高。

事实上，由于式(2-62)右端含有轨道根数（待定）变量，它难以用分析法取得严格解，只能用一定的方法取得一定精度的近似解。在分析法中，通常采用级数解法，即将右端函数 $F_j(\boldsymbol{\sigma},t)$ 以 $\boldsymbol{\sigma}$ 的近似值做级数展开，然后以逐步迭代的方法求得一定精度的解。

尽管分析解的精度有限，但它可以给出具体轨道根数随时间变化的表达式，即可以给出轨道根数的变化与哪些参数有关，这些参数是如何影响轨道根数变化的。这对研究卫星运动规律是十分有利的。数值法的精度可以高于分析法，但一般不用于规律性研究。

(三)拉格朗日行星运动方程的改化

为了方便，使用中常将拉格朗日行星运动方程中第六个方程做一些改化，即

$$\frac{\mathrm{d}M_0}{\mathrm{d}t}=-\frac{2}{na}\left(\frac{\partial R}{\partial a}\right)-\frac{1-e^2}{na^2e}\frac{\partial R}{\partial e}$$

式中,包含摄动函数对 a 的偏导数。如前所述,摄动函数通常是卫星位置的函数,将它们化为轨道根数的函数时将含有近点角。而近点角 n 是 a 的函数或称隐含 a。因此,在摄动函数 R 对 a 求偏导数时,不仅要对其中显含的 a 求偏导,还须对大量隐含的 a 求偏导。改化的目的就是避免对隐含 a 的项求偏导。

可以用符号 $\left(\frac{\partial R}{\partial a}\right)$ 表示显含 a 或 n 的项,上式中 R 对 a 的偏导数可以分为显含 a 和隐含 a 的两部分,即

$$\frac{\mathrm{d}M_0}{\mathrm{d}t}=-\frac{2}{na}\left(\frac{\partial R}{\partial a}\right)-\frac{2}{na}\frac{\partial R}{\partial M}\frac{\partial M}{\partial n}\frac{\partial n}{\partial a}-\frac{1-e^2}{na^2e}\frac{\partial R}{\partial e}$$

因

$$M=M_0+m$$

$$\frac{\partial M}{\partial M_0}=1$$

故

$$\frac{\partial R}{\partial M}=\frac{\partial R}{\partial M_0}\frac{\partial M_0}{\partial M}=\frac{\partial R}{\partial M_0}$$

又

$$\frac{\partial M}{\partial n}=t$$

故

$$\frac{\mathrm{d}M_0}{\mathrm{d}t}=-\frac{2}{na}\left(\frac{\partial R}{\partial a}\right)-\frac{2}{na}\frac{\partial R}{\partial M_0}\frac{\partial n}{\partial a}t-\frac{1-e^2}{na^2e}\frac{\partial R}{\partial e}$$

利用式(2-61)中第一式

$$\frac{\mathrm{d}a}{\mathrm{d}t}=\frac{2}{na}\frac{\partial R}{\partial M_0}$$

得

$$\begin{aligned}\frac{\mathrm{d}M_0}{\mathrm{d}t}&=-\frac{2}{na}\left(\frac{\partial R}{\partial a}\right)-\frac{\partial n}{\partial a}\frac{\mathrm{d}a}{\mathrm{d}t}t-\frac{1-e^2}{na^2e}\frac{\partial R}{\partial e}\\&=-\frac{2}{na}\left(\frac{\partial R}{\partial a}\right)-\frac{\mathrm{d}n}{\mathrm{d}t}t-\frac{1-e^2}{na^2e}\frac{\partial R}{\partial e}\end{aligned}$$

又由 $M=M_0+nt$,可得

$$\begin{aligned}\frac{\mathrm{d}M}{\mathrm{d}t}&=\frac{\mathrm{d}M_0}{\mathrm{d}t}+\frac{\mathrm{d}n}{\mathrm{d}t}t+n\\&=n-\frac{2}{na}\left(\frac{\partial R}{\partial a}\right)-\frac{1-e^2}{na^2e}\frac{\partial R}{\partial e}\end{aligned}\tag{2-63}$$

因此,可以用式(2-63)代替式(2-61)中的第六个方程,而且为了书写方便,不再使用括号,只是此时该式表示在对 a 求偏导时只对显含的 a 求偏导,而不对隐含的 a 求偏导。这显然会简化右端函数的推导。

改化后的拉格朗日行星运动方程为

$$
\left.\begin{aligned}
\frac{\mathrm{d}a}{\mathrm{d}t}&=\frac{2}{na}\frac{\partial R}{\partial M}\\
\frac{\mathrm{d}e}{\mathrm{d}t}&=\frac{1-e^2}{na^2e}\frac{\partial R}{\partial M}-\frac{\sqrt{1-e^2}}{na^2e}\frac{\partial R}{\partial\omega}\\
\frac{\mathrm{d}i}{\mathrm{d}t}&=\frac{\cot i}{na^2\sqrt{1-e^2}}\frac{\partial R}{\partial\omega}-\frac{1}{na^2\sqrt{1-e^2}\sin i}\frac{\partial R}{\partial\Omega}\\
\frac{\mathrm{d}\Omega}{\mathrm{d}t}&=\frac{1}{na^2\sqrt{1-e^2}\sin i}\frac{\partial R}{\partial i}\\
\frac{\mathrm{d}\omega}{\mathrm{d}t}&=\frac{\sqrt{1-e^2}}{na^2e}\frac{\partial R}{\partial e}-\frac{\cot i}{na^2\sqrt{1-e^2}}\frac{\partial R}{\partial i}\\
\frac{\mathrm{d}M}{\mathrm{d}t}&=n-\frac{2}{na}\frac{\partial R}{\partial a}-\frac{1-e^2}{na^2e}\frac{\partial R}{\partial e}
\end{aligned}\right\}\tag{2-64}
$$

在实际工作中常使用式(2-64)代替式(2-61)。

在解卫星受摄运动时有时会遇到轨道偏心率 e 很小的情况，此时常用 a、i、Ω、ξ、η、λ 这样一组轨道根数，其中

$$
\begin{aligned}
\xi&=e\cos\omega\\
\eta&=-e\sin\omega\\
\lambda&=M+\omega
\end{aligned}
$$

此时得出的受摄运动方程为

$$
\left.\begin{aligned}
\frac{\mathrm{d}a}{\mathrm{d}t}&=\frac{2}{na}\frac{\partial R}{\partial\lambda}\\
\frac{\mathrm{d}i}{\mathrm{d}t}&=\frac{\cot i}{na^2\sqrt{1-e^2}\sin i}\left[\cos i\left(\eta\frac{\partial R}{\partial\xi}-\xi\frac{\partial R}{\partial\eta}+\frac{\partial R}{\partial\lambda}\right)-\frac{\partial R}{\partial\Omega}\right]\\
\frac{\mathrm{d}\Omega}{\mathrm{d}t}&=\frac{1}{na^2\sqrt{1-e^2}\sin i}\frac{\partial R}{\partial i}\\
\frac{\mathrm{d}\xi}{\mathrm{d}t}&=\frac{\sqrt{1-e^2}}{na^2}\frac{\partial R}{\partial\eta}-\eta\frac{\cot i}{na^2\sqrt{1-e^2}}\frac{\partial R}{\partial i}-\xi\frac{\sqrt{1-e^2}}{na^2(1+\sqrt{1-e^2})}\frac{\partial R}{\partial\lambda}\\
\frac{\mathrm{d}\eta}{\mathrm{d}t}&=\frac{\sqrt{1-e^2}}{na^2}\frac{\partial R}{\partial\xi}+\xi\frac{\cot i}{na^2\sqrt{1-e^2}}\frac{\partial R}{\partial i}-\eta\frac{\sqrt{1-e^2}}{na^2(1+\sqrt{1-e^2})}\frac{\partial R}{\partial\lambda}\\
\frac{\mathrm{d}\lambda}{\mathrm{d}t}&=n-\frac{2}{na}\frac{\partial R}{\partial a}-\frac{\cot i}{na^2\sqrt{1-e^2}}\frac{\partial R}{\partial i}+\frac{\sqrt{1-e^2}}{na^2(1+\sqrt{1-e^2})}\left(\xi\frac{\partial R}{\partial\xi}+\eta\frac{\partial R}{\partial\eta}\right)
\end{aligned}\right\}\tag{2-65}
$$

如果摄动力为非保守力，如大气阻力、光辐射压力(地影使光辐射压为不连续的力)，可以将力所产生的(单位质点)加速度分解为三个互相垂直的分量，即沿卫星运动方向(切向，沿运动方向为正)的加速度 U、沿主法线方向(内法线方向为正)的加速度 N 和沿与前两个方向成右手坐标系的方向的加速度 W。其摄动运动方程为

$$
\left.\begin{aligned}
\frac{\mathrm{d}a}{\mathrm{d}t}&=\frac{2}{n\sqrt{1-e^2}}(1+2e\cos f+e^2)^{\frac{1}{2}}U\\
\frac{\mathrm{d}e}{\mathrm{d}t}&=\frac{\sqrt{1-e^2}}{na}(1+2e\cos f+e^2)^{-\frac{1}{2}}\left[2(\cos f+e)U-\sqrt{1-e^2}(\sin E)N\right]\\
\frac{\mathrm{d}i}{\mathrm{d}t}&=\frac{r\cos(\tilde{\omega}+f)}{na^2\sqrt{1-e^2}}W\\
\frac{\mathrm{d}\Omega}{\mathrm{d}t}&=\frac{r\sin(\tilde{\omega}+f)}{na^2\sqrt{1-e^2}\sin i}W\\
\frac{\mathrm{d}\tilde{\omega}}{\mathrm{d}t}&=\frac{\sqrt{1-e^2}}{nae}(1+2e\cos f+e^2)^{-\frac{1}{2}}\left[2(\sin f)U+(\cos E+e)N\right]-\cos i\,\frac{\mathrm{d}\Omega}{\mathrm{d}t}\\
\frac{\mathrm{d}M}{\mathrm{d}t}&=n-\frac{1-e^2}{nae}(1+2e\cos f+e^2)^{-\frac{1}{2}}\left[\left(2\sin f+\frac{2e^2}{\sqrt{1-e^2}}\sin E\right)U+(\cos E-e)N\right]
\end{aligned}\right\}
\tag{2-66}
$$

式(2-66)即为牛顿受摄运动方程,它常用于计算大气阻力摄动和光压摄动力。由于大气阻力只有沿切向方向的加速度 U,其他两个分量为 0,因此计算较为方便。可以单独计算大气阻力摄动,只需要将结果叠加到其他摄动计算结果中即可。

三、卫星运动规律(受摄运动的近似解)

由于拉格朗日行星运动方程右端函数是轨道根数的函数,难以用分析方法取得严格解,随着对解的精度要求的提高,公式推导的繁杂程度激增,甚至在实际工作中很难实现。数值方法解卫星受摄运动方程简捷且精度高,广为人们采用。但是在研究卫星运动规律、卫星轨道设计及某些数据处理方法时,分析法可以给出很好的结果。

在卫星所受摄动力中,地球引力场摄动力最大,约为 10^{-3} 量级,其他摄动力多小于 10^{-6} 量级。鉴于研究卫星近动规律或卫星轨道设计所要求的精度不高,可以只考虑地球引力场的摄动力,略去小于 10^{-6} 的项。在略去 10^{-6},以及更小量级时,地球引力场摄动力的位函数可写为

$$R=\frac{-J_2}{2r^3}(3\sin^2\varphi-1)$$

式中,J_2 为地球引力场二阶带谐系数,r 为地球矢径的模,φ 为卫星在地球球面坐标系中的纬度。

按前述,解卫星受摄运动须先将摄动函数 R 化为轨道根数的函数。由图 2-11,可得

$$\sin\varphi=\sin i\sin(\omega+f)$$

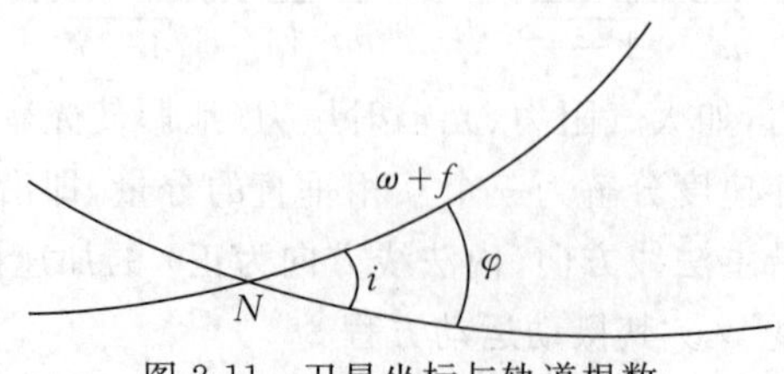

图 2-11 卫星坐标与轨道根数

于是摄动函数为

$$R=\frac{-J_2}{r^3}\left[\left(\frac{1}{2}-\frac{3}{4}\sin^2 i\right)+\frac{3}{4}\sin^2 i\sin 2(\omega+f)\right] \tag{2-67}$$

式(2-67)包括已知的引力场系数 J_2(它为 10^{-3} 量级,天体力学中常称为一阶小量),轨道根数 i、ω 和卫星矢量的模 r 及真近点角 f。本来 r、f 都可以进一步化为轨道根数 a、e、M 和时间 t 的函数,但为了分析问题方便,暂不进行这种改化。

在进一步求解之前,先讨论摄动函数的一些性质,从而按要求的精度进行合理取舍。首先,摄动函数中有为常值的项,也有以卫星运动一周为周期的项(含近点角 f 的项),如果近升角距 ω 有长期变化,则相应的项为长周期项。

拉格朗日行星运动方程可以写为

$$\frac{\mathrm{d}\sigma_j}{\mathrm{d}t}=F_j(\sigma_t,t)$$

$$\sigma_j(t)=\sigma_j(t_0)+\int_{t_0}^{t}F_j(\sigma_t,t)\,\mathrm{d}t$$

等式右端要在 t_0 至 t 的时间内求定积分。通常对卫星求解的时间段可达10天,$t-t_0$ 可以达到 10^3 量级(按人卫单位)。如果被积函数中包含常数项或周期较长的项,则积分后将达到该项的 10^3 倍,而变化周期较短的项积分后则不会积累,仍为原量级做周期性摆动。考虑摄动函数中有 J_2 因子,即括号内各项均要乘以 10^{-3} 量级(常称为一阶小量)的因子,可以略去摄动函数中积分后不会积累的短周期项。

为了准确地从摄动函效中分离这样的短周期项,可以对摄动函数 R 在卫星运动周期 T 内求积分均值,即

$$\bar{R}=\frac{1}{2\pi}\int_0^T R\,\mathrm{d}t \tag{2-68}$$

式中,$\bar{R}$ 不包含在一个周期内积分均值为0的那些项(不积累的项)。显然,短周期项为

$$R_s=R-\bar{R}$$

原摄动函数为

$$R=R_s+\bar{R}$$

上式被分离为两部分,即积分后不会积累的短周期项 R_s 和会积累的非短周期项 $\bar{R}$(可能包括长期项和长周期项)。

对摄动函数式(2-67)求积分均值,得

$$\bar{R}=-\frac{J_2}{a^3}\left[\frac{a^3}{r^3}\right]_{CP}\left(\frac{1}{2}-\frac{3}{4}\sin^2 i\right)-\frac{3}{4}\frac{J_2}{a^3}\sin^2 i\cos 2\omega\left[\left(\frac{a^3}{r^3}\right)\sin 2f\right]_{CP}+$$
$$\frac{3}{4}\frac{J_2}{a^3}\sin^2 i\sin 2\omega\left[\left(\frac{a^3}{r^3}\right)\cos 2f\right]_{CP}$$

式中,$[\cdot]_{CP}$ 表示对括号内容取积分均值。应用二体问题的有关公式可得

$$\left[\left(\frac{a^3}{r^3}\right)\cos 2f\right]_{CP}=\frac{1}{2\pi}\int_0^t\left(\frac{a^3}{r^3}\right)\cos 2f\,\mathrm{d}t=0$$

$$\left[\left(\frac{a^3}{r^3}\right)\sin 2f\right]_{CP}=0$$

$$\left[\frac{a^3}{r^3}\right]_{CP}=(1-e^2)^{-\frac{3}{2}}$$

于是，排除了短周期项的摄动函数为

$$\bar{R}=-\frac{J_2}{a^3}(1-e^2)^{-\frac{3}{2}}\left(\frac{1}{2}-\frac{3}{4}\sin^2 i\right) \tag{2-69}$$

式(2-69)已化为轨道根数表示。以 $\bar{R}$ 代替 R，代入式(2-64)，进行积分可得

$$\frac{\mathrm{d}a}{\mathrm{d}t}=0$$

$$\frac{\mathrm{d}e}{\mathrm{d}t}=0$$

$$\frac{\mathrm{d}i}{\mathrm{d}t}=0$$

即

$$\left.\begin{aligned} a(t)&=a(t_0)\\ e(t)&=e(t_0)\\ i(t)&=i(t_0)\end{aligned}\right\} \tag{2-70}$$

这说明轨道长半轴 a、离心率 e 和轨道倾角 i 无长期变化。由于在积分中排除了摄动函数中短周期项，故这些根数可能在平衡位置附近摆动。这种摆动的幅值不超过 10^{-3}。

对另外三个根数，考虑了 a、e、i 为常值，积分后有

$$\begin{aligned}\frac{\mathrm{d}\Omega}{\mathrm{d}t}&=\frac{1}{na^2\sqrt{(1-e^2)}\sin i}\frac{\partial R}{\partial i}\\ &=\frac{3}{2}\frac{J_2}{p^2}n\cos i\end{aligned}$$

可得

$$\Omega(t)=\Omega(t_0)+\frac{3}{2}\frac{J_2}{p^2}n(t-t_0)\cos i \tag{2-71}$$

同理可得

$$\omega(t)=\omega(t_0)-\frac{3}{2}\frac{J_2}{p^2}n\left(2-\frac{2}{5}\sin^2 i\right)(t-t_0) \tag{2-72}$$

$$M(t)=M(t_0)-\frac{3}{2}\frac{J_2}{p^2}n\left(1-\frac{3}{2}\sin i\right)\sqrt{1-e^2}(t-t_0)+n(t-t_0) \tag{2-73}$$

式(2-71)至式(2-73)说明根数 ω、Ω、M 有随时间成正比的长期变化。由于有与 a、e、i 相似的原因，它们在长期变化的附近还有短周期的小量变化。

如果将 $J_2=-484.166\,46\times10^{-6}$ 代入，有

$$\frac{\mathrm{d}\Omega}{\mathrm{d}t}=-\frac{9.964}{(1-e^2)^2a^{\frac{7}{2}}}\cos i$$

式中，Ω 不断减小意味着轨道平面不断西退，称为轨道面的进动。进动速度取决于长半轴 a 和轨道面倾角 i。对于高度为 1 000 km、倾角接近 0°的卫星，其进动速度约为 6°/天，对于高度为 2 000 km、倾角为 55°的 GPS 卫星，其进动速度约为 0.039°/天。

ω 的长期变化使得近地点在轨道面内不断旋转。或者说，卫星的轨道椭圆以其不变的形状在轨道面内不断旋转。观察式(2-72)，它含有 $2-\frac{5}{2}\sin^2 i$，如果轨道面倾角 $i=63.4°$，该部分

为 0，即此时近地点在轨道面内不存在长期旋转。

M 的长期变化使得卫星在以其二体问题的角速度旋转的基础上不断“超前”。

以上轨道根数变化对卫星运动的作用是在不断变化轨道根数情况下，卫星按二体问题的运动方式运动。当然，这对于更精细的卫星运动描述是不够的，但这些根数的变化规律是卫星轨道设计需要考虑的。

第三章　伪随机码与伪随机码测距

不论是导航还是定位，取得高精度的观测量是进行解算的前提。卫星导航会受到许多特殊环境和条件的限制，如卫星距用户非常遥远，卫星上又设有很强的发射功率，此时用户只能在极低信噪比的条件下工作。在这样恶劣的条件下，一般的测距技术很难做到准确可靠地测距。20 世纪 60 年代后期发展的伪随机码通信和测距技术可以很好地解决这一问题，而当时处于设计阶段的全球定位系统（GPS）很自然地采用了这一技术。事实上，不仅在全球定位系统，在其他环境和条件相似的系统中也采用了这一技术。由于许多专业，包括测量和导航专业，并不熟悉伪随机编码和测距技术，故了解这一技术的有关部分是必要的。

第一节　伪随机码

在具有噪声干扰的情况下，综合考虑测距精度、信号带宽、所需功率及不同卫星的识别等问题，全球定位系统采用了伪随机码测距技术。

伪随机码也称为伪噪声码，是一种可以预先确定并可以重复地产生和复制，又具有随机统计特性的二进制码序列。早在 20 世纪 40 年代末和 50 年代初，香农（Shannon）、伍德沃德（Woodward）、哈尔凯维奇（Харкевич）等人就建立了噪声通信理论，证明具有白噪声统计特性的信号在充分利用信道的容量与信号的功率、抗多径干扰和测定距离等方面具有明显的优点。但当时只是限于理论上的探讨。到了 20 世纪 60 年代中期，由于一些易于产生、加工、复制，又具有白噪声统计特性的伪随机码的发展，噪声通信理论才获得了许多实际应用。在深空通信场合，利用伪随机编码信号可以实现低信噪比接收，大大改善了通信的可操作性，且实现了码分多址通信。此外，利用伪随机编码信号可以实现高性能的保密通信。这些特点正符合全球定位系统的技术要求。

伪随机码有许多种，本书只讨论其中易于产生、应用广泛，也是为全球定位系统所采用的一种伪随机码——最长线性移位寄存器码序列。讨论的重点是从应用的角度选择的。

最长线性移位寄存器序列也称为 m 序列，它是由若干级带有某些特定反馈的移位寄存器产生的。由 r 级移位寄存器所产生的 m 序列称为 r 级最长线性移位寄存器序列。

一、移位寄存器和模 2 运算

最长线性移位寄存器序列是由带有某些特定反馈的移位寄存器所产生的，而这种反馈又涉及模 2 运算，故首先对移位寄存器及模 2 运算做简要介绍。

（一）移位寄存器

双稳态存储器是构成移位寄存器的基本单元，其中最简单的是 RS 触发器（图 3-1）。

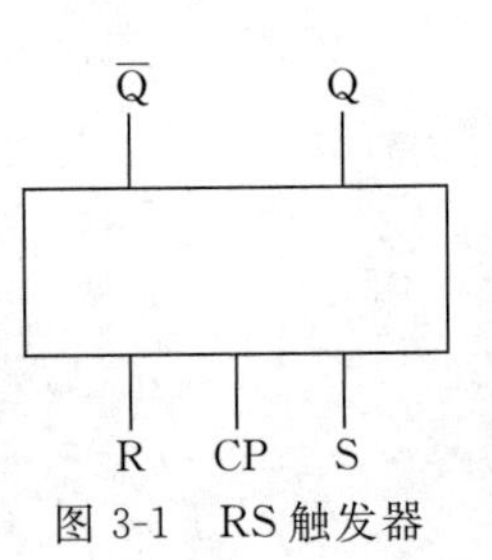

图 3-1　RS 触发器

双稳态存储器有三个输入端：一个置位端（S）、一个复位端（R）和一个时钟脉冲输入端(CP)。有两个输出端,即 Q 和 $\overline{Q}$。在脉冲电路中,通常以 1 和 0 分别表示输出端 Q 的高电平或低电平。不论双稳态存储器的输出端 Q 为何种(高电平或低电平),它都能保持这一状态,除非脉冲输入端到来一个正脉冲(时钟脉冲)。当时钟脉冲到来时,输出端的状态取决于输入端的状态。也就是说,双稳态存储器在没有时钟脉冲时将保持原来的状态不变,一旦时钟脉冲到来,若置位端为 1(高电平)则输出端 Q 为 1,若复位端为 1 则输出端 Q 为 0(低电平)。Q 和 $\overline{Q}$ 始终是反相的,即 Q 为 1 时 $\overline{Q}$ 为 0,反之亦然。将记录这些状态的表称为真值表(表 3-1)。

移位寄存器是由数个串接的双稳态存储器和一个时钟脉冲发生器组成的。组成移位寄存器的每一双稳态存储器都称为移位寄存器的级。由 r 个双稳态存储器构成的移位寄存器称为 r 级移位寄存器。

表 3-1　RS 触发器真值

R	S	Q
0	1	1
1	0	0
1	1	不定
0	0	不定

如图 3-2 所示,自左向右使每一级的输出端 Q 与下一级的置位端 S 相连,反相输出端 $\overline{Q}$ 与下一级的复位端 R 相连,来自时钟脉冲发生器的时钟脉冲连接至各级的时钟脉冲输入端,这样就构成了一个移位寄存器。这时每一级 RS 触发器的置位端、复位端的电平取决于前一级(左面)RS 触发器的状态。例如,RS2 的状态为 1,则它的输出端 Q,即 RS1 的置位端为高电平;RS2 的反相输出端 $\overline{Q}$,即 RS1 的复位端为低电平。当时钟脉冲到来时,RS1 即被置位为 1。同样地,若 RS2 的状态为 0,当时钟脉冲到来时,RS1 即被复位为 0。可见当时钟脉冲到来时,RS2 触发的状态(其值为 1 或 0)将右移至 RS1。同理,RS3 的状态将右移至 RS2,依此类推。假定移位寄存器的初始状态为 0010,且 RS4 的 S、R 端分别为 1、0,随着不断地给予时钟脉冲信号,移位寄存器中各级的取值如表 3-2 所示。

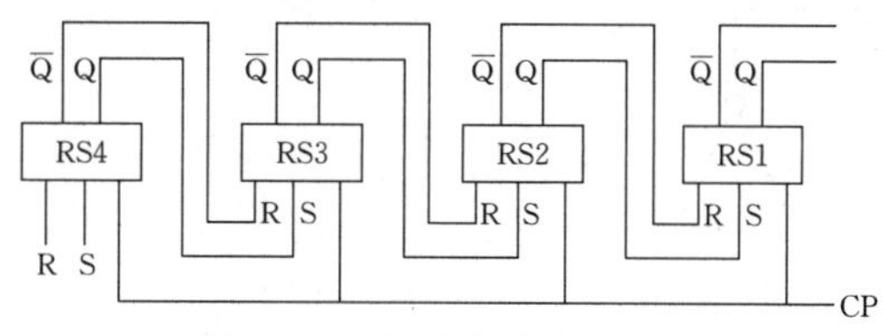

图 3-2　四级移位寄存器原理

表 3-2　移位寄存器状态

时钟脉冲序号	RS4	RS3	RS2	RS1
0	0	0	1	0
1	1	0	0	1
2	1	1	0	0
3	1	1	1	0
4	1	1	1	1
5	1	1	1	1
⋮	⋮	⋮	⋮	⋮

从表 3-2 中可以看到各级状态右移情况。由于 RS4 的置位端始终为 1，故经过 4 次移位后就成为全 1 状态并持续下去。这样，自 RS1 输出的显然不是随机序列。如将输出信号经一定的模 2 运算的结果代替 RS4 的输入端（R 与 S），就可在 RS1 的输出端得到一组随机序列。

（二）模 2 运算

移位寄存器中的每一级可能有两种不同的数（或状态）并以 0 和 1 表示，前者表示输出为低电平，后者表示输出为高电平。对于这样只有两种状态的运算可以采用模 2 运算。模 2 运算可以看作不进位的二进制运算。对于加法，通常用运算符号$\oplus$表示，其运算规则为

$$\left.\begin{array}{l}0\oplus 0=0\\0\oplus 1=1\\1\oplus 0=1\\1\oplus 1=0\end{array}\right\}\tag{3-1}$$

对于模 2 加法，其交换律、结合律成立。对于一个元素 a，可按下式定义其负元素 $-a$，即

$$a\oplus(-a)=0\tag{3-2}$$

由于

$$0\oplus 0=0$$
$$1\oplus 1=0$$

所以不论 a 为 0 或 1，只有 $a=-a$ 时式(3-2)才能成立。由此我们可以定义模 2 减法运算（以$\ominus$表示），即

$$a\ominus b=a\oplus(-b)$$
$$a\ominus b=a\oplus b$$

由上式可看出，模 2 减法运算与模 2 加法运算是等效的。利用逻辑电路可以方便地完成模 2 运算（图 3-3）。

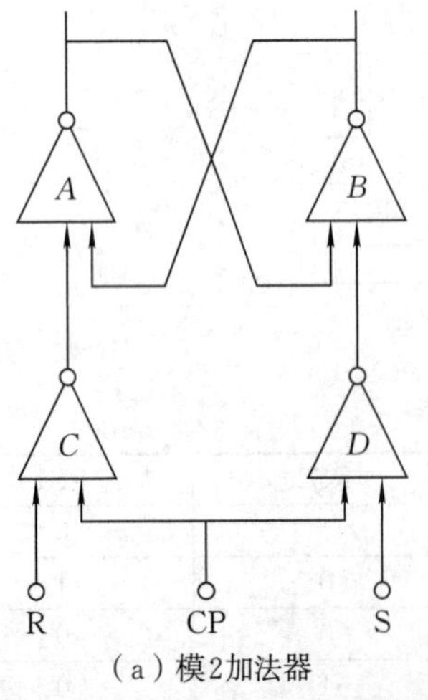

（a）模2加法器

a	b	$a\oplus b$
0	0	0
0	1	1
1	0	1
1	1	0

（b）真值表

图 3-3　模 2 加法器与真值表

模 2 运算也可等效于普通乘法。事实上，移位寄存器各级只有高电平与低电平两种状态，前面我们以 1 和 0 分别表示这两种状态，也可以用－1 和 1 表示这两种状态，此时普通乘法就

与前述模 2 运算等效，或者说，以 −1 代替 1(高电平)，以 1 代替 0(低电平)，就可以用普通乘法代替模 2 运算，如表 3-3 所示。

表 3-3　模 2 运算与普通乘法

状态	模 2 和			普通乘法		
高电平	1			−1		
低电平	0			1		
运算结果	a	b	$a \oplus b$	a	b	$a \cdot b$
	0	0	0	1	1	1
	0	1	1	1	−1	−1
	1	0	1	−1	1	−1
	1	1	0	−1	−1	1

这两种运算连同其寄存器状态表示方法是同一事物的不同表示形式，它们是等效的。今后究竟采用哪种形式是以讨论问题方便这一原则来选择的。例如，在某些理论探讨中采用模 2 运算较为方便，而在另一些问题中或形象化地以图形表示时，采用普通乘法较方便。图 3-4 为 $a(t)$ 序列与 $b(t)$ 序列的模 2 运算与波形表示。

$$a(t)\text{：}0\ 0\ 1\ 0\ 1\ 0\ 0$$
$$b(t)\text{：}0\ 1\ 0\ 1\ 1\ 0\ 1$$
$$a(t) \oplus b(t)\text{：}0\ 1\ 1\ 1\ 0\ 0\ 1$$

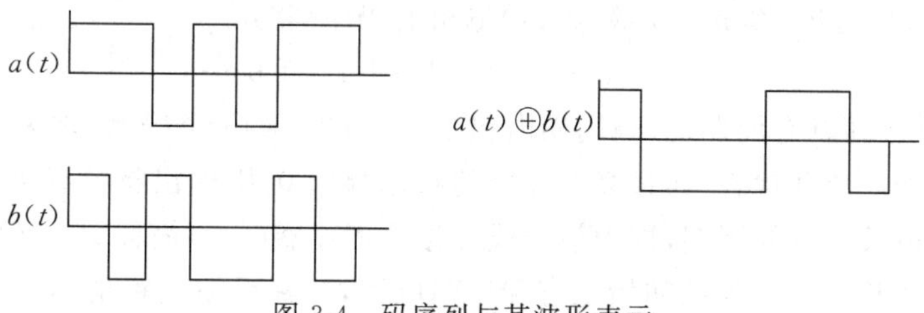

图 3-4　码序列与其波形表示

二、最长线性移位寄存器序列

如前所述，一个普通的移位寄存器并不能产生一个伪随机序列(或伪随机码)。但是带有某些特定反馈的移位寄存器，其输出端可以产生一个伪随机序列。

现以一个简单的例子说明。图 3-5 是一个四级线性反馈的移位寄存器，取 $n-4$ 级与 $n-3$ 级的状态(0 或 1) 经模 2 加法器运算后反馈至 $n-1$ 级。这样，在 $n-4$ 级(输出端) 就可得到一个四级最长线性移位寄存器序列，简称四级 m 序列。假定其各级的初始状态为 0001，随着时钟脉冲的相继到来，各级的状态变化情况如表 3-4 所示。

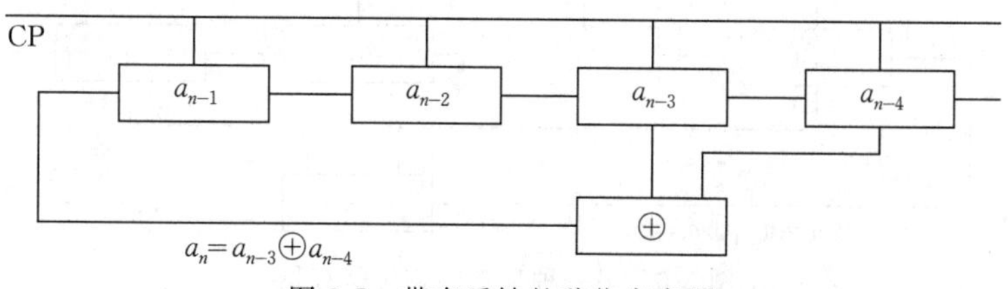

图 3-5　带有反馈的移位寄存器

表 3-4 移位寄存器状态序列

时钟脉冲	a_{n-1}	a_{n-2}	a_{n-3}	a_{n-4}	$a_n = a_{n-3} \oplus a_{n-4}$
1	0	0	0	1	1
2	1	0	0	0	0
3	0	1	0	0	0
4	0	0	1	0	1
5	1	0	0	1	1
6	1	1	0	0	0
7	0	1	1	0	1
8	1	0	1	1	0
9	0	1	0	1	1
10	1	0	1	0	1
11	1	1	0	1	1
12	1	1	1	0	1
13	1	1	1	1	0
14	0	1	1	1	0
15	0	0	1	1	0
16	0	0	0	1	1
17	1	0	0	0	0
⋮	⋮	⋮	⋮	⋮	⋮

从表 3-4 中可以看出，其 $n-4$ 级（末级）输出的码序列为

$$1\ 0\ 0\ 0\ 1\ 0\ 0\ 1\ 1\ 0\ 1\ 0\ 1\ 1\ 1\ 1\ 0\cdots$$

不难看出，该序列具有周期性，一周期内包含 15（$=2^4-1$）个码元，称为码长。由于该移位寄存器不允许出现全 0 状态（如每级寄存器的状态都为 0，则输出将持续为 0），这一周期是四级移位寄存器最长的重复周期，称为最长线性移位寄存器序列，简称 m 序列。

m 序列取决于移位寄存器的初始状态和反馈电路，这种反馈电路也称为反馈逻辑。反馈逻辑相同而初始状态不同的两个 m 序列互为平移等价序列。事实上，m 序列的周期是最长的周期，对于四级移位寄存器，其码长为 2^4-1，这包括了除全 0 状态的所有可能的状态。对于其中一个初始状态，经过若干时钟脉冲后，其各级寄存器中的状态即与另一初始状态一致。其效果是某一个序列的延迟（或称为平移）若干码元后即与另一平移等价序列相同，这样两个序列称为平移等价序列。

对于这样的四级移位寄存器，还有其他的反馈逻辑，如图 3-6 所示，其输出也是一个 m 序列。可以看出输出码序列与前例的码序列并不相同。这样由移位寄存器级数相同而反馈逻辑不同所产生的 m 码序列称为同族码序列。

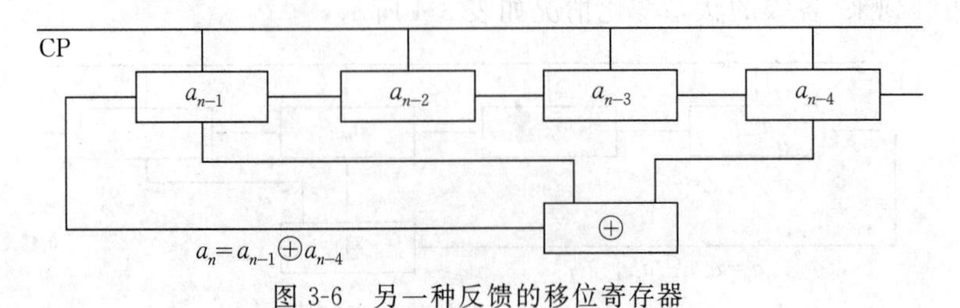

图 3-6 另一种反馈的移位寄存器

并不是所有可能的反馈逻辑都能产生 m 序列。事实上，对四级移位寄存器而言，只有上述两种反馈逻辑才能产生每周期包含 2^4-1 个码元的最长线性移位寄存器序列。也就是说，四级移位寄存器只可能产生两种不同的 m 序列，它们分别对应不同的反馈逻辑。

以上对四级移位寄存器的讨论可以扩展至 r 级移位寄存器，即 r 级移位寄存器连同某些特定的反馈逻辑可以产生 m 序列。该序列是周期性序列，每周期内包含 2^r-1 个码元，即码长为 2^r-1。

图 3-7 中的 C_0、C_1……C_{r-1} 表示开关，C_i 断开表示该馈线不存在，C_i 闭合表示该馈线存在。

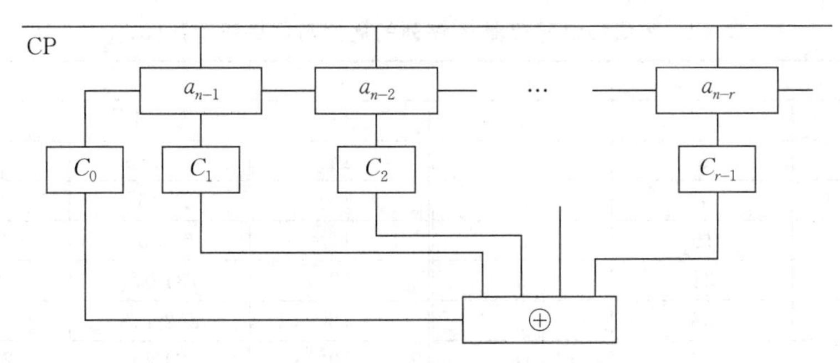

图 3-7　r 级线性移位寄存器及其反馈逻辑

由前面的讨论可知，不同的反馈逻辑产生不同的码序列。事实上，对于最长移位寄存器而言，一定的反馈逻辑对应唯一的码序列。为了能以简单明确的方式表示反馈逻辑，可以定义一个多项式，即

$$F(x)=C_0x^0\oplus C_1x^1\oplus C_2x^2\oplus\cdots\oplus C_rx^r$$
$$=\sum_{i=0}^{r}C_ix^i \tag{3-3}$$

式中，所有的系数 C_i 表示第 i 级移位寄存器的馈线，C_i 可取 0 或 1，当 $C_i=1$ 时表示馈线存在，当 $C_i=0$ 时表示馈线不存在。其中，C_0 始终取 1，因为当 $C_0=0$ 时表示总反馈线不存在，即无反馈，此时将退化为静态移位寄存器，当连续接收时钟脉冲时，移位寄存器所有级将变为全 1 状态并保持下去(规定高电位为 1，输入端悬空为高电位)。这样，当给定系数 C_0 的值后，就确定了一个多项式，即确定了一种反馈逻辑。通常这一多项式称为线性移位寄存器的特征多项式。例如，图 3-5 的四级线性移位寄存器反馈逻辑就可以表示为

$$F(x)=1\oplus x^3\oplus x^4$$

或简写为

$$F(x)=1+x^3+x^4$$

图 3-6 的反馈逻辑表示为

$$F(x)=1\oplus x\oplus x^4$$

从以上两个公式还可以看出，特征多项式最高阶次的系数 C_r 一般为 1(对应有末级反馈)，否则将退化为 $r-1$ 级，第 r 级的存在只影响码序列延迟一个码元。

应该指出线性移位寄存器的特征多项式不仅用于表示寄存器的反馈逻辑，还应用于线性移位寄存器的研究。

在应用中一个重要问题是，一个 r 级移位寄序器最多可以产生多少种 m 序列(称为同族

码序列),以及又如何确定这些码序列所对应的特征多项式(即反馈逻辑)。对此,给出对于 r 级移位寄存器可产生同族码序列的个数,即

$$J_r = \frac{\Phi(2^r - 1)}{r} \tag{3-4}$$

式中,$\Phi(x)$ 为欧拉函数,其数值等于 1、2……$(x-1)$ 中所有与 x 互素的正整数的个数。表 3-5 给出 1 ~ 24 级及其相应的 m 序列周期与同族码个数 J_r。表中,T 表示以码元为单位的码周期。求得各个反馈逻辑涉及的计算过程复杂、烦琐,特别是在级次高的情况下,往往需要借助计算机完成,而这方面的工作已有人完成,并把结果制成表,可供查用。

表 3-5　r 级移位寄存器 m 序列的周期与同族码个数(J_r)

r	T	J_r	r	T	J_r
1	1	1	13	8 191	630
2	3	1	14	16 383	750
3	7	2	15	32 767	1 800
4	15	2	16	65 535	2 048
5	31	6	17	131 071	7 710
6	63	6	18	262 143	8 064
7	127	18	19	524 287	27 594
8	255	16	20	1 048 575	24 000
9	511	48	21	2 097 151	84 672
10	1 023	60	22	4 194 303	120 032
11	2 047	176	23	8 388 607	356 960
12	4 095	144	24	16 777 215	276 480

三、m 序列的统计特性及相关特性

(一)m 序列的统计特性

m 序列是一种具有随机统计特性的二元码序列。

对于一个只有两种可能的随机事件,如掷硬币所产生的随机序列来说,其随机统计特性为:

(1)序列中两种元素出现的次数大致相等。

(2)若把 n 次同一种元素连续出现叫作一个长度为 n 的元素游程,则序列中长度为 n 的元素游程比长度为 $n+1$ 的元素游程多约一倍。

以上特性与我们所熟悉的测量误差中正误差与负误差出现规律相似(偶然误差情况)。m 序列是一个确定的码序列(即预先可以确定并可以重复实现的序列),它与随机事件不同,但它却具有与随机事件相似的统计特性。m 序列是一种周期序列,它的统计特性为:

(1)在每一周期内,两种元素出现的次数相差 1 次(因移位寄存器不允许出现全 0 状态)。已知由 r 级移位寄存器所产生的 m 序列的码长为 $2^r - 1$,即移位寄存器有 $2^r - 1$ 个不同的状态,与任何可能的状态相比,只少 1 个全 0 状态。在所有可能的状态中(2^r 个),必然包括了所有由 r 个元素构成的各种不同组合,其中 0 与 1 各占一半,即 2^{r-1}。由于 m 序列不包括全 0 状态,故 0 出现次数为 $2^{r-1} - 1$,1 出现次数为 2^{r-1},即两种元素在一个码周期内出现的次数相差 1。

(2)在一周期内,长度为 n 的游程出现次数比长度为 $n+1$ 的游程出现次数多一倍。对于

长度为 n 的游程，可能取以下形式

$$\underbrace{\times\times\cdots\times\times}_{p个}1\underbrace{00\cdots0}_{n个}1\underbrace{\times\times\cdots\times\times}_{r-n-2-p个}$$

或

$$\underbrace{\times\times\cdots\times\times}_{p个}0\underbrace{11\cdots1}_{n个}0\underbrace{\times\times\cdots\times\times}_{r-n-2-p个}$$

其中，符号×可以取 0 或 1，×的总数为 r－n－2 个。显然，对于 $r-n-2$ 个×，有 2^{r-n-2} 种取法，故在一周期内长度为 n 的游程(0 游程或 1 游程) 共出现 2^{r-n-2} 次。由此可得，长度为 n 的游程出现次数与长度为$n+1$ 的游程出现次数之比为

$$\frac{2^{r-n-1}}{2^{r-n-2}}=2$$

(二)m 序列的循环相加特性

由于 m 序列是周期序列，将一个 m 序列平移若干码元(延迟若干码元)所得到序列仍是原序列，只是初相不同(即码的序号不同)。我们称这样的两个序列 a_p 与 a_{p-q} 为平移等价序列。

所谓循环相加特性是指一个 m 序列 a_p 与其平移等价序列 a_{p-q} 的模 2 和必为此序列的另一平移等价序列 a_{p+n}。循环相加特性也称为循环加法定理。

设某一 r 级移位寄存器产生的 m 序列为 a_p (图 3-8)，其反馈逻辑可写为

$$a_{p+r}=\sum_{i=1}^{r}C_i a_{p+r-i}$$

式中，C_i 为反馈系数，符号 $\sum$ 表示求模 2 和。考虑到 C_p 与 C_{p+r} 为 1，则有

$$\left.\begin{aligned}C_0 a_{p+r}&=\sum_{i=1}^{r-1}C_i a_{p+r-i}+C_r a_{p+r}\\ a_p&=\sum_{i=1}^{r-1}C_i a_{p+i}\end{aligned}\right\}\tag{3-5}$$

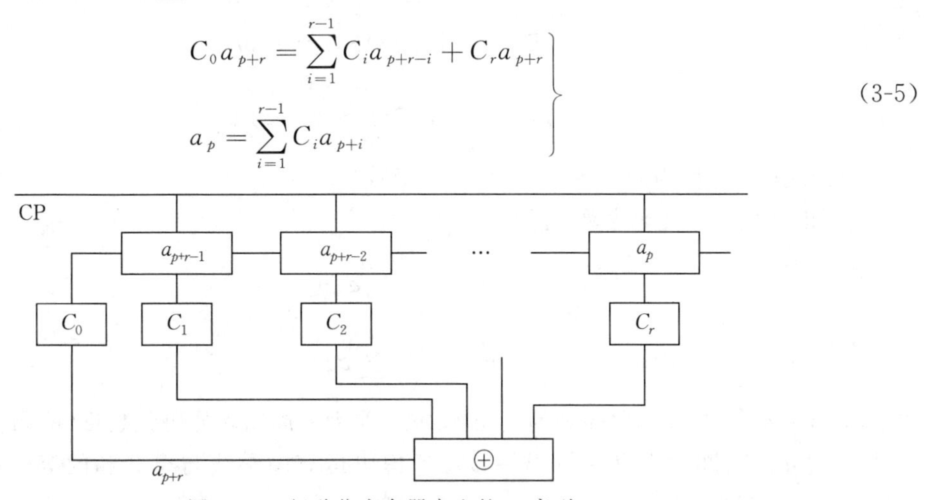

图 3-8　r 级移位寄存器产生的 m 序列

同理，对于平移等价序列 a_{p-q} 有

$$a_{p-q}=\sum_{i=0}^{r-1}C_i a_{p-q+i}\tag{3-6}$$

故

$$a_p\oplus a_{p-q}=C_i(a_{p+i}\oplus a_{p-q+i})\tag{3-7}$$

通过式(3-7)可以看出，m 序列 a_p 与其平移等价序列 a_{p-q} 的模 2 和也是 r 级移位寄存器。该移位寄存器中各级的值(初始状态) 为 $a_{p+i}\oplus a_{p-q+i}$，为其反馈逻辑不变所产生的序

列。考虑 m 序列是 r 级移位寄存器的最长序列，包括了寄存器除全 0 外的所有状态，且通过一定的反馈逻辑产生唯一的 m 序列。式(3-8)所表示的序列即是原 m 序列，只是初相不同，即

$$a_p \oplus a_{p-q} = a_{p-n} \tag{3-8}$$

由上述可推知，平移等价序列的模 2 和为另一平移等价序列。

(三)m 序列的相关特性

m 序列的相关特性具有重要的应用价值。

首先，定义两个周期均为 T 的周期函数 $S_1(t)$ 与 $S_2(t)$ 的互相关函数 $R(\tau)$，以及标称互相关函数 $\rho(\tau)$，即

$$R(\tau) = \int_0^T S_1(t) S_2(t-\tau) \mathrm{d}t \tag{3-9}$$

$$\rho(\tau) = \frac{1}{T}\int_0^T S_1(t) S_2(t-\tau) \mathrm{d}t \tag{3-10}$$

式中，τ 为时延参数，由于互相关函数与标称互相关函数仅相差一个系数$\frac{1}{T}$，在以后的讨论中对标称互相关函数常常省略“标称”二字。从式(3-9)、式(3-10) 可以看出，当时延参数 τ 在 $[0,T]$ 区间变化时，互相关函数也会相应地变化，可见相关函数 R 或ρ 是时延参数τ 的函数。此外，由于 S_1 与 S_2 均是周期为 T 的周期函数，自式(3-9) 与式(3-10) 可知互相关函数也是周期为 T 的周期函数。

作为特例，如果函数 $S_2(t)$ 是函数 $S_1(t)$ 本身(或是 $S_1(t)$ 的复制) 时，有

$$R(\tau) = \int_0^T S(t) S(t-\tau) \mathrm{d}t \tag{3-11}$$

$$\rho(\tau) = \frac{1}{T}\int_0^T S(t) S(t-\tau) \mathrm{d}t \tag{3-12}$$

式(3-11)、式(3-12)称为函数 $S(t)$ 的自相关函数。

为了能适用于二元码序列，定义

$$R(\tau) = \sum_{m=1}^{p} a_m b_{m-\tau} \tag{3-13}$$

$$\rho(\tau) = \frac{1}{p}\sum_{m=1}^{p} a_m b_{m-\tau} \tag{3-14}$$

式中，$R(\tau)$、$\rho(\tau)$ 为周期码序列的互相关函数，p 为一周期内的码元数目(即码长)，m 为码的序号，序列 a_m、b_m 的取值为 $+1$ 或 -1。考虑码运算中乘法与模 2 和的等效性，式(3-13)、式(3-14) 也可写为

$$R(\tau) = \sum_{m=1}^{p} (a_m \oplus b_{m-\tau}) \tag{3-15}$$

$$\rho(\tau) = \frac{1}{p}\sum_{m=1}^{p} (a_m \oplus b_{m-\tau}) \tag{3-16}$$

式中，序列 a_m、b_m 的取值为 0 或 1，符号 $\sum$ 是求其代数和。

1. m 序列的自相关函数

m 序列具有双值自相关函数，即

$$\rho(\tau)=\begin{cases}1, & \tau=0\\ -\dfrac{1}{p}, & \tau\neq 0\end{cases} \tag{3-17}$$

在一周期内，当时延参数 $\tau=0$ 时，m 序列的自相关函数的值为 1；当时延参数 $\tau\neq 0$ 时，m 序列的自相关函数的值为 $-\dfrac{1}{p}$。由于 m 序列的自相关函数只有两种可能的取值，故称 m 序列具有双值自相关函数。

当 $\tau=0$ 时，按式(3-14)，m 序列的自相关函数为

$$\left.\begin{aligned}\rho(0)&=\frac{1}{p}\sum_{m=1}^{p}a_m a_m\\ \rho(0)&=1\end{aligned}\right\} \tag{3-18}$$

当 $\tau\neq 0$ 时，按式(3-16)，可得

$$\rho(\tau)=\frac{1}{p}\sum_{m=1}^{p}(a_m\oplus a_{m-\tau})$$

按循环相加特性，a_m 与其平移等价序列 $a_{m-\tau}$ 的模 2 和为该序列的另一平移等价序列 a_{m-n}，因此上式可写为

$$\rho(\tau)=\frac{1}{p}\sum_{m=1}^{p}a_{m-n} \tag{3-19}$$

由于 m 序列在一周期内 0 元素(在代数运算中 0 应记为 1)较 1 元素(这里记为 -1)出现的次数少 1，故全周期代数和为 -1，代入式(3-19)得

$$\rho(\tau)=-\frac{1}{p} \tag{3-20}$$

图 3-9 是 m 序列的自相关函数曲线，只是这里用折线将离散值连续画出(包括时延为小数码元)。

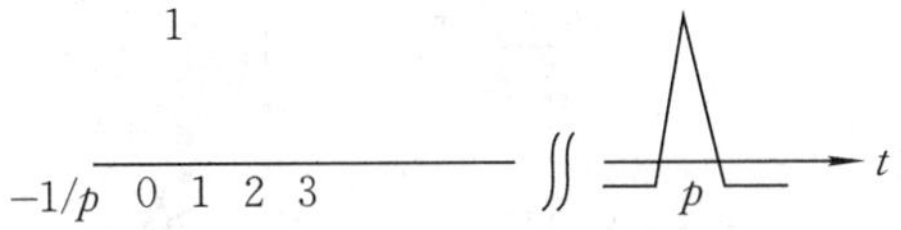

图 3-9　m 序列的自相关函数曲线

m 序列的自相关特性提供了一种检测一个 m 序列(码)与另一个复制的序列(码)零时延的方法，即当自相关输出为极大值时为零时延。这也是伪随机码测距技术的基础。

应该指出，自相关输出为极大值的情况不仅在时延为 0 时出现，还在时延为 p、$2p$…… 时出现。多值性问题在测距技术中称为不定度或模糊度问题，只靠自相关输出无法解决。

2. *m 序列的互相关函数*

如上所述，m 序列的自相关函数是一个简单的双值函数。然而两个长度(周期)相同的、不等价的 m 序列之间的互相关函数却不具有简单的特性。显然，对具体的(选定的)两个 m 序列，可以将一系列不同时延参数 $\tau_i(i=1,2,\cdots,p)$ 所对应的互相关函数值一一计算出来，得到互相关函数的精细描述。但对于一组选定长度的全部 m 序列(通常有多个序列)所组合的互相关函数，都进行这样的计算是十分繁重的，尤其是长度很大时。

讨论同长度m序列的互相关特性的意义在于它是决定码分多址系统中信噪比的重要因素。例如,在GPS中,一个接收机可同时接收4～12颗卫星发播的信号,当通过检测某一卫星信号的码序列以求得到最大自相关输出时,其他卫星的码序列将以互相关函数值的形式叠加相关输出。显然,较大的互相关函数值会严重干扰目标卫星的自相关输出。因此,在应用中选择互相关函数小的那些码序列(尤其是互相关函数绝对值的最大值小的),确保取得足够的信噪比。

用计算机对码长 $p=511(r=9)$ 的全部48个m序列之间的互相关函数进行计算,其结果为:

(1)对其中任一个m序列,该序列与其他m序列的互相关函数绝对值的最大值可能值为

0.065　0.088　0.096　0.108　0.123　0.127　0.143　0.155　0.186　0.202　0.221

(2)任一个m序列可以找到另外12个与其互相关函数绝对值的最大值为0.065的m序列。

(3)可以找到由6个m序列组成的组,组内任一对m序列的互相关函数绝对值的最大值小于0.127。

这说明尽管9级移位寄存器可以产生48个不同的m序列,但只能选出6个不同的m序列用于码分多址系统,且不致造成严重干扰。如果需要更多(大于6)这样的序列,如码分多址系统中用户数大于6,就要选用更长的码序列。

对m序列互相关函数的进一步研究表明:

(1)对于任意两个具有相同码长 p 的不同的m序列,它们的互相关函数只能取有限的 N 个不同值,而 $N \leqslant Y(p)$。部分 $Y(p)$ 的值及互相关函数绝对值的最大可能值列于表3-6中。

(2)对于任意两个具有相同码长 p 的不同的m序列,它们互相关函数的平均值为

$$\rho_{\mathrm{m}}=\sum_{\tau=1}^{p} \frac{\rho(\tau)}{p}=\frac{1}{p^{2}} \tag{3-21}$$

它们互相关函数的方差值为

$$\rho_{\delta}=\sum_{\tau=1}^{p} \frac{\rho(\tau)^{2}}{p}=\frac{p^{3}+p^{2}-p-1}{p^{4}} \tag{3-22}$$

(3)一个 r 级m序列,若 $r \leqslant 16$,且 $r \neq \operatorname{mod}(4)$,则存在一组 M_r 个m序列,在该组内各m序列的两两互相关函数为三值相关函数,其值为

$$-\frac{1}{p},-\frac{t(r)}{p},\frac{t(r)-2}{p}$$

式中,$t(r)$ 是移位寄存器级数 r 的函数(表3-6)。

上文所述的3个值,较其他m序列间互相关函数绝对值的最大值 $|\rho_{\max}|$ 要小许多。例如,当 $r=9$ 时,$t(r)$ 为33,互相关函数3个值分别为 -0.002、-0.065、0.061。

表3-6列出了部分互相关函数的有关参数。其中,J_r 为同族码序列的个数;M_r 为两两互相关函数,均为 X 值函数的码序列数;p 为码长;$Y(p)$ 是互相关函数取值的最多数目;$t(r)/p$ 为三值函数中绝对值的最大值。

表 3-6　m序列互相关函数的有关参数

r	J_r	p	$Y(p)$	ρ_{max}	M_r	$\frac{t(r)}{p}$
5	6	31	7	0.29	3	0.290
6	6	63	13	0.36	2	0.270
7	18	127	19	0.32	6	0.134
8	16	255	35	0.37	0	0.129
9	48	511	59	0.32	2	0.065
10	60	1 023	107	0.37	3	0.064

从表 3-6 中可以看出，$t(r)/p$ 明显小于 $|\rho_{max}|$，且随级数 r 的增加 $t(r)/p$ 有变小的趋势。事实上，当 r 为 11、13、15 时其相应的 $t(r)/p$ 分别为 0.031 7、0.015 7、0.007 8。这样具有三值互相关函数的 m 序列组显然符合码分多址系统对互相关函数的要求，但是满足条件的组内 m 序列的个数（M_r）很少。尽管它不能满足码分多址系统对一组中 m 序列个数足够多的要求，但互相关函数的取值小这一特性为构成具有良好互相关特性、具有足够多的序列的戈尔德码族准备了条件。

第二节　截短码与复合码

按照之前所述的方法，可以用 r 级移位寄存器产生码长为 $p=2^r-1$ 的 m 序列。这说明按此方法产生的伪随机码序列的码长只能是若干个特定值，在实际应用中往往不能满足对码长的要求（即选定的码长不是这些特定值），这时可用截短序列（截短码）和复合序列来调整码长。

一、截短序列

应用线性移位寄存器可以产生码长为 $p=2^r-1$ 的 m 序列。应用中常需要一个码长为 $p'(p'<p)$ 的码序列。例如，需要一个码长 $p'=11$ 的 m 序列，而四位线性移位寄存器所产生的 m 序列码长为 $p=2^4-1=15$，可利用码长为 p 的 m 序列截去 $\Delta p=p-p'$ 所形成的子序列，从而得到码长为 p' 的码序列。具体方法：使码长为 p 的移位寄存器在经过 p' 个状态后，发生一次跳跃，跳过后面 $p-p'$ 个状态回到初始状态，这样就得到一个码长为 p' 的码序列。事实上，由于 m 序列是一周期序列。该移位寄存器的任一状态都可以作为初始状态，一般称为参考状态，把发生跳跃的状态称为跳跃点。

就前例而言，要产生码长为 11 的截短序列，可以选择码长为 $p=2^4-1=15$ 的四级移位寄存器进行截短。图 3-10(a)是该移位寄存器的反馈逻辑，图 3-10(b)为截短序列的反馈逻辑。图中 0011 状态检测器可以由逻辑电路组成，其功能是当移位寄存器的状态为 0011 时，输出为 1，为其他状态时，输出为 0，选择 1001 作为参考状态，对应地选择 0011 为跳跃点。比较图 3-10(a)与图 3-10(b)，其区别在于图 3-10(b)中多了状态检测器。将状态检测器的输出加入模 2 加法器的效果是：当状态检测器的输出为 0 时，不影响模 2 加法器的输出；当状态检测器输出为 1 时，原模 2 加法器的输出 0 变为 1，原输出的 1 变为 0。当移位寄存器的状态为 0011（跳跃点）时，由于状态检测器的作用，下一个状态将不是 0001 而是 1001。也就是说状态序列将跳过

4 个状态子序列，使状态序列的周期（也就是输出的码周期）从 $2^r-1=15$ 变为 11，从而完成了 1 个序列的截短。

原则上，跳跃点和参考点可以任选，只要它们之间的间隔为 $p-p'$ 个移位寄存器状态。实际上，它们的选择关系到反馈逻辑的复杂程度。只有原跳跃点下一状态与参考状态相差最小时，反馈逻辑才是最简的。表 3-7 给出一些截短序列的检测状态，只要加上状态检测器，并将其输出加入模 2 加法器，就可以得到所要求的截短序列。应该说明的是，表 3-7 只给出少量的截短序列作为例子，在实际工作中可以找到该表对应的完整表。

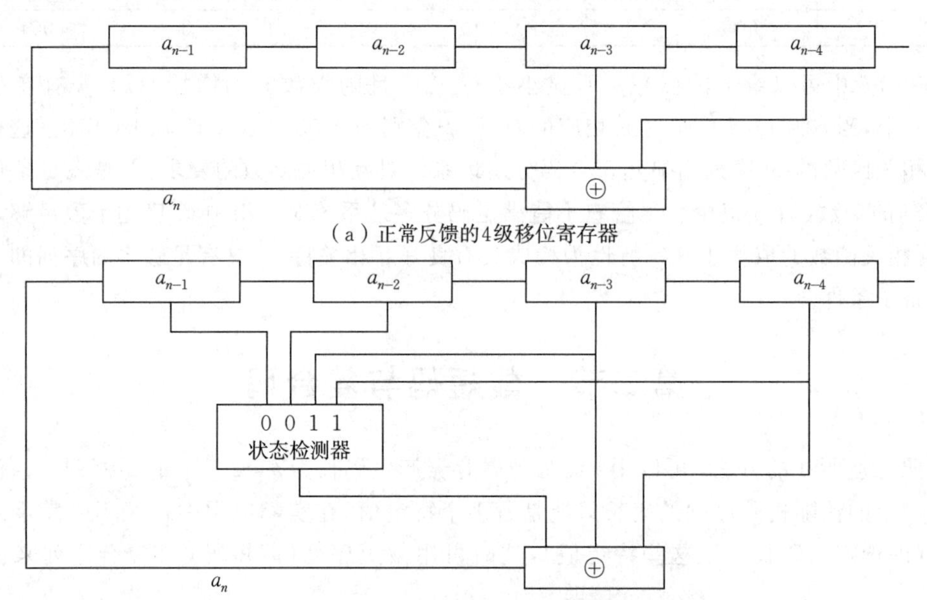

（a）正常反馈的4级移位寄存器

（b）带有状态检测器的4级移位寄存器

图 3-10　m 序列与截短序列的反馈逻辑

表 3-7　截短序列的检测状态

T	r	反馈线	检测状态
64	7	7,6	0011111
65	7	7,3	1000010
66	7	7,3	0111001
67	7	7,6	0100000
68	7	7,6	1111000
⋮	⋮	⋮	⋮
267	9	9,3	010101111
268	9	9,3	010010011
269	9	9,3	110011001
⋮	⋮	⋮	⋮
867	10	10,7	0011110001
868	10	10,7	0111010000
869	10	10,7	0000001001
⋮	⋮	⋮	⋮

二、复合序列

与截短序列相反，如果需要一个较长的码序列，可由两个或两个以上的短码（称为子码）构成一个长码。例如，一个码长 $p_a=3$ 的码序列 a(0 1 1) 和一个码长 $p_b=7$ 的码序列 b(1 1 1 0 1 0 0) 取模 2 和，就可得到一个码长为 $p_a \cdot p_b$ 的码序列，如图 3-11 所示。

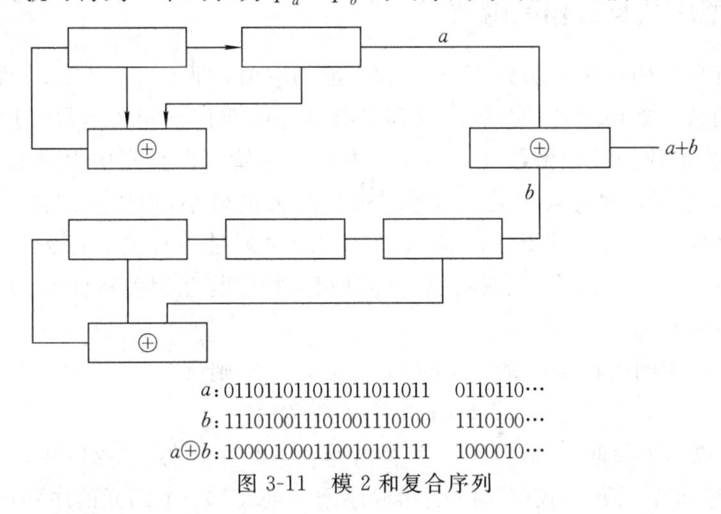

图 3-11　模 2 和复合序列

由上例可以看出，只有在经过 a、b 两个码长的最小公倍数(21) 后，码 a、码 b 才能同时处于初始状态。之后会重复这一过程。也就是说码 a、b 模 2 和所产生的码的码长为 21。

这样，由两个或两个以上的子码的逻辑函数（模 2 运算是逻辑函数的一种）所构成的码序列称为复合序列（又称复合码、复码或组合码）。由 n 个码长分别为 p_1、p_2、p_3 的子码构成复合码（且 p_1、p_2……p_n 互素），其码长为 $p=p_1 \cdot p_2 \cdot \cdots \cdot p_n$。

构成复合码的方式及所使用的逻辑函数可以是多种多样的，上例是使用子码的模 2 和构成的。这样一类由若干子码的模 2 和构成的复合码称为模 2 和复合码。模 2 和复合码的一个重要特性是它的自相关函数可以简单地表示为子码自相关函数的乘积，即

$$x=a \oplus b$$

则

$$\rho_x(\tau)=\rho_a(\tau)\rho_b(\tau) \tag{3-23}$$

图 3-12 表示的是复合码 x 的自相关函数，图中 $p_a=7$、$p_b=15$。

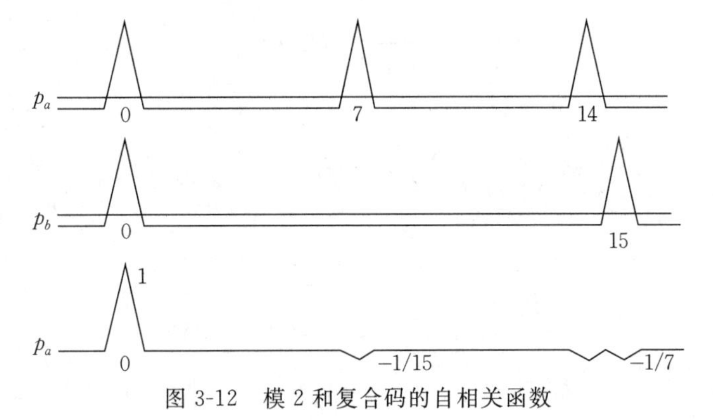

图 3-12　模 2 和复合码的自相关函数

就上例而言，两个子码共需要5级移位寄存器，而5级移位寄存器原本可构成码长为31(即 2^5-1)的m序列，而该模2和复合码的码长为21(即 3×7)。可见用短的子码构成复合码的真正意义不完全在于增加码长，更重要的是可以利用子码缩短寻找最大自相关的过程(即缩短捕获时间)。为了叙述方便，具体的捕获方法将在后面有关章节中介绍。

三、戈尔德序列及其相关函数

m序列具有良好的自相关函数，它有两种可能的取值，即1与 $-1/p$。我们说m序列具有双值自相关函数。如前所述，尽管m序列具有良好的双值自相关函数，但其互相关特性并不理想，其互相关函数的最大值往往可达1/3左右。尽管可以找到由少数m序列组成的组，且其组内两两m序列之间的互相关函数绝对值的最大值较小，但因一组内m序列的数目较少而不能满足码分多址系统的要求。戈尔德(Gold)序列是一种复合序列，最早由戈尔德于1967年提出。它可以产生综合的、具有良好的自相关特性与互相关特性的、足够多的码序列，故适用于码分多址系统。

设有两个具有相同码长 $p=2^r-1$ 的m序列 a 与 b，则有

$$G(a,b)=a\oplus bT^i \tag{3-24}$$

式(3-24)形成一个周期序列，其码长显然仍为 $p=2^r-1$。式(3-24)中，T^i 表示其左面的码序列左移(前移) i 个码元。式(3-24)表示取序列 a 与左移 i 个码元的序列 b 的模2和，得到一个序列 G，称为戈尔德序列，其中 i 可以取0至 2^r-2(左移 2^r-1 码元相当于移过一个码长，其效果为左移0码元)。

按式(3-24)，可以构成

$$\begin{gathered}a\oplus b\\ a\oplus bT^1\\ a\oplus bT^2\\ \vdots\\ a\oplus bT^q\quad(q=2^r-2)\end{gathered}$$

上面的序列族中共包含 2^r-1 个戈尔德序列。如果包含序列 a、序列 b，共 2^r+1 个码序列，称为戈尔德序列族，或戈尔德码族。戈尔德序列族内，各序列间的两两互相关函数与自相关函数取决于构成戈尔德序列的两个m序列 a 与 b 的互相关函数。

现假设一个戈尔德序列 $G=a\oplus bT^i$ 的自相关函数为

$$\rho_G(\tau)=\frac{1}{p}\sum_{n=1}^{p}G_n\cdot G_{n-\tau}$$

当 $\tau=0$ 时

$$\begin{aligned}\rho_G(0)&=\frac{1}{p}\sum_{n=1}^{p}G_n\cdot G_n\\ &=\frac{1}{p}\sum_{n=1}^{p}(a_n\oplus b_nT^i\oplus a_n\oplus b_nT^i)\\ &=\frac{1}{p}\sum_{n=1}^{p}a_n\cdot a_n\cdot(b_n\cdot b_n)T^i\\ &=\rho_a(0)\cdot\rho_b(0)\end{aligned}$$

$$\rho_G(0)=1 \tag{3-25}$$

当 $\tau \neq 0$ 时

$$\begin{aligned}\rho_G(\tau) &= \frac{1}{p}G_n \cdot G_n \\ &= \frac{1}{p}\sum_{n=1}^{p}(a_n \oplus b_nT^i \oplus a_nT^\tau \oplus b_nT^{i+\tau}) \\ &= \frac{1}{p}\sum_{n=1}^{p}[(a_n \oplus a_nT^\tau) \oplus (b_nT^i \oplus b_nT^{i+\tau})]\end{aligned}$$

按循环相加特性，上式中 $a_n \oplus a_nT^\tau$，即平移等价序列的模 2 和为另一延迟若干码元的平移等价序列，即 $a_n \oplus a_nT^\tau = a_nT^j$。

同理

$$b_nT^i \oplus b_nT^{i+\tau} = (b_nT^k)T^i$$

故

$$\begin{aligned}\rho_G(\tau) &= \frac{1}{p}\sum_{n=1}^{p}[a_nT^j \oplus (b_nT^k)T^i] \\ &= \frac{1}{p}\sum_{n=1}^{p}(a_n \oplus b_nT^{i+k-j})T^j \\ &= \frac{1}{p}\sum_{n=1}^{p}a_n \oplus b_{n-\tau} \\ &= \rho_{ab}(\tau)\end{aligned} \tag{3-26}$$

式(3-25)、式(3-26)说明戈尔德序列的自相关函数在时延参数 $\tau = 0$ 时为 1；在 $\tau \neq 0$ 时其自相关函数的值为构成戈尔德序列的两个 m 序列的互相关函数值，此时时延参数为 $\tau'(\tau' \neq \tau)$。

现考虑戈尔德序列的互相关函数

$$\begin{aligned}\rho_G(\tau) &= \frac{1}{p}\sum_{n=1}^{p}G_{n_1} \cdot G_{n_2-\tau} \\ &= \frac{1}{p}\sum_{n=1}^{p}[(a_n \oplus b_nT^{i1}) \oplus (a_nT^\tau \oplus b_nT^{i2+\tau})] \\ &= \frac{1}{p}\sum_{n=1}^{p}(a_nT^{j1} \oplus b_nT^{j2}) \\ &= \frac{1}{p}\sum_{n=1}^{p}(a_n \oplus b_nT^{j2-j1})T^{j1} \\ &= \rho_{ab}(\tau'')\end{aligned} \tag{3-27}$$

式(3-27)说明戈尔德序列的互相关函数与构成戈尔德序列的两个 m 序列的互相关函数是同一函数，只是时延参数不同，为 $\tau''(\tau'' \neq \tau)$。

如果构成戈尔德序列的两个 m 序列具有良好的互相关特性，则所构成的 2^r+1 个不同的戈尔德序列将具有良好的自相关特性及良好的两两互相关特性。图 3-13 给出了该戈尔德序列的自相关函数与互相关函数的示意图。

如前面曾讨论过的，由码长为 $p=2^9-1=511$ 的全部 48 个 m 序列之间的互相关函数的计算表明，尽管互相关函数最大值的可能值高达 0.22，但是可以找到 1 对 m 序列，使其互相关函数绝对值的最大值仅为 0.064 6。如果使用这样的 1 对 m 序列构成戈尔德序列，就可以得到 513(即 2^9+1)种不同的序列。所有这些序列的周期相同(码长为 $p=2^9-1$),其自相关函数在零时延($\tau=0$)时为 1,在非零时延($\tau\neq0$)时,绝对值的最大值为 0.064 6,且其两两互相关函数绝对值的最大值也为 0.064 6。这样由 513 种序列组成的戈尔德序列族(戈尔德码族),综合地具有良好的自相关与互相关特性,可适用于码分多址系统。

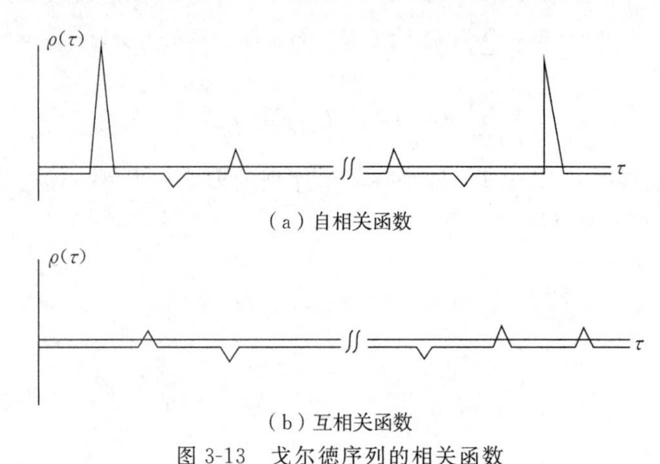

(a) 自相关函数

(b) 互相关函数

图 3-13 戈尔德序列的相关函数

由上例可以看出,并不是任意两个码长相等的 m 序列都可以构成自相关和互相关特性都很好的戈尔德码族,只有互相关函数绝对值的最大值足够小的 m 序列对才能得到有实用价值的戈尔德码族。因此,具有良好互相关特性(两值互相关函数)的 m 序列是构成这样的戈尔德码族的基础。

第三节 伪随机码测距原理

无线电测距系统的基本原理是测定电磁波传播时间(或称信号的传播延迟)τ,从而得到距离观测量,即

$$\rho=c\cdot\tau$$

式中,c 是电磁波传播速度。所使用的信号可以是窄脉冲信号,也可以是周期信号。如采用脉冲信号,为提高测距精度须占用较大带宽。当所测量的距离很长时,如 GPS 卫星至接收机的距离达 20 000 km 以上,则需要较大的信号功率,才能进行有效的检测。此外,考虑噪声干扰和能取得较高的测距精度,以及能解决周期信号测距的模糊问题,信号就须占用较大的带宽。对于同时测定几个目标(卫星)的距离,为解决多目标识别和避免相互干扰,势必采用多个频带,这样不但会占用更大的带宽,而且会给接收机的设计和制造带来麻烦。根据信号检测理论的普遍结论,在噪声为具有均匀功率谱的白噪声条件下,测距的最佳接收机是一个相关接收机。这种接收方式是用发射信号的复制(称本地信号)和所接收的信号与噪声之和进行相关计算。然后通过测量相关函数最大值的位置来确定目标的距离。从相关接收的方式来看,要求测距信号具有类似白噪声的自相关特性。伪随机码测距技术就是这一思想的体现。

如图 3-14 所示,由卫星钟控制的伪随机码 $a(t)$ 由卫星天线发播,经传播延迟 τ 到达接收机。接收机所接收的信号为 $a(t-\tau)$,并由接收机钟控制的本地码发生器产生一个与卫星发播相同的本地码 $a(t+\Delta t)$,Δt 为接收机钟与卫星钟的钟差。经码移位电路将本地码延迟(移位)τ' 送至相关器,与所接收的卫星发播信号进行相关运算,即可得到相关输出,经积分器积

分，可得

$$R(\tau')=\int a(t-\tau)a(t+\Delta t-\tau')\mathrm{d}t \tag{3-28}$$

如果所使用的伪随机码具有良好的自相关特性，调整本地码延迟 τ' 可使相关输出达到最大值，根据伪随机序列的自相关特性，当 $R(\tau')=\max$ 时

$$t-\tau=t+\Delta t-\tau' \tag{3-29}$$

可得

$$\tau'=\tau+\Delta t+nT \tag{3-30}$$

$$\rho'=\rho+c\Delta t+n\lambda \tag{3-31}$$

式中，T 为码序列的周期；$\lambda=cT$ 为相应码序列的“波长”；$n=0,1,2,\cdots,n$ 是正整数；c 为信号传播速度。

式(3-31)即为伪随机码测距基本方程，其中 $n\lambda$ 称为测距模糊度。一般在使用单一周期信号测距时，均存在此距离模糊问题，除非已知待测距离小于码序列波长，此时 $n=0$，有

$$\rho'=\rho+c\Delta t \tag{3-32}$$

该情况称为无模糊测距。从式(3-32)可知，利用伪随机码的自相关特性，对所接收的码信号进行相关检测可以得到一个距离观测量。该观测量是待测距离与钟差等效距离之和，称为伪距。

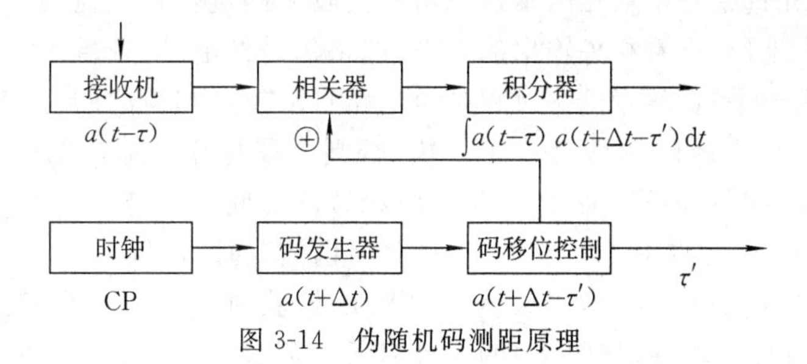

图 3-14　伪随机码测距原理

抗干扰性能是信号可靠接收(测距)的保障。必须考虑两种干扰，一种是噪声干扰，另一种是其他目标(卫星)信号对所测卫星信号构成的干扰。

在有白噪声 $N(t)$ 干扰的情况下，接收机的输出信号为 $a(t-\tau)+N(t)$，与本地码相关并经积分的输出为

$$\begin{aligned}R(t)&=\int[a(t-\tau)+N(t)]a(t+\Delta t-\tau')\mathrm{d}t\\&=\int[a(t-\tau)a(t+\Delta t-\tau')]\mathrm{d}t+\delta N(t)\end{aligned}$$

$$\delta N(t)=\int N(t)a(t+\Delta t-\tau')\mathrm{d}t \tag{3-33}$$

由白噪声的统计特性可知，$N(t)$ 具有随机统计特性，而 a 也具有随机统计特性且取值为 ±1，故由其积分 $\delta N(t)\approx0$ 可知白噪声对相关输出的影响甚微。

当存在其他平移不等价的伪随机码信号时，也就是当天空中有不只一颗 GPS 卫星时，这些信号也会被接收机所接收(采用零分贝天线时)。同样地，其相关输出为

$$R(\tau)=\int[a(t-\tau)+b(t-\tau_b)+c(t-\tau_c)+\cdots]a(t+\Delta t-\tau')\mathrm{d}t$$

$$R(\tau)=\int a(t-\tau)a(t+\Delta t-\tau')\mathrm{d}t+\delta_{ab}(\tau)+\delta_{ac}(\tau)+\cdots \tag{3-34}$$

式中

$$\delta_{ab}(\tau)=\int a(t+\Delta t-\tau')b(t-\tau_b)\mathrm{d}t=R_{ab}\tau_b$$

$$\delta_{ac}(\tau)=\int a(t+\Delta t-\tau')c(t-\tau_c)\mathrm{d}t=R_{ac}\tau_c$$

上式即接收多颗卫星所形成的干扰作为所测码序列与其他平移不等价同族码序列的互相关输出。如果该码族具有良好的互相关特性，且考虑这些互相关函数通常不会同时达到最大值，故不会对自相关输出造成严重干扰以致发生误检测。这也说明可以利用不同的本地码观测不同码信号的目标，从而解决目标识别问题。

第四节　码的捕获和锁定

一、码的捕获

码的捕获和锁定是实现卫星测距的主技术。码的捕获就是检测伪随机码自相关输出的极大值，只有找到自相关输出的极大值才能进行测距。码的捕获通常采取相关试探的方法进行搜索。具体步骤是先选某一个初相的本地码与所接收的码进行相关检测，如果这时相关输出为低电平，则移动本地码，再看相关输出的电平，如果仍是低电平，则再次移动本地码，直到取得最大相关输出（高电平）。尽管这一过程是由电路自动搜索和检测的，但考虑自相关函数是通过积分后输出的，故本地码的移动不能过快，否则会漏掉相关输出的峰值。显然，这种搜索—捕获所花费的时间与码长有关，码长越长所花费的时间也就越长。当所使用的伪随机码长很长时，所花费的时间也是相当可观的，这就是所谓捕获时间问题。

短码（如 GPS 发播的 C/A 码，码长为 1 023）的捕获时间不长。事实上，捕获时间不仅与探测时间有关，而且与硬件（接收机）的设计有关。码长很长的长码（如 GPS 的 P 码，码长为 2×10^{14} 量级）如果采用这种试探捕获的方法，所需要的捕获时间将更长。一般长码是由 2 个短码组成的模 2 和复码，它的码结构（构成方式）却提供了一种迅速捕获的方法。长码的捕获问题将结合具体的码和码结构来探讨，将在本书 GPS 的 P 码结构中介绍。

二、码的锁定

由于卫星相对接收机在不断地运动，伪距也随之不断变化，必须使本地码不断地适应变化才能保持所捕获的最大相关输出不会消失。如果能使接收机在完成码捕获后自动地跟随伪距变化，始终保持相关输出最大，那么就可以随时自本地码的延迟读出瞬时伪距，而码的锁定就是这一功能的体现。

码的锁定也称为跟踪。下面介绍两种锁定回路。图 3-15 展示了一种双比特延迟锁定回路的原理。图中本地码不是从移位寄存器最后一级（第 r 级）输出，而是从 $r-1$ 级输出，称为瞬发码。将输出级的左、右相邻码（$r-2$ 级与 r 级）分别称为早发码与迟发码。将早发码与迟发码分别与所接收的码信号进行相关运算。图 3-16 是双比特延迟锁定回路的误差信号示意。如果所接收的码信号传播延迟是不断变化的，那么它将先后与早发码、瞬发码、迟发码达到最大相关输出[图 3-16(a)]。将早发码与迟发码的相关输出相减，便得到误差信号曲线[图 3-16(b)]。从图 3-16 中可以看出，当瞬发码达到最大相关输出时（这是所需要并希望能保持的），误差信号为 0。当本地码(瞬发码)超前或落后于接收码时(不超过半个码元),误差信号分别为负值或正值。这样,误差信号不仅可以探测本地码与所接收的码信号是否偏离最大相关输出及偏离的大小,而且可以检测偏离的方向。将此误差信号放大并驱动压控振荡器,调整移位寄存器的时钟脉冲频率即可使本地码跟随所接收的码信号,使相关输出始终保持最大。显然,这种锁定方式是在已经搜索到最大相关输出后才能正常工作的,也就是说必须在捕获之后才能进行锁定。此外,这里所谓始终保持相关输出为最大是指动态地保持,即相关输出将在最大值附近摆动,其摆动的幅度取决于误差信号的灵敏度,即误差信号 0 值附近的斜率,当然也与接收机的设计有关。

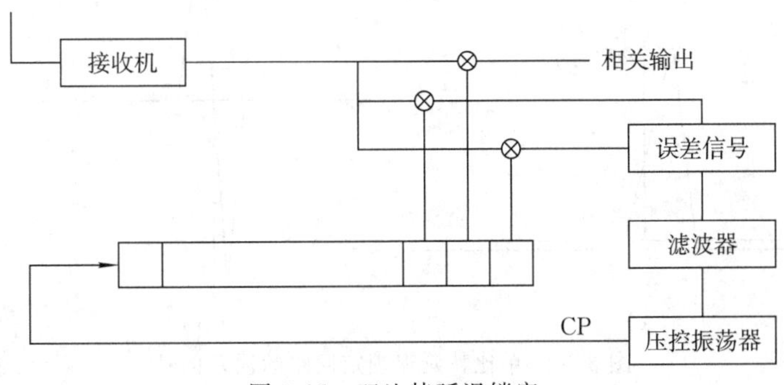

图 3-15　双比特延迟锁定

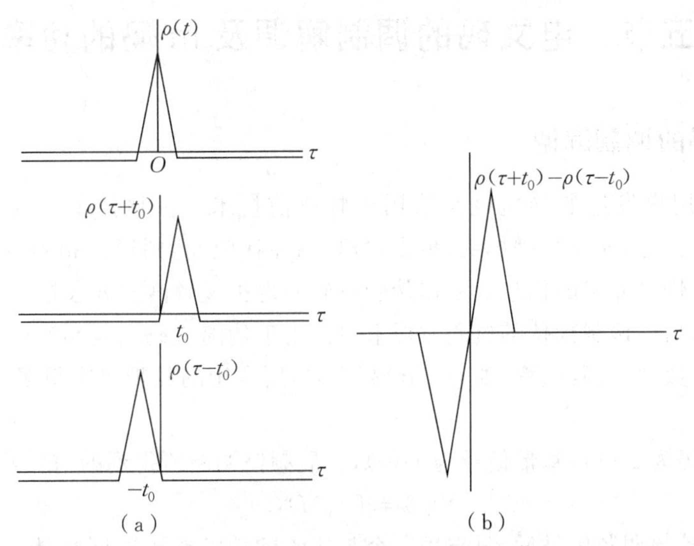

图 3-16　双比特延迟锁定回路的误差信号

另一种锁定回路是单比特延迟锁定回路。它与双比特回路的区别在于其早发码与迟发码相差 1 个码元,其效果是误差信号的灵敏度增加 3 dB。从图 3-17 中可以看出其误差信号曲线在 0 附近有更大的斜率,只是此时锁定的是本地码延迟半个码元与接收码的最大相关输出。

交替相关锁定回路是一种时分多路共用的延迟锁定回路。在这种回路中,早发码与迟发码共用一个相关器。它是将所接收的码信号按时序交替地与早发码和迟发码进行相关,其相关输出也按同一时序交替地倒置,经低通滤波器后便可得到误差信号。这种锁定回路的优点是只使用了一个相关器，解决了延迟锁定回路中 2 个相关器增益的不平衡问题，由于早发码与迟发码相关时间只有原来的一半，这相当于信号功率降低了 3 dB。

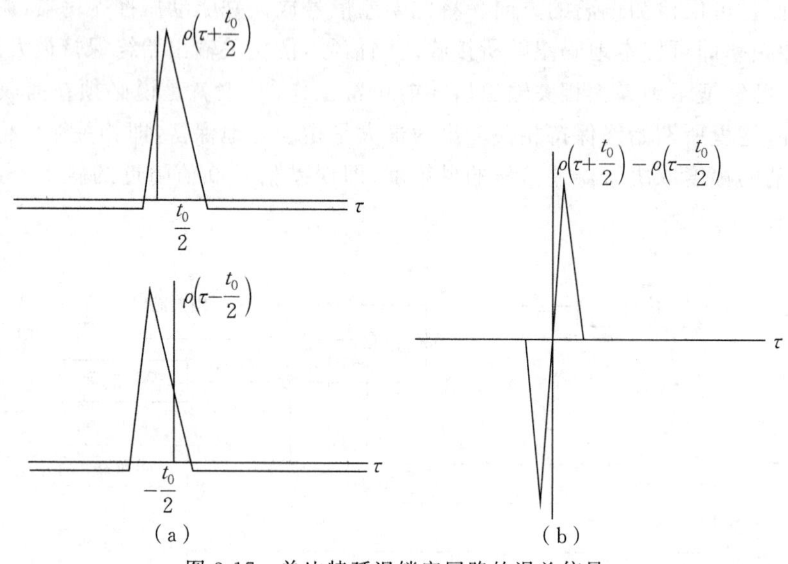

图 3-17 单比特延迟锁定回路的误差信号

第五节 电文码的调制解调及 m 码的功率谱

一、电文码的调制解调

GPS 卫星向用户发送的导航电文采用扩频通信技术。扩频技术为：在发射端，将基带信号（即所播发的信息）先经频谱扩展，再发射出去；在接收端，则通过相关技术来解调这种扩展了的信号，从而恢复原来的信息。采用伪随机码实现扩展频谱的方法是通过波形相乘（或码的模 2 和）将基带信号调制到伪随机码波形上去。由于伪随机码的码频率（如 1.023 MHz）要比要发送的信号（数据）的码频率（如 50 Hz）高很多，所占用的频带也宽很多，故这种调制是扩频调制。

假定伪随机码为 $P(t)$，基带信号为 $D(t)$，扩展频谱调制所得到的信号是

$$S(t)=P(t)D(t) \tag{3-35}$$

接收机接收扩频调制信号后，只需用一个与接收的伪随机码相同且具有 0 延迟的伪随机码与扩频信号相乘（图 3-18），即可得到原基带信号，即

$$S(t)P(t)=P(t)D(t)P(t)$$

$$S(t)P(t)=D(t) \tag{3-36}$$

从式(3-36)可看出，要达到解调的目的，不但要使用与接收的伪随机码相同的本地码，而且要使它们的相对延迟为 0，或保持码同步。只有满足这样的条件，$P(t)P(t)$ 才会为 1。这要靠码的捕获与锁定，只有在完成码的捕获并锁定后，才能进行电文解调。

应该说明的是，前面所讨论的码的捕获、锁定和电文的解调都是以伪随机码为基础的。实际上，这些码都是调制在载波信号上发射并接收的。原则上，也可以应用所接收的信号与本地

信号进行相类似的捕获、锁定和解调，只是在解调时不仅要求保持码同步而且要求保持载波同步。信号可经平方律滤波等非线性器件得到纯净载波并用锁相环路达到载波同步。

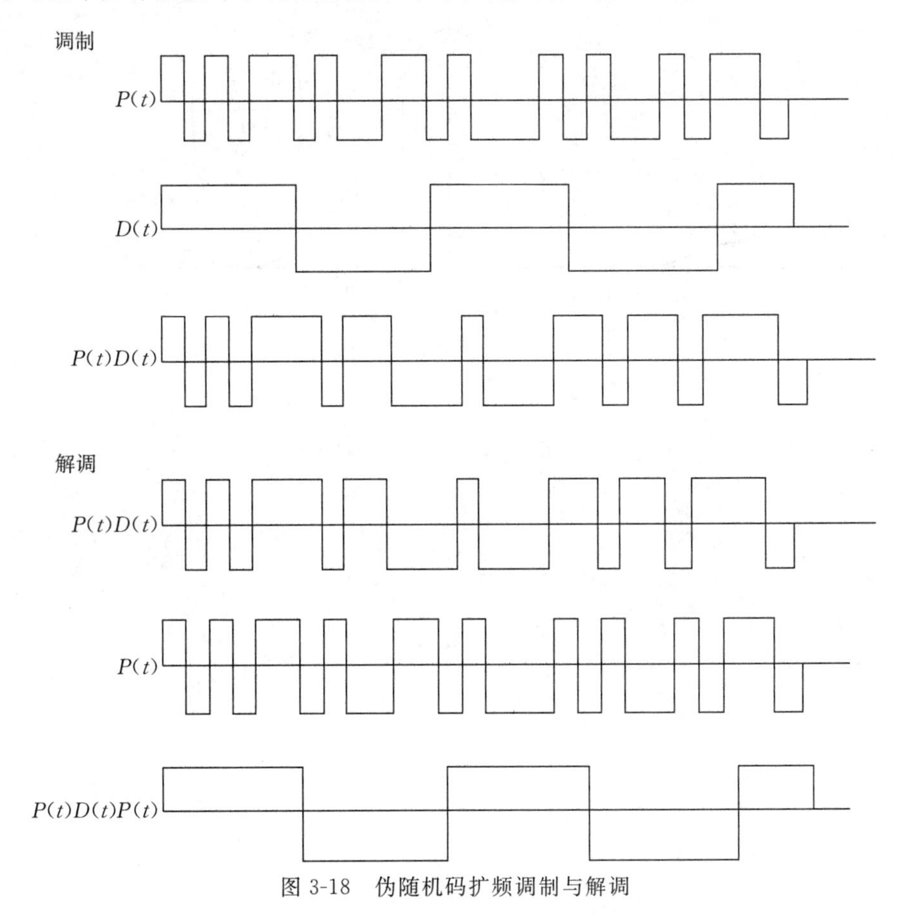

图 3-18　伪随机码扩频调制与解调

二、伪随机码的功率谱

如前所述，伪随机码测距对噪声具有很好的抗干扰性能，甚至在信号电平低于噪声电平，即信号淹没于噪声中时，也能有效地进行检测。这一点是通常的检测方法（非相关检测）所不具备的。

相关接收的抗干扰能力强这一优点在一定程度上是以增加带宽为代价的，通常以功率谱来表示信号带宽。一般说来，伪随机码信号是一个周期信号，因此它的傅里叶（Fourier）变换就是它的振幅—频率谱，它的自相关函数的傅里叶变换就是它的功率谱（使用连续的自相关波形函数）。图 3-19 为 m 码的功率谱。

由图可见，m 码的功率谱是一个线状谱，各谱线的间隔为 $f_0=1/T=1/(p\cdot t_0)$，其中 T 为 m 码的周期，p 为码长，t_0 为 1 个码元对应的时间（时钟脉冲的周期，也称为码元长度），其绝大部分功率集中于 $-1/t_0$ 和 $1/t_0$ 之间。各谱线的功率近似地与码长 p 成反比。可以总结出：

(1)m 码所占的带宽取决于码元长度 t_0，码元长度越小，也就是比特率越高，带宽越大。

(2)每一谱线的功率取决于码长 p，码长越长，功率越小。讨论 m 码的功率谱，或它的带宽，对发射和接收设备的设计具有重要意义。

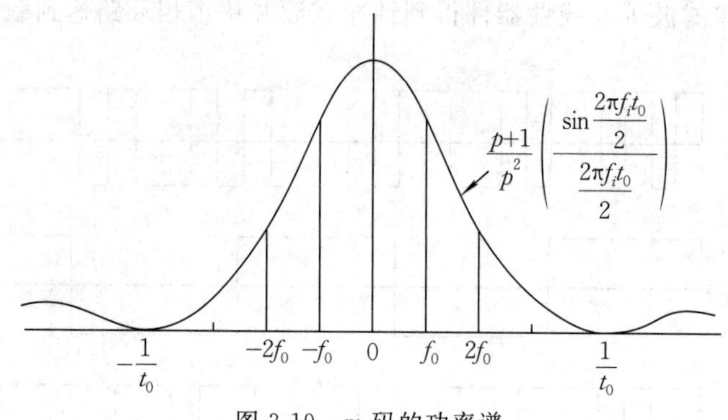

图 3-19 m 码的功率谱

第四章　GPS 卫星导航

卫星导航系统主要用于导航，它为陆地、海洋、空间的静态用户和动态用户提供实时定位能力。从卫星导航原理可知，这一过程包括卫星位置的求定和定位解算，而这些解算的条件是用户接收机对至少四颗卫星进行伪距观测并获得所测卫星的导航电文。此外，从应用的角度，还须讨论所得定位解的精度，以及进一步提高精度的技术途径。

由于将要讨论比较具体的技术问题，可以 GPS 作为典型系统讨论，其讨论的方法和原则也适用于其他卫星导航系统，但技术细节可能不同。除覆盖全球的导航系统外，卫星导航也可以是局部覆盖的导航系统，其工作原理基本是一样的，不同之处在于卫星的轨道设计。

第一节　GPS 卫星发播信号结构和导航电文

GPS 采用测距体制。伪随机码测距具有抗干扰能力强、保密性能好、所需要的信号功率小、无模糊等优点，为 GPS 采用。GPS 导航接收机是利用所收到的卫星发播信号进行测距的。此外，为了取得导航(定位)解，还需要知道卫星位置，而有关卫星位置的信息也要来自卫星发播信号，因此对卫星发播信号提出一定的要求，即该系统的工作性能也就在很大程度上取决于卫星发播的信号。

一、GPS 卫星发播信号结构

有了全球定位系统，其主要的技术要求是根据系统的工作模式(导航原理、测距原理)、使用条件(全天候、静止的和动态的用户)及精度提出的。此外，军用系统还有一类特殊的要求，即卫星发播信号应满足以下要求：

(1)能精确、无模糊地测量信号的传播延迟。

(2)能提供计算卫星位置及卫星钟钟差的有关数据。

(3)具有实时的连续导航能力。

(4)能同时观测四颗以上卫星，能识别所测卫星且不相互干扰。

(5)占用较小的带宽。

(6)提供快速捕获能力。

(7)有良好的抗干扰能力。

(8)有良好的保密性，能限制敌方干扰或使用这一系统。

综合考虑这些技术要求，全球定位系统采用了伪随机码测距技术。伪随机码测距具有良好的抗干扰性和保密性，可利用码分多址有选择地接收卫星信号而不会产生严重的干扰等。其他技术要求则由信号结构的设计解决，或提供解决的条件。

就精确测量卫星信号传播延迟而言，它包含两个方面，一方面是测量分辨率要高，另一方面是对主要的外界影响(如电离层对信号传播延迟)提供消除或削弱的条件。显然，在采用伪随机码测距技术时，其测量分辨率在很大程序上取决于码元的长度 t_0，或者说取决于码的比特率(单位时间内的码元数,单位为波特)。码的比特率越高,分辨率也越高,但是过高的比特率将占用更大的带宽。全球定位系统用于精密测距的伪随机码称为精密测距码,或称精码,它的比特率为10.23 Mbit/s,也就是说其移位寄存器时钟频率为10.23 MHz。为了能无模糊地测定信号传播延迟,其码周期要大于所测的传播延迟。GPS精密测距码的周期约为23 017 555.5 s(约266天),该码周期足以满足任何用户的无模糊测距需求。而从后面的内容中还会了解到,选用这样长的码周期不仅仅是为了解决测距模糊度问题。

电离层误差是信号传播延迟测量的主要误差源之一。为了削弱电离层的影响,GPS使用L波段的两个频率作为载波频率。L1的中心频率为1 575.42 MHz,L2的中心频率为1 227.6 MHz。选择L波段的原因之一是电磁波的云雨吸收影响在这一波段比较小。

应用伪随机码测定信号传播延迟,需检测相关输出的极大值。这只能靠逐步移动本地码进行检测。考虑检测是在积分器进行积分之后进行的,积分时间又不宜太短,这样检测到最大相关输出就要花费一定的时间,称为捕获时间。按这样的方式工作,在事先不知待测距离及站钟钟差的情况下,码长越长,所需要的捕获时间就越长。为了缩短捕获时间,全球定位系统的卫星除发播精密溯距码外,还发一种短码,称为粗捕获码,或C/A码。粗捕获码的码长只有1 023 bit,比特率为1.023 Mbit/s,即周期为1 ms。显然这种粗捕获码是易于捕获的。在捕获这一短码之后,可以很方便地捕获精密测距码。与精密测距码一样,粗捕获码也可以测量距离,只是因粗捕获码的比特率低(精码的1/10),相应的测距精度也较低。

由GPS导航原理可知,欲取得导航解,用户需要知道卫星在观测瞬间的位置和卫星钟的钟差。与子午卫星系统一样,有关数据是由GPS卫星发播的导航电文提供的。导航电文也称电文码,也是调制在载波上的。

综上所述,按照全球定位系统的技术要求,GPS卫星发播2个频率的载波,它们的频率分别为1 575.42 MHz和1 227.6 MHz。在载波上调制的码有3种,它们分别是精密测距码、粗捕获码和电文码。

(一)精密测距码

精密测距码也称精码(precise code)或P码,是由2个码长互素的m码组成的模2和复码,即

$$P(t)=X_1(t)\oplus X_2(t+n_it_0) \tag{4-1}$$

式中,$X_1(t)$的周期为1.5 s,码长为15 345 000个码元;$X_2(t)$与$X_1(t)$的比特率相同,而码长为15 345 037个码元,即$X_2(t)$比$X_1(t)$长37个码元。这2个子码都是由24位移位寄存器产生的截短码。由于2个码的码长互素,精码的码长为2个码的码长之积,约为$2.354\,7\times10^{14}$,其周期约为266天,即略多于38个星期。

式(4-1)中,t_0为1个码元对应的时间,n_i是X_2子码的延迟参数,规定$0\leqslant n_i\leqslant36$且为正整数。显然,当$n_i$为不同值时,所构成的复码是平移等价的。事实上,所有这37个平移等价序列在1个星期稍多一点的时间内都没有重复。如果码的使用期为1个星期,这就相当于将P码分为37个子区间,每个卫星使用1个子区间,那么在1个星期的使用期内,各卫星将具有唯一的、与其他卫星不相同的P码。而做到这一点只需要每颗卫星使用不同的n_i值,形成P码的移位寄存器所需的CP脉冲由卫星钟的基准频率提供。

显然,对于周期长达266天的P码是不能按其周期积分进行自相关检测的,只能在比其周期小得多的时间内进行检测,即进行局部自相关检测,其公式为

$$\rho(\tau)=\frac{1}{t_2-t_1}\int_{t_1}^{t_2}P(t)(t-\tau)\mathrm{d}t \tag{4-2}$$

在0延时($\tau=0$)时，局部自相关函数显然为1，而对任意非0延时的局部自相关函数的值不会保持为$-1/p$。事实上，非0延时的局部自相关函数值的绝对值比1要小得多，可以保证不会对相关检测造成严重干扰。至于不同卫星的相互干扰问题，由于各卫星的P码实际上是同一码序列的不同子区间，它们之间的相关特性不是互相关而是局部自相关，只不过其时延参数很大(大于n_i-n_j个星期)。而将码分多址系统的互相关变为局部自相关函数，是P码周期选得如此之长的原因之一。

(二)粗捕获码

粗捕获码(coarse acquisition code)也称粗码或C/A码，它是1组短码，码长为1 023 bit。由于码长很短，易于捕获，通过捕获C/A码可以方便、迅速地捕获P码，为了给24颗卫星赋以具有良好自相关特性和互相关特性的不同的码序列，GPS的C/A码采用2个具有良好互相关特性的同族码序列构成戈尔德码族，图4-1给出了C/A码的构成。

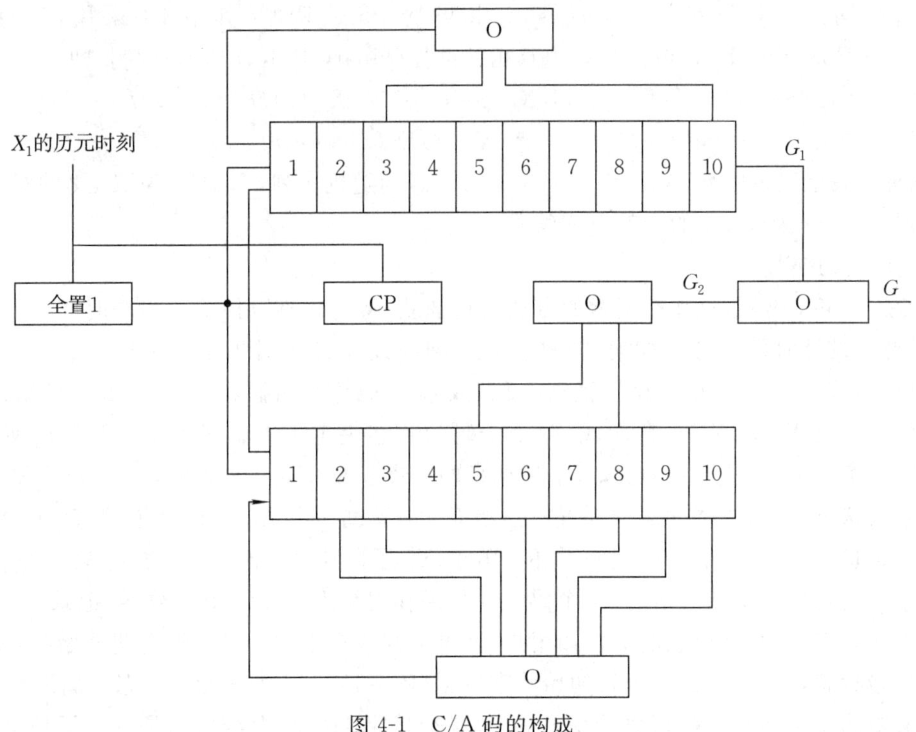

图4-1 C/A码的构成

图4-1中G_1与G_2是两个10级移位寄存器，其特征多项式为

$$G_1(x)=1+x^3+x^{10}$$

$$G_2(x)=1+x^2+x^3+x^6+x^8+x^9+x^{10}$$

卫星上的时钟基准频率经频率综合器给移位寄存器提供了1.023 MHz的时钟脉冲，为保持C/A码与P码同步，除采用共同的频率标准外，还在P码中X_1的每个历元时刻(初始状态时刻)使C/A码的2个移位寄存器全部置1。此外，C/A码的时钟脉冲也与该历元同步。C/A码与P码保持同步是为了便于在捕获C/A码的基础上捕获P码。

图 4-1 中 G_2 的输出不是由移位寄存器末级引出的，而是根据平移相加性，选择两级做模 2 和运算后输出的，这样做的效果是取得一个与原 G_2 序列平移等价的序列。其平移量(延迟量)取决于选哪两级做模 2 和运算。

将 G_1 码序列与经过 j 个码元平移的 G_2 码做模 2 和运算，得到一个戈尔德序列，即

$$G = G_1 \oplus G_2 T^j \tag{4-3}$$

式中，G_2 可以选择不同组的两个级做模 2 和运算，这样就得到平移量不同的平移等价序列。按式(4-3)就可得到不同的戈尔德码序列，按图 4-1 这样的戈尔德码发生器可以得到 $C_{10}^2 + 10$、共计 55 种不同的戈尔德码序列，它足够分配给 GPS 卫星使用。

(三)导航电文码

GPS 卫星除了发播 P 码和 C/A 码这两种供伪距测量用的测距码外，还通过电文码发播导航电文。导航电文码也称电文码或 D 码，它的比特率为 50 bit/s。

至此，我们已知卫星发播的信号包括 P 码、C/A 码和 D 码。所有这些码都是调制在 L1、L2 两个载波上的。其中，在 L1 上调制的有 P 码、C/A 码和 D 码，在 L2 载波上只调制 P 码和 D 码。这些均采用相移键控(phase shift keying, PSK)调制，其中 L1 采用四相移键控(quaternary PSK, QPSK)调制，L2 采用双相移键控(binary PSK, BPSK)调制，即

$$SL_{1i}(t) = A_p X_{pi}(t) D_i(t) \cos\omega_1 t + A_c X_{ci}(t) D_i(t) \sin\omega_1 t \tag{4-4}$$

$$SL_{2i}(t) = A_p X_{pi}(t) D_i(t) \cos\omega_2 t \tag{4-5}$$

式中，下标 i 表示卫星序号，$X_{pi}(t)$ 为取 ± 1 的 P 码伪随机序列，$X_{ci}(t)$ 为取 ± 1 的 C/A 码伪随机序列，$D_i(t)$ 为取 ± 1 的导航电文编码。

(四)P 码的捕获

P 码是一组长码，如单纯按搜索的方法进行捕获，将花费难以接受的捕获时间。从设计的角度，P 码在设计时即须考虑如何捕获的问题，即在设计 P 码时采用两个子码的模 2 和复合码，以便在捕获小 C/A 码的基础上捕获 P 码(故 C/A 码称为粗捕获码)。从 P 码的结构可知，它是由两个子码 X_1 和 X_2 复合而成，两个子码的状态决定了 P 码的状态。P 码的使用期为 1 个星期，即每星期 P 码重复 1 次，每个星期日的子夜 0 时 0 分 0 秒瞬间，两个子码 X_1、X_2 同时置于初始状态(如移位寄存器全部置 1)。此后，每经过一个 X_1 子码周期(1.5 s)，X_1 子码将回到初始状态，并开始下一周期的循环。由于 X_2 子码比 X_1 长 37 个码元，故每经一个 X_1 周期，X_2 子码将比初始状态落后 37 个码元。如果在卫星上安置一个记数器，记录 X_1 子码所经历的周期数 Z，并通过导航电文告知用户，就可以知道在下一个 X_1 码周期开始时，X_1 子码将处于初始状态，X_2 子码将处于较初始状态延迟 $(Z+1) \cdot 37$ 个码元的状态。周期数 Z 是由导航电文中的交接字 HOW 提供给用户的，只是交接字 HOW 中给出的是下一子帧电文开始时应有的周期数(每子帧发播 6 s)。由于已经完成了 C/A 码的捕获，并设法保持最大自相关状态(锁定)，这时接收机的本地码延迟 τ' 为已知(只是不太精确)，又知道下一帧开始瞬间的两个 P 码子码的状态，即可对本地码子码预置，使本地 P 码与接收的码在子帧开始时相差不多，只需要短时间的搜索即可完成 P 码的捕获。从捕获过程可知，P 码的捕获是在完成 C/A 码捕获的基础上，通过交接字 HOW 来完成的。

这一捕获过程仅是在接收机开始工作或更换所观测的卫星时才需要的，一旦信号被捕获就可以进行锁定，使相关输出始终处于最大状态。这样任一瞬间的伪距观测值只需对本地码延迟 τ' 进行抽样即可得到，也就是说可以在任何时刻，瞬时完成伪距观测。

实际的捕获过程是:接收机按预置的所有卫星的C/A码编码(伪随机码编码)轮流搜索捕获信号,即进行相关运算。如果某一卫星编码经一段时间不能得到最大自相关输出,则自动转入下一卫星编码;如可以得到最大自相关输出即进行锁定,说明可以并已观测到该编码的卫星,一般称为卫星锁定并取得交接字HOW。

二、GPS卫星的导航电文

导航电文是卫星向用户提供的导航有关信息,用户将这些信息应用于导航解算。导航电文包括计算卫星位置的有关数据(卫星星历)、系统时间、卫星钟参数、C/A码到P码的交接字及卫星工作状态。

按目前的设计,导航电文包括在1帧数据之中,1帧数据包含1 500 bit,历时30 s(每秒50 bit),1帧电文分为5个子帧,每个子帧都包含系统时间和交接字HOW。每个子帧由10个字组成,每个字为30 bit,第一子帧包含时钟校正参数及电离层模型改正参数。第二、三子帧为卫星星历表。第四子帧为由字母和数字混合编制的电文。第五子帧是全部24颗卫星的日程表的一部分(由25帧构成一个完整的日程表)。

每一个子帧都是以遥测字TLM和交接字HOW开始的。交接字主要向用户提供P码的X_1子码自一星期开始时的周期数Z。以便于在任一6 s子帧结束时自C/A码转至P码捕获。遥测字开头8 bit为捕获导航数据的前导,其余主要是供控制部分使用的信息,以确定卫星每天校正的精度。用户接收机一般不必译出。

遥测字包括8 bit前导(同步码)、14 bit遥测电文、2 bit无信息意义和6 bit奇偶校验。交接字包括17 bit的周期数,1 bit用于表示自上次注入数据以来是否发生卫星姿态调整,1 bit用于表示遥测字的前沿是否与卫星上P码的X_1子码历元同步,3 bit为子帧识别码,2 bit无信息意义,6 bit用于奇偶校验。图4-2为遥测字TLM和交接字HOW的构成,图中"+"表示2 bit无信息意义,P_6表示6 bit奇偶校验。

遥测字TLM				交接字HOW					
		+	P_6				+	P_6	
前导	遥测电文			周期数	姿态同步				

图4-2　遥测字TLM和交接字HOW

(一)数据块—1

数据块—1占据第一子帧的第3至第10字,其中第3、第4字是备份的。它主要包括卫星钟校正参数和电离层延迟校正参数。

对于铯束频标,用一个一阶模型就能以足够的精度表达其时钟漂移特性。问题在于必须考虑卫星钟的狭义和广义相对论效应。由于卫星在高速运动,且它与用户处于不同的引力位,这就产生了相对论频移。由于卫星存在轨道特性,相对论频移包括长期部分与周期部分。其长期部分频移大部分可以通过卫星频标的位置来消除,较小的长期频移是由卫星轨道的长半轴与标准值的偏差所引起的。周期性频移是由轨道偏心率不为零所引起的,其周期大约为12小时,由于存在周期性频移(为偏近点角的函数),可以采用多项式来描述。为了用户计算方便及节省导航电文中所占用的信息,只展开到二阶项,在保证1 μs精度的要求时,所给出的参数只能应用 1.5 小时。实际上,GPS 卫星采用数据更新率为 1 小时,卫星导航电文给出二阶多项式系数 a_0、a_1、a_2,利用它们可以计算卫星钟钟差,即

$$\Delta t_{SV}=a_0+a_1(t-t_{oc})+a_2(t-t_{oc})^2 \tag{4-6}$$

式中,t_{oc} 是数据块—1 的参考时间,从全球定位系统时间的每星期历元开始量度,单位为秒,其中全球定位系统每星期历元是指格林尼治平时星期六晚到星期日早上之间的子夜(0 点 0 分 0 秒);t 为全球定位系统时,且有

$$t=t_{SV}-\Delta t_{SV} \tag{4-7}$$

其中,t_{SV} 是在电文发射时与所发播的码相位相对应的时间。由于 Δt_{SV} 的值很小,在应用式(4-6)计算 Δt_{SV} 时可用 t_{SV} 代替 t 而无须进行迭代。

图 4-3 表示了数据块—1 的结构和各参数在这一子帧中的位置及占用的比特数,图中 SPARE 为备用字,P_0 为 6 bit 的奇偶校验,"+"为无信息意义的 2 bit。

24	6	24	6	24	6	24	6	8	8	8	8
TLM	P_0	HOW	P_0	SPARE	P_0	SPARE	P_0	α_0	α_1	α_2	P_0

8	8	8	6	8	8	8	6	8	16	6	8	16	6	22	6
α_3	β_0	β_1	P_0	β_2	β_3	T_{GD}	P_0	*AODC*	t_{oc}	P_0	a_2	a_1	P_0	a_0	$+P_0$

图 4-3 数据块—1 中的参数

数据块—1 中还包括卫星时钟校正的龄期 *AODC*,它为用户提供时钟改正的置信水平公式为

$$AODC=t_{oc}-t_L \tag{4-8}$$

式中,t_L 是校正参数的最后测量时间。鉴于校正卫星钟频率稳定性,以及预报这种频率漂移的能力有限,因此随着龄期的加长,精度会有所下降。式(4-8)主要供用户在选择最佳观测卫星时使用。

数据块—1 还包括电离层延迟校正参数 *TGD*。校正参数 *TGD* 是根据地面控制部分的长期观测提供的,可供精度要求不高的单频接收机用户使用,对双频接收机用户的作用不大,此外还有 8 个电离层延迟校正参数 α_0、α_1、α_2、α_3、β_0、β_1、β_2、β_3。

(二)数据块—2

第二个数据块含有卫星星历表预报参数,它占用第二、第三子帧。卫星星历参数与用户计算卫星位置的方法紧密相关。因此在参数的选择(计算方法的选择)上须综合考虑计算精度、计算时间、所要求的存储量和这些参数所需要占用的信息比特,以及对数据更新率的要求。考虑到这些因素,GPS 采用了开普勒轨道加调和项修正的方案。

以上选择很大程度上取决于卫星所受摄动力的情况。表 4-1 给出了卫星所受摄动力及它们对卫星运动的作用。从表中可以看出,GPS 卫星的运动可以通过在二体问题计算的基础上加入长期摄动和周期摄动来表示,其中主要的周期摄动是周期约 6 小时的、由二阶带谐项引起的短周期摄动。

GPS 卫星星历表预报参数及其定义:M_0 为按参考时间 t_{oc} 计算的平近点角,Δn 为由精密星历计算得到的卫星平均角速度与按给定参数计算所得的平均角速度的差,e 为偏心率,$\sqrt{a}$ 为长半轴的平方根,Ω 为按参考时间 t_{oe} 计算的升交点赤经,i_0 为倾角,ω 为近地点幅角,$\frac{d\Omega}{dt}$ 为

升交点赤经变化率，$\frac{di}{dt}$为倾角变化率，C_{uc}为幅角的余弦调和项改正的振幅，C_{us}为幅角的正弦调和项改正的振幅，C_{rc}为轨道半径的余弦调和项改正的振幅，C_{rs}为轨道半径的正弦调和项改正的振幅，C_{ic}为轨道倾角的余弦调和项改正的振幅，C_{is}为轨道倾角的正弦调和项改正的振幅，t_{oe}为星历表参考时间，$AODE$为星历表数据龄期。

表 4-1　GPS 卫星所受摄动力概况

摄动力	最大摄动加速度/(m/s^2)	1小时内最大偏移量/m
地球引力	5.65×10^{-1}	
二阶带谐项	5.3×10^{-6}	300
月球引力	5.5×10^{-8}	40
太阳引力	3×10^{-6}	20
四阶带谐项	10^{-7}	0.6
太阳辐射压力	10^{-7}	0.6
重力异常	10^{-8}	0.06
其他摄动力	10^{-8}	0.06

其中，Δn中包括了根数ω的长期摄动$\frac{d\omega}{dt}$，对于GPS这样的近圆轨道，该处理是为了计算方便，减少一个参数，却不影响精度。Δn中主要是二阶带谐项引起的ω的长期漂移，也包括了日、月引力摄动和太阳光压摄动。在$\frac{d\Omega}{dt}$中主要是二阶带谐项引起的Ω的长期漂移，也包括了极移的影响。现行的广播星历还增加了倾角i的时间变化率$\frac{di}{dt}$。

这里使用的地固坐标系X轴在真赤道面上，指向平格林尼治子午线；Z轴指向地球瞬时自转轴，向北为正；Y轴由右手坐标系定义。

图4-4是数据块—2所包含的星历表参数及所占用的比特数，其中SPARE为备用字，P_6为6 bit奇偶校验。应该指出，这些由卫星星历所提供的参数是曲线拟合的结果，它们只能在不长的一段时间内使用。在拟合时间内，计算误差的等效距离误差约为0.1 m (1σ)。

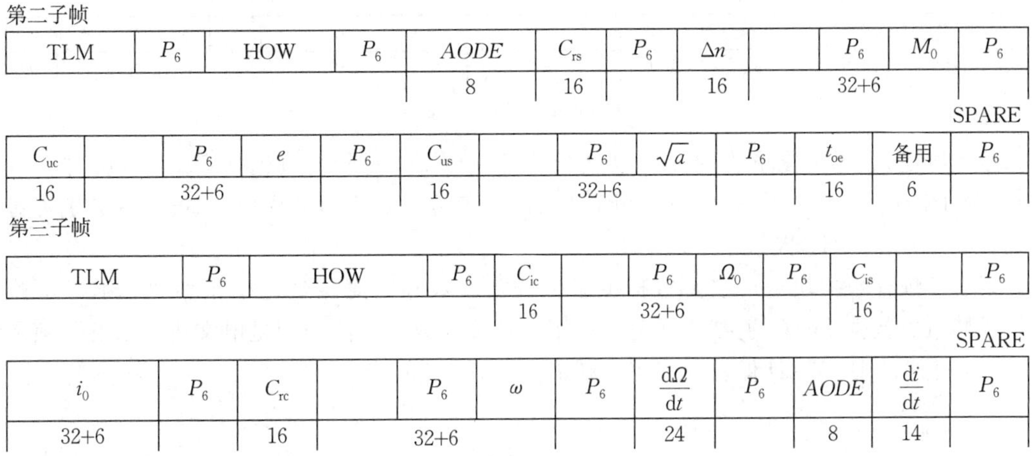

第二子帧

TLM	P_6	HOW	P_6	$AODE$	C_{rs}	P_6	Δn		P_6	M_0	P_6
				8	16		16	32+6			

SPARE

C_{uc}		P_6	e	P_6	C_{us}		P_6	$\sqrt{a}$	P_6	t_{oe}	备用	P_6
16	32+6				16	32+6				16	6	

第三子帧

TLM	P_6	HOW	P_6	C_{ic}		P_6	Ω_0	P_6	C_{is}		P_6
				16	32+6				16		

SPARE

i_0	P_6	C_{rc}		P_6	ω	P_6	$\frac{d\Omega}{dt}$	P_6	$AODE$	$\frac{di}{dt}$	P_6
32+6		16	32+6				24		8	14	

图 4-4　数据块—2 中的参数

(三)电文块

导航电文中的第四子帧为电文块。在第四子帧中除第一、第二字(分别为遥测字 TLM 和交接字 HOW)外,其余供发播 ASCII 码电文使用。每个 ASCII 码字符占 8 bit,共 32 个 8 bit 字,剩余 8 bit 没有信息意义。

电文块由地面控制部分产生,用于向用户发播字母、数字信息。电文块的格式如图 4-5 所示。

TLM	6	HOW	6		6		6		6
	P_6		P_6		P_6		P_6		P_6

TLM	6	HOW	6		6		6		6
	P_6		P_6		P_6		P_6		P_6

图 4-5 电文块

(四)数据块—3

数据块—3 占据第五子帧,它提供全部 24 颗卫星的概略星历,称为日程表。由于卫星的日程表内容很多,第五子帧每次只能容纳 1 个卫星的日程,只有连续接收多个第五子帧才能形成 1 个完整的卫星日程表。在用户具有全部 24 颗卫星的概略星历后,可以计算在测站上空的可见卫星以便观测。此外,由于已知卫星的概略位置,在同时已知接收机概略位置和钟差近似值后,可以加快信号的捕获。

卫星日程表实际上是包括全部卫星的截短星历表。这样的数据每星期更新 1 次,在 1 星期的使用期内,卫星位置精度约为 3 km。

在日程表中,除了包括每颗卫星截短了的星历外,还包括表示该卫星工作是否正常的工作状态字 Health 和卫星识别字 ID。卫星识别字 ID 规定了各颗卫星的伪随机噪声码(pseudorandom noise,PRN),用于卫星识别,图 4-6 为数据块—3 的日程表及所占比特数。

24	6	24	6	8	16	6	8	16	6	16	8	6
TLM	P_6	HOW	P_6	ID	e	P_6	t_{oe}	δ_i	P_6	Ω	P_6	

24	6	24	6	24	6	24	6	8	8	6	8
$\sqrt{a}$	P_6	Ω_0	P_6	ω	P_6	M_0	P_6	a_0	a_1		$+P_6$

图 4-6 数据块—3

综上所述,全球定位系统的导航电文分为 5 个子帧,每个子帧包括 300 bit,历时 6 s,共 30 s。每子帧包含 10 个字,每字为 3 bit(其中奇偶校验为 6 bit),其中第一、第二字分别为遥测字 TLM 和交接字 HOW。

第一子帧是数据块—1,主要包括卫星钟校正参数和电离层延迟校正参数。第二子帧和第三子帧组成数据块—2,主要包括卫星星历表预报参数。第四子帧是电文块。第五子帧是数据块—3,主要包括卫星日程表。图 4-7 是导航电文结构示意。

第一子帧		
TLM	HOW	数据块—1
第二子帧		
TLM	HOW	数据块—2
第三子帧		
TLM	HOW	数据块—2
第四子帧		
TLM	HOW	电文块
第五子帧		
TLM	HOW	数据块—3

图 4-7　导航电文结构示意

第二节　GPS导航解和精度分析

利用伪距观测量可以进行实时、连续的导航定位。对于任何导航(定位)系统,除了其具体解算方法外,还须讨论它的主要误差源、精度估计和最佳观测条件的选择(最佳选星)等问题。

一、卫星位置计算

由于卫星是作为已知点参加导航解算的,用户必须按照卫星轨道参数进行卫星位置计算。用户自导航电文取得卫星轨道参数(其中一些是与卫星轨道拟合的参数)后,就可按下面的公式计算卫星在地固坐标系中的位置。

地球引力常数,取自 WGS-84 参考系,即

$$\mu = 3.986\,005 \times 10^{14}\,\mathrm{m^3/s^2}$$

地球自转角速度,取自同一参考系,即

$$\frac{\mathrm{d}\Omega_e}{\mathrm{d}t} = 7.292\,115\,146\,7 \times 10^{-5}\,\mathrm{rad/s}$$

求平均角速度,即

$$n_0 = \frac{\sqrt{\mu}}{A^3} \tag{4-9}$$

求从星历参考时开始计算的时间,即

$$t_k = t - t_{oe}$$

求改正后的平均角速度,即

$$n = n_0 - \Delta n$$

求平近点角,即

$$M_k = M_0 + nt_k \tag{4-10}$$

解开普勒方程,从中解出偏近点角 E_k,即

$$E_k = M_k + e\sin E_k \tag{4-11}$$

求真近点角 v_k,从式(4-10)、式(4-11)解出

$$\cos v_k = \frac{\cos E_k - e}{1 - e\cos E_k}$$

$$\sin v_k = \frac{\sqrt{1-e^2}\sin E_k}{1 - e\cos E_k}$$

求幅角，即

$$\varphi_k = v_k + \omega \tag{4-12}$$

考虑二阶带谐项摄动对幅角、向径和倾角的影响进行改正，公式为

$$\left.\begin{aligned} \delta\omega_k &= C_{us}\sin 2\varphi_k + C_{uc}\cos 2\varphi_k \\ \delta r_k &= C_{rs}\sin 2\varphi_k + C_{rc}\cos 2\varphi_k \\ \delta i_k &= C_{is}\sin 2\varphi_k + C_{ic}\cos 2\varphi_k \end{aligned}\right\} \tag{4-13}$$

求改正后的幅角、向径和倾角，公式为

$$\left.\begin{aligned} \omega_k &= \varphi_k + \delta\omega_k \\ r_k &= a(1 - e\cos E_k) + \delta r_k \\ i_k &= i_0 + \delta i_k + \frac{\mathrm{d}i}{\mathrm{d}t}t_k \end{aligned}\right\} \tag{4-14}$$

求卫星在轨道面坐标系的坐标，公式为

$$\left.\begin{aligned} x'_k &= r_k\cos\omega_k \\ y'_k &= r_k\sin\omega_k \end{aligned}\right\} \tag{4-15}$$

求地固坐标系中升交点赤经，公式为

$$\Omega_k = \Omega_0 + \left(\frac{\mathrm{d}\Omega}{\mathrm{d}t} - \frac{\mathrm{d}\Omega_e}{\mathrm{d}t}\right)t_k - \frac{\mathrm{d}\Omega_e}{\mathrm{d}t}t_{oe}$$

求地固坐标系中的卫星位置，公式为

$$\left.\begin{aligned} x_k &= x'_k\cos\Omega_k - y'_k\sin\Omega_k\cos i_k \\ y_k &= x'_k\sin\Omega_k + y'_k\cos\Omega_k\cos i_k \\ z_k &= y'_k\sin i_k \end{aligned}\right\} \tag{4-16}$$

这一卫星位置计算的过程较长，但计算程序简明，所占内存也较少，较适于接收机中 CPU 编程。

以坐标表示的卫星位置显然会涉及坐标系统问题。组成卫星星历的卫星轨道参数是依据跟踪站对卫星的观测经计算得到的，在这些计算中跟踪站坐标是作为已知值参加数据处理的。因此，所得到的卫星轨道应采用跟踪站的坐标系统，即 WGS-84 坐标系。

二、导航定位解算

导航接收机可取得伪距观测量，公式为

$$\rho' = \rho + c\Delta t + n\lambda$$

式中，ρ 为卫星至接收机的距离，ρ' 为其观测量，Δt 为接收机钟相对卫星钟的钟差，$n\lambda$ 为测距模糊度。当测距码码长足够长（如 P 码）时，可以做到无模糊测距。由于可以从导航电文中取得卫星钟钟差，上式还可改写为

$$\rho' = \rho + c\Delta t_k - c\Delta t^j \tag{4-17}$$

式中，Δt^j 为第 j 卫星相对 GPS 时间系统的钟差，Δt_k 为接收机时钟相对 GPS 时间系统的钟差。当观测多颗卫星时,公式为

$$(\rho^j)' = \left[\sum_{i=1}^{3}(x_i^j - x_i)^2\right]^{\frac{1}{2}} + b - c\Delta t^j \tag{4-18}$$

式中，x_i^j、x_i $(i=1,2,3)$ 分别表示所测卫星 j 和接收机在所采用的地固坐标系中的坐标值分量,b 为接收机钟差的等效距离偏差。由于卫星钟钟差 Δt^j 和卫星位置是已知的,只要观测 4 颗卫星就可解出接收机位置和等效钟差。

应用泰勒级数展开式(4-18)并略去高次项,可得到线性方程组,即

$$\sum_{i=1}^{3}\frac{\partial F^j}{\partial x_i}\Delta x_i + b = (\rho^j)' - F^j \tag{4-19}$$

式中，Δx_i 为相应的改正数,函数 F^j 的公式为

$$F^j = \left[\sum_{i=1}^{3}(x_i^j - x_i^0)^2\right]^{\frac{1}{2}} - c\Delta t^j$$

其中，x_i^0 为接收机位置的初始值。求出式(4-19)的偏导数后,式(4-19)可写为

$$e_1^j\Delta x_1 + e_2^j\Delta x_2 + e_3^j\Delta x_3 - b = F^j - (\rho^j)'$$

式中，e_i^j $(i=1,2,3)$ 是卫星 j 观测方向对 3 个坐标轴的方向余弦。

当观测 4 颗卫星 $(j=1,2,3,4)$ 时,方程组可写为

$$\boldsymbol{AX} = \boldsymbol{L} \tag{4-20}$$

式中

$$\boldsymbol{A} = \begin{bmatrix} e_1^1 & e_2^1 & e_3^1 & -1 \\ e_1^2 & e_2^2 & e_3^2 & -1 \\ e_1^3 & e_2^3 & e_3^3 & -1 \\ e_1^4 & e_2^4 & e_3^4 & -1 \end{bmatrix},\quad \boldsymbol{X} = \begin{bmatrix} \Delta x_1 \\ \Delta x_2 \\ \Delta x_3 \\ b \end{bmatrix},\quad \boldsymbol{L} = \begin{bmatrix} F^1 - (\rho^1)' \\ F^2 - (\rho^2)' \\ F^3 - (\rho^3)' \\ F^4 - (\rho^4)' \end{bmatrix}$$

未知参数 $\boldsymbol{X}$ 的解为

$$\boldsymbol{X} = \boldsymbol{A}^{-1}\boldsymbol{L} \tag{4-21}$$

由于接收机位置及钟差的初值可能有较大的偏差,式(4-21)曾略去二阶以上的项,以及求卫星位置时使用的时间参数不准确,从而产生解算误差。可以利用迭代法,即取得第一次解后,更新初值再次求解。事实上,这一迭代过程收敛很快,一般一次迭代即可取得满意结果。

当观测的卫星多于 4 颗时,显然这是一个平差求解问题。只要伪距观测量含有误差,可以以 $(\rho^j)' + v^j$ 代替式(4-19) 中的$(\rho^j)'$,即可得到误差方程式

$$v^j = \sum_{i=1}^{3}\frac{\partial F^j}{\partial x_i}\Delta x_i + b - (\rho^j)' + F^j \tag{4-22}$$

或写为

$$\boldsymbol{V} = \boldsymbol{AX} + \boldsymbol{L} \tag{4-23}$$

按最小二乘法求解

$$(\boldsymbol{A}^{\mathrm{T}}\boldsymbol{A})\boldsymbol{X} = \boldsymbol{A}^{\mathrm{T}}\boldsymbol{L}$$

$$\boldsymbol{X} = (\boldsymbol{A}^{\mathrm{T}}\boldsymbol{A})^{-1}\boldsymbol{A}^{\mathrm{T}}\boldsymbol{L} \tag{4-24}$$

最小二乘法可以简便地对所解参数进行精度估计,即

$$m_{xi} = m\sqrt{q_{ii}} \tag{4-25}$$

式中，m 是伪距测量误差，q_{ii} 是矩阵 $\boldsymbol{Q}_L$ 中第 i 行 i 列的元素。$\boldsymbol{Q}_L$ 的公式为

$$\boldsymbol{Q}_L=(\boldsymbol{A}^{\mathrm{T}}\boldsymbol{A})^{-1} \tag{4-26}$$

事实上，当只观测到 4 颗卫星时，也可用式(4-25)、式(4-26)进行精度估计。

三、伪距导航的主要误差源与大气传播延迟修正

(一)伪距导航的主要误差源

全球定位系统导航(定位)的主要误差来自三个方面：

(1)空间飞行器部分包括卫星星历误差、卫星钟钟差与设备延迟误差。

(2)用户系统部分包括用户接收机测量误差、用户计算误差。

(3)信号传播路径包括电离层的信号传播延迟、对流层的信号传播延迟和多路径效应。

空间飞行器误差主要由地面控制部分的跟踪站分布及其站址误差、跟踪站所取得观测量精度、卫星所受摄动力模型的精确程度、计算精度和卫星钟的稳定性等因素决定的，这些因素具体体现为卫星星历预报误差和卫星钟钟差误差。从式(4-18)可以看出，当作已知值的卫星位置与卫星钟钟差具有误差时，可以等效为伪距误差。由于 GPS 卫星很高，它的位置误差的径向分量可近似地认为等效于伪距误差。这样，卫星位置误差和钟差误差被认为是与接收机相对卫星的位置无关的。虽然将这两项误差认为是独立的误差源不严格，但是这对定位精度评定而言是很方便的。在使用卫星导航电文的情况下，一般估计卫星星历误差的等效伪距误差约为 4 m，卫星钟钟差误差的等效伪距误差约为 3 m。

用户系统所产生误差的主要来源是测距分辨率和接收机噪声。测距分辨率取决于码元宽度，通常认为其可以达到 1 个码元的 1/64，对于 P 码和 C/A 码由此而产生的测距误差分别约为 0.5 m 和 5 m，接收机测距噪声涉及的因素则更多。通常，伪距观测值是利用码跟踪环路取得的。码跟踪环路(如延迟锁定环路)的工作原理是利用早发码与迟发码所产生的误差信号经滤波器驱动压控时钟而实现码跟踪的。这一动态过程的误差可以等效于接收机测距噪声，一般认为 P 码的测距噪声在 1.5 m 左右，C/A 码的测距噪声在 7 m 左右。近年来，性能较好的接收机可以将 C/A 码的测距噪声降低至 2 m 左右。

信号传播路径误差主要有电离层传播延迟、对流层传播延迟和多路径效应所造成的误差。电离层是指高度在 50～1 000 km 的大气层。由于有太阳的辐射，电离层中部分气体被电离，产生带电的离子和电子。当电磁波通过电离层时会因其传播速度与真空不同而产生附加的传播延迟。对流层是指高度 40～50 km 以下的大气层。电磁波通过对流层时会由其所含气体的密度，也会由其传播速度与真空不同而产生附加的传播延迟。电离层和对流层造成的电磁波传播延迟统称为大气传播延迟，可以对这种延迟进行修正，这里所说的大气传播延迟误差是指修正后的残差。一般估计，对流层延迟改正的精度可达分米级(卫星仰角低时精度下降)。电离层引起信号传播的附加延迟，它与卫星和用户接收机视线方向上的电子密度有关。在垂直方向上附加的延迟值在夜间平均可达 3 m 左右，白天可达 15 m，在低仰角情况下分别可达 9 m 和 45 m，在反常时期这个值还会加大。通常，可以用一定的方法或数学模型对此加以改正，而本书关心的是改正后的残差(或改正的精度)。

多路径传播误差是由于所接收的信号除从接收机至卫星视线方向传播以外还有从其他路径传播的(如经建筑物和地面反射的信号)，所以虽然这些其他路径的信号很微弱，但与正常信号合成后会形成的测量误差。这一误差与用户接收机附近的自然反射面和天线结构有关，

对于伪距测量，这项误差一般估计在 1 m 左右。

表 4-2 给出了伪距导航的主要误差源和它们所产生的伪距误差或等效伪距误差。表中所给出的各项误差的对应值是伪距或等效的伪距误差，它们对导航解的贡献将在下面一节中讨论。应该指出的是表中部分数据仅有参考意义。例如，随着轨道计算理论和软件的发展，卫星预报、模型不完善引起的误差有可能减小，而电离层传播延迟会因不同时期太阳活动情况而不同，接收机设计和工艺的改进会降低接收机噪声。

表 4-2　伪距导航的主要误差源

误差源		P 码	C/A 码
空间部分	钟差及其稳定性	3.0	3.0
	L 波段相位稳定性	0.5	0.5
	飞行器摄动	1.0	1.0
	卫星预报与模型不完善	4.2	4.2
	其他	1.0	1.0
	合计	5.4	5.4
接收机部分	接收机噪声	1.5	7.5
	其他	0.5	0.5
	合计	1.6	7.5
电磁波传播部分	电离层传播延迟	2.3	5～10.0
	对流层传播延迟	2.0	2.0
	多路径效应	1.0	1.2
	合计	3.3	5.5～10

（二）大气传播延迟修正

大气传播延迟按大气结构及其延迟特性可分为电离层传播延迟和对流层传播延迟。其中电离层传播延迟可表示为

$$\Delta L=\frac{-b}{4\pi^2 f^2}I_v\csc\left(\sqrt{E^2+(20.3°)^2}\right) \tag{4-27}$$

式中，ΔL 为电离层的信号附加延迟，单位为 m；b 为常数，其值为 1.6×10^3；f 为载波频率，单位为 Hz；I_v 为垂直分布的电子密度，单位为电子数/平方米；E 为视线仰角。

使用双频观测可以有效地削弱它的影响。当采用频率 L_1 和频率 L_2 进行观测时，可以取得两个波段的测距观测值，式(4-27)可简写为

$$\left.\begin{aligned}\Delta L_1&=\frac{K}{f_1^2}\\ \Delta L_2&=\frac{K}{f_2^2}\end{aligned}\right\} \tag{4-28}$$

两个频率的观测值分别为

$$\rho'_{L_1}=\rho+\Delta L_1$$

$$\rho'_{L_2}=\rho+\Delta L_2$$

$$\Delta\rho'=\rho'_{L_2}-\rho'_{L_1}=\frac{K}{f_2^2}-\frac{K}{f_1^2}$$

从而可由两个频率的观测值之差求得 K 值，代入式(4-28)，可得

$$\Delta L_1 = \frac{\Delta\rho'}{\alpha^2 - 1} \tag{4-29}$$

式中，$\alpha = f_1/f_2$。将 GPS 卫星发播的两个载波频率 f_1、f_2 代入式(4-29)，得

$$\Delta L_1 = 1.545\,7\Delta\rho' \tag{4-30}$$

按式(4-30)可自双频观测量求得电离层传播延迟改正。这种改正的精确程度取决于数学模型的准确程度和双频伪距之差 $\Delta\rho'$ 的精度。一般估计模型误差为分米级。在假定两个频率信道噪声功率相等的情况下，可以认为 $\Delta\rho'$ 的测定误差约为伪距测量误差的 1.5 倍。

对于使用单频接收机的用户，可以采用一种数学模型，如采用 Klobuchar 模型求得改正值。该模型主要考虑了这些因素对电子密度产生的影响：周日变化（每天当中随观测时间的变化），纬度变化（随接收机地理位置的变化），季节变化，太阳活动周期的变化（太阳黑子的变化）。

Klobuchar 模型给出电离层引起的时间延迟 $\delta\tau_1$，即

$$\delta\tau_1 = SF \cdot T_g \tag{4-31}$$

式中，SF 是与观测方向高度角有关的倾斜因子，T_g 为沿垂直方向的电离层延迟，其公式分别为

$$SF = \sec\left(\arcsin\left(\frac{r_0}{r_0 + h}\cos\alpha\right)\right)$$

$$T_g = \begin{cases} DC + A\cos\left(\dfrac{2\pi(t - t_r)}{p}\right), & \dfrac{2\pi(t - t_r)}{p} > \dfrac{\pi}{2} \\ DC, & \dfrac{2\pi(t - t_r)}{p} \leqslant \dfrac{\pi}{2} \end{cases}$$

式中，α 为观测方向的高度角；r_0 为平均地球半径；h 为点位高程；t 为地方时，单位为 s；t_r 为最大电离层改正对应的地方时（取 50 400 s）；DC 为基础电离层延迟（采用5×10^{-9} s）；A 为电离层延迟函数振幅，单位为 s；p 为电离层延迟函数周期，单位为 s。A 与 p 可利用广播星历给出的 α_0、α_1、α_2、α_3 及 β_0、β_1、β_2、β_3 计算得到，即

$$A = \sum_{i=1}^{4}\alpha_{i-1} \cdot \varphi_m^{i-1}$$

$$p = \sum_{i=1}^{4}\beta_{i-1} \cdot \varphi_m^{i-1}$$

式中，φ_m 是观测方向与电离层交点的地磁纬度，以半周为单位。

在计算上述交点的地磁纬度时需要电离层高度和磁极的经纬度，可取磁极的经纬度为

$$\varphi_{mo} = 78.4°\text{N}$$

$$\lambda_{mo} = 291.0°\text{E}$$

通常可以取等效电离层高度 $H_I = 350$ km，也可按下式计算，即

$$H_I = 375 + \frac{25\cos(t - 3\,600)}{43\,200}$$

式中，t 是以秒为单位的观测时间。

图 4-8 中 Z 表示测站，S 为所测卫星方向与电离层的交点，α 为所测卫星方向的高度角，P 与 P_m 分别表示地球北极和磁北极。

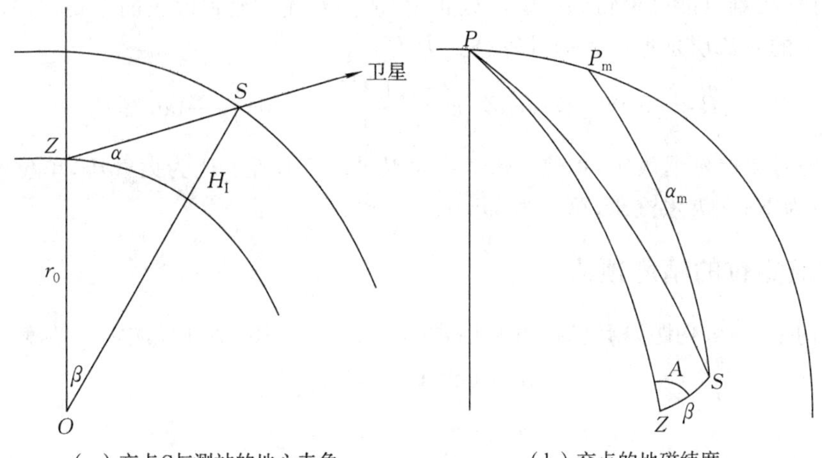

（a）交点S与测站的地心夹角　　（b）交点的地磁纬度

图 4-8　观测方向与电离层交点的地磁纬度

上述交点和测站的地心交角为

$$\beta \approx \frac{H_{\mathrm{I}}}{r_0}\cot\alpha$$

交点 S 的地理经纬度为

$$\varphi_P \approx \varphi_P + \beta\cos A$$

$$\lambda_P \approx \lambda_P + \frac{\beta\sin A}{\cos\varphi_P}$$

交点 S 的地磁纬度为

$$\varphi_{\mathrm{m}} \approx \varphi_P + 11.6^\circ\cos(\lambda_P - 291^\circ)$$

式中，A 为所测卫星的方位角，R_0 为地球平均半径。

如果 $\frac{(t-\varphi)2\pi}{p}$ 超过 $\pi/2$，则时间延迟采用 DC。估计这种模型改正的精度可以达到改正值的 25%～50%。

电离层传播附加延迟的校正精度在一定意义上取决于其本身值的大小，在一段时间内它取决于太阳的活动，图 4-9 作为例子给出了太阳黑子数预报。

从图 4-9 中可以看出，不同年份太阳活动有很大差别，这说明在太阳活动低潮时期所取得的电离层校正精度，不保证在太阳活动高潮时期也能获得同样的精度，这对单频接收机的用户有一定参考意义。

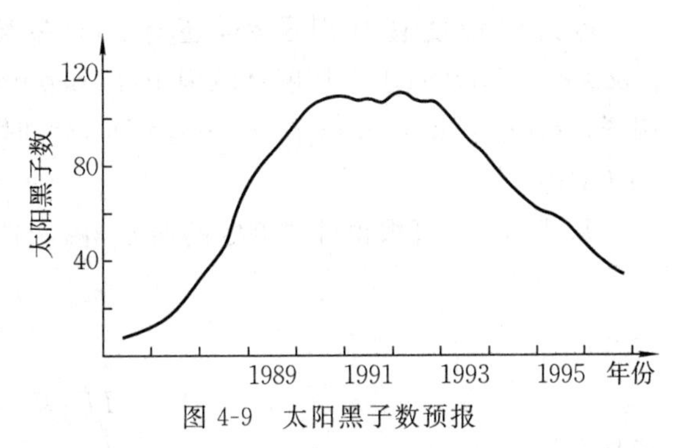

图 4-9　太阳黑子数预报

对流层延迟是由电磁波信号通过对流层时其传播速度不同于真空中光速所引起的附加延迟。通常可以将它分为两部分，即干大气分量和湿大气分量，在低仰角时延迟可以达到约 20 m。其中，干大气分量约占 80%～90%，使用一定的模型可以 2%～5%的精度求得这部分改正。湿大气分量数值虽不大，但因地表面大气的物理参数（主要是湿度）不能准确反映传播路径上的值，故难以准确地得到延迟的改正值，成为对流层延迟改正的主要误差源。

一个简单的对流层延迟改正的计算公式为

$$\Delta R_{\mathrm{T}}=0.002\,277\sec Z\left[P+\left(\frac{1\,255}{T}+0.05\right)e-\tan^{2}Z\right] \tag{4-32}$$

式中，ΔR_{T} 为对流层延迟改正，单位为 m；Z 为卫星的天顶距；P 为大气压，单位为 mbar；T 为温度，单位为 K；e 为水汽压，单位为 mbar。

四、导航定位的精度预估

在已知伪距（等效伪距）精度时，可利用式(4-24)、式(4-25)估计导航定位精度，即

$$\left.\begin{aligned}\boldsymbol{X}&=(\boldsymbol{A}^{\mathrm{T}}\boldsymbol{A})^{-1}\boldsymbol{A}^{\mathrm{T}}\boldsymbol{L}\\ m_{xi}&=m\sqrt{q_{ii}}\end{aligned}\right\} \tag{4-33}$$

式中，m 是伪距测量误差；q_{ii} 是矩阵 $\boldsymbol{Q}_L$ 中第 i 行 i 列的元素，公式为

$$\boldsymbol{Q}_L=(\boldsymbol{A}^{\mathrm{T}}\boldsymbol{A})^{-1}$$

$$\boldsymbol{A}=\begin{bmatrix}e_1^1 & e_2^1 & e_3^1 & -1\\ e_1^2 & e_2^2 & e_3^2 & -1\\ \vdots & \vdots & \vdots & \vdots\\ e_1^J & e_2^J & e_3^J & -1\end{bmatrix}$$

式中，e_i^j 是第 j 颗（$j=1,2,\cdots,J$ 为所测卫星总数）卫星的观测方向对第 i 个坐标轴的方向余弦。

由式(4-33)可以看出，待求参数的精度（定位精度）取决于伪距精度 m 和系数矩阵 $\boldsymbol{A}$。从系数矩阵 $\boldsymbol{A}$ 的表达式又可看出，它与伪距测量精度无关，仅取决于用户接收机与所测卫星的几何特征。对于一般的（或某种类型的）GPS 接收机而言，其伪距测量（含等效伪距）的精度基本上是不变的，而构成定位解的几何学特征却是不断变化的。在不同的地区、不同的时间，可供观测的卫星及其位置不同，因此系数矩阵 $\boldsymbol{A}$ 也不同，导航解的精度也不同。为了使用户能方便地了解所得到的导航解的精度，GPS 采用几何精度衰减因子（geometric dilution of precision，GDOP）进行精度估算，几何精度衰减因子的应用始于罗兰 C 导航系统，在全球定位系统中已扩展到三维定位及授时。

除几何精度衰减因子外，还有其他参数：位置精度衰减因子（position dilution of precision，PDOP）、水平精度衰减因子（horizontal dilution of precision，HDOP）、垂直精度衰减因子（vertical dilution of precision，VDOP）、时间精度衰减因子（time dilution of precision，TDOP）。

从式(4-25)可求得钟差测定的误差 m_{T}，即

$$m_{\mathrm{T}}=m\sqrt{q_{44}} \tag{4-34}$$

定义

$$TDOP=\sqrt{q_{44}} \tag{4-35}$$

于是有

$$m_{\mathrm{T}}=TDOP\cdot m \tag{4-36}$$

式中，m 为伪距误差，式(4-36)表明伪距误差乘以时间精度衰减因子 $TDOP$ 即是钟差误差。

同理，对于三维位置的定位误差有

$$m_{\mathrm{P}} = m\sqrt{q_x^2 + q_y^2 + q_z^2}$$

定义

$$PDOP = \sqrt{q_x^2 + q_y^2 + q_z^2} \tag{4-37}$$

于是

$$m_{\mathrm{P}} = PDOP \cdot m \tag{4-38}$$

用类似的方法还可以定义水平精度衰减因子和垂直精度衰减因子，只是由于三个坐标轴指向与接收机所在地的垂直高程方向不一致，故垂直精度衰减因子要以沿坐标轴三个分量误差在测站垂线上的投影表示，即

$$VDOP = \sum_{i=1}^{3} (\boldsymbol{X}_i^0 \cdot \boldsymbol{q}) \tag{4-39}$$

式中，$\boldsymbol{X}_i^0$ 为三个坐标轴的单位矢量，$\boldsymbol{q}$ 为

$$\boldsymbol{q} = \begin{bmatrix} q_1^1 \\ q_2^2 \\ q_3^3 \end{bmatrix}$$

则

$$m_{\mathrm{V}} = VDOP \cdot m \tag{4-40}$$

以上推导中以用户所在点位的地心向径代替该点的椭球体法线，这种近似不会影响所讨论问题的结果。

对于水平位置有

$$HDOP = \sqrt{PDOP^2 - TDOP^2} \tag{4-41}$$

则

$$m_{\mathrm{H}} = HDOP \cdot m \tag{4-42}$$

几何精度衰减因子是一个综合的精度衰减因子，它表示所测卫星的几何分布对计算用户接收机位置和时钟钟差的综合精度影响，即

$$GDOP = \sqrt{PDOP^2 + TDOP^2} \tag{4-43}$$

从上述定义可以看出精度衰减因子也就是误差放大因子，即在位置或钟差解算中，伪距误差被放大 $PDOP$ 或 $TDOP$ 倍，形成位置误差或钟差误差。

由于24颗GPS卫星在空间的分布和运动不同，故不同地区、不同时间的几何精度衰减因子值是变化的。也就是说，尽管伪距测量(包括等效伪距)误差是已知和基本不变的，在不同的时间、地点所取得的导航解的精度也是不同的。为了预估导航解的一般精度，只能采用统计的方法，在工作区域(或全球)进行时间和地点的抽样统计得出几何精度衰减因子的统计值约为3。

五、航速测定与时间测定

对某些用户来说，除了位置的确定之外还需要航速测定，即除了确定接收机的位置外还要测定接收机(用户)的运动速度。事实上，全球定位系统除了可以向用户提供位置和时间信息外，还可向用户提供速度信息。

(一)接收机航速的解

原则上可以利用相邻时刻的定位结果求得这一段时间的平均航速,即

$$\frac{\Delta \boldsymbol{r}}{\Delta t}=\frac{\boldsymbol{r}(t_2)-\boldsymbol{r}(t_1)}{t_2-t_1} \tag{4-44}$$

式中,$\boldsymbol{r}(t)$ 为接收机在 t 时刻的位置矢量。问题在于,间隔时间过短所求得的平均速度精度较低,间隔时间过长又难以用平均速度代替实际的接收机运动速度。

事实上,全球定位系统接收机除了可以取得卫星相对接收机的伪距观测量 ρ' 之外,还可以取得卫星相对接收机的伪距变化率观测量 $\frac{\mathrm{d}\rho'}{\mathrm{d}t}$。在伪距测量中是利用变动码比特率(时钟脉冲频率)来达到跟踪卫星(锁定)的,这一比特率与标称值之差即是多普勒频移。此外在电文的解调中常要求载波相位锁定,可以从这一纯净载波中提取载波的多普勒频移,而多普勒频移直接反映了距离变化率,即

$$\Delta f=\frac{f}{c}\frac{\mathrm{d}\rho}{\mathrm{d}t}$$

式中,$\frac{\mathrm{d}\rho}{\mathrm{d}t}$ 为距离变化率。自定位解算中的式(4-18)可进行以下推导。

当卫星和接收机钟存在频偏时,可知

$$\Delta f=\frac{f}{c}\frac{\mathrm{d}\rho}{\mathrm{d}t}+\delta f^j-\delta f \tag{4-45}$$

式中,δf^j 和 δf 分别为卫星钟和接收机钟的频偏。卫星钟频偏可取自广播星历,为已知值;接收机钟频偏则要视为待解的未知值,而

$$\boldsymbol{\rho}=\boldsymbol{r}^j-\boldsymbol{r}$$

$$\frac{\mathrm{d}\boldsymbol{\rho}}{\mathrm{d}t}=\frac{\mathrm{d}\boldsymbol{r}^j}{\mathrm{d}t}-\frac{\mathrm{d}\boldsymbol{r}}{\mathrm{d}t}$$

写成分量形式,即

$$\frac{\mathrm{d}\rho_x}{\mathrm{d}t}=\frac{\mathrm{d}x^j}{\mathrm{d}t}-\frac{\mathrm{d}x}{\mathrm{d}t}$$

$$\frac{\mathrm{d}\rho_y}{\mathrm{d}t}=\frac{\mathrm{d}y^j}{\mathrm{d}t}-\frac{\mathrm{d}y}{\mathrm{d}t}$$

$$\frac{\mathrm{d}\rho_z}{\mathrm{d}t}=\frac{\mathrm{d}z^j}{\mathrm{d}t}-\frac{\mathrm{d}z}{\mathrm{d}t}$$

$$\frac{\mathrm{d}\rho}{\mathrm{d}t}=\left[\left(\frac{\mathrm{d}x^j}{\mathrm{d}t}-\frac{\mathrm{d}x}{\mathrm{d}t}\right)^2+\left(\frac{\mathrm{d}y^j}{\mathrm{d}t}-\frac{\mathrm{d}y}{\mathrm{d}t}\right)^2+\left(\frac{\mathrm{d}z^j}{\mathrm{d}t}-\frac{\mathrm{d}z}{\mathrm{d}t}\right)^2\right]^{\frac{1}{2}}$$

代入式(4-45),得

$$\Delta f=\frac{f}{c}\left[\left(\frac{\mathrm{d}x^j}{\mathrm{d}t}-\frac{\mathrm{d}x}{\mathrm{d}t}\right)^2+\left(\frac{\mathrm{d}y^j}{\mathrm{d}t}-\frac{\mathrm{d}y}{\mathrm{d}t}\right)^2+\left(\frac{\mathrm{d}z^j}{\mathrm{d}t}-\frac{\mathrm{d}z}{\mathrm{d}t}\right)^2\right]^{\frac{1}{2}}+\delta f^j-\delta f \tag{4-46}$$

观察式(4-46),其中 Δf 是观测量,隐含于$\frac{\mathrm{d}\rho}{\mathrm{d}t}$中的$\frac{\mathrm{d}x}{\mathrm{d}t}$、$\frac{\mathrm{d}y}{\mathrm{d}t}$、$\frac{\mathrm{d}z}{\mathrm{d}t}$、$\delta f$ 是待求的参数,其余为已知量。

以 0 作为近似值代入式(4-46),对 $\frac{\mathrm{d}x}{\mathrm{d}t}$、$\frac{\mathrm{d}y}{\mathrm{d}t}$、$\frac{\mathrm{d}z}{\mathrm{d}t}$、$\delta f$ 求偏导可得

$$\varepsilon_1^j\delta\left(\frac{\mathrm{d}x}{\mathrm{d}t}\right)+\varepsilon_2^j\delta\left(\frac{\mathrm{d}y}{\mathrm{d}t}\right)+\varepsilon_3^j\delta\left(\frac{\mathrm{d}z}{\mathrm{d}t}\right)-\delta\left(\frac{\mathrm{d}f}{\mathrm{d}t}\right)=F_0^j-\Delta f_{\mathrm{ob}}^j \tag{4-47}$$

式中

$$\varepsilon_1^j=\frac{\partial\left(\frac{\mathrm{d}\rho}{\mathrm{d}t}\right)}{\partial\left(\frac{\mathrm{d}x}{\mathrm{d}t}\right)},\quad \varepsilon_2^j=\frac{\partial\left(\frac{\mathrm{d}\rho}{\mathrm{d}t}\right)}{\partial\left(\frac{\mathrm{d}y}{\mathrm{d}t}\right)},\quad \varepsilon_3^j=\frac{\partial\left(\frac{\mathrm{d}\rho}{\mathrm{d}t}\right)}{\partial\left(\frac{\mathrm{d}z}{\mathrm{d}t}\right)}$$

其中，F_0^j 为以近似值(可取为0)代入所求得的 Δf 值，Δf_{ob}^j 为 Δf 的观测值。观测 J 颗卫星可按最小二乘求解，即

$$\boldsymbol{X}=(\boldsymbol{A}^{\mathrm{T}}\boldsymbol{A})^{-1}\boldsymbol{A}^{\mathrm{T}}\boldsymbol{L}$$

$$\boldsymbol{X}=\begin{bmatrix}\frac{\mathrm{d}x}{\mathrm{d}t}\\ \frac{\mathrm{d}y}{\mathrm{d}t}\\ \frac{\mathrm{d}z}{\mathrm{d}t}\\ \delta f\end{bmatrix},\quad \boldsymbol{A}=\begin{bmatrix}\varepsilon_1^1 & \varepsilon_2^1 & \varepsilon_3^1 & -1\\ \varepsilon_1^2 & \varepsilon_2^2 & \varepsilon_3^2 & -1\\ \vdots & \vdots & \vdots & \vdots\\ \varepsilon_1^J & \varepsilon_2^J & \varepsilon_3^J & -1\end{bmatrix},\quad \boldsymbol{L}=\begin{bmatrix}F_0^1-\Delta f_{\mathrm{ob}}^1\\ F_0^2-\Delta f_{\mathrm{ob}}^2\\ \vdots\\ F_0^J-\Delta f_{\mathrm{ob}}^J\end{bmatrix}$$

显然，按此解算接收机运动速度必须已知卫星速度。与卫星位置计算一样，卫星运动速度可自导航电文中数据块—2所提供的轨道信息进行计算。

这样所解算的接收机航速的精度，原则上可以用类似前述几何精度衰减因子的参数来估算，这是因为其方程式结构与定位解算是一样的。

显然，载波的多普勒测量较码的多普勒测量精度要高(载波波长约20 cm)。此外，伪距变化率不受卫星钟钟差的影响，而卫星钟的频率准确度及稳定度却具有直接的作用。伪距变化率受卫星星历及大气传播等误差的影响也与伪距测量时的形式不同，对测速精度估计要求较高时还应做具体分析。此外，在使用SA措施时载波频率及码产生不规则抖动，这也会使测速产生误差。

(二)GPS时间测定

除了导航用户以外还有一些用户对时间测定与时间同步提出要求。和其他时间传递方法比较，GPS可以提供较高的精度和更简便的操作。

在定位解中已经解出了站钟钟差，它是以等效距离表示的(1 m引起的等效距离误差为3.3 ns)站钟与GPS系统时之间的钟差，并给出了所测钟差的精度。由于GPS系统时与UTC在秒以下的同步精度优于1 μs(秒的小数部分)，它成为实时用户或近于实时用户的绝对定时的限制精度(除非已取得GPS系统时与UTC的时差)。微秒的定时精度对于多数用户而言，已能满足要求，它的最大优点是操作简便，而且可以随时进行这种时间测定。需要时间测定的用户通常已有一定精度的站址坐标可供使用，这时只需要确定钟差一个参数，也不要求观测4颗卫星。

在时间工作中往往要求两个或两个以上不同地点的时间同步，即要求测定站间钟差(时间比对)。全球定位系统可以提供一种高精度的时间比对。

由于GPS卫星的高度约为20 000 km，其地面覆盖半径可近10 000 km，即GPS卫星的高度可以保证相距数千甚至上万千米的测站对同一卫星进行同步观测，每站都可以自同一卫星

求得站钟与卫星钟钟差，自式(4-17)可知

$$(\rho^j)' = \rho^j + c\Delta t_R - c\Delta t^j$$

由于卫星钟钟差、测站位置和卫星位置是已知的(进而可计算出卫星到测站的距离)，自上式即可算得接收机钟差 Δt_R，即

$$\Delta t_R = [(\rho^j)' - \rho^j]/c + \Delta t^j \tag{4-48}$$

式中，右端含卫星钟钟差和卫星到接收机距离(观测的和按卫星位置计算的)的项。这是作为已知值的，因此卫星钟钟差、卫星位置的不精确，以及观测误差都会给接收机钟差的测定带来误差，当 1、2 两站同步进行站钟测定时，有

$$\Delta t_1 = [(\rho_1^j)' - \rho_1^j]/c + \Delta t^j \tag{4-49}$$

$$\Delta t_2 = [(\rho_2^j)' - \rho_2^j]/c + \Delta t^j \tag{4-50}$$

两站的站间钟差为

$$\Delta t_{12} = [(\rho_2^j)' - \rho_2^j - (\rho_1^j)' + \rho_1^j]/c \tag{4-51}$$

站间钟差 Δt_{12} 的计算中已不含卫星钟钟差项，即所得到的站间钟差将不受卫星钟钟差的影响。卫星到接收机的计算距离 $(\rho_2^j)'$ 和$(\rho_1^j)'$ 在式中是以取差的形式出现的，两者都含有同一卫星的位置误差，取差结果会大大削弱这项误差对接收机钟差测定的影响。进一步研究表明，卫星位置误差将以站间距离 D 和到卫星距离 ρ 之比 $\frac{D}{\rho}$ 作为因子进行削弱，电离层影响也将被削弱，但其效果随站间的距离 D 的加大而变得不明显。由于时间比对通常可以进行较长时间的观测，带有随机性质的对流层影响和伪距量测误差也会有一定程度的削弱，可见这样测得的站间钟差精度较单站测定的绝对钟差精度高。这种方法通常称为共视法时间比对。

利用 GPS 卫星进行共视法时间比对可以得到较高精度的站间钟差，估计可以达到几十纳秒量级，这取决于使用的 P 码或 C/A 码及其伪距测量精度与站间距离。

第三节　美国政府的 GPS 政策

全球定位系统(GPS)是美国国防部发展的，为美国陆、海、空三军使用的军用导航系统。该系统可以提供较高精度的导航(使用精码)，也可提供较低精度的导航(民用，使用粗捕获码)。由于它可提供全天候、高精度、时间连续的导航，且测量定位精度高，已成为世界范围应用最广的导航系统。和设计初衷稍有不同的是，除了军用外，GPS 的民用领域和效益很大，在一定意义上讲，它的民用较军用显示了更广泛的应用范围和应用潜力。据 1997 年的粗略统计，军用 GPS 接收机的销售金额仅约占全部销售金额的 1/30，1998 年则约为 1/40，而民用份额还有增加的趋势。尽管考虑到世界军事形势不同，军用需求数量会有较大的变化，且销售额也不能完全说明其作用和意义，但上述数据可以从一个侧面反映其经济效益，以及 GPS 在民用领域占有举足轻重的地位。20 世纪 80 年代，我国也开展了 GPS 的理论和应用研究，并相继应用于导航、测量、天文等多个领域。

GPS 在军事上有重要的应用范围和应用潜力。例如，GPS 卫星制导的巡航导弹已用于战场作战，同理它也可用于其他武器的制导，GPS 在行军、作战、营救、间接瞄准武器的战场保障等方面也有重要作用，这已在海湾战争和科索沃等地区的战事中有所体现。鉴于 GPS 是军用系统这一基本性质和它在军事上的重要应用范围与应用潜力，各国使用 GPS 就必须考虑该系

统的动态和可能的变化。也就是说,需要了解美国的GPS政策。

随着军事、技术和经济等因素的变化,美国的GPS政策本身也在不断变化。

在设计阶段,GPS考虑了保持美国军事优势的措施。例如,在应用中分为双频P码导航和单频C/A码导航,前者使用保密的双频P码测距,可取得较高的导航精度,而后者的导航精度则较低。C/A码导航精度主要受两个因素影响,一个因素是C/A码的测距分辨率低,另一个因素是L2波段没有调制C/A码,不能很好地削弱电离层传播延迟,两者都是通过降低原始观测量精度来降低导航精度的。原设计降低精度约一个数量级,即C/A导航精度在百米水平。由于民用用户(包括我国用户)不能使用双频P码导航,因此不能取得较高精度的导航,使美国军方(必要时包括其盟军)在导航精度上占有优势。即使如此,美国还宣称在认为必要时,将进一步降低民用C/A码导航的精度。

随着GPS实验星座的发射,大量实验表明,C/A码的导航精度高于原设计指标的百米精度,精度达到了约30 m,这样的精度可以满足一部分需要较高精度的导航,包括军用导航。为此,美国提出并采取了人为降低精度的选择可用性(SA)技术。SA可使民用C/A码导航精度降低至百米水平。与此同时,还在必要时采用反电子欺骗技术。

SA的主要措施之一是加入基频抖动(δ技术)。所谓基频抖动是使卫星星载基本频率(10.23 MHz)产生不规则的快速变化,其附加的频率变化也是周期性的,但其振幅和初相都是随机的。它的周期大体在几分钟(5～7分钟)。卫星发播的信号频率,包括C/A码的码频,都是自基频合成的。基频发生不规则变化,则码频也发生不规则变化。这种不规则变化的效果是卫星钟钟差的不规则变化(时刻是频率的定积分),也就是说,按广播星历提供的钟差参数计算所得的卫星钟钟差,将产生较高频率的不规则误差。较大的卫星钟钟差误差显然会导致较大的导航误差。

SA的另一技术措施是降低广播星历精度(引入误差),即ε技术。显然卫星星历精度的降低也会使导航精度降低。从目前的部分观测数据分析,其卫星星历的精度大体与执行SA以前的精度相差不多,这也许是因为卫星星历的有效使用时间为1小时,周期过长不易取得较好的效果。

与此同时,另一技术是反电子欺骗(AS)技术。这一技术的主要目的不是降低C/A码导航精度,而是防止敌方施放干扰影响P码导航的措施。如果敌方实施干扰,发射干扰信号,会使GPS接收机不能正常工作,甚至产生误测距(从而误导航)。若发生这样的情况,不论用户是机动部队、飞行器还是远程武器,其后果都是极其严重的。从伪码测距(或通信)原理可知,它之所以具有很强的抗干扰能力是因为在其相关接收中,除了对所测卫星信号可取得最大自相关(测距)外,还对其他码信号和噪声不敏感。也就是说,当敌方实施干扰时,尽管载波频率、制式、码频率都相同,但是也不能形成有效的干扰,除非干扰信号所调制的码信号与卫星所发播的码信号相同(接收机与干扰信号也能取得最大自相关)。这正是美国GPS政策中规定P码保密的原因之一。由于前期公布了一些有关P码的零星资料,加之国外有的单位宣称已破译P码(知其码结构),因此P码已不能确保其不受干扰。原则上,P码的长期使用即有被破译的潜在危险。美国宣布在必要时采用保密的Y码取代现使用的P码。Y码是由P码与另一个保密的W码进行模2和运算取得的一个不同的码序列。美国同时宣布Y码仅在必要时和短期实验时启用,以确保其保密性。

综上所述,美国将GPS导航分为两类:一类是标准定位服务(standard positioning

service,SPS),另一类是精密定位服务(precise postioning service,PPS)。标准定位服务使用单频 C/A 码导航,SA 措施使其导航精度约为 100 m,且不排除在美国军方认为需要时进一步降低其导航精度。精密定位服务使用双频 P 码导航,精度为数米。在 P 码与 C/A 码中加入 SA 后的精度如图 4-10 所示。

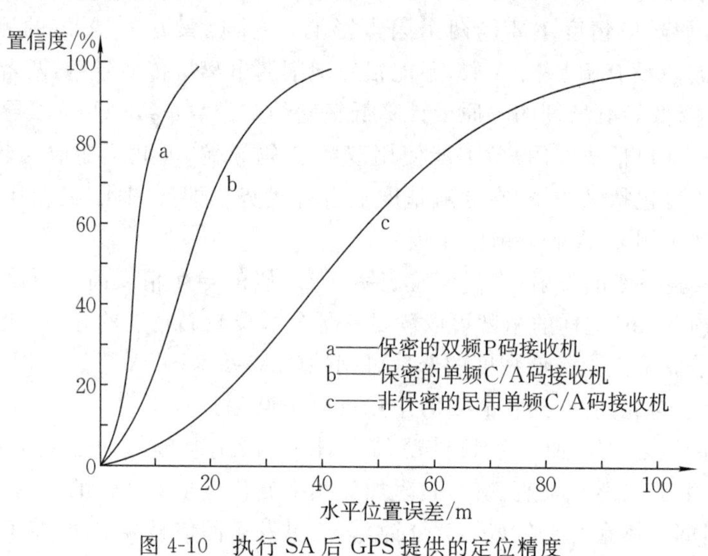

图 4-10 执行 SA 后 GPS 提供的定位精度

近年来,卫星导航已被广泛应用,卫星导航的优越性及其在各技术领域的应用潜力也越来越被人们所认知。事实上,民用卫星导航的应用有着更为广大的市场,民用 GPS 接收机的生产已形成相当规模的产业,在一些领域中 GPS 政策(只能提供较低精度的标准定位服务)已经限制了民用卫星导航的进一步扩展应用,如民航的空中管制、精密进近等。一方面标准定位服务的精度不能完全满足要求,另一方面航空对可靠性又有很高的要求。美国对 GPS 单方面的、不受约束的控制,不但在精度上而且在应用的可靠性方面限制了 GPS 的应用。这就会迫使人们寻求其他卫星导航系统的发展,这对美国军事优势是一种潜在威胁。近年来俄罗斯(始于苏联)发展了全球性的卫星导航系统(GLONASS),俄罗斯已宣布对 GLONASS 不采用降低精度的技术措施。欧洲也对区域性的(通过合作可以联接为全球性的)卫星导航系统进行研究。随着接收机技术和差分技术的发展,尤其是广域差分技术的发展已在相当大的范围内使 SA 技术的作用被大大降低,在一定区域内可使 C/A 码导航精度达到并接近 P 码的导航精度。

以上情况,不论从经济利益方面考虑,还是从军事优势方面考虑都提出了美国原先实行的 GPS 政策是否有效和有利的问题。正是在这一背景下,1996 年 3 月 29 日美国政府以总统克林顿 GPS 政策指令的形式对 GPS 政策做了一些修订,该指令明确将在 10 年内取消人为降低民用导航精度的 SA 政策,与此同时美国将研究在美国安全受到威胁时保持安全的技术措施。也就是说,在 10 年内研究在没有 SA 情况下的、不影响美军使用而控制敌军使用的技术措施。

目前,美国已经取消了 SA,并许诺在 L2 波段调制 C/A 码以提供民用,消除电离层传播延迟,提高伪距测量精度的目的,从而达到提高民用标准定位服务导航精度的目的,并计划增发民用 L5 波段。其目的是使 GPS 被国际民用广泛采用,甚至成为国际标准,扩大其 GPS 产业,取得经济利益。更重要的是以大的民用市场占有率使其他国家或地区放弃开发其他卫星导航系统,或降低其他系统应用的广泛性和价值,使其缺乏发展动力,从而使 GPS 成为唯一广泛使用的卫星导航系统。与此同时,发展更有效的控制措施,或局部地区的控制措施来确保战时美军的军事优势。

从美国 GPS 政策的演变可以看出,作为军用卫星导航系统,控制对方使用、保持军事优势是美国 GPS 政策不变的根本方针。作为控制手段,美国对全球定位系统所采取的控制措施也不是不受限制的,且不讨论政治和经济等方面的影响,仅就技术方面来说也是有一定限制的。例如,所采取的降低民用用户精度的技术措施,应不影响军用用户的精度。这样在技术方案的选择及其效果上就会受到一些限制。此外,不受其控制的方法和技术的发展也将会使控制措施失效或部分失效,从而使该项控制措施失去或部分失去其存在的意义。但是也不能排除美国继续研究新的控制技术。这种控制和反控制将持续发展。

GPS 是美国第二代军用卫星导航系统,尽管它在许多非军事领域有很多应用,但是它的军用背景仍是我国利用 GPS,尤其是我国军事应用中的严重问题。尽管美国宣布将在 10 年内逐步取消 SA,但保持其相对军事优势是美国 GPS 政策不变的核心。美国为了自身利益,不能排除其在局部地区干扰 GPS 正常使用的可能性。面对这一问题,显然基于 GPS 差分技术的广域卫星导航增强系统也无用。在和平时期充分利用 GPS 为军事和经济建设服务是正确的,而在战时,尤其是在和美国极其广泛的利害相关的局部战争中,GPS 将不是一种可靠的导航手段。因此,发展我国独立的卫星导航系统是打赢一场高科技局部战争的重要保障之一。

第四节　差分导航与广域差分

GPS 的实时定位功能的精度按使用的接收机,或者说按接收机用于测距的伪随机噪声码是 P 码还是 C/A 码而不同。除美国军方或特许用户外不能使用 P 码,在美国人为降低导航精度(SA)后使用 C/A 码的导航精度约为 100 m,这将不能满足部分用户的要求。不少技术人员在探求提高 C/A 码实时导航(定位)精度的方法,以满足不同用户的要求,差分定位就是这样的技术。差分定位是在原子午卫星系统差分定位的基础上发展改进的,利用差分测量可以削弱系统性偏差,但作用范围受到限制。

差分的方法和原理最早用于罗兰 C 系统,后又成功地应用于子午卫星系统的大地测量。当时为了消除系统误差对卫星大地测量相对定位的影响,发展了差分定位,提高了定位精度。GPS 导航继承了这一技术,并依 GPS 所提供的条件(多星)发展了这一技术,从坐标差分到伪距差分,再到广域差分乃至增强的广域差分,它的性能和效果都得到了提高。目前差分导航已成为在一定区域内提高卫星导航精度的有效措施。

一、差分导航

(一)差分导航原理

差分定位是在相距几十千米或数百千米的两个点上各置一台导航接收机,其中一个点为已知点,另一点为用户机(可以是动态站),将已知点的导航解与已知的位置之差作为改正值,修正用户机的导航解。差分定位中两台接收机是同时观测的,且所观测的卫星是相同的。

在每个点上,导航解 $\boldsymbol{R}'$ 都可以视为是由实际位置 $\boldsymbol{R}$ 与误差 $\Delta\boldsymbol{R}$ 之和得到的,即

$$\left.\begin{aligned} \boldsymbol{R}'_1 &= \boldsymbol{R}_1 + \Delta\boldsymbol{R}_1 \\ \boldsymbol{R}'_2 &= \boldsymbol{R}_2 + \Delta\boldsymbol{R}_2 \end{aligned}\right\} \tag{4-52}$$

由于已知点的 $\Delta\boldsymbol{R}_1$ 是已知的,可以求得其误差,即

$$\Delta\boldsymbol{R}_1 = \boldsymbol{R}'_1 - \boldsymbol{R}_1 \tag{4-53}$$

对于第二个点(待定点),显然无法精确地得到其定位解的误差值 $\Delta\boldsymbol{R}_2$,差分定位就是用第一点(已知点)求得的导航解误差 $\Delta\boldsymbol{R}_1$ 修正待定点的定位解,即

$$(\boldsymbol{R}_2)_{\mathrm{d}} = \boldsymbol{R}'_2 - \Delta\boldsymbol{R}_1 \tag{4-54}$$

式(4-54)还可写为

$$(\boldsymbol{R}_2)_{\mathrm{d}} = \boldsymbol{R}'_2 - \boldsymbol{R}'_1 + \boldsymbol{R}_1 \tag{4-55}$$

式(4-55)说明,差分定位结果包括了两站定位导航之差加上已知站的坐标,这意味着:

(1)差分定位实质上是一种相对定位。

(2)差分定位的误差是已知点与待定点导航误差之差。

第一点说明了差分定位的性质。与伪距导航不同,它不是一种绝对定位手段,而是一种相对定位方法。第二点则是差分定位精度分析的基本依据。

如果在定位解中只有与接收机位置无关的系统性误差,则差分定位可以大幅度地提高定位精度(误差被消除)。如果在定位解中只有偶然性误差,则差分定位的精度不仅不会提高,还会低于导航的精度(误差叠加)。实际上,在导航解中同时存在着系统性误差和偶然性误差。必须对导航解中各主要误差源的性质和大小进行具体的分析,才能知道差分定位结果是否较导航解提高了精度,且其精度可以达到多高。

在分析中,需要区分误差源与导航误差,后者是指误差源对导航的影响。

式(4-20)给出了导航方程 $\boldsymbol{AX} = \boldsymbol{L}$,其中

$$\boldsymbol{A} = \begin{bmatrix} e_1^1 & e_2^1 & e_3^1 & -1 \\ e_1^2 & e_2^2 & e_3^2 & -1 \\ e_1^3 & e_2^3 & e_3^3 & -1 \\ e_1^4 & e_2^4 & e_3^4 & -1 \end{bmatrix}, \quad \boldsymbol{X} = \begin{bmatrix} \Delta x_1 \\ \Delta x_2 \\ \Delta x_3 \\ b \end{bmatrix}, \quad \boldsymbol{L} = \begin{bmatrix} F^1 - (\rho^1)' \\ F^2 - (\rho^2)' \\ F^3 - (\rho^3)' \\ F^4 - (\rho^4)' \end{bmatrix}$$

式中,F^j 为由接收机位置初始值和卫星位置计算得到的卫星 j 至接收机的距离。未知参数 $\boldsymbol{X}$ 的解为

$$\boldsymbol{X} = \boldsymbol{A}^{-1}\boldsymbol{L} \tag{4-56}$$

可见,不论是观测量的误差,还是卫星位置误差都一同存在在自由项 $\boldsymbol{L}$ 中,因此自由项 $\boldsymbol{L}$ 可写为

$$\boldsymbol{L} = \boldsymbol{L}_0 + \Delta\boldsymbol{L}$$

式中,$\boldsymbol{L}_0$ 表示无误差的部分,$\Delta\boldsymbol{L}$ 表示各项误差(含观测量误差和起算数据误差)的和。为了简明,以下 $\boldsymbol{L}_0$ 仍以 $\boldsymbol{L}$ 表示。

在有误差的情况下,引起 $\boldsymbol{L}$ 产生误差 $\Delta\boldsymbol{L}$。定位解 $\boldsymbol{X}$ 产生的误差 $\Delta\boldsymbol{X}$ 可写为

$$\boldsymbol{X}_i + \Delta\boldsymbol{X}_i = \boldsymbol{A}_i^{-1}\boldsymbol{L}_i + \boldsymbol{A}_i^{-1}\Delta\boldsymbol{L}_i$$

式中,下标 $i\,(i=1,2)$ 分别表示已知点与待定点。

导航解的误差为

$$\Delta\boldsymbol{X}_i = \boldsymbol{A}_i^{-1}\Delta\boldsymbol{L}_i \tag{4-57}$$

对于差分定位有

$$(\boldsymbol{X}_2)_d = \boldsymbol{X}_2 + \boldsymbol{A}_2^{-1}\Delta\boldsymbol{L}_2 - \boldsymbol{A}_1^{-1}\Delta\boldsymbol{L}_1 \tag{4-58}$$

令

$$\mathrm{d}\boldsymbol{L} = \Delta\boldsymbol{L}_2 - \Delta\boldsymbol{L}_1$$

$$\mathrm{d}\boldsymbol{A}^{-1} = \boldsymbol{A}_2^{-1} - \boldsymbol{A}_1^{-1}$$

则

$$(\boldsymbol{X}_2)_d = \boldsymbol{X}_2 + \boldsymbol{A}_1^{-1}\mathrm{d}\boldsymbol{L} + \mathrm{d}\boldsymbol{A}^{-1}\Delta\boldsymbol{L}_1 + \mathrm{d}\boldsymbol{A}^{-1}\mathrm{d}\boldsymbol{L}$$

如果略去小量 $\mathrm{d}\boldsymbol{A}^{-1}\mathrm{d}\boldsymbol{L}$ 差分定位的误差为

$$\Delta(\boldsymbol{X}_2)_d = \boldsymbol{A}_1^{-1}\mathrm{d}\boldsymbol{L} + \mathrm{d}\boldsymbol{A}^{-1}\Delta\boldsymbol{L}_1$$

式中，$\mathrm{d}\boldsymbol{A}$ 是对应已知点和待定点的系数矩阵之差。由于逆矩阵的元素可以用系数矩阵相应的代数余子式与行列式之商表示，考虑到当已知点与待定点相距不远时(相对卫星距离)，两点系数矩阵中的对应元素几乎是相同的，故 $\mathrm{d}\boldsymbol{A}$ 中的元素均为近于 0 的小数。在这样的条件下(两点相距不远)，式(4-57)可写为

$$\Delta\boldsymbol{X}_d = \boldsymbol{A}_1^{-1}\mathrm{d}\boldsymbol{L} \tag{4-59}$$

式中，$\mathrm{d}\boldsymbol{L}$ 是两点间观测误差或等效观测误差之差。应该考虑的误差源主要有卫星钟钟差、卫星星历误差、大气传播延迟误差和伪距测量误差。它与式(4-57) 在形式上的区别仅在于以 $\mathrm{d}\boldsymbol{L}$ 代替 $\Delta\boldsymbol{L}_i$。 也就是说，在两点相距不远时可以用观测误差之差依导航的方法估计微分定位精度。

由于两点是同时对相同卫星观测的，卫星钟钟差的等效观测误差几乎是相同的，它对 $\mathrm{d}\boldsymbol{L}$ 无贡献。对于相对定位，卫星星历误差将以约$\dfrac{D}{\rho}$的因子缩小，反映在 $\mathrm{d}\boldsymbol{L}$ 之中，其中 D 为两点间距离，ρ 为卫星至接收机的距离(这一问题将在第六章中详细讨论，这里仅引用其结论)。这就是说，在差分定位中卫星钟钟差将被消除，卫星星历误差将是导航解的 $\dfrac{D}{\rho}$ 倍(如两点间相距 400 km 时将缩小为 2%)。

大气传播延迟误差中的电离层影响在同一时间内相距不太远的两点上相差不大，其差别主要是由地理位置的差别(纬度不同，太阳照射角度不同；经度不同，地方时不同)和对同一卫星的仰角不同所引起的。也就是说电离层的影响在 $\Delta\boldsymbol{L}$ 中会消除大部分，保留在 $\mathrm{d}\boldsymbol{L}$ 中的仅是两点间电离层延迟之差。理论上估计这种差异是困难的，更主要的是经验的估计。可以预料，两点间距离越远，这种差异越大，电离层引起的等效观测误差越具有随机性(经模型改正后)，而随机性部分在 $\mathrm{d}\boldsymbol{L}$ 中是按误差传播规律叠加的。

伪距测量误差和多路径效应对不同接收机而言基本上是随机的，它们在 $\mathrm{d}\boldsymbol{L}$ 中基本上是叠加的。有可能引起部分系统性误差的因素是同一颗卫星对两台接收机的多普勒频移是相近的。即使这样，它们的影响在误差的数值上也未必是相等的。从式(4-57)与式(4-56)的比较可以看出在两点相距不远时，差分定位解中的误差与导航解中的误差表达式形式完全相同，只是以两点间等效测距误差之差代替导航中的测距误差。可见对导航解的精度估计方法也适用于差分定位。

表 4-3 是按照表 4-2 中所列各主要误差源对差分定位解与导航解所作的概略精度比较，表中 C/A 码电离层误差一项为 5～10 m，主要是考虑到太阳活动因素，不同年份可能采用不

同的值。C/A 码接收机噪声随采用的接收机而有所不同，新近的接收机和早期的接收机可以有较大的差别。表中相应项也有比较大的变动范围。

表 4-3 差分定位与导航的精度比较 单位：m

误差源	导航定位		差分定位	
	P 码	C/A 码	P 码	C/A 码
卫星钟钟差	3.0	3.0	—	—
卫星星历误差	4.3	4.3	0.1	0.1
电离层误差	2.3	5.0～10.0	0.4	1.0～2.0
对流层误差	2.0	2.0	0.8	0.8
多路径效应	1.2	1.2	1.7	1.7
合计系统误差	6.2	7.6～11.5	1.9	2.1～2.7
接收机噪声	1.6	0.2～7.5	2.3	0.3～10.6
定位误差（*PDOP*＝3）	19.2	22.8～41.2	12.1	6.36～32.8

从表 4-3 中可以看出：对于 P 码接收机，差分定位可以明显提高解的精度；对于早期的 C/A 码接收机，其接收机噪声较大，只是在电离层误差很大时（如太阳活动剧烈时），使差分定位的精度有所提高。这是因为 C/A 码伪距测量误差大，它们叠加的结果使定位精度明显降低，抵消了一些系统误差被削弱的效果。近期的接收机，其接收机噪声大大降低，差分定位精度明显提高，甚至高于 P 码定位精度。应该说明的是，表 4-3 中这种误差的叠加是理论上的概略估计，更准确的数据要靠实验取得。此外，在分析中未顾及人为降低导航精度的 SA 影响。

按目前的资料和观测数据的分析，SA 的主要技术措施反映在基频和码的抖动上，这将使 C/A 码的导航精度降低到百米水平。基频和码的抖动可以等效为卫星钟钟差的快速变化，而自卫星星历计算的卫星钟钟差在其可用时间内是稳定的，因此可以将码的抖动视为一个快速变化的卫星钟钟差误差。差分可以有效地削弱钟差误差对定位的影响，同样可以大大削弱 SA 的影响，只是钟差误差的快速变化要求使用接近实时的差分修正。例如，在没有 SA 的情况下，差分修正可以在几分钟内保持一致（一组差分改正可以应用几分钟），在有 SA 的情况下差分修正只能在几秒内使用。这样在实际工作中需要提高修正参数的更新率，对数据通信的要求较高。

（二）坐标差分与伪距差分

前述的差分定位是以已知点上所求得的坐标修正值修定待定点的坐标实测值，可以称之为坐标差分定位。坐标差分定位可以有效地削弱导航中系统误差源的影响，如卫星钟钟差、卫星星历误差、电离层延迟等。这种系统差影响削弱的效果取决于两个因素：一个是对于两个点的观测量，其系统误差是否等值，其差愈大则效果愈差，这反映在式（4-57）及其后推导的 $\mathrm{d}\boldsymbol{L}=\Delta\boldsymbol{L}_2-\Delta\boldsymbol{L}_1$ 中；另一个是所测卫星相对两个点的几何分布是否相同，相差愈大则效果愈差，这反映在上述公式 $\mathrm{d}\boldsymbol{A}^{-1}=\boldsymbol{A}_2^{-1}-\boldsymbol{A}_1^{-1}$ 中。由于几何的原因，当两点的距离愈远时，其 $\mathrm{d}\boldsymbol{A}^{-1}$ 的值也愈大。

其中，第一项影响，即系统性误差等值或相近是本质性的，它限制了差分定位的作用范围，即已知点到待定点的距离。通常在采用伪距平滑观测值的情况下，作用距离几十千米时差分定位的精度可达 1～2 m，200 km 内可达 3～5 m。

坐标差分定位的另一个问题是要求已知点和待定点解算坐标所采用的卫星相同。显然不同的卫星，其系统性误差会大不相同，这在实际工作中并不是经常得到保证的。有的接收机受通道的限制，总是要优选构成最佳 GDOP 的那些卫星参加坐标解算，对于相距较远的两台接收机，其选星不能经常保持一致，尤其是在有新星出现（新的卫星升起）和所测卫星降落（不能观测）时，卫星的锁定和失锁的时刻很可能不同。这样，两台接收机参加解算的卫星可能不同，在工作中的表现为一段时间精度稳定在预计精度之内，个别短时间内其定位精度大大超过了预计精度。尽管这种情况是个别的且时间很短，对于动态用户来讲，将造成定位系统精度不稳定问题，对多数用户而言这种情况是严重问题。

伪距差分可以解决这一问题。伪距差分不是在已知点求得坐标修正值，并将其用于待定点，而是在已知点定位解的基础上（确定接收机钟差），求得对另一卫星的伪距修正值，用于修正待定点所测卫星的伪距点测值。

已知点的坐标修正值为

$$\mathrm{d}\rho_1^j = \rho_1^j - (\rho_1^j)' + c\Delta t_1$$

待定点的站星距离为

$$\rho_2^j = (\rho_2^j)' + \mathrm{d}\rho_1^j$$

式中，ρ_1^j 是按已知点坐标和所测卫星 j 的位置反算的距离值，$(\rho_1^j)'$ 是伪距观测值，Δt_1 为已知点接收机钟差。

待定点在修正伪距观测位后，按伪距定位方法进行待定点的坐标（和钟差）计算。就本质而言，伪距差分和坐标差分没有重大差别，但它是在取得已知点伪距修正值后解算的，在解算中只取（也只能取）与已知点共同观测的卫星进行解算，这就解决了由两点在坐标解算中采用了不同卫星而产生精度不稳定的问题。此外，直接使用伪距修正，不涉及已知点与待定点的系数矩阵逆矩阵 $\mathbf{A}^{-1}$ 间差异的问题，因此避免了前述影响差分效果的第二项因素。通常，在两点距离不是很远时，后一效果不十分明显。

由于差分定位，尤其是伪距差分定位，大大提高了 C/A 码实时定位的精度，在很多要求实时定位且精度要求较高的方面得到了较广泛的应用。差分定位应用的局限性是作用范围受到一定的限制，且增加了设备（已知点接收机）。一个已知点接收机，通常称为差分站或差分主站，要求同时向其精度作用范围内的多台接收机提供差分修正值，故常要求具备实时数据传输的辅助设备，尽管这在技术上不成问题，但也会增加硬件的成本，尤其是考虑到不同距离的电波传播问题，有时还要求采用不同的通信频段。当只对精度有较高要求、不要求实时的动态解算时，可以采用事后处理的方案，这可省去实时数据通信的辅助设备，无疑可降低成本。有的商用接收机附有数据通信装备和差分处理的机内软件，使差分定位十分方便。

（三）载波多普勒平滑和窄相关器

从前述的差分定位的各种误差源来看，差分定位削弱系统性误差的优点在很大程度上因为随机误差的叠加而被掩盖，且差分效果不十分明显。提高差分定位精度的关键在于设法降低定位中的随机误差：在 C/A 码定位中，最大的随机误差源是接收机噪声，C/A 码测距的随机误差的量级主要是由 C/A 码码元宽度决定的。如何提高 C/A 码测距精度是能否提高差分定位精度的关键。能否像经典测量技术一样，以大量重复观测取中数来提高 C/A 码测距精度呢？原则上是可以的，但一个重大的区别在于 GPS 导航是动态过程。这不仅表现在 GPS 用户大多是在运动过程中进行定位的（动态用户），还表现在所测目标——卫星也是在不断运动的，每一瞬间的伪距值（理论值）都是不相同的，无法实现重复测量。采用载波多普勒观测量作为辅助,可以实现在动态情况下以大量观测降低 C/A 码伪距测量中的随机误差。由于载波的频率很高,或是说它的波长很短(L1 为 19 cm),故这种多普勒测量的精度远高于伪距测量,降低伪距测量中随机误差的效果十分明显。

载波的多普勒频移 f_D 是距离变化率的反映,积分多普勒观测量 Nd 是距离差的反映,其中有

$$f_D = f_R - f_S$$
$$= \frac{f}{c}\dot{\rho}$$

假定在标称时刻 t_0 的伪距观测量为 $\rho(t_0)$,在其前后不长的时间内(如前后各 0.05 s)各取 50 个伪距观测量 $\rho(t_i)$(对应的观测时刻为 t_i),这些观测值可以通过距离变化率归化到标称时刻 t_0 的伪距观测量 $\rho(t_0)'$,公式为

$$\rho(t_0)' = \rho(t_i) + \dot{\rho}(t_i - t_0)$$

这样的归化观测值可以有许多,将这些归化观测值(100 个)取平均值,作为对应 t_0 时刻的伪距观测域,显然可以大幅度地提高观测量的精度,或者说大幅度地降低随机误差的影响。

也可以采用滤波的方法取得归化观测量,由于载波的多普勒测量精度远高于伪距测量的精度,故不同的数学方法对结果而言区别不大,为了简化接收机的机内软件设计,通常更倾向于较简单的数学手段。

不同的接收机可能使用不同的采样率、采样时间和数学处理方法。常把这种利用多普勒辅助观测取得的对应观测值称为伪距平滑值。

伪距平滑值较伪距观测值降低了随机误差的影响,通常为 1 m 左右。使用具有这样功能的接收机进行伪距差分定位可以使定位精度大幅度提高。

近年来发展的窄相关器技术使 C/A 码的测距精度大大提高。它采用大带宽(约 20 MHz)和窄相关器(约 50 ns),使得 C/A 码的测距精度提高,接近 P 码的水平。对一般导航而言,由于大量系统误差源的存在,尤其是 SA 的影响,其提高导航精度的作用不十分明显。对差分导航而言,由于可以削弱系统误差及 SA 的影响,其提高导航精度的作用将十分明显。

二、广域差分导航

(一)差分导航的几种工作方式

1. 单站差分导航

单站差分即点—点差分。单站差分国内外已有应用,它有一个设在已知点上的差分站,差分站不断观测并求出每颗卫星的伪距差分改正数,同时发播这些改正数(差分导航信息)。在作用范围内的用户可以进行差分导航。它的作用范围一般为 200~300 km。导航精度一般为 3~5 m,随距离增大而衰减,使用测距精度较好的接收机在几十千米内可取得 1 m 左右的精度。尽管单站差分作用距离小,导航精度随作用距离的增大而衰减,但小范围内导航精度高的特点使单站差分在差分导航中仍占有重要地位。

2. 狭域差分导航

狭域差分也可称为差分链,狭域差分类似于无线电导航中的罗兰 C 链,是多个差分站的连接,以扩大差分导航范围。其精度和工作原理与单站差分无原则区别。用户在差分导航范围内可以接收一个或一个以上(如两到三个)相邻差分站发播的差分导航信息,当接收到多于

一个站的差分导航信息时，可以按它们与各差分站的距离进行加权平均，可以提高差分修正的精度。差分链的作用范围可以是带状(如沿海岸布设差分站，主要用于近海导航)的，也可以是成片的(带的连接)。

3. 广域差分导航

广域差分也可称为差分网，它是以一定区域内多个差分站的卫星观测数据，分别或综合求定各主要系统误差源的修订参数(不是观测量的修订值)，供多个用户做差分导航。一般修正参数包括卫星轨道修正参数、卫星钟修正参数和电离层修正参数，用户在取得各主要系统误差源的修正参数后，自行计算相应的各项误差修正值，对观测量进行修正，完成差分定位。用户所在的差分网与单站差分或差分链取得的差分数据(差分信息)不同，效果也不尽相同。差分网的导航覆盖较大，导航精度也较均匀。

4. 广域增强差分导航

广域增强差分导航是在广域差分的基础上增加可观测卫星的导航系统。增加可观测卫星显然可以提高导航精度，但更重要的是增加了系统的可用性。当因 GPS 卫星的几何分布或个别卫星工作不正常而导致可测卫星数少于 4 时，加上增强的卫星仍然可以满足导航解算对可测卫星数不少于 4 的要求。

当采用地球同步卫星(或其他卫星)作为广域增强差分导航系统的数据通信链时，该地球同步卫星可以发播类似 GPS 的伪随机码信号(可以用于测距)，其调制的导航电文部分不仅包括本卫星的轨道参数，还包括该地区全部可测 GPS 卫星的差分信息。一种技术上合理的方案是该地球同步卫星发播的载波频率也和 GPS 卫星相同($L_1=1\ 575.42$ MHz，$L_2=1\ 227.6$ MHz)。这样，用户接收机可以和接收其他 GPS 卫星信号的接收机进行类似的伪随机码测距、导航电文译码和导航解算，只是对地球同步卫星(或是说对该卫星的伪随机码序列)进行电文译码时采用不同的数据格式，以取得附加的差分信息。此外，接收机的计算软件也要进行相应的改变。可见，不是一般(现有)的 GPS 接收机不加改变就可以用于广域增强差分导航系统。应当说明，不是任何国家都可以方便地采用这样的方案，因为美国 GPS 所用的 L1、L2 载波频率已经国际电联核准，其他要使用同一频率(含一定的带宽)的国家要与美国协商。

既然广域增强差分导航系统的“增强”在于增加可观测卫星，任何能达此目的的卫星都可以作为增强卫星。当然，该卫星还需要发播本身的导航信息和该地区可测 GPS 卫星的差分信息。在一个特定区域实现广域增强差分导航系统时，选择地球同步卫星是合理的，而且该地球同步卫星不一定是专用卫星，可以是部分占用(即多用卫星，差分增强只是其中一部分)。

(二)差分导航的数据通信链

不论哪种差分方式都需要及时将差分数据传播给用户，差分网还需要将差分站的观测信息及时传播给计算中心，将计算后的差分信息传播给用户。也就是说，实时或准实时数据通信链是差分导航必需的重要环节。目前，国内外使用或计划使用的数据通信手段可分三类，即超短波、短波和卫星数据通信。

1. 超短波数据通信

超短波数据通信通常用频率为 150～400 MHz(需要避开电视广播频段)。其通信距离一般不超过 40 km 且受点间障碍物(地形条件)的影响，数据传输率一般为 1 200～9 600 bit/s。超短波数据通信用户设备轻便、价格低廉(数千元)，适用于短距离单站差分导航，尤其是海上和空中用户。

2. 短波数据通信

短波数据通信常用频率为 2～18 MHz。其通信距离一般可达数百千米，数据传输率受多路径效应影响一般不超过 300～600 bit/s。短波数据通信受电离层等大气物理因素影响较大，常按当时的条件调整频率（和比特率）保证可靠的数据通信。短波数据通信用户设备费用较高（单机数万元），且天线物理尺寸较大，采用大功率广播可降低用户设备费，但大面积覆盖所需要的多发射站的费用也是很大的。

3. 卫星数据通信

卫星数据通信使用频率一般为 1 000～4 000 MHz。卫星数据通信可靠性强、比特率高、覆盖范围大，是较适合差分网使用的数据通信手段，但费用较大。

卫星数据通信是以卫星作为中继，即发播站将调制有数据信息的载波发往卫星，卫星再转发到用户，也就是说以通信卫星进行差分数据转输。卫星数据通信的主要问题是功率问题或信噪比问题。目前，可能应用的卫星数据通信手段是高轨卫星（地球同步卫星）或低轨卫星。

高轨卫星的典型是通信卫星，海事地球静止轨道（geostationary earth orbit，GEO）卫星也属此类。卫星至导航用户的数据通信链一般需要布设地面站，地面站接收卫星转发的差分信息，再以地面通信方式发往用户（可以是短波通信）。也就是说，采用这样的单一卫星通信不能解决差分导航的全部数据通信问题，还需要其他通信手段作为补充。这类卫星通信可以是局部地区的（单颗卫星），也可以是全球性的（数颗卫星联网）。

高轨卫星，如地球同步卫星，可以通过伪随机码通信的方式发播差分信息。由于采用伪随机码调制（扩频调制），使用手持型用户机即可进行卫星到用户或用户到卫星的可靠通信，但它占用的频带较宽。

低轨卫星是指轨道高度在 1 000 km 左右的通信卫星。例如美国摩托罗拉公司发展的铱星（Iridium）全球通信系统，它由 66 颗卫星组成，轨道高度为 900 km。由于其轨道高度低，信号衰减小，且通常是全球性的并具有星际链路，只需要手持机即可达到双向通信。显然，使用铱星全球通信系统可以有相当大的余量满足差分导航数据通信的要求，但费用也大。据预计，年电路租用费为 1 200 美元，电路使用费为每分钟 3 美元。目前，铱星全球通信系统已停建。此外，全球星（Globalstar）通信系统和海事低地球轨道（low earth orbit，LEO）卫星也属此类。

（三）广域差分的差分改正参数

差分改正主要包含伪距测量中的系统误差。例如，卫星轨道误差、卫星钟钟差、电离层延迟等误差源是伪距测量产生的系统误差。广域差分与其他差分技术的主要差别是将系统误差分离，分别求出其差分修正值或修正参数。这就要分析主要误差源的特性，包括其时域和空域的特性及它们之间的相关性，这是分离这些误差源的基础。

1. 电离层延迟修正

由前文可知

$$\delta\tau_1 = SF \cdot T_g$$

$$SF = \sec\left(\arcsin\left(\frac{r_0}{r_0 + h}\cos\alpha\right)\right)$$

式中，SF 与所测卫星的视线高度角 α 有关，并涉及测站位置（高程 h）的几何因子，当观测方向为天顶时其值为 1，称为电离层天顶延迟值，它只与电离层的延迟特性有关。天顶延迟值和任意视线方向的延迟以相互化算。为了简化，假定电离层的全部延迟发生在一个假想的单层电离层面上，该面为高度约 350～400 km、与地球同心的椭球面。这样的假定与沿传播路线上微分延迟的积分计算结果是有差别的，但可简化电离层传播延迟的讨论。事实上，式(4-31)即隐含了单层电离层面的假定，这样可以利用单层电离层面天顶延迟值讨论电离层的传播延迟特性，也就是说，将电离层延迟式(4-31)中的 SF 视为天顶延迟值，T_g 视为几何因子。

电离层传播延迟是由大气中电子密度分布引起的传播延迟，而大气中电子密度分布又与太阳辐射、地磁场、电离层高度等诸多物理因素有关。不同地区、不同时间的太阳照射角度(与纬度和地方时有关)、地磁场强度、大气层分布等物理因素都有变化。实测数据表明在较大范围内其时间、空间分布十分复杂，很难以统一的数学模型来描述。正是因为是某些物理过程的反映，它随时间的变化较缓慢，如十几分钟或几十分钟内其传播延迟是连续变化的且变化不大，在不大的空间内也有类似情况。这就允许采用较低的电离层修正数据更新率，一方面可以利用较长时间的观测数据提高修正值的精度，另一方面还可以大大减少数据传输量。

在测定电离层延迟修正技术中，一个重要特点是它与其他修正参数(如卫星钟钟差、卫星轨道)相对独立，可以单独求解。当差分站采用双 P 码接收机时，根据式(4-30)，该次观测对 L1 波段的电离层延迟修正为

$$\Delta L_1 = 1.5457(\rho_2 - \rho_1) \tag{4-60}$$

式中，ρ_1、ρ_2 分别为 L1 和 L2 波段的伪距观测值。式(4-60)说明，差分站求定的电离层传播延迟仅取决于双频观测值，与卫星位置(卫星轨道)、卫星钟钟差及差分站坐标无关。在推求单层电离层天顶延迟值时，还要用到卫星和测站的位置，而它们的采用值已具有足够的精度，不会引入有意义的差异。

如上所述，电离层延迟修正可以单独测定，而不涉及其他误差源。修正参数计算方法的选择要考虑用户的修正精度和数据传输量。考虑到电离层延迟空间分布复杂，不宜在全覆盖区内采用统一的数学模型(不是精度过低就是参数过多)，可以采用离散的网格法向用户提供电离层延迟参数。所谓网格法即在覆盖区域上空(适量向外扩展)的单层电离层面上均匀分布若干网格点(如 5°×5°)，由中心站(计算中心)依据各差分站的观测，计算各网点的天顶延迟值，通过数据链向用户发播。用户按网格点天顶延迟值分别计算所测卫星的电离层延迟值，对伪距观测量进行修正。其具体做法如下：

(1)差分站。差分站的主要任务是取得所有可测卫星的双频 P 码观测数据，并通过数据链将观测数据传往计算中心。由于差分站的数据采样率很高(如 1 s)，而电离层变化速度不大，为了尽量减少数据通信量和分散计算中心的计算量，可以在由差分站对观测量进行预处理后，将更少的数据和更高的精度发往计算中心。

(2)计算中心。计算中心集中各差分站的观测数据、计算对应电离层面上离散点的天顶延迟值，应用适当的插值方法算得电离层面上网格点的天顶延迟值(视数据更新率，也可包括延迟值的变率)，并按一定的时间间隔将这些延迟值通过数据链向用户发播。

一种基于 Klobuchar 模型的插值方法是修正模型的振幅。

Klobuchar 电离层修正模型为

$$\delta\tau_1 = SF \cdot T_g$$

式中，SF 为与观测方向高度角有关的倾斜因子(也称投影函数)，T_g 为沿垂直方向的电离层延迟，其公式分别为

$$SF = \sec\left(\arcsin\left(\frac{r_0}{r_0 + h}\cos\alpha\right)\right)$$

$$T_g = \begin{cases} DC + A\cos\dfrac{2\pi(t - t_r)}{p}, & \dfrac{2\pi(t - t_r)}{p} > \dfrac{\pi}{2} \\ DC, & \dfrac{2\pi(t - t_r)}{p} \leqslant \dfrac{\pi}{2} \end{cases}$$

式中，α 为观测方向的高度角，r_0 为地球平均半径，h 为点位高程，t 为地方时(s)，t_r 为最大电高层延迟对应的地方时(50 400 s)，DC 为基础电离层延迟(取 5×10^{-9})，A 为电离层延迟函数的振幅(s)，p 为电离层延迟函数周期(s)。A、p 的计算涉及卫星广播星历中 8 个电离层延迟参数和地磁纬度。这里所用的坐标系统均为地磁坐标系。

如果认为电离层垂直延迟值按 Klobuchar 所确定的曲面分布，只是由于其幅值因电子密度预测不准而有所变化。则可以周围离散点的实测电离层垂直延迟值对应按 Klobuchar 所计算的垂直延迟值，求得修正的比例系数，并以此比例系数修正网格点的、以 Klobuchar 所计算的垂直延迟值。

对一个离散点所求的修正比例系数为

$$K = \frac{\delta t_p}{\delta t_k}$$

式中，δt_p 表示实测值，δt_k 表示以 Klobuchar 所计算的垂直延迟值。

对于多个离散点所计算的修正比例系数为

$$K = \frac{\sum_{i=1}^{n} \dfrac{P_i \delta t_{p,i}}{\delta t_{k,i}}}{\sum_{i=1}^{n} P_i} \tag{4-61}$$

相应网格点的垂直延迟值为

$$\Delta t = K \delta t_k \tag{4-62}$$

式中，i 为离散点序号，n 为离散点数，P_i 为考虑到离散点至网格点的距离而加入的权重。

可以按适当距离范围选定离散点，距离范围的确定应尽量使网格点四个象限内均有离散点(至少应在三个象限内有离散点)。

(3)用户。用户计算电离层延迟是中心站计算网格点垂直延迟的反向运算。用户接收来自数据链的电离层面上各网格点天顶延迟值，按所测卫星的方向计算该卫星视线通过电离层面时的位置，取邻近网格点的天顶延迟值插值取得该卫星的天顶延迟值，再乘以传播延迟几何因子 T_g 得到电离层延迟修正值，修正所测卫星的伪距观测量。计算该卫星天顶延迟值的方法与中心站一样，只是把周围网格点的延迟值作为实测延迟值，用式(4-61)与式(4-62)计算视线通过点的天顶延迟值。

采用网格法可以充分利用各差分站对各卫星的观测量，对复杂的电离层传播延迟空间分布具有较好的适应性。采用部分实测数据的试算表明，利用网格法，用户取得的所测卫星的天顶延迟值精度好于 1 m。

2. 卫星轨道误差修正和卫星钟钟差修正

卫星轨道误差修正和卫星钟钟差修正不同于电离层延迟修正，在观测量中不能简单地分离，即在观测量中同时含有两项误差，但它们的时间和空间分布有所不同，这是分离两项误差的基础。

某时刻的卫星钟钟差对所有测站(不论是差分站还是用户站)都是相同的,而它对伪距观测量的影响(卫星钟钟差和光速的乘积)也是相同的。卫星轨道误差在某时刻体现为卫星位置误差,虽然位置误差对所有测站都相同,但同样的位置误差对不同测站的伪距观测量的影响却不同。

在测站坐标已知情况下,伪距观测量 ρ 是所测卫星 j 的坐标(x^j,y^j,z^j)、卫星钟钟差、测站钟钟差和时间 t 的函数,即

$$\rho=\rho(x^j,y^j,z^j,\Delta t^j,\Delta t,t) \tag{4-63}$$

因卫星位置误差引起的伪距测量误差为

$$\begin{aligned}\Delta\rho&=\frac{\partial\rho}{\partial x^j}\Delta x^j+\frac{\partial\rho}{\partial y^j}\Delta y^j+\frac{\partial\rho}{\partial z^j}\Delta z^j\\&=e_x^j\Delta x^j+e_y^j\Delta y^j+e_z^j\Delta z^j\end{aligned} \tag{4-64}$$

式中,e_x^j、e_y^j、e_z^j 分别为卫星观测方向对三个坐标轴的方向余弦。

由式(6-64)可看出,由于接收机位置不同,因此卫星位置误差产生的伪距误差会因卫星观测方向的不同而不同。

从时间特性来看,卫星轨道误差源自参考历元轨道根数和拟合参数误差,它们与卫星真近点角变化相关,在一段不长的时间内变化不大且较均匀。卫星钟钟差在采用高稳定度的原子钟时,也应有同样特性。但因执行了 SA 措施,卫星基准频率产生抖动,其效果是卫星钟钟差随时间快速变化。图 4-11 是一颗卫星的钟差随时间的变化。

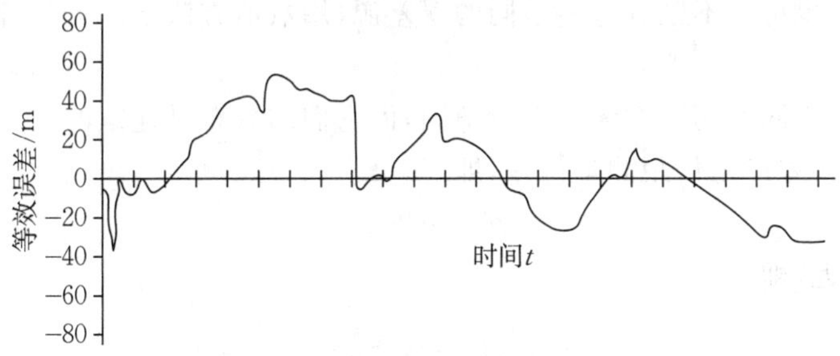

图 4-11 卫星的钟差随时间的变化

可见,受 SA 的影响,卫星钟钟差改正项必须采用很高的数据更新率,如 3～5 s。也就是说,计算中心需要近于实时地测定、发播卫星钟钟差改正参数。卫星钟钟差可由众多差分站伪距观测计算,由式(4-61)可知,伪距观测量除含有卫星钟钟差信息外还受到卫星位置误差、测站钟钟差、大气传播延迟等因素的影响,应在解算前分别予以扣除。由于这些影响的变化都不快,可以用其他方法先行测定。

在测定卫星轨道修正值时,站间伪距或相位观测量取差不受卫星钟钟差的影响,在此基础上进行星间取差(称为双差观测量),其观测量不受测站钟钟差的影响。使用双差观测量,按本书后文将讨论的卫星轨道测定方法,可以单独地精密测定卫星轨道。

原则上,既然可精密测定卫星轨道,就可以求得广播星历的改正数,但还应考虑数据传输量和修正方便这两个因素。

可以采用在一段时间内(如 10 分钟)给出卫星的位置修正 δx_i 和速度修正 $\delta\dot{x}_i$,其中 i 为 1、2、3,对应 3 个坐标轴,可以用卫星精密轨道和卫星广播星历分别计算若干离散点的卫星坐标,以其差异拟合上述 6 个参数 δx_i、$\delta\dot{x}_i$ 和参考时间 t_0。

综上所述,广域差分修正参数将包括高更新率数据(如 3～5 s)和较低更新率数据,前者为

卫星钟钟差修正参数，后者为卫星轨道误差修正和电离层延迟修正参数。这些参数并不是观测量(伪距)改正数，而是用户计算改正数的一些必要参数。

差分导航，包括单点(点—点)差分和广域差分，都是在局部地区以已知站的观测求定并修正用户站观测量中系统性误差，从而提高导航精度的技术。广域差分在较大的区域内可以较大的间距布设差分站，从而取得较均匀(约 5 m)的导航精度，也比较经济。对于较小的范围，点—点差分则有明显的技术优势。在已提高 C/A 码伪距测量精度的基础上，它能取得更高的导航精度和经济效益。例如，在 50 km 作用范围(半径)内，可以 1 m 或以更好的精度进行实时导航，它的数据通信链可以是近程无线电通信。

差分导航尤其是广域差分导航的发展，很大程度上削弱了美国 SA 措施的作用，这也对美国的 GPS 政策产生了一定影响。

按美国的计划，GPS 可能增设民用的第二载波波段，届时广域差分可进一步简化，即可不再考虑电离层延迟修正，其修正参数仅为卫星钟钟差和卫星轨道误差。在取消 SA 的情况下，卫星钟钟差修正参数变化也将变得缓慢而规律，无疑将进一步简化广域差分的修正参数求定，并降低其更新率。也就是说，美国的 GPS 政策变化会对广域差分的性能甚至效益产生影响。

可以用差分网中众多差分站的观测数据进行轨道测定，求出相对广播星历的卫星轨道误差改正数和卫星钟钟差改正数；可以利用差分站的双频 GPS 接收机算出各差分站天顶的电离层延迟修正，并依此进行插值，以推求用户所在地的天顶电离层延迟修正，再推求所测卫星的电离层延迟修正。也可以不区分这些不同的误差源，用数值方法给出差分，修正前述诸项误差源产生的伪距。

测量误差对于不同的用户位置会有所不同，但它们的分布是连续的。

(1)卫星位置误差产生伪距测量误差，即

$$\rho' = \rho + \Delta\rho$$

(2)电离层延迟，即

$$\Delta L = \frac{-b}{4\pi^2 f^2} I_v \csc\sqrt{E^2 + (20.3°)^2}$$

电离层延迟是视线仰角 E 和垂直分布的电子密度 I_v 的函数。仰角 E 是接收机位置的连续函数，电子密度 I_v 受观测时间、接收机地理位置、季节和太阳活动等物理因素影响，按物理机制可以估计它是接收机位置的连续函数。

(3)卫星钟钟差。卫星钟钟差与接收机位置无关，对同步观测而言它是常值误差。可以利用差分站的精密观测分别测定这些误差源，以差分信息的形式发播给用户，用于修正伪距观测量，作差分导航。

既然这些主要系统误差源产生的伪距误差是接收机位置的连续函数，可以用数值拟合的方法建立修正模型，如二阶拟合，即

$$\left.\begin{aligned} \Delta\rho &= a_0 + a_1\Delta B + a_2\Delta L + a_3\Delta B^2 + a_4\Delta L^2 + a_5\Delta B\Delta L \\ \Delta B &= (B - B_0) K_B \\ \Delta L &= (L - L_0) K_L \end{aligned}\right\} \tag{4-65}$$

式中，B_0、L_0 为差分网作用范围中部一点的经纬度，K_B、K_L 为化算为相应距离的因子。

可以自多个差分站所得的对某所测卫星的伪距修正值拟合出拟合参数 a_i，播发给用户，用户按其地理位置求得所测卫星的伪距修正值。数值拟合的方法适用于地理范围不是很大的差分网。

应该指出的是差分网的差分导航精度估计与单站差分或差分链不同，主要取决于系统误差源的测定精度或拟合精度，与距差分站的远近关系不大。

国内外常称这种差分方式为广域差分。如果将广域差分和局域差分相较，易造成字面上的误解。广域差分和局域差分的区别不在于地域的广阔与局部，而在于其数据处理方法的不同。事实上可以有地域较广的局域差分，也可以有地域不很大的广域差分。

第五节　导航接收机

目前，卫星导航接收机主要是GPS和GLONASS的接收机，也有两系统的组合机。接收机应用最广、数量最多。导航型(区别于测量型)GPS接收机通常只是利用C/A码或P码进行伪距和多普勒测量，能接收导航电文并能实时求得定位和定速解的GPS接收机。除美国军方及特许用户外，一般用户(包括美国民用)只能使用C/A码。这类接收机可用于军事和民用导航，可提供中等精度的定位和较高精度的时间传递，是目前应用最广的接收机。部分双频测量型接收机也可以使用P码，但售价较高，一般不用于导航。

导航型接收机应具备如下功能：

(1)能对四颗或四颗以上的GPS卫星同时进行伪距和多普勒测量。

(2)能接收每颗所测卫星的导航电文。

(3)能存储全部卫星的日程表。

(4)机内计算模块能按所测卫星的卫星星历计算观测瞬间的卫星位置、速度，并依所测的伪距、多普勒观测值计算接收机的位置和速度。

(5)具有输入输出功能和工作模式选择。

图4-12是GPS接收机的简化框图。信号接收部分主要包括天线和前置放大器，通常为密封组件，通过电缆与接收机连接(也有的是一体的)。其元器件及封装应能保证该部件在恶劣环境(温度、气象、运动等)下正常工作。天线应具有全方位的半球状覆盖。该部件接收GPS卫星发播的低电平信号，将该信号进行滤波、放大，使进入系统的总噪声减至最小。射频部分由混频/中放、频率综合器和锁相环组成，其主要功能是将天线和前置放大器送来的L波段信号经混频器进行频率变换，变成较低的中频信号，以便进行进一步处理。

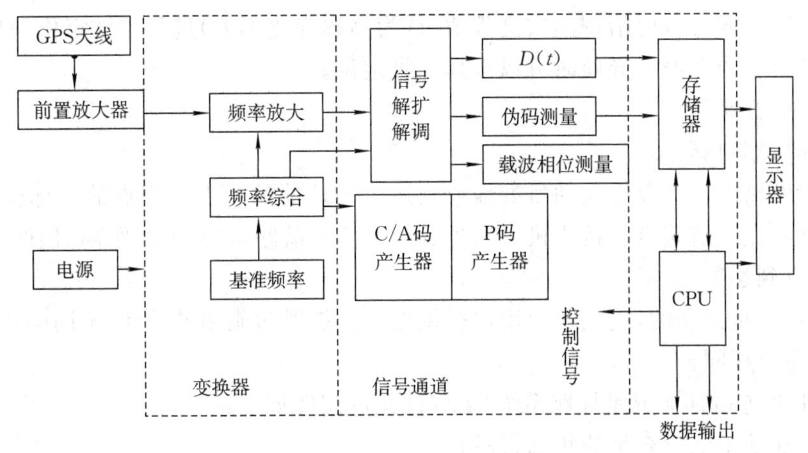

图4-12　GPS接收机框图

通道部分由相关器、码产生器、载波与码相位误差信号取样及相应的控制和滤波器组成。它的主要功能是对所测卫星信号进行跟踪、锁定，取得伪距和多普勒观测量，提取卫星星历、卫星钟钟差参数、电离层延迟参数及所有卫星的日程表。

数据处理部分包括计算模块、处理模块和一定容量的可擦可编程只读存储器(erasable programmable read-only memory，EPROM)及非易失性存储器。计算、处理模块完成接收机的所有功能控制，其主要功能是工作程序的存储，功能菜单的选择、转换、执行、系统定时和同步，数据处理及内外部数据传输。

近期生产的GPS接收机大多采用数字电路，取代了通道部分和控制、处理部分。它采用数字信号处理器(digital signal processor，DSP)通过对信号进行数字化采样，计算处理完成相关部件的功能，结构简洁、小巧，功耗大为降低。

GPS导航接收机的产品种类很多，功能和操作也有不同，但其基本功能相差不多，基本工作过程也类似，一般导航接收机的基本工作过程如下：

(1)接通电源。

(2)输入近似位置(要求范围小于100 km)。这样可以缩短搜索、锁定卫星的时间，也可以不输入。

(3)等待搜索卫星。接收机自动寻找天上可观测的卫星，完成锁定。这要等待一段时间，不同接收机的等待时间不同，为几秒到几分钟。

(4)显示定位结果。接收机锁定四颗(或四颗以上)卫星即开始定位并显示，一般将显示位置和速度，它们分别是经度、纬度、高程及向北速度、向东速度和向上速度。接收机按所选的数据更新率，不断更新定位、定速结果。

还有一些可选的操作，这些操作不是每次开机必须做的，其缺省值是上次使用的保留值。不同接收机的可选操作可能不同。可选操作如下：

(1)改变定位结果的表示方法。用户位置的定位结果可以表示为经度、纬度和高程，也可以选择用高斯坐标或直角坐标表示，选定后接收机会记忆所做的选择，每次开机都按此选择显示，直到更改选择。

(2)改变定位方式。有时因有障碍物遮挡，只能测到三颗卫星，如已知高程也可进行二维定位(此时待定参数为经度、纬度和接收机钟差)。一般为自动转换，即可测四颗及四颗以上时进行二维定位，只测三颗时沿用上次高程值(认为高程变化不大)进行二维定位，但这种情况不能持续过长时间，当在海上导航时可以选择二维定位。

(3)选择坐标系统。

(4)选择数据更新率。

(5)设置航路点。可以把运动目的地或到达目的地前的若干中间点的坐标输入导航接收机，一般称这些点为航路点。接收机可以显示到达前一航路点的方位、距离、偏航角，以及按现速度何时可以到达等。

可选操作不是必须的，它只是向用户提供更多的扩展功能和灵活性，不同的接收机这种可选功能也不完全相同。

使用GPS(包括其他卫星导航系统)需要注意的问题如下：

(1)使电池处于电量充足的状态，备用。

(2)在森林中，过密的树叶会遮挡卫星信号，靠近建筑物时也会发生类似问题。

(3)GPS使用WGS-84坐标系,其定位解也属WGS-84坐标系,用户可以通过坐标系统选择改变显示定位结果的坐标系统,但在接收机只读存储器(read-only memory,ROM)中应包含所选坐标系与WGS-84坐标系的转换参数的数据文件。一般商用接收机备有世界各主要坐标系的转换参数。要注意接收机(尤其是进口接收机)是否包括我国常用的坐标系转换参数。如不包含,只能通过改写ROM或事后进行转换。在进行差分导航时,由于已知点为用户采用的坐标系,相当于进行了三参数坐标转换,在离差分站距离不是很远时,可以不考虑坐标系统问题。

第五章 其他卫星导航系统

卫星导航在军用和民用中都显示了明显的优越性。现有卫星导航系统都是为军用设计的,同时兼顾民用。考虑到现有系统的军事属性,为了本国军事和民用需要及自主保障应用的可靠性,各国,尤其是大国,都有自己开发的或联合开发其他卫星导航系统的趋势。

建立卫星导航系统需要从本国(或国家集团)的军事战略需要、本国(或国家集团)民用需求和投入经费等多方面考虑。依据各国(或国家集团)的不同情况,可以有多种技术途径,它们不一定是与 GPS 相同的卫星导航系统。这种区别主要体现在卫星星座不同、组成卫星星座的卫星数量和几何参数不同,进而它们的覆盖和精度有所不同,投入经费也不同。

从本国战略、本国民用利用率和投入等多方面考虑,全球性卫星导航系统也不是唯一的选择。如果符合本国的总体战略,区域性卫星导航系统有可能是投入较少、利用率较高的,即效益较好的一种选择。作为一个完善的导航系统,它的导航服务范围可局限于一个地区,但应具有全天候和服务区内导航时间连续性的特点。多个区域性导航系统可以通过链接成为更大区域或全球的导航系统,美国空军的 621B 即是数个区域性系统链接为全球导航系统的一个例子。区域性卫星导航系统可以有不同的技术途径,地球同步卫星导航系统是其中一种。它的特点是投入小,但具备导航的基本功能,是性能投入比较大的技术途径。

第一节 GLONASS 卫星导航系统

卫星导航作为一种新的导航技术,发展至今已有数十年了。20 世纪 60 年代初美国海军的子午卫星系统揭开了卫星导航技术发展的第一页。尽管子午卫星系统作为完整的导航系统还有一些不足之处,但作为一种新技术,它也显示了卫星导航具有其他导航手段所不具备的优越性。正是基于这种优越性及其发展潜力,美国和苏联在 1964 年和 1970 年先后投入新一代导航卫星系统的研制,这就是 GPS 和格洛纳斯导航卫星系统(Global Navigation Satellite System,GLONASS)的前身或起步。

GPS 和 GLONASS 都是全球覆盖的卫星导航系统,即全球均在它的服务范围之内,它们都是军用导航系统,也兼为民用,它们的主管部门都属军事序列。既然是军用或军用为主,就涉及军事优先的问题,也就不是大家都可用、大家都好用的系统。在这样背景下,出于民用或其他国家军用的考虑,研究和研制其他卫星导航系统是很自然的。

卫星运动规律(沿卫星轨道运动并受地球自转影响)使全球覆盖的卫星导航系统可能具有更好的经济性能。从军用角度考虑,导航系统还取决于各国的总体战略,从民用角度考虑,导航系统还取决于经济效益,因此全球性的卫星导航系统不是唯一的选择,在一定的条件下,区域性卫星导航系统(区域覆盖)也是综合的优选方案。近年来区域性卫星导航系统也有较多的研究和发展。

就目前而言,不论是区域性或全球性的卫星导航系统,在技术上都有很多近似之处,当然也有各自的特点。在系统地讨论了 GPS 之后,本书将简化对其他系统的讨论。

一、GLONASS 导航卫星系统简介

1970 年苏联国防部主持了覆盖全球的格洛纳斯导航卫星系统(GLONASS)。苏联解体后,俄罗斯政府于 1993 年将此项目移交俄罗斯空军部队(VKS)。俄罗斯空军部队负责 GLONASS 的卫星部署、在轨卫星维护和用户设备认证等工作,其下属的管理科学信息协调中心负责对公众发布 GLONASS 信息。苏联于 1982 年 10 月发射第一颗 GLONASS 卫星,1996 年 1 月建成 GLONASS 导航卫星系统并发播导航信号,至此系统正常投入使用。

与 GPS 相似,GLONASS 也由三部分组成,即空间部分、地面监控部分和用户接收机部分。GLONASS 的空间部分由 24 颗周期约 12 小时的卫星组成,它们不断发播测距和导航信息。控制部分由 1 个系统控制中心,以及一系列在俄罗斯境内分布的跟踪站和注入站组成。与 GPS 相似,控制部分除对卫星工作状态进行监测并于必要时通过指令调整其工作状态外,还对各卫星进行测量以确定其轨道和卫星钟钟差,最后以导航电文的形式通过卫星存储,转发给用户。用户接收机也采用伪随机码测距技术取得伪距观测域,接收并解调导航电文,最后进行导航解算。与 GPS 不同的是,GLONASS 采用频分多址而不是码分多址,卫星的识别是靠卫星发播的载波频率差异进行的。

GLONASS 和 GPS 在导航原理、伪码测距、精度估计甚至差分应用等方面都十分相近,只需对它们的差异进行讨论就不难对 GLONASS 的特性、功能、精度和应用等方面有一个全面的了解。

二、GLONASS 的卫星星座

GLONASS 的卫星星座由分布在 3 个轨道面的 24 颗卫星组成,卫星轨道高度为 19 100 km,备有 3 台铯原子钟,卫星发播 2 个频率载波,并调制用于测距的伪随机码和导航电文。表 5-1 给出了 GLONASS 卫星的主要轨道特征,为了便于比较,表中还附有 GPS 的对应参数。

表 5-1 GLONASS 卫星和 GPS 卫星的轨道特征

参数	GLONASS	GPS
轨道高度/km	19 100	20 200
长半轴 a /km	25 510	26 560
周期 T	11 小时 15 分 44 秒	11 小时 58 分
轨道倾角 I /(°)	64.8	55
偏心率 e	<0.01	<0.01
卫星分布轨道面数	3	6
每轨道面卫星数	8	4
相邻轨道面卫星相位差/(°)	15	40

在 1993 年 1 月 1 日 GLONASS 卫星轨道升交点的赤经标称值为

$$\Omega = 251°15'00'' + (i-1)\,120°$$

式中,i 为轨道平面编号,$i=1,2,3$。

GLONASS 轨道倾角为 64.8°(正负偏差小于 0.3°),这比 GPS 的倾角(55°)大,这使南北半球的高纬度地区可见卫星具有较好的分布,从而改善高纬度地区的导航精度,这也许是考虑到苏联本土平均纬度较高的选择。

系统将不断地发射新的卫星，以取代不能正常工作的卫星，这种方式也提供了改进卫星性能的可能。当然，卫星的寿命过短将影响系统的维持费用，GLONASS 卫星的标称寿命为 3～5 年。GLONASS 卫星也在不断改进，早期的卫星寿命较短，性能也不十分理想，1990 年开始研制的 GLONASS-M 型卫星重 1 480 kg，改善了星载原子钟，提高了频率稳定度，设计寿命在 5 年以上。此外，俄罗斯也在考虑下一代新的 GLONASS-MⅡ型卫星。MⅡ型卫星将发播民用第二频率，以供民用用户使用，削弱电离层延迟的影响，提高导航精度。MⅡ型卫星还将具有星间数据通信能力，加长自治运行能力，而卫星的重量也将增加到 2 000 kg[1]。

三、GLONASS 卫星发播信号

GLONASS 也采用伪随机码测距技术作为取得导航观测量的手段，与 GPS 采用码分多址不同，GLONASS 采用频分多址，即各卫星所发播(调制)的随机测距码都是一样的，但各卫星的载波频率不同。虽然同样可以解决卫星识别问题，但将占用较大的总计带宽。最初，部分 GLONASS 卫星的发播频率与国际电联分配的射电天文及通信卫星近地转移轨道控制频率相近并发生冲突。近年来，GLONASS 拟将对同一轨道面相对的两颗卫星(相差 180°)使用同载波频率，由于任何用户均不可能对这两颗卫星同时可见，这样将使用频率数减半。

与 GPS 类似，每颗 GLONASS 卫星发播两个载波频率 L1 和 L2，通过计算，削弱电离层延迟的影响。其调制的测距码也分为粗捕获码(C/A 码)和精密测距码(P 码)，C/A 码主要供民用和捕获 P 码，P 码供军方使用。表 5-2 给出了 CLONASS 和 GPS 发播的信号及对应参数的数值。

表 5-2 GLONASS 和 GPS 发播的信号

参数	GLONASS	GPS
卫星钟	铯钟	铯钟和铷钟
卫星钟基频/MHz	5.0	10.23
制式	频分多址(FDMA)	码分多址(CDMA)
L1 载波频率/MHz	$1\,602.0+k\times0.652\,5k$	1 575.42
L2 载波频率/MHz	$1\,246.0+k\times0.437\,5k$	1 227.60
L1 调制信号	C/A 码，P 码，电文码	C/A 码，P 码，电文码
L2 调制信号	C/A 码，电文码	C/A 码，电文码
C/A 码码长	511	1 023
C/A 码码频/MHz	0.511	1.023
C/A 码功率谱带宽/MHz	±0.511	±1.023
P 码码长	5.11×10^{6}	$6.871\,04\times10^{12}$
P 码码频/MHz	5.11	10.23
P 码功率谱带宽/MHz	±5.11	±10.23

注：载波频率一栏中的 k 为卫星编号。其中，P 码码长本为 3 355 432，截短为每秒重复一次，即表列的 5.11×10^{6}。

从表 5-2 中可以看出，和导航精度直接相关的是 GLONASS 的 C/A 码和 P 码的码频率比 GPS 小约 1 倍，分别为 0.511 MHz 和 5.11 MHz。码频率减小，即码元宽度加大，其效果是测距分辨率降低。在卫星几何分布确定之后，测距精度很大程度上决定了导航精度。应该说明

[1] 本书所列数据更新截至 2001 年。

的是，伪码测距的精度不只取决于测距分辨率，它还涉及其他一些因素，如在采用 C/A 码导航时，大气传播延迟误差（修正残差）就是影响测距精度的另一个重要因素。也就是说，和 GPS 相比较，因码频率不同（相差 1 倍），GLONASS 的伪码测距精度要稍低一些。

GLONASS 采用较低的码频率，和其码功率谱带宽有关。功率谱带宽是码频率的 2 倍，较高的码频率将占用更宽的频带，对于频分多址的系统而言是十分不利的。事实上，GLONASS 已在占用频带资源问题上遇到了麻烦。

和 GPS 一样，目前 GLONASS 的 L2 频段也不调制 C/A 码。也就是说，民用用户不能利用双频测距来削弱电离层延迟的影响。

四、GLONASS 的导航电文、卫星位置计算和导航解

和 GPS 类似，GLONASS 通过卫星向用户发播导航电文。导航电文主要包括三部分内容，即本卫星的卫星钟钟差参数、本卫星的卫星星历参数和全部卫星的概略轨道参数。卫星钟钟差参数用于计算所测卫星相对 GLONASS 时间系统的卫星钟钟差；卫星星历参数用于计算所测卫星的位置，这是导航解算所必需的；全部卫星的概略轨道参数用于用户的卫星可见性预报。导航电文还包含校正接收机时钟（使之与 GLONASS 时概略同步）使用的时标。

GLONASS 导航电文的频率为 50 bit/s，完整的电文长 7 500 bit，历时 2.5 min。全部电文分为 75 个子帧，每子帧为 100 bit，历时 2 s。每个子帧包括数据（含校验位）85 bit 和时标码 15 bit。在 75 个子帧中，1～5 帧为本卫星的轨道参数、时钟参数等，6～75 子帧为用于预报的全部卫星概略星历和备用子帧。每颗卫星的概略星历占用 2 个子帧。

本星参数如下：

（1）现行时刻（t_k 单位为时、分、秒）。

（2）有效性（健康）码（B_n，无量纲）。

（3）星历参考时刻（t_b，单位为分）。

（4）星历参考时刻本星时钟相对系统时的偏差（钟差 0 阶项）（Δt_s，单位为 s）。

（5）星历参考时刻本星时钟相对系统时的频偏（钟差 1 阶项）[$df_n=(f-f_n)/f_n$]。

（6）星历参考时刻本星在地固坐标系坐标的 X 分量（X，单位为 km）。

（7）星历参考时刻本星在地固坐标系坐标的 Y 分量（Y，单位为 km）。

（8）星历参考时刻本星在地固坐标系坐标的 Z 分量（Z，单位为 km）。

（9）星历参考时刻本星在地固坐标系速度的 X 分量（V_X，单位为 km/s）。

（10）星历参考时刻本星在地固坐标系速度的 Y 分量（V_Y，单位为 km/s）。

（11）星历参考时刻本星在地固坐标系速度的 Z 分量（V_Z，单位为 km/s）。

（12）星历参考时刻本星在地固坐标系加速度的 X 分量（A_X，单位为 km/s^2）。

（13）星历参考时刻本星在地固坐标系加速度的 Y 分量（A_Y，单位为 km/s^2）。

（14）星历参考时刻本星在地固坐标系加速度的 Z 分量（A_Z，单位为 km/s^2）。

（15）GLONASS 时间系统相对 UTC(SU)的差异（Δt_c，单位为 s）。

（16）星历历龄（$AODE$，单位为天）。

（17）相对上一闰年的积日（Nd，单位为天）。

其中，现行时刻 t_k 表示本帧电文的发播时刻，由于每帧历时 2 min30 s，故它为 30 s 的整倍数。

从导航电文所提供的参数来看，按所要求的精度，可以有两种方法计算卫星位置：一种是利用导航电文所提供的参考时刻的位置、速度和加速度计算观测时刻卫星的位置；另一种是利用提供的参考时刻的位置和速度，考虑卫星所受全部作用力，以数值积分进行卫星位置计算（解受摄运动方程）。

显然第一种方法是一种简便的方法，所提供的参考时刻位置参数属地固坐标系，所求的也属地固坐标系。具体公式为

$$\left.\begin{aligned}X(t_{\text{ob}})&=X(t_b)+V_X(t_b)(t_{\text{ob}}-t_b)+A_X(t_b)(t_{\text{ob}}-t_b)^2/2\\Y(t_{\text{ob}})&=Y(t_b)+V_Y(t_b)(t_{\text{ob}}-t_b)+A_Y(t_b)(t_{\text{ob}}-t_b)^2/2\\Z(t_{\text{ob}})&=Z(t_b)+V_Z(t_b)(t_{\text{ob}}-t_b)+A_Z(t_b)(t_{\text{ob}}-t_b)^2/2\end{aligned}\right\}\tag{5-1}$$

式中，t_{ob} 为观测时刻，且有

$$t_{\text{ob}}=t+\Delta t_s+\mathrm{d}f_n(t_{\text{ob}}-t_b)$$

其中，t 为观测时刻的钟面时。

这实际上是一种卫星位置的二阶拟合，A、V 为拟合参数。显然这种拟合（只取二阶）只能在一个不长的弧段内保障一定的精度。GLONASS 规定其有效时间（保证精度的时间）是参考时刻的±15 分钟。

用数值方法递推观测时刻的位置应该可以提供更高的精度和更长的时间跨度，但计算过程较烦琐。这涉及卫星所受摄动力（地球引力，日、月引力，太阳光压等），所幸的是递推步数不多（一般步长可取 3～5 分钟），计算机用时不多，力学模型也可适当简化（截断误差积累不多）。关于数值方法递推任意时刻位置的具体方法将在以后有关章节叙述。一般用数值方法计算卫星位置是在天球坐标系内进行的，计算结果（卫星位置）又要使用地固坐标系，以用于导航解算，这涉及天球坐标系与地固坐标系间互相变换问题，这就需要使用 UTC。导航电文提供了这种变换所必需的参数——GLONASS 时相对 UTC(SU)的差异 Δt_c。

伪码测距、导航解算（包括位置和速度）、误差源探讨、精度估计和精度预估等问题都是导航系统的重点问题，应在讨论之列。这些理论性问题对于 GPS 和 GLONASS 没有什么原则区别，前一章已有论述，不再重复。

速度的解在导航中占有重要地位，尤其是军事应用，某些飞行器的速度解比位置解更为重要。GLONASS 为速度解算提供了更加简洁的条件。

事实上，和 GPS 一样，GLONASS 接收机除了可以取得卫星相对接收机的伪距观测量 ρ'，还可以取得卫星相对接收机的伪距变化率观测量 $\dfrac{\mathrm{d}\rho'}{\mathrm{d}t}$，即多普勒频移（也可以是载波的多普勒频移）。具体公式为

$$(\dot{\rho}^j)'=\sum_{i=1}^{3}(e_i^j\cdot\dot{x}^j-e_i^j\cdot\dot{x}_i)+c\cdot t_R$$

式中，e_i^j 是 j 卫星观测方向对三个坐标轴的方向余弦。如果卫星运动的速度已知，自上式可计算接收机运动速度的三个分量和接收机的钟差变率（即频偏）。待解参数为

$$\boldsymbol{Y}=[\dot{X}_1\quad\dot{X}_2\quad\dot{X}_3\quad\dot{t}]^{\mathrm{T}}$$

则

$$\boldsymbol{Y}=(\boldsymbol{A}^{\mathrm{T}}\boldsymbol{A})^{-1}\boldsymbol{A}^{\mathrm{T}}\boldsymbol{L}$$

式中，$\boldsymbol{A}$ 为方程的系数矩阵，$\boldsymbol{L}$ 为自由项。其中，$\boldsymbol{L}$ 的计算中包括卫星速度，即按上式解算接收

机运动速度时必须已知卫星速度。自 GLONASS 的导航电文可以很方便地得到卫星速度，即

$$\left.\begin{aligned}V_X(t_{\text{ob}})&=V_X(t_b)+A_X(t_b)(t_{\text{ob}}-t_b)\\V_Y(t_{\text{ob}})&=V_Y(t_b)+A_Y(t_b)(t_{\text{ob}}-t_b)\\V_Z(t_{\text{ob}})&=V_Z(t_b)+A_Z(t_b)(t_{\text{ob}}-t_b)\end{aligned}\right\}\tag{5-2}$$

其他卫星的概略轨道参数采用开普勒椭圆参数。概略轨道参数主要用于可见卫星预报（类似于 GPS 的日程表），每颗卫星的概略轨道参数占用两个子帧。其内容包括：

（1）卫星编号 N_S。

（2）卫星载波频率识别号 f_n。

（3）卫星健康状态 C_n。

（4）卫星钟钟差（概略值）Δt_n。

（5）相对当天零点的时刻 t_s，单位为 s。

（6）周期 T，单位为 s。

（7）周期变化率 $\frac{\mathrm{d}T}{\mathrm{d}t}$，单位为秒/轨道周。

（8）轨道偏心率 e。

（9）轨道倾角 i。

（10）升交点赤经 Ω，单位为(°)。

（11）近地点幅角 ω，单位为半周。

与开普勒椭圆参数形式稍有不同的是，以轨道周期 T 代替长半轴 a，以周期变化率 $\frac{\mathrm{d}T}{\mathrm{d}t}$ 代替沿真近点角方向的摄动。用户可依据卫星运动二体问题的解算方法计算任意时刻的卫星概略位置，用于卫星可见性预报。

五、GLONASS 采用的坐标系统和时间系统

在 1993 年以前 GLONASS 采用苏联 1985 年大地坐标系（1985 Soviet Geodetic System，SGS-85），1993 年后采用 Parmetry Zemli（PZ-90）坐标系统。PZ-90 坐标系统理论定义（坐标原点、三轴指向）与国际地球参考框架（international terrestrial reference frame，ITRF）相同。

（1）坐标原点：位于地球质心。

（2）X 轴指向：1900—1905 年平均地极。

（3）Z 轴指向：位于 Z 轴定义的赤道面，使 XOZ 面平行于格林尼治平子午面。

（4）Y 轴指向：与 Z、X 轴构成右手坐标系。

PZ-90 采用的与坐标系定义有关的常数如下：

（1）地球自转速率，取值为 $72.921\,15\times10^{-6}$ rad/s。

（2）万有引力常数，取值为 $398\,600.44\times10^{9}$ m/s^2。

（3）大气引力常数，取值为 0.35×10^{9} m/s^2。

（4）真空光速，取值为 299 792 458 m/s。

（5）地球引力场球谐函数二阶带谐系数 J_2，取值为 $-1\,082.63\times10^{-6}$。

（6）参考椭球长半轴，取值为 6 378 136 m。

（7）参考椭球扁率，取值为 1/298.257。

(8)赤道引力加速度,取值为 978 032.8 mGal(1 Gal=1 cm/s^2)。

(9)大气引起的海平面重力加速度改正,取值为−0.9 mGal。

由于测轨跟踪站采用的坐标值存在不可避免的误差,其所定义或使用的坐标系统与 ITRF 坐标系统或 WGS-84 系统均存在差异。利用欧洲的 6 个站以 GPS/GLONASS 接收机测定了 PZ-90 与 ITRF 坐标系间的变换关系。在测定中假定 ITRF 坐标系与 WGS-84 坐标系是一致的(等同的)。统计结果表明 PZ-90 坐标系与 ITRF 坐标系间不存在平移,而坐标轴指向仅存在绕 Z 轴的旋转

$$\begin{bmatrix} x \\ y \\ z \end{bmatrix}_{\text{WGS-84}} = \begin{bmatrix} 1 & -1.6\times10^{-6} & 0 \\ -1.6\times10^{-6} & 1 & 0 \\ 0 & 0 & 1 \end{bmatrix} \begin{bmatrix} x \\ y \\ z \end{bmatrix}_{\text{PZ-90}}$$

按此,在赤道上变换前后的偏移量约为 10 m。显然,在局部地区(欧洲)的少量点上测定的结果在精度和适用范围上都有不足之处,在全球范围众多点上测定的转换参数才更具代表性。

Misra 和他在麻省理工学院林肯实验室的同事们采用了不同方法,来测定 WGS-84 坐标系和 PZ-90 坐标系间的变换参数。他们从 GLONASS 发播的广播星历中获取卫星在 PZ-90 坐标系的位置,同时采用全球卫星跟踪站和雷达跟踪网获取卫星在 WGS-84 坐标系中的位置,依此求定坐标变换参数。统计获得的坐标变换参数为

$$\begin{bmatrix} x \\ y \\ z \end{bmatrix}_{\text{WGS-84}} = \begin{bmatrix} 0 \\ 2.5 \\ 0 \end{bmatrix} + \begin{bmatrix} 1 & -1.9\times10^{-6} & 0 \\ -1.9\times10^{-6} & 1 & 0 \\ 0 & 0 & 1 \end{bmatrix} \begin{bmatrix} x \\ y \\ z \end{bmatrix}_{\text{PZ-90}}$$

上述两组不同方法所得到的坐标变换参数之间的差异不超过 5 m,对于导航而言可以认为是可用的。随着时间的推移,还可能出现精度更高、代表性更好的坐标变换参数。

GLONASS 采用俄罗斯维持的世界协调时 UTC(SU) 作为时间计量基准。UTC(SU)与 UTC(BIMP)相差数微秒,后者是巴黎经度局的国际标准世界协调时。GLONASS 时间系统保持与 UTC(SU)之差小于 1 μs。GLONASS 计划将时间系统做一些调整以和 UTC(BIMP)的跳秒相一致。

与 GPS 采用的原子时不同,GLONASS 采用世界协调时作为时间计量基准,这可能出自对卫星位置计算的考虑。GLONASS 的导航电文给出卫星在地固坐标系内的位置、速度和加速度,在计算卫星位置时涉及惯性坐标系,在两种坐标系进行变换时(这种变换很简单)需要地球自转参数,即 UTC。从精度和实时性的角度考虑并顾及地面卫星星历计算和接收机位置计算采用参数的一致性,使用俄罗斯自测的 UTC(SU)时间系统更为有利。这也许就是 GLONASS 采用 UTC(SU)作为时间计量基准的原因之一。

采用世界协调时作为时间计量基准的一个问题是存在跳秒,这将导致时间的不连续。当跳秒发生时,须有相应的技术措施才可保障系统在此时正常工作。发生跳秒时主要产生两个问题,一个是接收机届时应能做相应跳秒,另一个是卫星星历的使用期限不要跨越跳秒瞬间。这些问题在采取一定的技术措施后是可以解决的。

六、GLONASS 接收机和导航精度

接收机是卫星导航系统三大部分之一,在一定程度上它是导航系统性能的集中体现。

GLONASS 接收机在苏联已有安排，在计划经济的背景下主要由设计部门和生产部门共同研制与生产，目前在俄罗斯、乌克兰、白俄罗斯都有生产厂。与 GPS 接收机发展过程相似，第一代 GLONASS 接收机通道数较少（1～4 个通道），机型较为笨重（约 22 kg），1990 年左右开始生产第二代接收机。第二代接收机具有 5～12 个通道，采用了大规模集成电路和数字信号处理技术，体积和重量都减少很多，而且还研制了 GPS/GLONASS 组合接收机。但是总的说来，生产量不大，且多为专用型，在民用化、通用化和小型化、低成本、低功耗等方面也有待进一步改进。俄罗斯研制的 Peper 型水平测地的接收机为单频 6 通道，重 5 kg，相对定位精度达厘米级。苏联及俄罗斯等国生产的 GLONASS 接收机在国外市场很少供应，资料也少。

俄罗斯于 1995 年 10 月正式以文件形式在国际上公布了“GLONASS 导航信号说明”和“GLONASS 接口控制文件 ICD”，这类似于 GPS 的空间部分和用户接口 ICD-GPS-200。这样就为商品化（包括俄罗斯以外国家的商品化生产）提供了条件。近年来，美国和德国等一些公司开发和生产了 GPS 与 GLONASS 组合的接收机，其中包括整机和 OEM 板。在已开发的 GLONASS 接收机中绝大部分是导航型接收机，精密测量型接收机很少。近年来，市场上已有一些美国和德国公司生产的 GPS/GLONASS 组合接收机（表 5-3）。

表 5-3　几种商用 GLONASS 接收机

接收机型号	生产公司	国别	系统	观测量	通道数
3S-R101	3S Navigation	美国	GPS/GLONASS	P1，P2，C/A	20
GNSS-200	3S Navigation	美国	GPS/GLONASS	C/A	12
GNSS-300	3S Navigation	美国	GPS/GLONASS	C/A	12
4000SGE	Trimble	美国	GPS/GLONASS	L1，L2	—
GG24	Ashtch Inc.	美国	GPS/GLONASS	C/A	24
GG36	Ashtch Inc.	美国	GPS/GLONASS	L1，L2	36
ASN21	DASA-NFS	德国	GPS/GLONASS	C/A	18
NR-series	MAN Technologic	德国	GPS/GLONASS	C/A	24

初步实验表明，GLONASS 的导航精度约为 30 m。如前所述，卫星导航精度涉及许多因素，尽管 GLONASS 的码元长度较 GPS 长 1 倍，但仍与 GPS 未加人为降低精度的选择可用性（SA）之前的精度大体相当。GLONASS 的导航精度高于目前有 SA 的 GPS（C/A 码）导航精度。这一情况对美国 GPS 独占卫星导航领域的地位，甚至美国的 GPS 政策都有重要影响。

七、俄罗斯的 GLONASS 政策与组合导航

从基本观测量来看，和 GPS 一样，GLONASS 导航系统也分为保密的军用双频 P 码测距和民用的单频 C/A 码测距，也就是说对军用提供高精度导航，对民用提供较低精度的导航服务。与美国的 GPS 政策不同的是，俄罗斯宣布对民用 C/A 码不加入类似美国 SA 的人为降低精度的措施，并且计划增发民用第二频段。从近年来发展的情况可以看出：一方面，军用是发展卫星导航系统的主要动力，但民用具有更广阔的应用和经济效益；另一方面，卫星导航系统又是耗资很大的系统，不仅建成需要巨大投入，而且维持其正常运转也需要很大的投入。不难看出大量的民用对这一军用导航系统是强大的支持。GLONASS 投入正常运转比 GPS 迟，要在民用领域占领一定份额就应推出比 GPS 更适于民用的政策。这也许是俄罗斯 GLONASS 政策的背景之一。也许就是这一政策迫使美国不得不重新考虑其

GPS 政策。在一定意义上，目前的两个卫星导航系统存在竞争，和垄断相比，竞争的存在可以使用户获益。

既然目前存在两个卫星导航系统，组合应用显然是合乎逻辑的技术途径。过去曾把 GPS 和 GLONASS 的组合应用称为兼容，这类接收机称为兼容机。由于 GPS 和 GLONASS 的体制不同，一个是码分多址，一个是频分多址，从技术上讲，兼容是困难的；从具有这样性能的接收机来看也是将两类接收单元组合在一起，分别工作，只是在机内中央处理器(central processing unit，CPU)进行导航解算时才将两类数据一并处理。近来已将这类接收机称为组合机，似乎更为确切。数据一并处理中需要考虑两个导航系统的时间系统、坐标系统的不同。至少一种可行的方案是将其中一种卫星星历利用已有的变换参数，经坐标变换成为统一的坐标系统，并在导航解算中设定两个接收机钟差，分别适用于两类观测量。所得的导航解属于统一了的坐标系统，这种统一的坐标系统可以是 WGS-84，也可以是 PZ-90。如果考虑到两个坐标系统差异不大，且要求精度不是很高，也可不进行坐标变换，其导航解是带有误差的 WGS-84 或 PZ-90，导航解算中方程的系数矩阵为

$$\boldsymbol{A}=\begin{bmatrix} e_1^1 & e_2^1 & e_3^1 & -1 & 0 \\ e_1^2 & e_2^2 & e_3^2 & -1 & 0 \\ \vdots & \vdots & \vdots & \vdots & \vdots \\ e_1^m & e_2^m & e_3^m & -1 & 0 \\ E_1^1 & E_2^1 & E_3^1 & 0 & -1 \\ E_1^2 & E_2^2 & E_3^2 & 0 & -1 \\ \vdots & \vdots & \vdots & \vdots & \vdots \\ E_1^n & E_2^n & E_3^n & 0 & -1 \end{bmatrix} \tag{5-3}$$

式中，e_i^m、E_i^n 分别表示所测 GPS 卫星(观测序号 m)和 GLONASS 卫星(观测序号 n)对 i 坐标轴的方向余弦($i=1,2,3$)，导航解为

$$\boldsymbol{X}=[\Delta x_1 \quad \Delta x_2 \quad \Delta x_3 \quad b \quad B]^{\mathrm{T}}$$

式中，Δx_1、Δx_2、Δx_3 表示三个坐标(即 x、y、z)的初始值改正数，b 为接收机钟相对 GPS 系统时的钟差，B 为接收机钟相对 GLONASS 系统时的钟差。议程的解为

$$\boldsymbol{X}=(\boldsymbol{A}^{\mathrm{T}}\boldsymbol{PA})^{-1}\boldsymbol{A}^{\mathrm{T}}\boldsymbol{PL} \tag{5-4}$$

$$\boldsymbol{L}=\begin{bmatrix} F^1-(\rho^1)' \\ F^2-(\rho^2)' \\ \vdots \\ F^m-(\rho^m)' \\ \vdots \\ F^n-(\rho^n)' \end{bmatrix}$$

式中，F^m 为以用户位置初始值和卫星坐标计算的所测卫星与用户的距离，$(\rho^m)'$ 为相应的伪距观测值，$\boldsymbol{P}$ 为对 GPS 和 GLONASS 卫星观测值所赋的权矩阵(有 SA 时，GPS 观测量的权小于 GLONASS)。

两个卫星导航系统的组合应用可以使空间分布的卫星达到 48 颗，这会大大改善用户的位置精度衰减因子(PDOP)的值，提高导航精度，同时也提高了可靠性和可用度。

差分和广域差分同样可以用于 GLONASS 导航或 GPS/GLONASS 组合导航，并会明显提高导航性能。但差分技术用于 GLONASS 也会有一些差异。一定意义上讲，差分尤其是广域差分是在美国 GPS 政策背景下发展的，俄罗斯的 GLONASS 政策与 GPS 政策的主要差别是不使用类似 SA 的降低精度措施，并计划发播第二民用波段，这就简化了广域差分（钟差参数和电离层参数）。俄罗斯似乎更趋向于建立区域差分系统（RADS）和本地差分系统（LADS）。

GLONASS 导航系统的投入运转突破了卫星导航中 GPS 是唯一可用系统的局面。尽管它们都是军用系统，但是两者的存在对各自国家的技术政策都会产生影响。美国和俄罗斯都宣称拟增播民用第二频率，两个系统的组合导航，都为民用导航性能的进一步提高提供和将提供有利的条件。对于其他国家的军用而言，有两个系统的存在，单方面的控制效果将大大降低，且在民用导航性能范围内降低了应用风险，但在性能上仍受限制（只能使用民用精度的 C/A 码导航）。

第二节　地球同步卫星导航系统

一、地球同步卫星导航系统的组成及工作原理

地球同步卫星导航系统是一种区域导航系统。它的特点是投入小，但具备导航的基本功能，是性能投入比较好的技术途径。

地球同步卫星导航系统不是全球覆盖，而是覆盖地球上一部分地区。20 世纪 80 年代初，由美国普林斯顿大学物理学博士 O'Neill 提出了一种基于地球同步卫星，兼有导航和报文通信功能的系统，这就是地球同步卫星导航系统，称为“Geostar”并成立了相应的 Geostar 公司。它的技术特点是将大量工作和科学技术含量集中于地面站，以达到简化星上设备和用户设备的目的。1983 年底曾进行导航的模拟实验，实验是在四个环绕湖面的山上安置模拟卫星转发器，并在一间办公室内以计算机和通信器材模拟地面中心站，最后进行了飞机的精密进近实验。20 世纪 80 年代中期相继研究了一些相似系统和计划，如覆盖美国和美洲的 Geostar 和覆盖欧洲的 Locstar。这些计划基本上是以公司为主体的商业行为。本书不对这些计划做具体的评价和讨论，只是作为一种性能投入比较好的导航系统，讨论其主要的技术问题和特点。

和其他卫星导航系统一样，地球同步卫星导航系统也可分为空间部分、地面中心和用户接收机三个部分，但它的导航原理和应用则有所不同。地球同步卫星导航的原理参见图 5-1。

地面中心向两颗卫星 S_1、S_2 不断发送询问信号，并通过卫星向用户转发；用户收到询问信号后，在需要定位时，即刻向卫星发射回答信号，通过卫星转发至地面中心；地面中心依发出和接收信号的时间延迟计算到达两颗卫星的信号传播距离，即

$$\left.\begin{aligned} S_1 &= D_1 + D_2 + d_1 + d_2 \\ S_2 &= D_1 + D_2 + d_3 + d_4 \end{aligned}\right\} \tag{5-5}$$

式中，S_1、S_2 为观测量，D_1、D_2 为中心站询问信号的信号传播距离，d_1、d_2、d_3、d_4 为用户机发播的应答信号传播距离。使用点间距离公式，可以得到各距离的表达式为

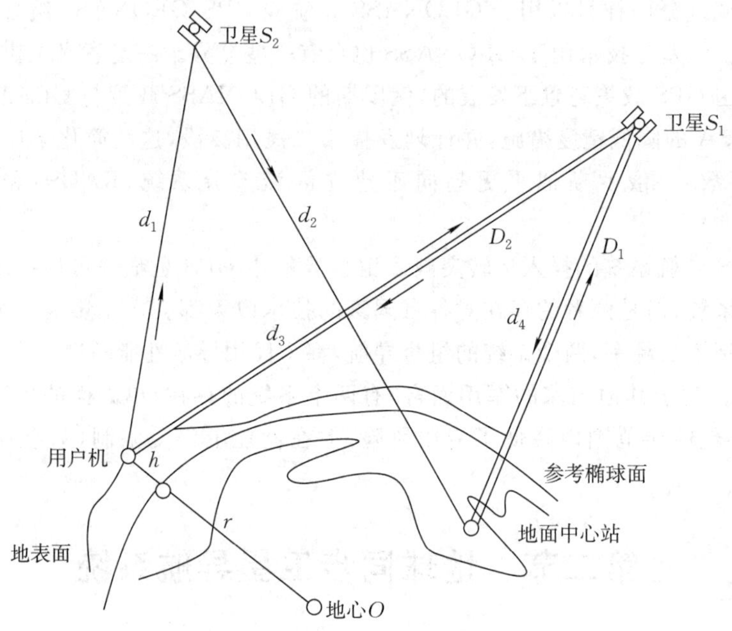

图 5-1　地球同步卫星导航原理

$$
\left.\begin{aligned}
D_1 &= \sqrt{(x^{S_1} - x_C)^2 + (y^{S_1} - y_C)^2 + (z^{S_1} - z_C)^2} \\
D_2 &= \sqrt{(x^{S_1} - x_U)^2 + (y^{S_1} - y_U)^2 + (z^{S_1} - z_U)^2} \\
d_3 &= \sqrt{(x^{S_1} - x_U)^2 + (y^{S_1} - y_U)^2 + (z^{S_1} - z_U)^2} \\
d_4 &= \sqrt{(x^{S_1} - x_C)^2 + (y^{S_1} - y_C)^2 + (z^{S_1} - z_C)^2} \\
d_1 &= \sqrt{(x^{S_2} - x_U)^2 + (y^{S_2} - y_U)^2 + (z^{S_2} - z_U)^2} \\
d_2 &= \sqrt{(x^{S_2} - x_C)^2 + (y^{S_2} - y_C)^2 + (z^{S_2} - z_C)^2}
\end{aligned}\right\} \tag{5-6}
$$

式中，坐标分量 x、y、z 的上标表示所测卫星，下标 U 表示用户机（接收机），下标 C 表示地面中心站；D 表示询问信号的传播距离，d 表示应答信号的传播距离，其下标对应图 5-1 中标注的距离。将式(5-6)代入式(5-5)即可得到卫星观测方程。两个观测量可以列出两个方程，方程中含有地面中心站、卫星和用户机的坐标。由于地面中心站和卫星位置是已知的，方程中的未知数只有表示用户位置的三个坐标。还可根据用户机到坐标系原点（参考椭球中心）的距离列出第三个含有用户机坐标的方程

$$
S_3 = r + h \tag{5-7}
$$

式中，S_3 是用户机所在地参考椭球面至其中心的距离（可计算），h 是用户机的已知高程（大地高）。三个方程 S_1、S_2、S_3 可解三个未知数，取得定位解。可见取得定位解必须已知用户机的高程。可以用两种方法得到高程：一种是利用气压测高并编码调制在应答信号中发往地面中心站（目前精度较低），另一种是利用高程数据库。后者是以高程粗略值解得用户机近似位置，再以近似位置在高程数据库中提取近似高程，再次计算近似位置，进行迭代，直至取得一定精度的位置解。

以上解算均在地面中心站进行，定位结果编码调制在后续发送的询问信号中，通过卫星转

发至用户机。

地球同步卫星导航系统与前述卫星导航系统在原理上是有区别的，它主要表现为：

(1)地球同步卫星导航系统本身为二维导航系统，仅靠卫星的观测量尚不能定位，它需要高程或高程数据库的支持。

(2)观测量的取得及定位解算均在地面中心站进行，卫星载荷和用户机较为简单，仅需要具有转发或收发信号的功能。

(3)完成一次定位，信号三次往返于地面与同步卫星之间，具有一定的定位延迟(仅传播延迟约为 0.72 s)。

(4)仅需要两颗卫星，投入小。

二、对信号结构的一般要求和观测量

作为导航系统，地球同步卫星导航系统发播的信号应提供良好的测距条件。如前所述，伪随机噪声码可以满足高精度测距的要求。由于要把定位结果告知用户，显然须具备通信功能。从通信的角度，地球同步卫星导航系统是 $1 \sim N$ 的多路系统(N 为要求定位的用户数)，地面中心站应该具有识别不同用户的能力，用户机也应具有相应的识别能力，以从地面中心站发播信号的众多定位信息中选取本机的定位结果。这就要求每台用户机具有唯一的编码地址。既然系统必须具有通信功能，可以附加系统内的简短报文通信(含地面中心站转发信息)。此外，当用户具有自行测定高程的能力时，应可以将高程测定值报告中心站，以利于解算。

不同的系统设计可以有不同的信号格式，但它应满足系统功能的要求。一般可以将信号格式分为询问信号和应答信号。其中，询问信号还包括发送给用户机的定位信息和简短通信(转发的或公共的)信息，应答信号还可以包括发送的通信信息和用户机高程信息。

(一)载波和伪随机码调制

同步卫星的主要功能是信号转发：它接收地面中心站的询问信号，转发至用户机；也接收用户机的应答信号，转发至地面中心站。由于卫星距地面很远，它的工作状态一般为低功率接收和高功率发射；为了避免干扰，通常采用不同的载波频率。一般需要采用四个不同的频段，频段如下：

(1) f_1 为地面中心至卫星(上行)的频段。

(2) f_2 为卫星至用户机(下行)的频段。

(3) f_3 为用户机至卫星(上行)的频段。

(4) f_4 为卫星至地面中心站(下行)的频段。

为减少云雨吸收，可以优先选择 L 频段，也可选择 S 频段。

也可使用双频，以求得电离层延迟修正，但这将占用更多的频率资源，并削减用户机容量。

为了进行高精度测距，使用伪随机噪声码(伪码)对载波进行调制。所用伪随机噪声码的频率(码频)越高，测距精度也越高，但载波将占用的带宽也越大。如第三章所述，其带宽为码频的 2 倍(正负码频)，伪码一般选用 10 级到 20 级的戈尔德(Gold)码。

为了进行地面中心站与用户机间的通信，还应对伪码进行二次调制(伪码也称为副载波)，形成导航(通信)电文。导航电文可以分为询问电文和应答电文，前者是地面中心站发出的询问信号，后者是用户机收到询问信号后要求定位的应答信号。

为了使用户可以在任意时刻进行定位响应，询问信号应该是连续发播的短小子帧（如几十毫秒）。该子帧内应包括信号标志、子帧编号，发往指定用户的地址码、定位（和定时）结果和简短报文。

应答信号也是一组短码，它应包括信号标志、响应的子帧编号、用户机地址、自测高程数据（如果有）、简短报文和收信地址码。

为了保密，还可以在信号中加入密码。

(二)基本观测量及其数学模型

如式(5-5)、式(5-7)所示，地球同步卫星导航系统的三个观测量有两类(图 5-2)：一类是依计算传播路径延迟取得的（两个观测量），一类是靠用户测高或地面中心站的高程数据库取得的（一个观测量）。

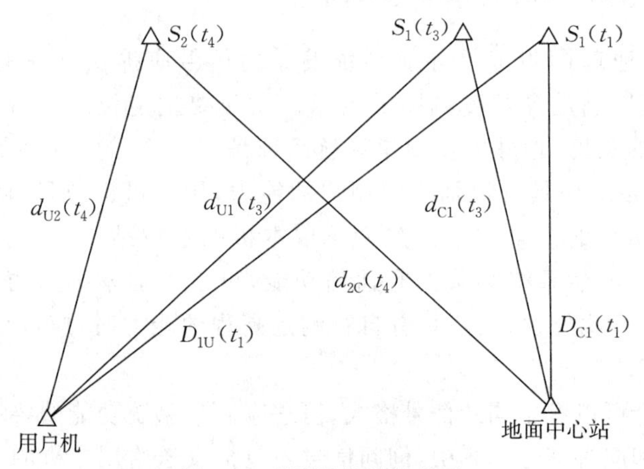

图 5-2　观测量的数学模型

观测量 S_1、S_2 是由发播询问信号与接收应答信号的时刻差取得传播延迟，再乘以光速计算得到的。它的数学模型应考虑到纳秒(ns)量级(1 ns 对应 0.3 m)。由于用户机及卫星可能存在运动，也需要考虑时间因素。此时，传播路径距离公式为

$$\begin{aligned} S_1 &= D_{C1}(t_1) + c\delta t_{S_1}(t_1) + D_{1U}(t_1) + c\delta t_U(t_2) + d_{U1}(t_3) + c\delta t_{S_1}(t_3) + d_{1C}(t_3) \\ S_2 &= D_{C1}(t_1) + c\delta t_{S_1}(t_1) + D_{1U}(t_1) + c\delta t_U(t_2) + d_{U2}(t_4) + c\delta t_{S_2}(t_4) + d_{2C}(t_4) \end{aligned} \tag{5-8}$$

式中，t_1 表示卫星 S_1 接收地面中心站询问信号并转发信号的时刻；t_2 表示用户机接收卫星 S_1 转发询问信号的时刻；t_3 表示卫星 S_1 转发应答信号的时刻；t_4 表示卫星 S_2 转发应答信号的时刻；δt_{S_1} 表示卫星 S_1 转发信息的时延，它在 t_1 和 t_3 时刻可以具有不同的值；δt_{S_2} 表示卫星 S_2 转发信号的时延；δt_U 表示用户机转发信号的时延；c 表示光速；D_{C1}、D_{1U} 分别表示第一颗卫星到地面中心站和用户机的距离；d_{U1}、d_{1C}、d_{U2}、d_{2C} 表示距离，两个下标分别表示距离的起点和终点。

图 5-2 夸张地显示了卫星在不同时刻可能具有的不同位置。同样，同一卫星的转发时延在不同的时刻也可以具有不同的值。

距离可以用点的坐标表示，如

$$\left.\begin{aligned}
d_{U1}(t_3) &= \sqrt{(x^{S_1}(t_3)-x_U(t_2))^2+(y^{S_1}(t_3)-y_U(t_2))^2+(z^{S_1}(t_3)-z_U(t_2))^2}\\
d_{1C}(t_3) &= \sqrt{(x^{S_1}(t_3)-x_C)^2+(y^{S_1}(t_3)-y_C)^2+(z^{S_1}(t_3)-z_C)^2}\\
d_{U2}(t_4) &= \sqrt{(x^{S_2}(t_4)-x_U(t_2))^2+(y^{S_2}(t_4)-y_U(t_2))^2+(z^{S_2}(t_4)-z_U(t_2))^2}\\
d_{2C}(t_4) &= \sqrt{(x^{S_2}(t_4)-x_C)^2+(y^{S_2}(t_4)-y_C)^2+(z^{S_2}(t_4)-z_C)^2}\\
D_{C1}(t_1) &= \sqrt{(x^{S_1}(t_1)-x_C)^2+(y^{S_1}(t_1)-y_C)^2+(z^{S_1}(t_1)-z_C)^2}\\
D_{1U}(t_1) &= \sqrt{(x^{S_1}(t_1)-x_U(t_2))^2+(y^{S_1}(t_1)-y_U(t_2))^2+(z^{S_1}(t_1)-z_U(t_2))^2}
\end{aligned}\right\} \tag{5-9}$$

式中，上标表示卫星号，下标 C 表示地面中心站，下标 U 表示用户机。其中，计算卫星位置的时间参数在已知用户机概略位置和询问信号发播时刻的情况下可以计算。

准确地描述用户机到坐标原点的距离为

$$S_3 = r + h\cos\theta \tag{5-10}$$

式中，r 为用户机在参考椭球面上的投影到坐标系原点的距离，h 为用户机所在点的大地高，θ 为用户机所在点的矢径与参考椭球法线的夹角。第三观测量的数学模型为

$$r + h\cos\theta = \sqrt{(x_U)^2+(y_U)^2+(z_U)^2} \tag{5-11}$$

前文给出用户机接收卫星 S_1 的询问信号，并向两颗卫星发射了应答信号的情况。同样可以给出用户机接收卫星 S_2 的询问信号，并向两颗卫星发射了应答信号的情况，公式为

$$S_1 = D_{C2}(t_1) + c\delta t_{S_2}(t_1) + D_{2U}(t_1) + c\delta t_U(t_2) + d_{U1}(t_3) + c\delta t_{S_1}(t_3) + d_{1C}(t_3)$$

$$S_2 = D_{C2}(t_1) + c\delta t_{S_2}(t_1) + D_{2U}(t_1) + c\delta t_U(t_2) + d_{U2}(t_4) + c\delta t_{S_2}(t_4) + d_{2C}(t_4)$$

由于每颗卫星都转发询问信号，在两颗卫星信号的共同覆盖区内用户机可以接收到两个询问信号。原则上，不论应答哪一个信号都是可行的，只需要在子帧编号的编码中指明。考虑到观测量的精度，在用户已知概略经度时，可以由用户选定应答距离用户较近的卫星信号（此时高度角较大，受大气影响较小）。理论上，还可以对两个询问信号都应答，这样可以少许提高定位精度，但加大了地面中心站的信号接收和处理量（只用于个别测轨或标校站接收机）。

三、同步卫星导航系统的定位定时解算

（一）坐标系统

从前述原理可知，同步卫星导航是使用距离进行定位解算的。由于距离是标量，与坐标系选择无关，理论上可以任选坐标系统，只是要求所有坐标的坐标系统统一，使用地图采用的参考坐标系可使用户更方便。但应注意，如果卫星位置是采用轨道方法计算的，在计算中若采用地心坐标系，其结果应转化为所使用的参考坐标系。

目前使用的高程属正常高系统，用户所测得的高程也多为此系统，须将正常高改化为大地高才能较准确地得到式(5-11)的观测方程。

在问题讨论中，常用点位坐标的表示形式不同，如直角坐标系 (x, y, z)、大地坐标系(B, L, H) 和球面坐标系(r, α, δ)。而上述坐标系的换算问题，参见第一章第三节，其中涉及的转换公式如表 5-4 所示。

表 5-4 坐标系转换公式

直角坐标系转换为球面坐标系	球面坐标系转换为直角坐标系
$r=\sqrt{x^2+y^2+z^2}$ $\alpha=\arctan\dfrac{y}{x}$ $\delta=\arctan\dfrac{z}{\sqrt{x^2+y^2}}$	$x=r\cos\alpha\cos\delta$ $y=r\sin\alpha\cos\delta$ $z=r\sin\delta$
直角坐标系转换为大地坐标系	**大地坐标系转换为直角坐标系**
$B=\arctan\dfrac{z(N+H)}{\sqrt{x^2+y^2}[N(1-e^2)+H]}$ $L=\arctan\dfrac{y}{x}$ $H=\dfrac{z}{\sin B}-N(1-e^2)$	$x=(N+H)\cos B\cos L$ $y=(N+H)\cos B\sin L$ $z=[N(1-e^2)+H]\sin B$

表 5-4 中，N 为该点卯酉圈曲率半径，e 为椭球的第一偏心率，且有

$$N=\frac{a}{\sqrt{1-e^2\sin^2B}}$$

$$e^2=\frac{a^2-b^2}{a^2}$$

在讨论中，这三种点位的表示方法是等效的，可以互化，只须知其一种表示(坐标)，即可认为其他坐标也是已知的。

(二)高程化算

一般而言，可以得到的观测量是高程，需要经化算才可得到如式(5-11)所示的用户机到坐标系原点的距离。与时间的精度要求相应，化算中的精度要求可以达到分米级。描述用户机到坐标原点的距离公式为

$$S_3=r+h\cos\theta$$

式中

$$\theta=B-\varphi$$

$$\tan\varphi=(1-e^2)\tan B$$

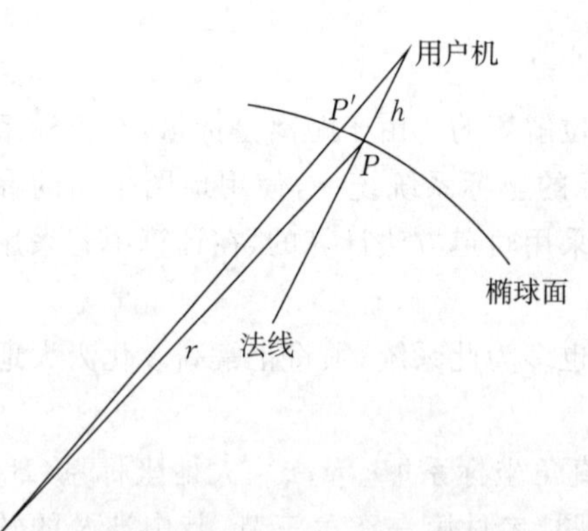

图 5-3 用户机矢径与其近似表示

当纬度为 45°时，φ 与 B 的差值最大，但 θ 也仅为 0.2°，其余弦函数与 1 之差小于 10^{-5}，在实际工作中可以不予考虑。此时公式可写为

$$S_3=r+h \tag{5-12}$$

$$r=a\left(1-\frac{e^2}{2}\sin^2B+\frac{e^4}{4}\sin^2B-\frac{5}{8}e^4\sin^4B\right) \tag{5-13}$$

式(5-12)所求得的 r 是用户机沿法线到椭球上的投影点与坐标系原点的距离，并非严格地等于用户机与原点连线上椭球交点到原点的距离，它们的差异如图 5-3 所示。

如前述，$\theta = B - \varphi$ 小于 0.2°，当高程 h 为 3 000 m 时，PP' 约为 10 m，这相当于式(5-13)中纬度 B 引入 0.3″的误差，它引起 r 的误差为 10^{-8}，其量级小于分米，可以略而不计。

和高程相关的观测量化算需要已知位置(分量 B)，且高程化算与位置求解是一个迭代的过程。

(三)用户测定高程的定位解算

定位解算涉及卫星位置计算和用户位置解算。在定位解算中，认为卫星位置、中心站位置和各信号转发时延已知。当用户测定自身高程，并通过应答信号报告中心站时，需要解算式(5-8)和式(5-11)。

和所有卫星导航系统一样，进行定位解算首先要计算卫星位置。为了方便，卫星导航定位解算一般在地固坐标系内进行，但按动力法定轨及按卫星轨道计算卫星位置一般在天球坐标系内进行。在天球坐标系内，地球同步卫星位置不是固定的，而是随时间而快速变化的。在式(5-8)中，所有卫星位置(坐标)都被赋以时间参数，应根据相应时间参数计算卫星位置。有关卫星定轨和卫星位置的计算与其他高轨卫星没有原则区别，只是区域性导航系统的定轨观测站多局限于局部地区。与其他卫星不同的是，地球同步卫星只在局部地区设有定轨观测站(测轨站)的情况下，其轨道跟踪不是局部弧段而是全弧段，也就是说其定轨精度并不会因此降低。当然，这种局部地区也应具有相当的跨度。

基于式(5-8)和式(5-11)的定位解算可以有不同的方法，这里只讨论其中一种。

式(5-8)中，仅 d_{U1}、d_{U2} 含有待解参数 x_U、y_U、z_U，其余都为已知值，S_1 为观测量；式(5-10)、式(5-11)中，右端含有待解参数 x_U、y_U、z_U，左端 S_3 为观测量。为了方便其他问题的讨论，采用与其他导航系统相似的解算方法，对上述方程进行线性化，得

$$\left.\begin{aligned}&e_x^1(t_3)\delta x + e_y^1(t_3)\delta y + e_z^1(t_3)\delta z +\\&\qquad F(r^1(t_1), r^1(t_3), R_C, R_U^0, \delta t_{S_1}(t_1), t_U(t_2), \delta t_{S_1}(t_3)) - S_1 = 0\\&e_x^2(t_4)\delta x + e_y^2(t_4)\delta y + e_z^2(t_4)\delta z +\\&\qquad F(r^2(t_1), r^2(t_4), R_C, R_U^0, \delta t_{S_2}(t_1), t_U(t_2), \delta t_{S_2}(t_4)) - S_2 = 0\\&\cos L\cos B\delta x + \sin L\cos B\delta y + \sin B\delta z + F(R_U^0) - S_3 = 0\end{aligned}\right\} \tag{5-14}$$

式中，$e_x^1(t_3)$ 表示在 t_3 时刻 1 号卫星对 X 轴的方向余弦；B、L 为用户机所在位置的经、纬度；δt 按其上下标，可分为卫星或用户机的转发延迟；$F(c_1, c_2, \cdots, c_n)$ 为以诸参数 c_i 为参变量(包括用户站位置的近似值 R_U^0) 按式(5-8)或式(5-11)计算的函数值。式(5-14)为二元一次方程组，可解。但因近似值的不精确，须进行迭代。式(5-14)可简写为

$$\begin{aligned}&e_x^1(t_3)\delta x + e_y^1(t_3)\delta y + e_z^1(t_3)\delta z + l^1 = 0\\&e_x^2(t_4)\delta x + e_y^2(t_4)\delta y + e_z^2(t_4)\delta z + l^2 = 0\\&\cos L\cos B\delta x + \sin L\cos B\delta y + \sin B\delta z + l^3 = 0\end{aligned}$$

或

$$\boldsymbol{AX} + \boldsymbol{L} = \boldsymbol{0} \tag{5-15}$$

$$\boldsymbol{A} = \begin{bmatrix} e_x^1 & e_y^1 & e_z^1 \\ e_x^2 & e_y^2 & e_z^2 \\ e_{ux} & e_{uy} & e_{uz} \end{bmatrix}, \quad \boldsymbol{X} = \begin{bmatrix} \delta x \\ \delta y \\ \delta z \end{bmatrix}, \quad \boldsymbol{L} = \begin{bmatrix} F_1 - S_1 \\ F_2 - S_2 \\ F_3 - S_3 \end{bmatrix}$$

$$\boldsymbol{X} = \boldsymbol{A}^{-1}\boldsymbol{L}$$

海面航行的舰船也是自行测定高程进行定位，在计算用户机高程时应顾及海面高(高程异

常)、潮汐等因素,其高程的精度可以达到 1～3 m。

(四)高程数据库支持下的定位解算

一般而言,用户自测高程的精度不高,且要求用户机带有相应设备。另一工作方式是用户机不具备自测高程能力,只是应答卫星发播的询问信号,供中心站测定距离。由于只有两个观测量,需要由中心站提供用户机所在点的高程。此时,中心站应备有高程数据库。高程数据库包括一系列按经纬度,以及其对应的高程值,可以经纬度为参数查出相应点的高程值。

考虑到高程库的建设工作量及库容量,通常是以服务区内一定位置间隔提取分布的离散高程值。例如,经纬度间隔为 1″或 2″,它大约对应 30～60 m 的位置间隔,可以自地图(纸质地图或数字地图)读取、建库。这样的高程数据库是相当庞大的(库容量及工作量),如在我国及周边地区的高程数据库可以达到十几到几十千兆字节,通常采用一定的算法进行压缩存储(读取时进行解压)。

由于高程数据库是以离散的经纬度为参数建立的,需要读取高程的地方,其经纬度通常不恰好是库中的经纬度值,如高程数据库是以经纬度整秒列出的高程值,要提取高程的地点的经纬度一般不为整秒,这就需要进行双引数的插值。例如,可以进行简单内插或二次曲面插值。二次曲面插值模型可选为

$$h = h_0 + a_1 X + a_2 X^2 + b_1 Y + b_2 Y^2 \tag{5-16}$$

式中,X、Y 为与参考点的坐标差。参考点的选择是任意的,目的是简化计算。式(5-16)有 5 个待定参数,选择 5 个节点(库中列出的经纬度及其高程的点)即可确定这些参数。也可以选择多于 5 个节点(如 9 个节点),以最小二乘法确定这些参数。

实际工作中可以欲读取高程的点(经纬度)作为参考点,在此点附近选择 9 个节点,依式(5-16)进行最小二乘求解,其中 h_0 即为所求高程。

高程数据库提供了依经纬度读取该点高程的功能,已知用户机的点位坐标即可得到经纬度,进而得到高程。但在定位解算中,观测只能得到用户机到两颗卫星的距离,只有已知高程时,利用式(5-15)才可解得用户机坐标。问题归结为已知用户机高程才能解算坐标,而求定用户机高程时又须已知其坐标。对于这样的问题可以采用迭代解法(图 5-4),即首先以用户机的概略位置和高程(如覆盖区内的平均椭球面地心距和高程)通过式(5-12)及式(5-13)取得第三个观测量 S_3,求解用户机位置。这样求得的位置显然是不精确的,再以此位置在高程数据库中查取对应的高程(该高程比前一次的高程更精确些)和地心矢径,重复求解可以得到更精确的位置。如此迭代,直到所解的位置与前次位置解的差别小于所设定的值(如为系统设计导航精度的一半)。

应注意的是,解算过程所使用的用户机高程都应是大地高,所解出的高程也是大地高。使用地形图建库时,为了方便,也可以按照正常高建库(按经纬度提取正常高),但需要另建高程异常库,以便将正常高改化为大地高用于解算。这里所求得的高程是高程数据库读取的高程,如按正常高建库,则给出的是正常高;如用户需要大地高,则在定位电文中还应附加高程异常,由用户机自行改化为大地高。

四、精度估算

(一)同步卫星导航系统的主要误差源

和其他卫星导航系统相似,同步卫星导航系统可以把各种误差源归化为等效测距误差,并

依此估计它对导航定位精度的影响。同步卫星导航系统的主要误差源有卫星位置误差、大气传播延迟修正残差、转发延迟、用户机高程测定误差(数据库误差)和用户机测距误差等。

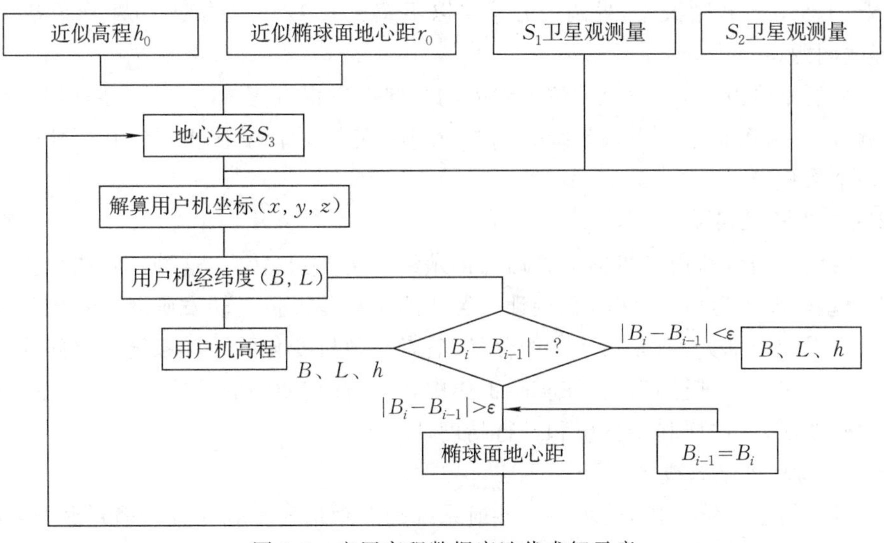

图 5-4　应用高程数据库迭代求解示意

1．用户机测距误差

用户机测距误差包括两部分:一部分是地面中心站接收用户应答信号并进行相关处理(捕获)取得总传播延迟的测定误差(化算为距离);另一部分是用户机接收询问信号后发播应答信号的时间延迟,或称为应答延迟。

传播延迟测定误差取决于码频率(或码元宽度)、地面中心站相关处理精度。由于各个用户的相关处理都是在地面中心站进行的,故应答信号不会很长,与采用的"捕获锁定"的工作方式不同,一般而言它的相关处理精度低于捕获锁定工作方式。对于不同的设计和电子器件水平,相关处理误差会有差异。可以粗略地进行估计:当码频率为 4 MHz 时,相关处理的测距等效误差大约为 3～5 m。

用户机应答延迟可以分为系统性延迟和随机延迟。系统性延迟指应答延迟中不变的分量,随机延迟指随时间而不断变化的部分。在实际工作中:系统性延迟可以在出厂时给出检定值,作为常差修正;随机延迟则是经修正后的残差,它主要是随机变化部分,但也包括检定误差和检定后的变化部分(不完全是随机特性)。引起导航定位误差的主要是随机延迟。不同用户机可以有不同的误差量级,一般估计其等效测距误差可以达到 2～5 m。

2．卫星位置误差

卫星位置误差也可以归化为等效测距误差,如果把卫星位置误差分解为沿观测方向的 δ_r 、垂直于观测方向且与运动方向在一平面的 δ_t 和按右手规则垂直于前两方向的 δ_n 这三个分量。从式(5-14)可以看出其对定位的影响:一方面是体现在 δ_r 直接影响方程的最后一项 S_3 的测距误差;另一方面是两分量 δ_t 和 δ_r 影响卫星观测方向的方向余弦,即方程式的前三项。由于地球同步卫星的高度为 36 000 km, δ_t 和 δ_r 为 3 km 时其对方向余弦的影响不超过 10^{-5}。作为未知改正数的系数,其影响取决于改正数本身的量级,在迭代过程中它会不断减小,可以认为它对导航定位不产生实质性影响。

一般卫星位置误差还可分解为沿相对地心矢径方向的径向分量 δ_S、在卫星瞬时轨道面垂直于矢径并指向卫星运动方向 δ_T 和沿轨道面法线并按右手规则取向的 δ_W。例如，在我国及周边地区：卫星的观测方向和地心矢径的夹角不超过 7°，卫星位置误差的径向分量将以不小于其 99.2%计入等效测距误差，另两个分量将以不超过其 12%以内变化(主要取决于所在地区)计入等效测距误差。

由以上分析不难看出，一般卫星位置误差的径向分量将直接影响等效测距误差，其他两分量也有影响，但其将以小于一个数量级影响等效测距误差。幸好卫星定轨中一般径向分量的精度约高一个数量级。

3. *卫星转发延迟误差*

中心站的询问信号和用户机的应答信号都须经卫星变频、转发，这种转发往往会产生信号延迟，称为卫星转发延迟误差，它将直接计入等效测距误差。卫星转发延迟误差也可分为系统性误差和随机误差两部分，前者指不变的分量，后者是随机变化的。其系统误差部分可以通过出厂测定和运行中标校进行修正。在实际工作中，常以标校期间的常值分量作为系统性误差，其余作为随机性误差，这样利于分析和进行精度评估。

4. *大气传播延迟修正残差*

和所有卫星导航系统一样，同步卫星导航系统的测距信号受到大气传播延迟的影响，包括电离层和对流层的影响。同步卫星导航定位同样也须进行一定的修正，计入等效测距误差的是其修正后的残差。尽管同步卫星导航系统使用了多种频率(如包括上行和下行共 4 种频率)，但实际只能取得一个测距观测量，它不能使用双频或多频求定电离层修正。通常使用模型修正电离层延迟，这种模型可以是固定参数的(精度较低)，也可通过其他手段准实时提供模型参数(精度较高，但需要测定网)。对流层通常使用数值模型修正，其所需要的气象数据视用户设备，可以是实测的也可以是相对固定的(后者精度较低)。

同步卫星导航系统也提供了一定的有利条件，即在不太大的地域内各用户站观测相同的卫星，该区域对卫星的观测方向变化不大。也就是说，在一定的地域内，大气传播延迟具有较强的系统性，这就给差分定位方法的利用提供了很有利的条件。

5. *用户机高程测定误差*

同步卫星导航系统的高程是另行测定的，它不属于可以归化为等效测距误差的误差源，其测定误差是以另一类观测量的误差来影响定位结果的。

如前述，用户机高程可以通过两种方式取得，对定位精度估计而言，其差别是误差的量级可能不同。使用气压高程测定用户机高程，其误差对于不大的区域有较大的系统性，一般精度为几十米；如果设有地区性标校站，其精度可以达到数米，但这需要服务区内有大量的标校网站。

采用高程数据库迭代读取的高程精度取决于高程数据库的精度。这种高密度(如 2″×2″)的数据库往往使用地形图读取，应该说明的是原地形图的高程误差仅是这里所说高程误差的一部分(也许是主要部分)，它还应包括由地形图采集数据的网格化(拟合插值)，以及用网格点通过拟合插值取得用户机位置高程这一过程所带来的误差。由于地形的高程变化是极不规则的，对于不同地理特征的地区，这种两次拟合插值附加的误差可以有较大的不同，一般估计由高程数据库读取高程的误差约为 5～10 m。在海上可以取得更好的高程精度。

(二)导航定位解的精度预估

可以使用与其他卫星导航系统定位类似的方法，估算同步卫星导航系统的精度衰减因

子，即

$$A=\begin{bmatrix} e_x^1 & e_y^1 & e_z^1 \\ e_x^2 & e_y^2 & e_z^2 \\ \cos L\cos B & \sin L\cos B & \sin B \end{bmatrix}$$

定义通过卫星取得的距离观测 S_1、S_2 的权为1；定义通过高程测定取得的观测量 S_3 的权 p_3，按其与距离观测量误差的反比平方定权。涉及的变量和公式如下

$$P=\begin{bmatrix} 1 & 0 & 0 \\ 0 & 1 & 0 \\ 0 & 0 & p_3 \end{bmatrix}$$

$$Q=(A^{\mathrm{T}}PA)^{-1}$$

$$m_x=\sqrt{q_{11}}$$

$$m_y=\sqrt{q_{22}}$$

$$m_z=\sqrt{q_{33}}$$

$$PDOP=\sqrt{q_{11}+q_{22}+q_{33}}$$

$$VDOP=\sqrt{\frac{\boldsymbol{r}\cdot\boldsymbol{q}}{|\boldsymbol{r}|}}$$

$$\boldsymbol{q}=\begin{bmatrix} q_{11} \\ q_{22} \\ q_{33} \end{bmatrix}$$

$$HDOP=\sqrt{PDOP^2-VDOP^2}$$

式中，q_{ii} 是矩阵 Q 的对角线元素。仿照第四章中的方法可以得到位置精度衰减因子。

依精度衰减因子估计定位误差，得

$$m_{\mathrm{P}}=m_0 PDOP$$

$$m_{\mathrm{H}}=m_0 HDOP$$

$$m_{\mathrm{V}}=m_0 VDOP$$

式中，m_0 为单位权中误差，依前述定义即为测距误差。

可以在覆盖范围(服务区)内逐点(离散地)计算精度衰减因子，它有助于全面了解系统的精度分布，这对于系统的设计、管理、计划有一定意义。

图5-5是一个例子，在计算中假定测距精度为7.5 m，高程读取精度为7.5 m。假定地球同步卫星定点经度为82.5°和142.5°。图5-5是按1°×1°地域计算的，2、3、4、5表示在数字所在位置的定位精度分别优于20 m、30 m、40 m、50 m，0表示优于100 m，A 表示大于100 m。

图5-5只是我国及周边地区的几何精度情况，并未考虑卫星发播信号的覆盖。从图5-5中可以看出，其定位精度是不均匀的：北部定位精度较高，为10～20 m；大约北纬18°～30°处，定位精度下降到20～30 m；北纬10°～18°处，定位精度约为40～50 m；5°以南为百米量级。这是因为越靠近赤道，用户到卫星的观测矢量与地心向径越接近于在一个平面上，解的几何强度降低(海上用户因高程精度的提高，定位精度可以高一些)。当用户在赤道时无解(或精度极低)。

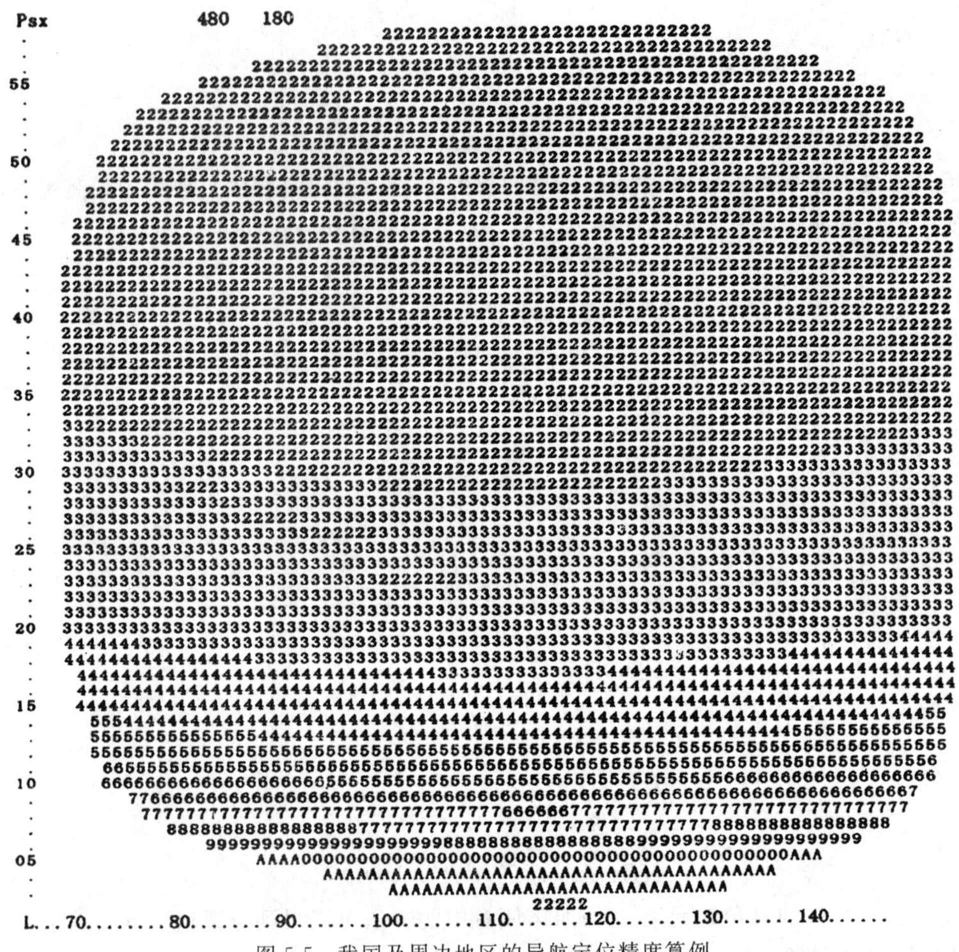

图 5-5　我国及周边地区的导航定位精度算例

五、同步卫星导航系统的差分导航

同步卫星导航系统的主要误差源中系统性误差占有很大成分。例如：

大气影响在不大的范围内具有较强的系统性。不论是对流层还是电离层，由于在不大的范围内卫星的观测方向变化不大，天顶延迟值变化也不大，且观测的卫星相同，故其大气传播延迟修正残差带有较强的系统性。

卫星位置误差的径向投影(等效测距误差)取决于卫星的观测方向，不大范围内卫星观测方向的变化不大，故卫星位置误差也具有较强的系统性。

卫星信号转发延迟误差包含系统误差部分和随机误差部分，实际工作中可以分为常值部分和变化部分。常值部分指在两次标校期间内的常值分量，其余为变化部分。差分地面参考站(标校站)有不同的采样频率，其间的常值部分所占比率可能不同，即采样频率越高其常值部分所占比率越大。

用户机信号转发延迟误差也可以于出厂时进行标校，也可以在已知点上以多次定位形式进行标校。和卫星转发延迟一样，用户机转发延迟可以分为常值部分和变化部分。显然，用户机的标校间隔要大得多。虽然它的标校值是属于特定用户机的，但其标校数据要存储于地面中心站，且也只在地面中心站应用。

用户机测距误差主要是随机误差，使用差分方法不能削弱，而且会以约 1.4 倍增加。

表 5-5 列出了主要误差源及其特性（常值误差或随机误差）。

表 5-5 主要误差源及其统计特性

误差源	量值估计/m	统计特性	差分效果
电离层延迟修正残差	5～7	系统性强	好
对流层延迟修正残差	2～5	系统性较强	较好
卫星位置误差	3～7	系统性强	好
卫星信号转发延迟误差	1～3	系统性强	好
用户机信号转发延迟误差	1～3	系统、随机	一般
用户机测距误差	3～5	随机性强	误差叠加
用户机高程测定误差	5～7	系统性强	几乎无效

表 5-5 中量值估计一栏只是粗略估计，不同设计、制造工艺和器件间会有很大差异。从表 5-5 中可以看出，差分对于大气传播延迟修正残差、卫星位置误差、卫星信号转发延迟误差等系统性较强的误差源有较好的效果。对于用户机信号转发延迟误差，差分不但不能削弱其影响，反而会使误差叠加。在差分定位中其随机部分叠加，系统部分削弱，可能效果不明显。如果粗略估计其差分效果，结果见表 5-6。

表 5-6 主要误差源等效测距误差差分效果的粗略估计 单位：m

误差源	单点定位	差分定位
大气传播延迟修正残差	7	1.5
卫星位置误差	4	1
卫星信号转发延迟误差	2	0.5
用户机信号转发延迟误差	2	2
用户机测距误差	4	5.6
合计	9.43	6.23

表 5-6 为主要误差源等效测距误差差分效果的粗略估计。从表 5-6 中可以看出，差分可以降低等效测距误差约 40%，提高差分定位精度的关键是降低随机误差部分，主要是用户机测距误差。由于同步卫星导航系统的测距信号很短，进一步提高测距精度在技术上可能受到一定限制。用户机高程测定误差（不论是自测或由地面中心用高程数据库迭代）不属于等效测距误差，并未统计在内，即实际定位精度的提高不足 40%。

从系统设计的角度，与其说采用差分定位是为了提高定位精度，不如说采用差分定位是为了降低系统的部分技术指标要求。例如，卫星位置精度、卫星信号转发延迟和电离层延迟修正参数测定精度等技术指标，它们大都带有很强的系统性，而在差分定位中，可以放宽这些技术指标要求。

同步卫星导航系统是由地面中心站进行定位处理的，不必把差分改正数或差分参数向用户发播，可以直接在中心站处理，这是较其他卫星系统的方便之处。此外，众多差分站的观测数据可以通过系统的简短通信功能传至地面中心站，不必另备数据通信链。

事实上，可以在覆盖（服务）区内按一定距离（如 200 km）布设差分参考网站（标校网站），这些差分参考网站按一定时间间隔进行定位观测（实际上是定位申请），由地面中心站以坐标差分的模式求出一系列离散点位的坐标差分改正数。对于任意用户，可以通过插值求得该用户机的差分改正数，在定位解算后修正。由于大部分系统误差源在不大的地域内大体呈规律性（函数）变化，又不存在观测不同卫星的问题，这样的坐标差分可能取得较好的效果。

六、同步卫星导航系统的技术特点

卫星星座是卫星导航系统的重要组成部分，也是投入最大的部分。同步卫星导航系统只需要两颗卫星，与其他卫星导航系统（如 GPS、GLONASS 为 24 颗卫星）相较，是投入经费最少的。除了它是区域性导航系统之外，对于体制不同的卫星导航系统显然会有一些技术特点，有些特点可能是其他系统所不具备的优点，有些也可能是不足。

（一）具有简短通信功能

同步卫星导航系统具有简短通信功能，该功能在满足系统本身需要的同时，还有重要的应用价值。应用广泛的实时指挥、调度系统需要用户向指挥部或调度室及时报告所在位置。一般导航系统需要另外的数据通信链路，而所需的附加的设备不但增加了用户的成本，也增大了用户设备体积。同步卫星导航系统本身具备的功能可以满足这样的要求，而且通信链路具有很好的可靠性。

（二）简化卫星载荷和用户机的技术要求

卫星的主要功能是进行信号的转发，包括接收地面中心站询问信号并转发给用户，以及接收用户应答信号转发给地面中心站。用户机则主要接收来自卫星的询问信号（包括定位结果）和转发应答信号。对于星上设备和用户机，其技术要求是简洁。但对某些军事应用而言，用户机发射信号可能是不利因素。

（三）天然的差分系统

同步卫星导航系统的简短通信功能为实现差分导航定位提供了极方便的条件，轻易解决了一般差分导航需要另建数据通信链路的问题。在服务区内设置一定数量的差分参考站（可以是无人值守的用户机），以较少代价的地面建设降低系统的技术要求，并提高定位精度。如能提高用户测距精度，还具有较大幅度提高系统定位精度的潜力。

（四）可控性强

由于用户测距、定位解算、报文信息的传递都是由地面中心站进行的，便于地面中心站对用户机的控制。对于失控的用户机或不符合服务条件的用户机可以随时取消其导航定位和通信功能。这一技术特点不论对商业运营或军用都是有利的。

（五）地面中心站技术密集，用户量有一定限制

同步卫星导航系统集中在地面中心站，取得观测量并解算用户机位置，这就导致地面中心站技术密集。与此同时，地面中心站要通过出站信号（询问信号）调制众多用户机的导航解和简短通信，接收众多用户机的应答信号进行相关测距和定位解算。这些特点不可避免地将导致用户量受到一定的限制。应该说，以地面中心站技术密集简化星上设备和技术要求，以及使用户机得到某些简化，是系统设计的优点，而用户量的一定的限制又是系统的不足。

（六）精度分布不均，空中和动态用户精度较低

从图 5-5 可以看出系统的定位精度北高南低，在赤道附近精度最低，甚至无解。这是由卫星的空间几何性质所决定的，当用户在赤道时，卫星方向和地心矢径几乎共面，因此无解。

由于空中用户只能自行测定用户高程，较简单的测高设备又不易提供较高的测高精度，故

空中用户的定位精度将低于可利用高程数据库的地面用户和自测高程精度较高的海上用户。此外,由于从用户机转发应答信号到自下一次收到卫星转发的定位结果要经过4次地面到卫星的信号传播,这将大约耗时0.5 s,加之集中测距、解算也将占用一定时间,用户所得到的定位结果将是一定延迟时间以前的结果。估计这种延迟将大于0.5 s、小于1 s,这样的定位延迟对静态用户并无影响,对于动态用户则产生影响。就陆地和海上用户而言,当一般时速不大于100 km/h,1 s的延迟产生约28 m的误差,空中用户虽然时速较大,但如前述,其本身精度也低。用户机(或地面中心站)采用一定滤波算法可以进一步削弱这种影响。可以认为同步卫星导航系统用于动态用户只是在一定程度上降低导航定位精度,如果系统的设计精度为20 m,其降低幅度取决于运动速度,定位误差一般不超过原设计的1.7倍。

(七)陆地用户需要高程数据库的支持

陆地(也许是导航系统的大量用户)所需要的高程数据库有相当大的工作量,尽管在已有测量成果的基础上不需要太大的投资。此外,在特定地区不排除多值解的可能,幸好备有简单自测高部件(如气压高程计)的用户机可以大大减少这种机遇。

综合以上技术特点可以看出,同步卫星导航系统是性能投入比很高的系统。对于经济实力不强的国家也许是最佳的选择。与现有其他卫星导航系统相较,它具有一些技术优势,也有一些不足(对于投入甚小的系统不能要求十分完善)。

应该看到,这样的系统是在具有良好基础测量的支持下的卫星导航系统,否则地面高程数据库的建立将是十分浩大的工程。

第三节 区域卫星导航系统

从技术上讲,地球只有一个,一个性能良好、可向地球上任何地方提供导航服务的卫星导航系统就可以满足世界各地区(各国)的需要,如GPS。事实上早在GPS的研制期间,苏联就着手发展本国的全球卫星导航系统GLONASS,随后欧洲也计划发展自己的卫星导航系统。它们都是全球覆盖的,在主要技术上也相近。卫星导航的军事应用是世界上发展多种全球卫星导航系统的主要原因。

和其他导航系统相比,可以实现全球覆盖是卫星导航系统的特点,也是优点之一,但卫星导航系统也可以是区域性覆盖的。前述地球同步卫星导航系统即是区域覆盖的导航系统,它在导航原理和导航性能方面与全球覆盖的导航系统(如GPS、GLONASS等)有较大区别。也可以设计原理、性能和全球系统相似的区域性导航系统。作为以军用为主的卫星导航系统,一个国家或集团,选择全球性还是区域性系统应该与其军事战略相适应。

从技术上讲,区域性导航系统可以采用与全球系统相似的体制和技术,一般分为空间部分(卫星星座)、地面监测和数据处理部分,以及用户接收机部分。一般采用被动式导航定位(接收机只接收卫星信号,不发射信号),其导航数据链路为地面监测站—地面数据处理中心—地面注入站—卫星存储器—卫星发播导航信息—用户机测距及导航解算。

各部分的具体技术可以稍有不同,如所采用的伪随机噪声码测距码序列和捕获方式可以有所不同,采用的载波频率和码频率有所不同,导航电文的调制及编码不同,用户机的定位解算也会随之稍有不同。其中,码频率的不同可以导致伪距测量精度的不同和占用频带宽度的不同。尽管这些不同不完全是本质上的,但它足以使得不同导航系统间不兼容,实际上这种系统间的不兼容未必不是军事应用的需要。

区域导航系统和全球导航系统显著不同的是卫星星座的空间分布。卫星星座涉及导航定位精度、投入的大小和其他一些相关问题。由于在系统中卫星所需要的投入占很大比例，在所需覆盖区域内，卫星的利用率(轨道的可利用部分)是设计的重点问题。

一、一般原则和主要技术指标

对于任何系统，技术指标的选择都是至关重要的。对已定型的卫星导航系统，其主要技术指标是已经确定了的，问题的重点是在其技术指标的条件下如何充分、合理地被利用；对于设计阶段的导航系统，技术指标是可以变动的，问题的重点在于适用性、可行性和经济性。导航系统技术指标最主要的是系统的覆盖范围和导航精度。当然，还有其他技术指标，其中一些是满足覆盖范围和导航精度的派生指标，一些是相对独立的性能指标。

(一)一般原则

1. 适用性

所谓适用性就是对需求的满足。既然在已经存在全球导航系统的前提下发展区域性导航系统的主要目的是满足军事应用，这里主要涉及的就是对军事需求的满足或满足程度。

导航系统在现代战争中具有重要作用，但它本身不是作战实体，而是通过其他作战实体发挥其作用的，单一先进的导航系统并不能充分体现其军事效益。必须考虑本国军事战略思想、军队作战实力、作战范围、武器装备水平，并与之相匹配，才能发挥它在本国军事现代化中的作用。也就是说，不应孤立地追求导航系统性能、指标的高水平并为此而付出高代价。

考虑到军事需求的近期发展是必要的，事实上它是军事需求的组成部分。至于需求的远期发展，则应考虑如下因素：

(1)近期需求与远期需求应不同对待。现实的和近期的需求应在设计中尽量满足，对于远期需求则不是必须考虑的设计目标。哪个国家可投入的资金都是有限的，用“今年”的资金满足“后年”的需要，不如到“后年”再投入。此外，还应考虑科学技术的发展因素，使用“今年”的技术满足“后年”的需要，并为此增大投入，到“后年”该技术可能已经落后。

(2)卫星星座的组成卫星是不断更新的。因卫星寿命有限(如5年左右)，系统投入运行后，平均每年需要更新的卫星数为

$$N=\frac{\text{星座卫星总数}}{\text{卫星寿命}}$$

如果卫星总数为10，卫星寿命为5年，平均每年需要更新2颗卫星。卫星总数越多，每年需要更新的卫星数也越多。另一方面，不断更新卫星就提供了对卫星上设备及其性能更新的可能。也就是说，随着需求的提高和技术的发展，可以通过卫星的“自然”更新改善导航系统的性能。

有所为有所不为，军事需求是非常广泛的，不一定样样都作为设计的目标，要通盘考虑应用数量和对军事的作用，以及有无其他技术(非卫星导航技术)替代等。

2. 可行性

可行性涉及系统设计的成败，它涉及许多具体的主要技术问题及其技术途径。对一个国家的导航系统而言，主要是在本国技术基础上讨论其可行性(不排除部分引进和商业途径)。系统可行性涉及的问题很多，要结合系统的各个方面进行具体讨论。

3. 经济性

经济性可以从两方面考虑，一方面是投入额度，另一方面是性能投入比(含分期投入强

度）。投入额度要与国家经济实力和总体分配相适应，也可以看作经济可行性。在投入额度中不仅包括建设期间的投入，还应包括运行期间的投入。性能投入比指系统性能与总投入的比。一般就数学运算而言，性能与投入是不可比的，这里性能投入比往往指不同设计方案的性能提高与投入增加之比，也就是说常用的是不同设计方案性能的提高与投入的增加之比，用于不同设计方案的比较。一般而言，性能的提高往往伴随着投入的增大。例如，两个设计方案相较，系统的精度提高30%，总经费提高15%，则性能投入比为2；精度提高30%，而经费增加60%，则性能投入比为0.5。就性能投入比而言，前者优于后者。

实际工作中，这3种因素要综合考虑、权衡。评价一种区域性卫星导航系统不能只看其指标是否是最先进的，更主要的也许是要看其是否最符合一个国家的国情，包括战略需求、技术和经济实力。由于各个国家的情况不同，这样的设计也许更需要创造性。

（二）导航精度和覆盖范围

一个导航系统主要的技术指标是导航精度和覆盖范围。导航精度主要依需求而定，它应满足多数用户和重要用户对导航定位的精度要求。事实上，它是与可行性、经济性等因素综合考虑的结果。覆盖范围是指满足定位精度的、可提供导航服务的地理范围。由于区域性导航系统的定位精度在不同地区可能会有所不同，同一地区不同时间也会有较大差异，全系统给定的精度指标（如平均值或均方根值）会有一定的局限性，往往不能反映系统的实际情况或细部情况。从需求的角度，不同的地区也可能有不同的要求。例如，可以在全服务区内又分为重点地区和一般地区，重点地区可能是军事意义较大、要求较高的地区，一般地区则要求较低。重点地区和一般地区可以有不同的精度指标。

即使是这样区分重点地区和一般地区，在该地区内不同地点、不同时间的定位精度也会不同，给定重点地区或一般地区的精度，通常是指在该地区内的所有地点的统计精度都不低于该精度。如果以误差的均方根值描述定位精度，则区内任意地点的定位误差均方根小于某一限差σ，即可定义该地区的定位精度优于σ。这里使用“任意地点的定位误差均方根”是因为任何地点的定位误差在不同时间可能不同，在一个变化周期内该地点的全部定位误差（均匀采样）取均方根作为该点定位精度的描述。一点的精度描述也可以采用其他定义，如一个变化周期内该地点满足90%概率的统计值（统计期间90%的误差小于该值）。

考虑到动态用户的需求，导航系统的精度除了定位精度之外还有定速精度，给定方式与定位精度相似。例如，常采用如下方式给定导航系统的定位精度和定速精度指标：

（1）定义重点地区的范围（经度、纬度范围），给定重点地区定位、定速精度指标。

（2）定义一般地区的范围（经度、纬度范围），给定一般地区定位、定速精度指标。

（三）其他技术指标

卫星导航系统是多学科的复杂系统，涉及许多技术，也涉及许多技术指标，它们分别属于不同的学科、专业，详细讨论这些技术指标需要不同的专业知识。本书只对它们进行系统性介绍，以了解这些技术指标与系统总体的关系。

1. 载波频率与带宽

应用电磁波传播测距必须选择其工作频率和带宽。为提高测距精度，通常选择有较大差异的两个工作频率以求定电磁波传播的电离层延迟。一般选择的码频为两个频率的公因数。原则上载波频率可以是任何波段，但考虑到云雨吸收和载波测量的模糊参数求定方便，首选L波段或其临近波段。带宽的选择则取决于码频率，通常为码频率的2倍。在国际频率资源紧缺的情况下,载波频率的确定往往需要反复协商。

2. 码结构、码长、码频率

卫星导航系统使用伪随机噪声码测距,测距的分辨率取决于码频率。码频率越高,测距分辨率越高,但占用的载波带宽也越大。码结构和码长的选择关系到用户机的捕获方式与捕获时间。

3. 地面接收的信号功率

为保证地面用户机能可靠地接收卫星信号(包括低倾角接收),要确定地面接收信号的功率或信噪比,并作为卫星发射信号功率设计的依据。

4. 卫星钟性能指标

卫星钟的性能直接影响测距和测速精度,由于有地面监测站的支持,卫星钟的主要技术要求为稳定性指标,用户机工作中主要应用卫星钟参数(钟差、频偏、频漂)外推钟差或频率。卫星钟稳定性指标可分为长稳和短稳,用阿伦方差描述。

5. 卫星工作寿命

卫星的工作寿命关系到系统的运行经费,通常用平均卫星工作寿命描述。

6. 卫星定轨精度和卫星钟钟差参数测定精度

卫星定轨精度通过卫星位置误差影响导航定位精度。考虑到卫星位置误差的三个分量对定位影响有所不同,应对法向、切向和次法向分别给出指标(对近圆轨道也可以分为径向和其他两分量)。卫星钟钟差参数的测定与卫星轨道参数的测定都是通过地面监测站对卫星观测得到的,就区域卫星导航系统而言,影响卫星定轨精度和卫星钟钟差参数测定精度的主要因素是地面监测站分布的限制。

7. 测距精度、多普勒频移测定精度

测距精度或测距误差是用户接收机测量伪距的精度,它与卫星发播的码频率及接收机的电路设计有关,通常指在系统设计的码频率条件下的接收机测量伪距的精度。测距误差连同卫星位置误差、钟差、大气传播延迟等形成的等效测距误差一起组成总测距误差,总测距误差是以乘因子影响定位精度的(定位误差=总测距误差×几何精度衰减因子)。在差分定位模式下,接收机测距误差是影响系统精度的主要误差源。和测距误差影响定位精度相似,多普勒频移测定精度主要影响测速精度,但其他有影响的等效误差源少。

8. 导航电文比特率及误码率

导航电文调制于伪随机噪声码(副载波),它的电文码速率(比特率)与误码率有关。而比特率的确定又与电文内容、编码格式及接收机首次收到所需电文的时间等指标有关。

9. 捕获时间或首次定位时间

捕获时间指用户接收机单一通道锁定信号所需要的时间。由于接收机具有多通道,各通道(卫星)的信号质量不尽相同,且接收机定位并不需要所有通道均完成锁定。从应用(用户)的角度也许用首次定位时间更适宜。首次定位时间指从开机到首次定位所需的时间,是一种统计值(如平均值或最大值)。

10. 系统稳健性与可用度

卫星导航系统的众多卫星一般不能保证每颗、每时都正常工作。例如,当轨道漂移、偏离设计轨道较大时需要对卫星进行调轨,当卫星发射天线指向偏离设计服务区时需要对卫星进行调姿;不论哪种调整都需要启动卫星上的小型火箭,给卫星附加推力,在卫星轨道计算中称为推力摄动。尽管推力启动、推力大小和作用时间都是由地面指控中心控制的，还可以在通过测控系统由卫星执行后将有关参数传回地面，但其精度不能满足高精度导航卫星定轨的需要。由于动力学卫星定轨需要2～3天的观测数据，在该期间内卫星的轨道精度将严重下降，也可以说在此期间卫星不能正常工作或不健康。由于这种对卫星运动状态的调整是按照地面指控中心指令进行的，可以做好安排，使一段时间内只对一颗卫星进行调整。导航系统设计需要考虑存在一颗卫星轮流不工作时系统是否可用，如果精度降低，将降低到什么水平，常把这一过程称为系统稳健性设计。一个设计良好的导航系统在系统稳健性检验时应保持系统基本可用、精度下降不太大。系统可用性则不是这种“正常”的卫星不健康，而是由系统组成的各部分、各原器件发生不可预料故障的概率计算得出的。

二、卫星轨道选择及相关问题

选择一定数量卫星组成的卫星星座是保障卫星导航系统主要技术指标的基础，卫星的选择是重要一环。不论是全球系统还是区域系统，卫星导航系统的卫星体没有原则区别，它们应具有：

(1)高精度频标，是用作卫星发播信号的频率基准(载波、调制信号都是以此倍频产生的)。

(2)导航电文存储器，用于存储地面注入站发送的导航电文或导航信息。

(3)伪码和导航电文发生、调制、功放装置。

(4)无线电发射装置和定向的天线，用于向地面及近地空间发播导航信号。

(5)太阳能电池帆板、蓄电池，是卫星使用的电源和卫星进入地球阴影地区的电力供应。

(6)姿态控制系统，包括使太阳能电池帆板指向太阳和使天线指向地球的装置。

(7)小推力轨道保持系统。一般采用肼推进器以对轨道进行微调。

(8)卫星遥测遥控设备。

全球系统和区域系统的卫星轨道有可能不同。卫星轨道特性影响系统的覆盖，甚至精度。

(一)可供选择的卫星轨道类型

和全球卫星导航系统相比较，区域系统的卫星轨道选择有所不同。区域导航系统可供选用的卫星可以按其轨道特点来区分，主要有地球静止轨道卫星、倾斜地球同步轨道卫星(24小时周期)和中圆地球轨道卫星等。为更直观地研究其地面覆盖，通常在地球坐标系内讨论。

1. 地球静止轨道卫星

地球静止轨道(GEO)卫星也常称为地球同步卫星或同步卫星。地球同步卫星为圆形轨道($e=0$)，轨道面倾角为0($i=0$)。地球自转1周为恒星时24小时00分钟00.008秒(考虑了岁差导致的春分点西移)，化算为平太阳时为23小时56分钟04.099 3秒。自

$$T=2\pi\sqrt{\frac{\mu}{a^3}}$$

可求得地球同步卫星轨道的长半轴a约为42 164.03 km。由于发射的过程不可能精确地满足设计数据，而且存在各种摄动力，故卫星存在漂移，还需要小推力火箭实现系统对轨道的微调。

在天球坐标系中，地球同步卫星以地球自转一周的时间为周期不停地运转。由于地球坐标系相对天球坐标系的旋转周期也为地球自转一周的时间，且方向相同(卫星为顺斜轨道)，故在地球坐标系内地球同步卫星是不动的。由于它在赤道面上，故仅以卫星所在位置的经度就

可以明确卫星的轨道，如东经120°地球同步卫星。

由于地球同步卫星相对地球的位置固定，选择区域系统覆盖区附近（经度）的卫星可以长期保持固定的地面覆盖（所覆盖的地面可以观测到该卫星），在区域卫星导航系统中常被采用。但是不论选择多少这样的卫星，因其都在赤道面上，仅布设地球同步卫星不能取得正常的定位解，要和其他轨道的卫星共同组成卫星星座。

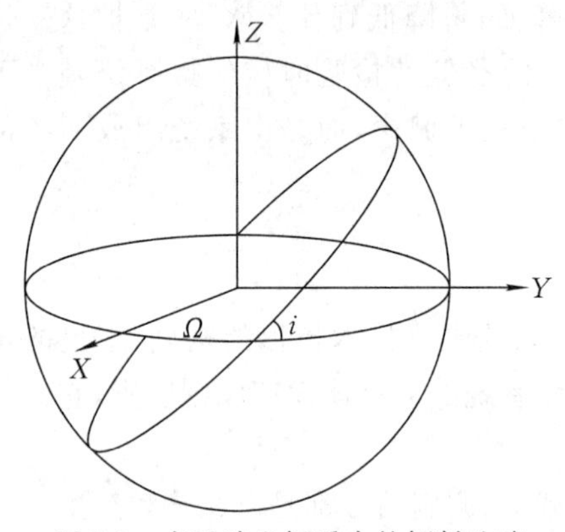

图5-6　在天球坐标系中的倾斜地球同步轨道卫星轨道（$e=0$）

2. 倾斜地球同步轨道卫星

倾斜地球同步轨道（inclined geo-synchronous orbit，IGSO）卫星也称为同步周期（地球自转周期）倾斜地球轨道卫星。和地球静止轨道卫星一样，轨道长半轴 a 的选择使得其周期为地球自转的一周，就周期而言，与地球自转同步，但是它的轨道面倾角不为零（$i \neq 0$）。卫星与地球自转同步，在地球坐标系内，它的运行轨道为每一昼夜重复一次。既然倾角 i 不为零，那么卫星不会始终停留在赤道上，如果它的偏心率 e 等于零（圆形轨道），则有半周在北半球，半周在南半球。卫星在天球坐标系的轨道表示如图5-6所示。如果卫星沿赤道做匀角速度运动，其经度变化与地球自转同步；如果卫星沿倾斜轨道做匀角速度运动，在上升段（倾斜段）其经度变化（运动的分量）将小于地球自转，在地球坐标系内表现为一面上升一面西退。但因其周期与地球自转一致，故在其轨道（与赤道）的平行或接近平行段必然要比地球自转的经度变化速度大，在地球坐标系内的表现为东进。到第二次轨道倾斜时再度西退，直到半周。在地球坐标系中这一轨道运动表现为一个倒置的梨形，下半周在南半球时则表现为一个正的梨形。倾斜地球同步轨道卫星在地球坐标系内的轨道如图5-7所示。

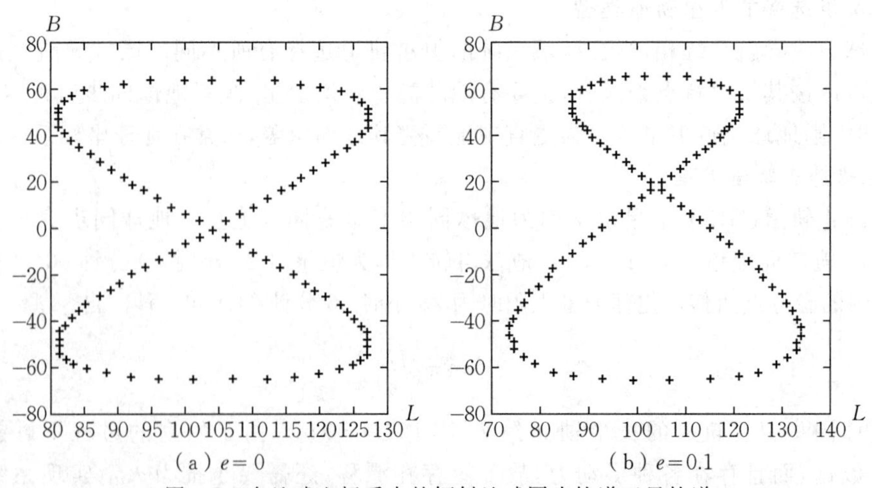

图5-7　在地球坐标系中的倾斜地球同步轨道卫星轨道

以上是 $e=0$ 的情况。当 $e \neq 0$ 时，如果卫星轨道的近地点在南半球的最低点，其在地球坐标系内的表现为两梨形交点在北半球，在北半球的视运动速度变慢，南半球则相反，或者说在一周期内北半球滞留时间较长。这对于在北半球的覆盖区是有利的。

由于

$$r = a(1 - e\cos E)$$

根据上式，卫星到地心(坐标原点)的距离是不断变化的，在北半球 $e\cos E$ 为负值，卫星到地心的距离不断增大，到 $E = n$ 时为最大，$E = 0$ 时为最小。进而卫星到地面(覆盖区)距离也在变化，北半球距离变大，南半球距离变小，这将影响天线波瓣角和发射功率的设计。

卫星发播信号的功率应保证地面(用户机)有足够的(一定的)信噪比，对于固定的天线，波瓣角应以最近距离设计，发射功率要按最远距离设计。波瓣角的增大将导致电磁波发射总功率增加(与波瓣角平方成正比)。如果以 P_0 表示 $e = 0$ 时的功率，以 P 表示 $e \neq 0$ 时的功率，可以近似得到

$$\frac{P}{P_0} = \frac{(1+e)^2}{(1-e)^2}$$

表 5-7 给出不同偏心率的功率比。从表中可以看出，随着偏心率的增大发射功率激增，从而对电源(包括太阳能电池帆板和蓄电池)提出更高的要求，影响卫星星体的小型化。也可能采用可变波瓣角的天线(如相列阵)，随着星地距离的变化自动调整波瓣角，理论上它可以实现不增加发射功率。但这将增加星上设备的复杂程度(一般不希望如此)，而且天线效率会降低。此外，由于近地点幅角 ω 在地球摄动力的作用下会产生长期项摄动，表现为近地点产生漂移，其漂移角速度取决于轨道倾角 i 和长半轴 a。相关公式为

$$\frac{d\omega}{dt} = \frac{2}{3}\frac{J_2}{P^2}\left(2 - \frac{5}{2}\sin^2 i\right)$$

式中，J_2 为地球引力二阶带谐系数。地点不断漂移，将使得原发射的近地点向北漂移，破坏原设计的星座分布。当倾角 i 等于 63.4°时 $\frac{d\omega}{dt} = 0$，近地点不存在漂移，可以避免此类问题，但倾角的设计受到限制。在选择椭圆轨道时，要考虑多方面因素进行权衡。

表 5-7　偏心率 e 的变化与信号发射功率的相应变化

e	0.1	0.2	0.3	0.4	0.5	0.6	0.7
$\frac{P}{P_0}$	1.49	2.25	3.45	5.44	9.00	16.00	32.11

导航卫星与通信卫星不同，除了考虑信号强度之外还要考虑卫星位置的测定和计算精度。例如，采用偏心率很大的椭圆轨道，其近地点选在南半球，在其运行周期中很大部分在北半球运行，由于椭圆形状很长，在地球坐标系中，北半球近于一个固定方向，如周期为 12 小时，偏心率约为 0.9(Molniya)。一些学者曾计划采用几颗这样的卫星和地球同步卫星一起组成卫星星座，用于区域导航系统。事实上，这样的轨道即使解决了卫星天线的可变波瓣角，也还要考虑定轨精度，而且其切向误差(一般大于其他分量)的绝大部分为等效测距误差，对导航定位十分不利。可见，适用于通信的卫星轨道不一定适用于导航。

3. 中圆地球轨道卫星

中圆地球轨道(medium earth orbit，MEO)卫星的典型例子是 GPS 卫星和 GLONASS 卫星在地球坐标系中的轨道，如图 5-8 所示。中圆地球轨道卫星多采用圆形轨道或小偏心率椭圆轨道，多用于全球系统，也可用于区域系统。用作区域系统时可与地球同步轨道卫星组成卫星星座，与全球系统相较，中圆地球轨道的卫星数可以减少。例如，24 颗卫星可保证 4 颗卫星

可见，12 颗可保证 2 颗卫星可见，另外 2 颗可见卫星为地球同步卫星。

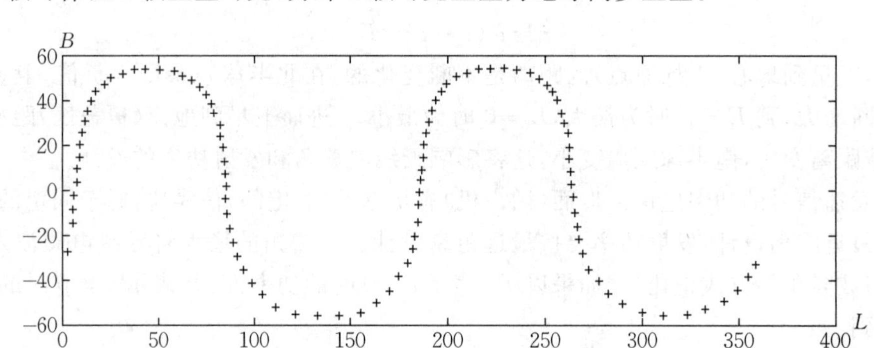

图 5-8 在地球坐标系中的中圆地球轨道卫星 12 小时的轨道（$e=0$）

(二)不同轨道卫星的利用率

卫星的利用率是研究导航系统经济性指标的一种技术手段，不同的区域对不同轨道卫星的利用率不同，单颗卫星的利用率是系统卫星利用率的基础，系统卫星利用率在很大程度上反映了系统的经济性指标。为了充分、定量地探讨卫星的利用率，首先应给出利用率定义。

由于区域卫星导航系统在地球坐标系内均呈一定的周期性，即每隔一定时间其在地球坐标系中的轨道(轨迹)是重复的，可以称为轨道(地球坐标系)重复周期(它可以不同于卫星的轨道运行周期)。可以定义卫星利用率为：在一个重复周期内，设计覆盖区内可见卫星地区与覆盖区总面积之比的时间积分均值乘以 100%，即

$$P=\frac{1}{T}\int_{0}^{T}\frac{P_V(t)}{P_t}\mathrm{d}t\times 100\% \tag{5-17}$$

式中，$P_V(t)$ 为时刻 t 时设计覆盖区内可见该卫星的地域面积和，P_t 为设计覆盖区总面积，T 为卫星轨迹在地球坐标系内的重复周期。由定义可知，同一卫星对不同的设计覆盖区，其利用率是不同的。也就是说，一种轨道卫星对全球系统可能具有较高利用率，对区域系统不一定具有较高的利用率；同一轨道类型的卫星对于不同的覆盖区域(大小)、不同的轨道参数设计也可能具有不同的利用率。

在式(5-17)的定义下可以对不同轨道卫星进行利用率计算。作为算例，选择的覆盖区范围为纬度−20°～55°、经度 75°～200°。不同的设计覆盖区会有不同的结果(图 5-9、表 5-8)。

图 5-9 和表 5-8 分别就不同轨道卫星给出积分因子 $P_V(t)/P_t$ 相对时间的分布，以及利用率。

表 5-8 不同轨道卫星的利用率 单位：%

卫星轨道类型	GEO	MEO	IGSO ($e=0$)	IGSO ($e=0.1$)
利用率	100.00	38.10	80.07	81.46

对于不同的轨道参数，图 5-9 和表 5-8 中的数据会有一些变动。例如，MEO 卫星会在 35.95%到 38.40%之间变化，GEO 卫星在覆盖区边缘时可以为 82.26%。

尽管以上因素会使结果有所变动，但从以上数据可以看出，对于所选覆盖区域可以得出以下结论：

(1)地球静止轨道卫星在区域导航系统中有最高的利用率，可以达到或接近 100%。

(2)倾斜地球同步轨道卫星在上述设计覆盖区内也有较高的利用率，约为 80%。

(3)倾斜地球同步轨道小偏心率卫星的利用率提高不大，约提高 37%。

(4)中圆地球轨道卫星在上述设计覆盖区内的利用率最低,约为37%。

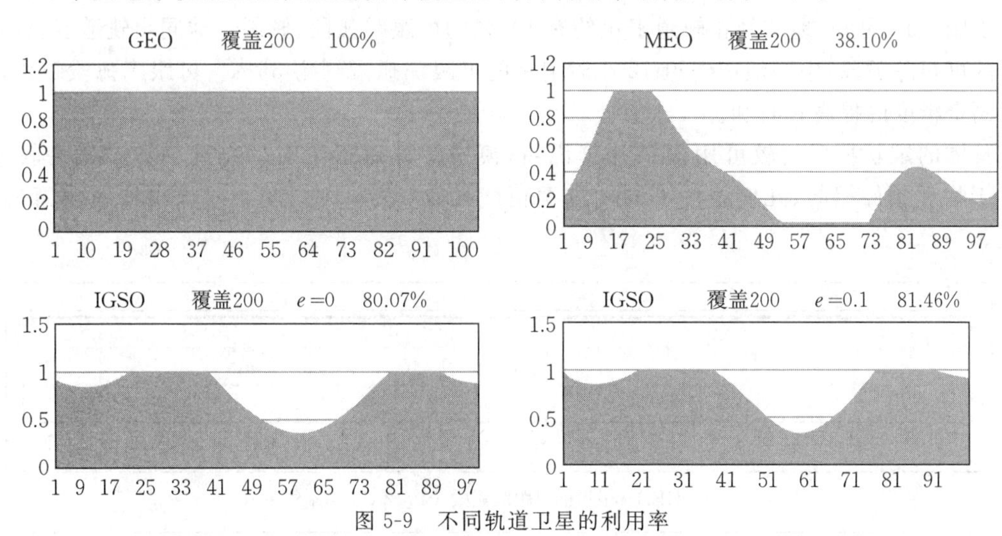

图 5-9　不同轨道卫星的利用率

三、卫星测轨精度与卫星钟钟差精度

卫星测轨及其精度直接影响导航定位精度。对导航用户而言,卫星轨道误差分为两部分,即定轨误差和外推误差。定轨误差指通过一段时间(可能是几天),地面监测站对卫星进行观测并由计算中心解算得到的卫星运行轨道解的误差。用户用于计算卫星位置的导航电文是依轨道解推估(外推)的拟合参数。这种推估的附加误差即是外推误差。

(一)定轨误差

定轨误差或定轨精度取决于观测精度、力学模型精度、监测站的分布和卫星的轨道特性。其中监测站的分布和卫星的轨道特性可以归结为监测站跟踪弧段长短和几何分布,不同卫星星座有所区别。在监测站只能在国内分布的条件下,不同类型的卫星有不同的跟踪弧段。为了比较,选择地球静止轨道(GEO)卫星、24小时倾斜地球同步轨道(IGSO)卫星和12小时中圆地球轨道(MEO)卫星做了跟踪弧段计算。选择我国国内分布的14个跟踪站,它们的概略纬度、概略经度如表5-9所示。

表 5-9　我国国内 14 个跟踪站的概略纬度、概略经度

监测站	概略纬度	概略经度	监测站	概略纬度	概略经度
海口	19°N	110°E	喀什	34°N	75°E
厦门	24°N	118°E	威海	37°N	119°E
昆明	25°N	103°E	德州	38°N	117°E
长沙	27°N	114°E	延吉	42°N	130°E
舟山	30°N	121°E	额济纳旗	43°N	102°E
拉萨	30°N	91°E	乌鲁木齐	44°N	88°E
西安	34°N	108°E	海拉尔	49°N	120°E

上述跟踪站对三种类型卫星的可跟踪弧段如图5-10所示。图中地球静止轨道(GEO)卫星以GEO-1表示,两个不同星下点轨迹的倾斜地球同步轨道(IGSO)卫星以IGSO-1、IGSO-2表示,两个不同轨道面的中圆地球轨道(MEO)12小时卫星以MEO-1、MEO-2表示。标题后

括号中的两个百分比分别对应 14 站跟踪和 10 站跟踪的可跟踪孤段与全弧段的比值。

由图 5-10 可知，地球静止轨道卫星约有 100％的可跟踪弧段，倾斜地球同步轨道卫星约有 70％的可跟踪孤段，中圆地球轨道 12 小时卫星的可跟踪孤段约为 35％。可跟踪弧段越长，对轨道测定精度的提高越有利。

具体的定轨精度比较可用模拟计算说明，模拟计算对于绝对的精度估计准确性较差，但对于物理条件相同、几何条件不同的方案精度比较（表 5-10），其绝对值可以有满意的准确性。

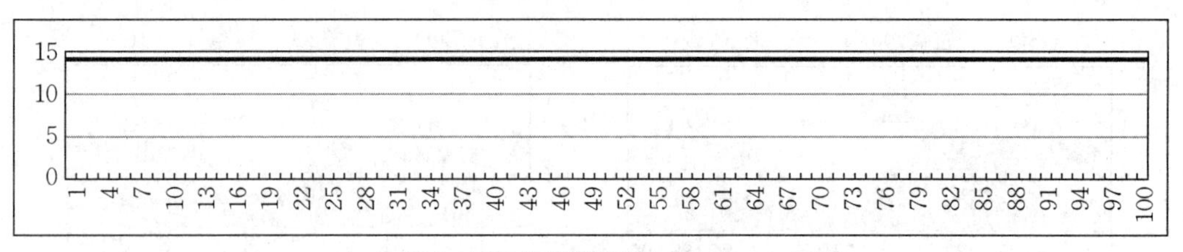

（a）GEO-1卫星的可跟踪弧段（100%、100%）

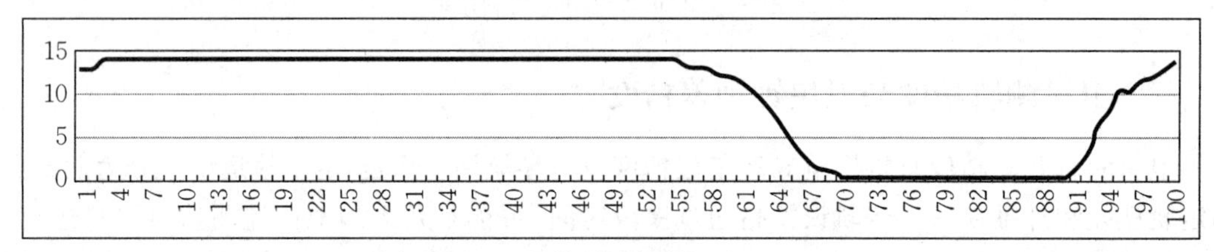

（b）IGSO-1卫星的可跟踪弧段（66%、72%）

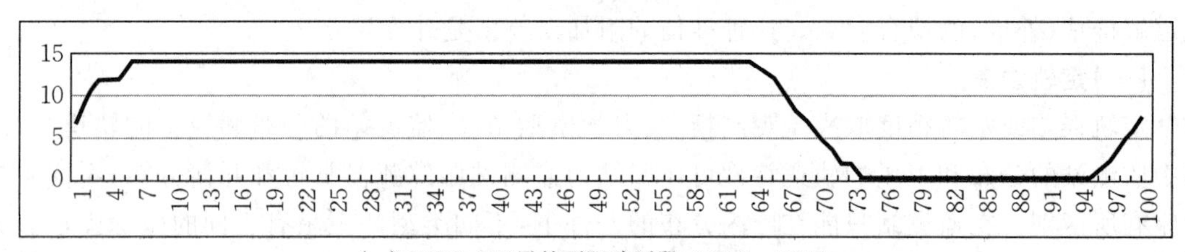

（c）IGSO-2卫星的可跟踪弧段（66%、72%）

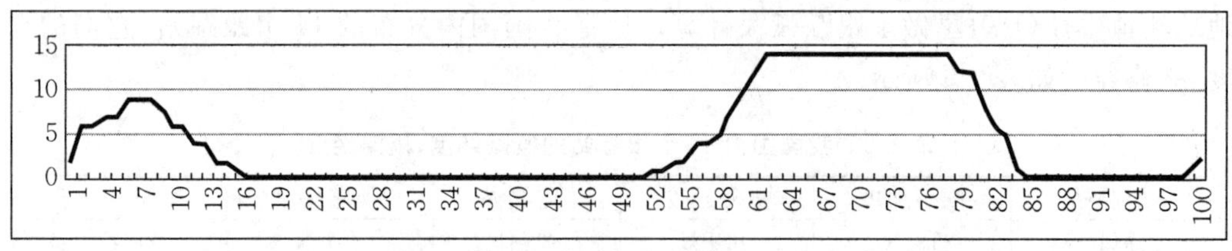

（d）MEO-1卫星的可跟踪弧段（21%、38%）

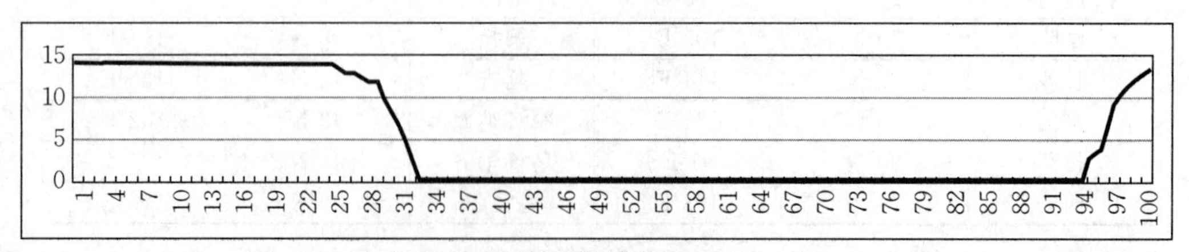

（e）MEO-2卫星的可跟踪弧段（31%、35%）

图 5-10　不同类型卫星的可跟踪弧段

表 5-10　不同卫星的轨道测定精度的比较(相对值)

卫星类别	a	e	i	Ω	ω	M_0
G-1	0.002 903 9	0.003 534 8	0.038 029 1	0.674 525 3	0.603 113 6	0.522 279 6
G-2	0.002 644 5	0.003 992 0	0.045 046 0	0.674 505 4	0.603 108 1	0.522 276 8
G-3	0.002 690 3	0.003 670 6	0.040 430 9	0.674 493 0	0.603 104 6	0.522 274 6
I-1	0.003 999 3	0.005 565 0	0.083 890 8	0.080 964 3	0.059 455 4	0.088 262 4
I-2	0.003 140 0	0.006 461 7	0.088 422 3	0.072 349 6	0.054 976 7	0.087 485 4
M-1	0.003 857 3	0.022 246 0	0.165 406 7	0.196 391 0	0.201 632 5	0.323 596 7
M-2	0.005 265 1	0.022 324 8	0.171 160 6	0.184 565 3	0.201 540 5	0.230 546 3

表 5-10 中，卫星类别的字母 G、I、M 分别表示地球静止轨道(GEO)卫星、倾斜地球同步轨道(IGSO)卫星和中圆地球轨道(MEO)12 小时卫星，1～3 的编号表示不同的采用参数，a、e、i、Ω、ω、M_0 分别为卫星的 6 个轨道根数。综合各参数的测定精度：倾斜地球同步轨道卫星 I-1、I-2 的轨道测定精度较好；地球静止轨道卫星 G-1、G-2、G-3 的轨道根数 a、e、i 较好，而 Ω、ω、M_0 明显较差；中圆地球轨道卫星 M-1 、M-2 的轨道根数 a 的测定精度与前两者相差不多，e 的测定精度明显不如前两者，Ω、ω、M_0 的测定精度介于前二者之间。

就近圆轨道的卫星位置对导航定位的精度影响而言，卫星轨道(位置)中径向分量对导航精度有明显影响，即

$$r = a(1 - e\cos E)$$
$$\mathrm{d}r = \mathrm{d}a - \mathrm{d}e\cos E + e\sin E\mathrm{d}E$$
$$\mathrm{d}E = \mathrm{d}E(e, \omega, M_0)$$

式中，r 为卫星矢径，e 为偏心率，E 为偏近点角。一般 e 很小，右端第三项(含 $\mathrm{d}E$ 项) 可以略去。

可见，卫星轨道根数 a、e 对导航精度的影响明显。

由表 5-10 可以看出，对导航精度的影响而言，地球静止轨道卫星和倾斜地球同步轨道卫星比中圆地球轨道卫星更好。

(二)外推误差

卫星发播的导航电文，是所测卫星轨道的外推拟合解。这种外推的星历精度必然会有所降低，降低的程度取决于轨道测定的精度、轨道外推(预报)计算中采用的力学模型的精确程度和外推时间的长短。其中，外推时间对不同类型的卫星可以有较大差别。

外推时间(一般称为历龄)是最后一次注入星历所用的最后观测时刻到用户导航的观测时刻之差。提高导航电文更新率，使用户使用“新鲜”星历，是缩短外推时间的有效措施。但它受到一定的限制。注入导航电文的条件是注入站可见卫星，对于地球静止轨道卫星它有 100%的可见弧段(图 5-10)，对倾斜地球同步轨道卫星有稍大于 70%的可见弧段，而中圆地球轨道 12 小时卫星只有不足 35%的可见弧段，用户使用不可见段的卫星将造成历龄的增长，即卫星星历误差加大。

四、卫星钟钟差测定精度

和卫星轨道一样，卫星钟钟差的精度直接影响导航定位的精度。和卫星星历误差类似，卫星钟钟差测定误差也由钟差参数测定误差和外推误差两部分组成。我国的条件使这些问题在钟差误差中可能更为显著。这种差别主要体现在外推误差。

我国的具体条件是卫星钟的频率稳定性不易保障。如果说卫星星历求定的数学手段是数

值积分，除力学模型误差外，误差带有周期性，它随外推时间的加长不会严重增大。卫星钟钟差求定的数学手段则是多项式外推，即

$$\Delta t = a_0 + a_1(t - t_{oc}) + a_2(t - t_{oc})2 + \cdots$$

$$d\Delta t = da_0 + da_1(t - t_{oc}) + da_2(t - t_{oc})^2 + \cdots$$

式中，Δt 为卫星钟钟差，t_{oc} 为拟合多项式的参考时刻，a_0、a_1、a_2 分别为拟合多项式的零阶、一阶、二阶系数，$d\Delta t$ 为钟差测定误差，da_0、da_1、da_2 分别为拟合多项式的系数误差。

其中，平方项（或高次项）系数的误差主要体现为频率的稳定性，稳定性差的钟不但会产生较大的拟合误差，且该误差的影响随外推时间的加长而急剧增大。也就是说，在卫星钟频率稳定性较差时，外推时间的长短严重影响用户所用卫星钟钟差的精度，进而严重影响导航精度。

就三种可选的卫星类型而言，地球静止轨道卫星最佳，倾斜地球同步轨道卫星次之，中圆地球轨道 12 小时卫星最差。

五、卫星星座设计

在导航体制和主要技术指标确定之后，卫星星座设计是关系到全局的环节，涉及导航的覆盖（可用区域）、精度、建设经费和维持经费。卫星星座设计要满足主要技术指标，此外还需要考虑可行性和经济性。

卫星星座设计的主要过程如下：

(1)按预定的技术指标（主要是覆盖和精度）进行星座的初步设计，设计时参考前述的一些讨论。

(2)按初步设计的星座和覆盖区进行模拟计算，观察结果是否满足设计指标。

(3)依模拟结果调整卫星星座设计，再进行模拟计算。

(4)重复进行步骤(2)、(3)，直至满足设计指标，并在减少卫星数和(或)提高精度上进行进一步试探。

可见卫星星座设计包含通过试算在指标、精度、投入上的反复探索和一定程度的折中。

一般认为模拟计算与实际情况相差较多，不如实验可信。事实上对于涉及物理因素较多的问题，模拟计算结果和实际会有较大差别，但对于几何问题则因便于排除物理因素的干扰，而比实验更接近实际情况。

(一)空间部分模拟

空间部分模拟主要是卫星轨道模拟，即按照初步设计产生模拟的卫星轨道根数，计算轨道重复周期内按时间离散抽样的卫星位置，并将它们转换至地球坐标系。为了检查具体的根数设计是否符合原设计思想，常在地球坐标系中绘制星下点图，更直观地观察其覆盖情况。

卫星的轨道计算过程通常是很繁杂的，允许在符合模拟目的的前提下简化计算。例如，设计中的模拟只是验证其覆盖和定位解的几何精度，它对卫星位置的精度不敏感，允许近似地计算卫星轨道，以简化计算过程，如使用二体问题的解计算卫星位置。但是对以观察卫星寿命期内轨道的变化（如近地点、升交点的变化等）为目的的模拟计算，则需要考虑 2～4 阶引力场摄动（视目的，甚至考虑更多的摄动力）。

地球静止轨道卫星只需要给定地球坐标系内定点的经度（a、e 等参数已定）。为了和其他卫星的计算程序一致，通常也进行轨道计算和坐标转换。

中圆地球轨道卫星主要采用 12 小时倾斜轨道，需要选择的参数有偏心率、轨道面倾角、轨道面间距（升交点赤经差取决于采用的轨道面数）和相邻轨道卫星相位差（卫星在升交点时，相

邻轨道卫星到升交点的角距)。偏心率一般采用 0(圆轨道),轨道面倾角一般采用 50°～70°,当采用椭圆轨道时,为使近地点飘移量小,宜采用 63.4°或其附近,轨道面间距取决于采用的轨道面数,相邻轨道卫星相位差取决于轨道面数和轨道面内的卫星数。

倾斜地球同步轨道卫星需要选择的参数有偏心率、轨道面倾角、升交点赤经和相邻轨道卫星相位差。由于倾斜地球同步轨道卫星在地球坐标系内的星下点轨迹是固定的,因此常在地球坐标系内设计其轨道。选择一个或几个星下点轨迹(地球系轨道),主要取决于覆盖范围和所要求的导航精度。一个地球坐标系轨道内卫星数目在圆轨道时常选为 3 或 5,在椭圆轨道时也可以选择 4。需要注意的是,同一地球坐标系轨道的卫星的升交点赤经是不同的。对于其他参数相同的圆形轨道,有

$$\Delta\Omega = \frac{\Delta\Phi T_E}{T_S} \tag{5-18}$$

式中,$\Delta\Omega$ 是升交点赤经差,$\Delta\Phi$ 是相邻轨道卫星相位差,T_E 是地球自转周期,T_S 是卫星运动周期。

(二)地面部分模拟

地面部分模拟主要是在地面覆盖区内选择离散采样点,通常按经纬度选择。过密集的采样点会使计算量过大,过稀疏又会使代表性降低。这是因为由卫星分布引起的解的几何强度随地点的变化不会很大,但相邻采样点也会因卫星可见的变化而产生突变,如选择经纬度的整度作为采样点。由于计算是在地球坐标系内进行的,地面部分不需要做更多的计算或改化。

(三)按时间序列逐点计算每个地面采样点的 *PDOP*

这一计算是在一个地球坐标系轨道重复周期内,逐点逐时进行的,时间序列采样的疏密程度选择与地面采样点一样,要适当选择,只是这种选择要与卫星位置计算的采样密度一致。

卫星轨迹(位置)包括了一个重复周期所有的采样点的计算,对一个地面点而言不是所有卫星都可见,只有那些当地高度角满足一定要求(如≥5°)的卫星才可见,即可观测。只有可见卫星参加定位解算精度模拟。

卫星高度角 h 的计算如下

$$h = \arccos\left(\frac{\boldsymbol{n}\cdot\boldsymbol{r}}{|\boldsymbol{n}\cdot\boldsymbol{r}|}\right)$$

$$\boldsymbol{n} = \begin{bmatrix} \cos L\cos B \\ \sin L\cos B \\ \sin B \end{bmatrix},\quad \boldsymbol{r} = \begin{bmatrix} x^j \\ y^j \\ z^j \end{bmatrix}$$

按照第四章所述的方法,可以进行定位的位置精度衰减因子 $PDOP$ 的计算,即

$$\mathbf{A} = \begin{bmatrix} e_x^1 & e_y^1 & e_z^1 & -1 \\ e_x^2 & e_y^2 & e_z^2 & -1 \\ \vdots & \vdots & \vdots & \vdots \\ e_x^j & e_y^j & e_z^j & -1 \end{bmatrix}$$

$$\boldsymbol{Q} = (\mathbf{A}^{\mathrm{T}}\mathbf{A})^{-1}$$

$$PDOP = \sqrt{q_x^2 + q_y^2 + q_z^2}$$

同样,可以分别计算其中的水平精度衰减因子 $HDOP$ 和垂直精度衰减因子 $VDOP$。

对于用户而言,求得 $PDOP$ 就可得到定位精度的估计值,对于系统的设计,求得周期内所

有采样点的 $PDOP$ 却不能直接给出该点的定位精度估计值。$PDOP$ 的分布与正态分布有很大差别，尤其是可见卫星数变化时会有跳变，不能简单地使用中误差的估算方式。可以使用均方根差表示一点在一周期内的精度统计值，即

$$\sigma=\frac{1}{T}m_0\int_0^T\int_0^N PDOP(t)\,p_v v(n)\,\mathrm{d}n\mathrm{d}t \tag{5-19}$$

式中，m_0 是等效测距误差，$v(n)$ 是误差值采样，p_v 是该采样值的分布概率，N 为采样数目，T 为周期。

（四）结果显示

由于 $PDOP$ 可能存在的跳变，以及在地域分布具有非典型概率，采用全覆盖区域的统计值，如中误差或平均值等，不适于进行全区精度估计。可以采用图示的方法，即在全区逐点表示该点的精度统计值（均方根差），可以用数值或（和）色彩分档的方法表示，图中还可标出重点地区或重点区域。这样的图示表示不但合理且便于用户使用。

六、区域导航系统卫星星座设计示例

作为例子，主要技术指标有很大的随意性，一般认为区域系统难以做到较大的范围，本例选择一个较大的覆盖区。假定测距误差（含主要误差源的等效测距误差）为 2 m。

本着尽量减少卫星总数的原则，星座由 4 颗 GEO 卫星和 4 颗 IGSO 卫星共 8 颗卫星组成。

图 5-11 是一个区域卫星导航系统卫星星座设计的例子。图中每一数字表示一个经纬度 1°×1°的区域，1～5 分别表示该经纬度所在地的导航精度优于 10 m、20 m、30 m、40 m、50 m，7 表示优于 70 m，“@”表示该地在 24 小时内发生过可见卫星数不足 4 颗的情况。

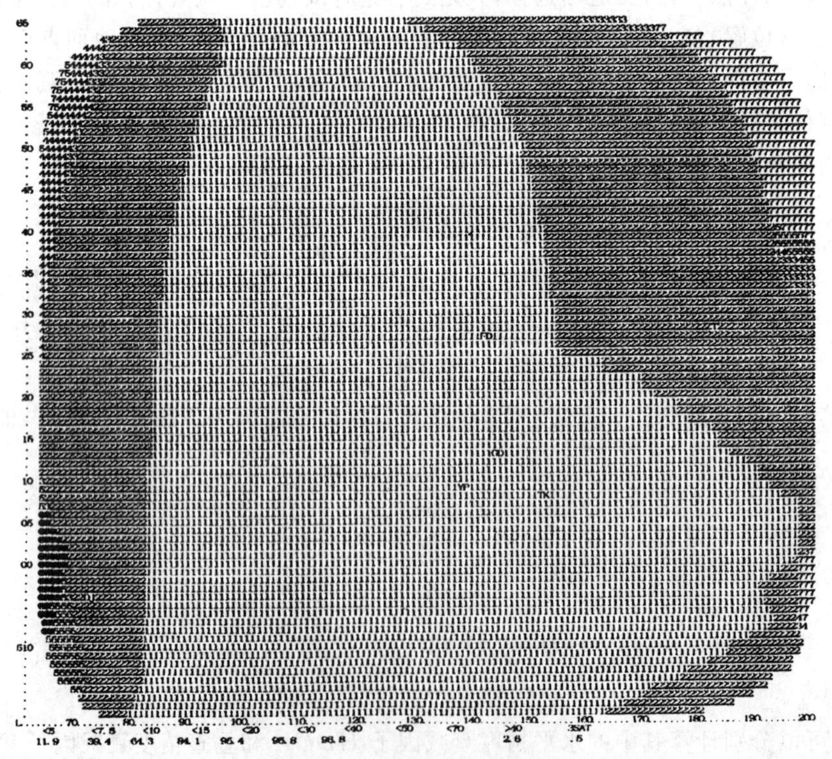

图 5-11　一个区域卫星导航系统卫星星座设计的例子

从图 5-11 中可以看出，在经度 65°～200°、纬度 65°～－20°的区域内，精度优于 10 m 的占 64.3%，主要分布在经度 85°～155°和纬度 20°～－10°的东部地区；精度优于 20 m 的占全覆盖区域的 96.4%；不能提供 24 小时连续导航的仅占 0.5%。

本例可以看出，以 8 颗卫星组成的卫星星座可以满足全球接近 1/3 的导航定位覆盖，其卫星利用率与全球系统(24 颗卫星)接近。事实上，向南还可以扩大覆盖区域(只是未予计算)。如果需要，还可以进一步提高导航定位的精度，覆盖区域还可向西扩展，这可能会增加卫星星座的卫星总数。

第六章 卫星大地测量

卫星大地测量是指利用卫星观测(地面点对卫星的观测和卫星对地面的观测)解决大地测量问题的专业技术。卫星大地测量的发展由来已久,从利用天然卫星(月亮)到利用人造卫星进行远距离、高精度的测量,以及地球引力场的测量。20 世纪 60 年代的主要成就是利用多种轨道卫星的光学观测资料解算地球引力场;20 世纪 70 年代发展了利用测地卫星的激光测距进行远距离大地测量和监测地球自转运动的技术;20 世纪 80 年代以后,激光测距技术仍保持其重要的测量地位,用卫星对地观测技术(雷达测高和激光测高)精化地球引力场取得了较大进展;新的无线电卫星导航系统(GPS)的大地测量和地球运动监测取得了更大的进展。应用导航系统的大地测量的主要特点是测量应用范围广、精度高和效率高。从监测地球自转到洲际测量,它适用于从数千千米到不足千米的各种距离的大地测量乃至工程测量,且具有很高的精度。它的广泛应用归功于其用户设备小巧与成本低廉。在大地测量的技术领域,导航卫星的大地测量已成为新的发展亮点,它的应用渗透到各个传统大地测量领域。

作为卫星大地测量的代表,应属全球定位系统(GPS)的大地测量技术。事实上,这些技术的应用不仅限于 GPS,而且也适用于其他采用无线电信号和多星体制的卫星导航系统(当然技术细节会因系统的设计不同而有所变化)。也就是说,深入细致地讨论一种系统(如 GPS)的技术具有代表性,不难将其移植到其他相似的导航系统中。我们将重点讨论 GPS 的大地测量,其他系统则留待新系统建成后在此基础上发展。

尽管子午卫星系统是为海军导航设计的,在它投入使用不久后,测量和天文学界却成功地将它应用于高精度、远距离的测量,以及地球自转和极移的监测。这一成功经验鼓舞了 GPS 测量应用的研究工作,并取得了前所未有的进展。

测量与导航不同,它测量的点位(在导航中相应为用户位置)多数是不动的,即测量多数是在静态环境下进行的,这就允许利用较长的时间取得大量的观测数据,以此提高定位精度。此外,测量采用了高精度的载波相位数据作为其基本观测量,高精度的观测量是高精度定位的基础。和大地测量类似,这种测量(或称为定位)多为相对定位,即依据已知点求定未知点的位置。由于已知点和未知点都是对卫星进行观测的,点间无须直接观测,它不要求点间通视。因此,点间距离基本不受限制,长可为 1 000~2 000 km,短可为几百米。目前,长距离的相对定位可以达到 10^{-8} 的相对精度,一般距离的相对定位也有很高的精度(一般优于 10^{-6})。

GPS 测量的高精度、高效益和施测的灵活性是传统大地测量无法比拟的,可以说 GPS 测量使大地测量增加了一种高精度手段,使大地测量有了长足的进步,甚至在一定程度上正在取代部分传统大地测量方法,并形成一个新的分支学科——卫星大地测量。同样由于它的高精度和装备的轻便、经济,也成功地应用于天文测量的地球自转和极移的监测。

近年来,GPS 测量用于动态定位也得到了快速的发展,目前多用于动态定位的事后处理,这已接近导航的应用,但比一般导航的精度高。GPS 动态定位多属相对定位,即需要已知点的配合观测,作用范围还有一定限制,如需近实时的导航还需要数据通信链的支持。

第一节　载波相位测量

众所周知，高精度的观测量是高精度测量(定位)的基础，不能取得高精度的观测量就很难做到高精度的测量。受限于美国政府的GPS政策，一般(如我国)不能使用P码取得较高精度的测距观测量。为了能使GPS用于高精度测量，就不得不寻求其他取得高精度观测域的技术途径。事实上，GPS发播的信号，除了测距信号之外还有载波，利用载波进行测量，即载波相位测量，可以取得毫米级的测量精度，可以满足大地测量对高精度观测量的要求。

载波相位测量技术的采用及其发展给高精度测量提供了一种新的、高精度的观测量。取得这种观测量，原则上不需要已知P码结构(P码结构是保密的)，且载波相位观测量的精度远高于P码，因此这一技术在民用部门和部分军用部门得到了广泛的应用。

应该说明的是，载波相位观测量的精度很高，但在定位解算中有一些特殊的要求，这些特殊的要求限制了载波相位测量的应用范围。它主要用于相对测量(即由已知点测定未知点)，且作用范围(已知点到未知点的距离)也受一定限制。

GPS载波相位观测量也是一种距离观测量，这种距离观测量是以GPS卫星发播的载波(正弦波)的波长来量度的。载波相位测量在测量原理和数学形式上与伪码测距有所不同。

一、载波相位测量原理

相位测量通过测量正弦波的相位取得观测量。GPS卫星所发播的载波是调制波，在载波上调制有伪随机码(P码、C/A码)和电文码。经伪随机码调制后的载波已不再是一般正弦波，而是带有移相的正弦波(图6-1)。由于存在移相，不能直接进行相位测量。首先须将这样的调制波还原为原载波(正弦波)才能进行载波相位测量。由于经伪码调制的信号功率谱中基频功率为0，不能通过窄带滤波取得原载波。可以通过倍频，或其他技术将它变换成标准的正弦波，即

$$\sin^2(f_i+\varphi_0)=0.5(1-\cos(2f_i+2\varphi_0))$$

式中，f是正弦波的频率，它的单位是周/秒；φ_0是初相，采用周为单位，即开始时($t=0$)的相位。顺便说明，这里和以后的讨论中，如不特别说明，相位的单位都为周(2π)。

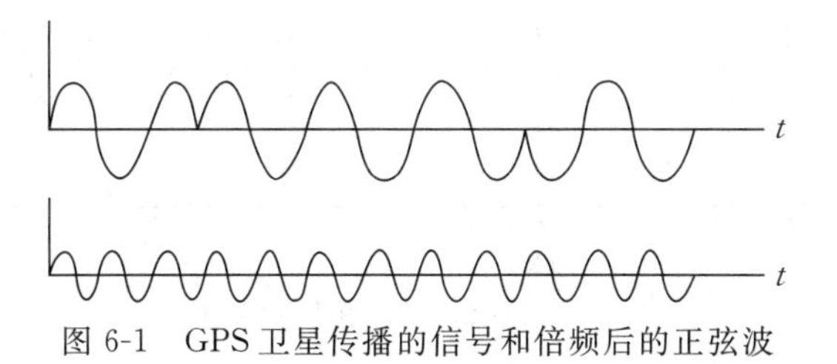

图6-1　GPS卫星传播的信号和倍频后的正弦波

当相位调制移相为π时，经倍频后其相位即变为2π，对正弦函数而言相当于没有移相，即可取得光滑的正弦波。

从上式可以看出，经倍频后调制的相移被削去了，同时频率增加1倍，振幅减至一半。这意味着信号功率减小3 dB，波长减小一半，这些给相位测量带来了不利因素。这一原理在接收机设计中曾用于L2波段，以取得纯净载波。还可采用其他方法取得纯净载波，如反向调制

(适用于已知码结构)等。

如果通过上述处理后的正弦波为

$$S = A\sin(ft + \varphi_0)$$

式中,A 为正弦波的振幅。正弦函数 S 的自变量 $ft + \varphi_0$ 就是这里所说的相位。其中,φ_0 是常数,如果正弦波的频率是稳定的,那么 f 也是常数。

可以通过电子技术(锁相环路)测定所接收的正弦波在某一指定时刻的相位,但这种测定只能得到相位(周)的小数部分,不包含整数部分。为了取得整数部分,可以采用一个计数器,在正弦波从负电平到正电平通过零点时(正过零),计数器加一。由于每周只有且必有一次正过零,计数器就可以记录下该次相位测定与第一次测定时的整周差。将这种整周差和所测定周的小数部分相加所得到的就是我们所取得的相位观测量。在电子技术中把这种观测叫作采样。

这样的观测量虽然包括了相位的整数周和小数部分,但其整数周部分是本次采样(观测)和第一次采样(观测)的整周差。如果第一次采样的整周数是已知的,那么任意一次采样的相位观测量就都包括了整数和小数部分。但第一次采样的整周数是不能使用电子技术取得的,只能认为它是未知的,通常把未知的第一次采样的整周数作为一个未知数 N(N 是整数),叫作模糊参数或整周模糊度,也可称为模糊度。

如图 6-2 所示,在多次采样时的相位观测量为

采样时间	相位观测量
t_0	$N + 0.25$
t_1	$N + 2 + 0.75$
t_2	$N + 5 + 0.25$
⋮	⋮

其中,N 是整周模糊度,其后的整数和小数分别为计数器的整周计数和锁相环路所测的周以下小数。自此例可知,在一个测站上,对同一卫星不论观测多少次,只包含一个未知参数 N。显然,对不同的卫星,由于其距离不同,它们的整周模糊度是不同的。同样,不同的测站对同一卫星或不同卫星的相位观测量中的整周模糊度也是不同的。

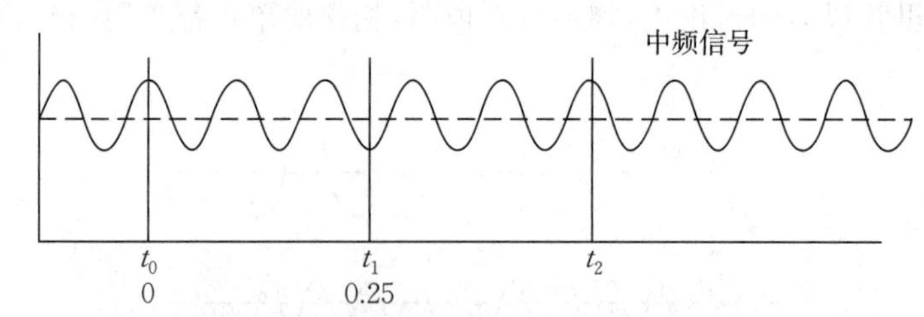

图 6-2　接收信号的相位观测量

我们将在测站 k、于 T_i 时观测 j 卫星的相位观测量写为

$$\Phi_k^j(T_i) = N_k^j + \varphi_k^j(T_i) \tag{6-1}$$

式中,上标 j 表示所测卫星的序号,下标 k 表示接收机(测站点)序号。

如前所述,载波相位观测是通过锁相环路测相和整周计数等电子技术进行相位测量的。对于像 GPS 载波这样高的频率(1 575.42 MHz),很难实现前述的测相和计数。通常可以采用变频的方法降低频率,然后再进行锁相和计数。所谓变频就是将接收信号的接收机本身所产

生的本振信号相乘，两个正弦信号相乘的结果为

$$\sin(f_1t+\varphi_{10})\sin(f_2t+\varphi_{20})=0.5(\sin(f_1t+f_2t+\varphi_{10}+\varphi_{20})+\sin(f_1t-f_2t+\varphi_{10}-\varphi_{20}))$$

可以通过滤波获得上式中右端第二项，该正弦函数的频率为原来两个频率之差。如本振频率接近卫星的载波频率，可以将频率降为低频，以便于进行处理(锁相、测量)。但此时所测的相位是接收信号和本振信号的相位差，即

$$\Phi_k^j(T_i)=N_k^j+\varphi_k^j(T_i)-\varphi_k(T_i) \tag{6-2}$$

或写为

$$\Phi_k^j(T_i)-N_k^j=\varphi_k^j(T_i)-\varphi_k(T_i)$$

这即是 GPS 接收机所取得的观测量。

以上可知，GPS 载波相位测量所取得的观测量，并非接收机所收到的卫星载波信号的相位，而是所接收的卫星载波信号与接收机本身所产生的本振信号的相位之差。

GPS 载波相位测量就是以载波来量度距离的。和前面讨论的伪距测量的原理一样，它也是以信号传播时间来测量距离的，所不同的是每一卫星还包括了第一次采样的整周模糊参数 N。事实上，前述使用 C/A 码进行伪距测量时也包括模糊参数，只不过伪距测量中 1 个整周对应的距离为 300 km，而不是相位测量中的几十厘米，以测站的近似值就可以确定下来。

二、载波相位测量的基本数学模型

载波相位观测量和其他形式的观测量一样，是接收机和卫星位置(速度)的函数。只有确定它们之间的函数关系才能由观测量求解接收机(或卫星)的位置。

假定卫星发播的载波信号为 $A\cos(\omega t+\varphi^j)$，其中：$\omega$ 为载波的角频率；t 为 GPS 系统时；φ^j 为初相，可等效为卫星钟的钟差。所谓卫星发播的载波相位，就是上述余弦函数的自变量 $\omega t+\varphi^j$。

卫星在某一时刻 T 发播的相位时间经传播延迟后被接收机所接收，或是说在接收机钟面时为 T_k 时，所接收到的相位时间是卫星在 GPS 时间系统 T 时刻的相位时间，即

$$\varphi_k^j(T_k)=\varphi^j(T) \tag{6-3}$$

而

$$T=T_k+\delta t_k-\tau_k^j(T) \tag{6-4}$$

式中，T_k 是接收机钟面时相对 GPS 系统时间的钟差，$\tau_k^j(T)$ 是卫星 j 到接收机 k 的传播延迟。在地固坐标系中，传播延迟取决于接收机与卫星的位置，而它们又是时间的函数。

将式(6-4)代入式(6-3)，得

$$\varphi_k^j(T_k)=\varphi^j(T_k+\delta t_k-\tau_k^j(T)) \tag{6-5}$$

再代入式(6-2)可得接收机 k 在其钟面时 T_k 瞬间观测卫星 j 所取得的相位观测量，即

$$\Phi_k^j(T_k)=N_k^j+\varphi^j(T_k+\delta t_k-\tau_k^j(T))-\varphi_k(T_k) \tag{6-6}$$

式中，N_k^j 为第一次观测时相位测量的整周数，通常称为模糊参数。事实上，利用周期性事件进行测量时，大多包含这样的模糊参数。这里稍有不同的是在载波相位测量中所观测的相位是连续计量的。即从第一次开始，在以后的观测中，其观测量不仅包括相位的小数部分(以周为单位)，而且包括了累计的整周数。因此，在其他时刻的观测(非第一次观测)其数学模型不再引入新的模糊参数，仍只含第一次观测时的模糊参数 N_k^j。

显然，对于不同的接收机、不同的卫星，其模糊参数是不同的。此外，一旦观测中断(如卫星不可见或信号中断)，不能进行连续的整周计数，即使是同一接收机观测同一卫星，也不能使用同一模糊参数。这就是说，同一接收机对同一卫星的不同批观测不能使用同一个模糊参数。

式(6-6)中包括了信号传播延迟，它是以 GPS 系统时间 T 为参数的，与其他项的时间参数 T_k 不同，为了避免由时间参数的不统一而带来的不便，可以将 $\tau_k^j(T)$ 中的参数改化为接收机钟面时 T_k，即将式(6-6)写为

$$\Phi_k^j(T_k)=N_k^j+\varphi^j(T_k+\delta t_k-\tau_k^j(T_k+\delta t_k-\tau_k^j(T)))-\varphi_k(T_k) \tag{6-7}$$

利用级数展开，并考虑到

$$\frac{\mathrm{d}\varphi^j}{\mathrm{d}t}=f^j$$

$$\tau_k^j=\frac{\rho_k^j}{c}$$

式中，f 为载波频率，ρ_k^j 为卫星到接收机的距离，c 为光速，可得

$$\begin{aligned}\Phi_k^j(T_k)=&N_k^j+\varphi^j(T_k)+f^j\delta t_k-\frac{1}{c}f^j\rho_k^j(T_k)-\frac{1}{c}f^j\dot{\rho}_k^j(T_k)\delta t_k-\\&\frac{1}{c^2}f^j\dot{\rho}_k^j(T_k)\rho_k^j(T_k)-\varphi_k(T_k)\end{aligned} \tag{6-8}$$

式中，$\dot{\rho}$ 表示$\frac{\mathrm{d}\rho}{\mathrm{d}t}$。

式(6-8)即为相位测量的基本数学模型。式中包括了卫星至接收机的距离 ρ_k^j 及其时间变化率，它们是卫星位置和接收机位置的函数。或者说，载波相位测量的观测量包含了卫星位置和接收机位置的信息，这正是可以利用载波相位观测量进行接收机定位的理论基础。同样，如接收机位置已知，它也是测定卫星位置或卫星轨道的理论基础。

由于式(6-8)的所有时刻都是接收机时钟的钟面时，有时为了使表达式简洁，可以略去表示接收机钟的下标。

式(6-8)中 $\varphi_k(T_k)$ 为采样时刻接收机本振的相位值。由于接收机钟是由接收机本振分频计数得到的，故通常在整秒采样时它应为零。

此外，式(6-8)中的第 5、第 6 两项分别有因子 $1/c$、$1/c^2$，其量值很小，使用 C/A 码的定位和钟差解就可以足够的精度求定，即可以将它们看作已知量。为了简化，令

$$\delta\varphi_k^j=\frac{1}{c}f^j\dot{\rho}_k^j(T_k)\delta t_k+\frac{1}{c^2}f^j\dot{\rho}_k^j(T_k)\rho_k^j(T_k)$$

此时

$$\Phi_k^j(T_k)=N_k^j+\varphi^j(T_k)+f^j\delta t_k-\frac{1}{c}f^j\rho_k^j(T_k)-\delta\varphi_k^j \tag{6-9}$$

式(6-9)是相位测量基本数学模型的简洁形式。在分析式(6-9)时，要考虑的一个因素是相位观测量的精度为毫米级，也就是说式(6-9)要保持毫米级的精度。式中，右端第一项 N_k^j 为模糊参数，是未知值；第二项 $\varphi^j(T_k)$ 是 T_k 时刻卫星发播的相位值，考虑到卫星钟频率稳定度不足以使其影响小到可以不计，且初相未知，只能认为该项是未知的；第三项中 δt_k 是接收机钟差，由于要乘以频率 f^j，虽有导航解但精度不够，也要视为未知值；最后一项 $\delta\varphi_k^j$ 可自初始值以足够的精度求出，是已知项；第四项中的 $\rho_k^j(T_k)$ 隐含了卫星坐标和测站(接收机)坐

标，而测站坐标是我们所要求定的。式(6-9)是联系观测量与解的基本方程，是载波相位测量的基本数学模型。

由式(6-9)中包含了诸多未知数，除测站坐标和模糊参数外，它们都是随时间而变的。也就是说，随着观测次数的增加，这些未知数也在增加，不能靠增加观测来得到解。可见式(6-9)不能给出定位解，但它是下面要讨论的定位解法的基础。

第二节　载波相位测量的同步观测解

同步观测是指两站或多站同时进行 GPS 载波相位测量。由于站间距离相对站与卫星间距离不是很远，它们所测的卫星基本上是相同的，将两站或多站对共同卫星的观测数据一并处理，可以得到相对定位解。参加同步观测的站中有一个(或部分)点为已知(位置)时，可以求得其他参加同步观测的未知点位置，称为相对定位。两站同步观测是其中最简单的情况，常把两点同步观测的相对定位称为基线测定。与大地测量中基线测量只测定两点间距离不同，这里基线测定是相对已知点测定另一未知点的三维坐标(或坐标差)。实际上，大地测量中的基线测量仅是测量三维坐标差中的一个分量。

载波相位测量是联系接收机和卫星位置的观测量。它可用于解决多种卫星的大地测量学问题。基线的测定是应用中的一种，是最早成功地将载波相位测量应用于精密定位的一种形式。

在载波相位测量的数学模型式(6-9)中，涉及卫星发播信号的相位、接收机钟差、模糊度等参数。但只有接收机位置(隐含于 ρ 中)是定位问题最关心的部分，也是必须解出的。通常将相位观测量做某些线性组合，可以消去一些不需要解出的参数，并可简化数据处理过程。常用的线性组合方法有单差、双差和三差。

一、单差观测量及其基线解

在 1、2 两个测站设置接收机，于约定时刻 T_i 观测卫星 j，取得的载波相位观测量分别为

$$\Phi_1^j(T_i)=N_1^j+\varphi^j(T_i)+f^j\delta t_1(T_i)-\frac{1}{c}f^j\rho_1^j(T_i)-\delta\varphi_1^j \tag{6-10}$$

$$\Phi_2^j(T_i)=N_2^j+\varphi^j(T_i)+f^j\delta t_2(T_i)-\frac{1}{c}f^j\rho_2^j(T_i)-\delta\varphi_2^j \tag{6-11}$$

由于式(6-9)中时间参数均为接收机钟面时，式(6-10)、式(6-11)省略了表示时间系统的下标，T_i 的下标 i 表示观测序号。考虑到接收机的晶振短期稳定度及准确度问题，以及钟差在数学模型中的作用(乘以载波频率)，取瞬时钟差为 $\delta t(T_i)$。

定义单差观测量为两个接收机在同一接收机钟面时对同一卫星取得的相位观测量之差。自式(6-10)和式(6-11)可得到单差观测量的数学模型，即

$$\begin{aligned}\Phi_{12}^j(T_i)&=\Phi_2^j(T_i)-\Phi_1^j(T_i)\\&=N_{12}^j+f^j(\delta t_2(T_i)-\delta t_1(T_i))-\frac{f^j}{c}(\rho_2^j(T_i)-\rho_1^j(T_i))-(\delta\varphi_2^j-\delta\varphi_1^j)\end{aligned} \tag{6-12}$$

式中

$$\delta\varphi_k^j = \frac{1}{c} f^j \dot{\rho}_k^j(T_k)\delta t_k + \frac{1}{c^2} f^j \dot{\rho}_k^j(T_k)\rho_k^j(T_k) \tag{6-13}$$

$$N_{12}^j = N_2^j - N_1^j$$

式(6-12)与式(6-10)或式(6-11)相较，单差观测量的数学模型中消去了卫星发播信号的相位。接收机钟差参数仍然保留，只是其主项是以站间钟差的形式出现的。令

$$\delta t_{12}(T_i) = \delta t_2(T_i) - \delta t_1(T_i)$$

则

$$\Phi_{12}^j = N_{12}^j + f^j \delta t_{12}(T_i) - \frac{f^j}{c}(\rho_2^j(T_i) - \rho_1^j(T_i)) - (\delta\varphi_2^j - \delta\varphi_1^j) \tag{6-14}$$

式(6-14)中接收机间的钟差互差要乘以系数 $1.575\,42\times10^9$。这意味着钟差互差有 0.1 ns 的变化将引起 0.16 周的模型误差。多数 GPS 接收机采用石英晶体振荡器作为频率标准，即使采用时间参数的多项式也难以保证这样的精度。在模型中它只能作为待定的瞬时值，即有多少次观测就引入多少个钟差互差参数。假定 1、2 两接收机分别置于已知点和一待定点上，对 M 颗卫星进行了 N 次观测，用式(6-12) 建立的观测方程有 $M\times N$ 个。其中待定的参数有：待定点坐标 3 个，模糊参数 M 个及钟参数 N 个。多次观测可使 $M\times N > 3+M+N$，即可用最小二乘法解出待定参数。

设 Φ_{12}^j 是待定参数的函数

$$\Phi_{12}^j(T_i) = F_{12}^j(N_{12}^j, \delta t_{12}(T_i), x_2, y_2, z_2, T_i) \tag{6-15}$$

式中，(x_2, y_2, z_2) 为待定点的坐标。

代入未知点坐标的近似值 x^0、y^0、z^0，并用泰勒级数展开，就可得到误差方程，即

$$\begin{aligned} v_{12}^j(T_i) = {} & N_{12}^j + f^j \delta t_{12}(T_i) + \frac{1}{c} f^j (e_x^j \Delta x + e_y^j \Delta y + e_z^j \Delta z) + \\ & F_{12}^j(0, 0, x^0, y^0, z^0, T_i) - \Phi_{12}^j(T_i) \end{aligned} \tag{6-16}$$

式中，e_x^j、e_y^j、e_z^j 分别表示卫星 j 的观测方向对 X、Y、Z 三个坐标轴的方向余弦。

为了简捷，可以将表示接收机的下标 1、2 省略，而将观测历元的序号 i 写在下标的位置

$$v_i^j = N^j + f^j \delta t_i + \frac{1}{c} f^j (e_x^j \Delta x + e_y^j \Delta y + e_z^j \Delta z) + F_i^j - \Phi_i^j \tag{6-17}$$

由于 N^j 与 $\delta t_{12}(T_i)$ 线性相关，式(6-17)还须做一些改化，为此令

$$\delta t_i = \delta t_1 + \Delta t_i \tag{6-18}$$

$$\Delta t_i = \delta t_i - \delta t_1 \tag{6-19}$$

注意，当 $i=1$ 时，$\Delta t_1 = 0$，误差方程式(6-17)可写为

$$v_i^j = N^j + f^j \delta t_i + f^j \Delta t_i + \frac{1}{c} f^j (e_x^j \Delta x + e_y^j \Delta y + e_z^j \Delta z) + F_i^j - \Phi_i^j \tag{6-20}$$

令

$$\overline{N}^j = N^j + f^j \delta t_i \tag{6-21}$$

此时误差方程为

$$v_i^j = \overline{N}^j + f^j \Delta t_i + \frac{1}{c} f^j (e_x^j \Delta x + e_y^j \Delta y + e_z^j \Delta z) + F_i^j - \Phi_i^j \tag{6-22}$$

注意到 $\Delta t_1 = 0$，即误差方程中 $f^j \Delta t_i$ 项中 $i \neq 1$，不存在参数 Δt_1。

按最小二乘法，自式(6-22)可求得法方程式

$$X = (A^{T}A)^{-1}A^{T}L \tag{6-23}$$

式中，A 为方程组系数矩阵，X 为待定参数向量，L 为自由项向量。X 为

$$X = [N^1 \quad N^2 \quad \cdots \quad N^J \quad \Delta x \quad \Delta y \quad \Delta z \quad \Delta t_2 \quad \Delta t_3 \quad \cdots \quad \Delta t_I]^{T}$$

对 J 颗卫星观测了 I 个历元时，待估参数为 $3-J+I-1$ 个。

以 $J=4$ 为例，其系数矩阵形如

$$i=1\text{ 时},A=\begin{bmatrix} 1 & 0 & 0 & 0 & e_x^1(t_1)/\lambda & e_y^1(t_1)/\lambda & e_z^1(t_1)/\lambda & 0 & 0 & \cdots & 0 \\ 0 & 1 & 0 & 0 & e_x^2(t_1)/\lambda & e_y^2(t_1)/\lambda & e_z^2(t_1)/\lambda & 0 & 0 & \cdots & 0 \\ 0 & 0 & 1 & 0 & e_x^3(t_1)/\lambda & e_y^3(t_1)/\lambda & e_z^3(t_1)/\lambda & 0 & 0 & \cdots & 0 \\ 0 & 0 & 0 & 1 & e_x^4(t_1)/\lambda & e_y^4(t_1)/\lambda & e_z^4(t_1)/\lambda & 0 & 0 & \cdots & 0 \end{bmatrix}$$

$$i=2\text{ 时},A=\begin{bmatrix} 1 & 0 & 0 & 0 & e_x^1(t_2)/\lambda & e_y^1(t_2)/\lambda & e_z^1(t_2)/\lambda & 1 & 0 & \cdots & 0 \\ 0 & 1 & 0 & 0 & e_x^2(t_2)/\lambda & e_y^2(t_2)/\lambda & e_z^2(t_2)/\lambda & 1 & 0 & \cdots & 0 \\ 0 & 0 & 1 & 0 & e_x^3(t_2)/\lambda & e_y^3(t_2)/\lambda & e_z^3(t_2)/\lambda & 1 & 0 & \cdots & 0 \\ 0 & 0 & 0 & 1 & e_x^4(t_2)/\lambda & e_y^4(t_2)/\lambda & e_z^4(t_2)/\lambda & 1 & 0 & \cdots & 0 \end{bmatrix}$$

$$i=3\text{ 时},A=\begin{bmatrix} 1 & 0 & 0 & 0 & e_x^1(t_3)/\lambda & e_y^1(t_3)/\lambda & e_z^1(t_3)/\lambda & 0 & 1 & \cdots & 0 \\ 0 & 1 & 0 & 0 & e_x^2(t_3)/\lambda & e_y^2(t_3)/\lambda & e_z^2(t_3)/\lambda & 0 & 1 & \cdots & 0 \\ 0 & 0 & 1 & 0 & e_x^3(t_3)/\lambda & e_y^3(t_3)/\lambda & e_z^3(t_3)/\lambda & 0 & 1 & \cdots & 0 \\ 0 & 0 & 0 & 1 & e_x^4(t_3)/\lambda & e_y^4(t_3)/\lambda & e_z^4(t_3)/\lambda & 0 & 1 & \cdots & 0 \end{bmatrix}$$

$$\vdots \qquad\qquad\qquad \vdots$$

$$i=I\text{ 时},A=\begin{bmatrix} 1 & 0 & 0 & 0 & e_x^1(t_I)/\lambda & e_y^1(t_I)/\lambda & e_z^1(t_I)/\lambda & 0 & 0 & \cdots & 1 \\ 0 & 1 & 0 & 0 & e_x^2(t_I)/\lambda & e_y^2(t_I)/\lambda & e_z^2(t_I)/\lambda & 0 & 0 & \cdots & 1 \\ 0 & 0 & 1 & 0 & e_x^3(t_I)/\lambda & e_y^3(t_I)/\lambda & e_z^3(t_I)/\lambda & 0 & 0 & \cdots & 1 \\ 0 & 0 & 0 & 1 & e_x^4(t_I)/\lambda & e_y^4(t_I)/\lambda & e_z^4(t_I)/\lambda & 0 & 0 & \cdots & 1 \end{bmatrix}$$

式中，$e_x^j(t_i)$ 为第 i 历元所测卫星 j 对 X 轴的方向余弦，对于 λ 有

$$\lambda = \frac{c}{f^j}$$

从矩阵 **A** 可以看出，第一历元不含接收机钟差参数，其余历元均包含本历元的时钟参数，但不包含其他历元的时钟参数，可以利用这一特点简化该大型方程组的求解。可将每历元单独组成法方程组，该方程组只包含本历元的时钟参数。对该方程组进行约化，消去时钟参数，此时方程组仅包含 J 个模糊参数和 3 个位置参数。利用法方程加法定理，将全部历元的约化方程叠加，成为消去全部接收机时钟参数的全部历元的约化方程组。该方程组的解算与原大型方程组解算等价，但要简捷得多。

应该注意的是，尽管从物理意义上来讲，单差观测的模糊参数应为整数，但这里的 N（通常仍称为模糊参数）已不再具有整数特性。这是因为 N^j 中含有第一观测历元的接收机间钟差互差 δt_1，而 δt_1 是不具有整数特性的。

此外，在单差相位测量中所解出的 Δt_i 也并非接收机间的钟差互差（或相对偏差），而是各观测历元的钟差互差与第一观测历元钟差互差的变化值。如果不能将隐含于模糊参数的 δt_1 部分分离出来，利用单差相位测量测定接收机间钟差之差（或相对偏差）也是不现实的。

从前述过程可以看出，尽管人们关心的只是待定点位置的三个改正值，但平差过程却要解上百个待定参数。在单差相位测量中最多的是接收机间的钟差参数（每一观测历元一个钟差参数），这是因为接收机本振频率稳定性较差，不得不在每一观测历元估计它们的偏离。有的GPS接收机有外接频标插口，如果用铷或铯频标作为接收机本振，由于它们的频率稳定度较石英晶振高一两个数量级，就有可能利用一个多项式来描述观测时间段内（如一小时）各观测历元的站间钟差参数，如以二阶多项式来描述接收机间钟差互差，即

$$\delta t_{12}(T_i)=a_0+a_1(T_i-T_1)+a_2(T_i-T_1)^2 \tag{6-24}$$

这时钟差参数将由数十个到上百个减少为三个，这对提高定位解的精度是有益的。同样，考虑到方程组的线性相关问题，在平差求解中应将参数 a_0 与模糊参数合并。如观测时间较长，将获得多组钟差拟合参数。

至于取用多少阶多项式来描述接收机间的钟差参数，要依所用原子频标的频率特性凭经验确定。

二、双差、三差观测量及其基线解

对观测量的进一步组合，还可得到双差和三差观测量，这使解算进一步简化。

(一)双差观测量及其基线解

单差观测量的数学模型包括了观测历元钟差参数。每个观测历元对应一个钟差参数，这种钟差参数数量很大（通常观测历元可以达到几十到几百），给数据处理工作带来一些麻烦。事实上可以通过观测量的适当组合简化这一数据处理过程。

单差观测量的数学模型为

$$\Phi_{12}^{j}(T_i)=N_{12}^{j}+f^{j}(\delta t_2(T_i)-\delta t_1(T_i))-\frac{1}{c}f^{j}(\rho_2^{j}(T_i)-\rho_1^{j}(T_i))-(\delta\varphi_2^{j}-\delta\varphi_1^{j})$$

GPS相位测量接收机可以同时对多颗卫星进行相位测量，对于同一观测历元 T_i 所测的卫星 k，也可得到同样的单差观测量，即

$$\Phi_{12}^{k}(T_i)=N_{12}^{k}+f^{k}(\delta t_2(T_i)-\delta t_1(T_i))-\frac{1}{c}f^{k}(\rho_2^{k}(T_i)-\rho_1^{k}(T_i))-(\delta\varphi_2^{k}-\delta\varphi_1^{k})$$

式中，f^j、f^k 是卫星 j、k 的载波频率。一般情况下它们是相同的，其差为十分之几赫兹。可以把所有卫星的载波频率都视为相同而不会带来实质性误差，必要时可用卫星星历中的频偏参数进行修正，将修正值纳入 $\delta\varphi$ 中。

取两颗卫星同一历元的单差观测量之差，构成双差观测量，即

$$\begin{aligned}\Phi_{12}^{jk}(T_i)&=\Phi_{12}^{k}(T_i)-\Phi_{12}^{j}(T_i)\\&=N_{12}^{jk}-\frac{1}{c}f(\rho_2^{k}(T_i)-\rho_1^{k}(T_i)-\rho_2^{j}(T_i)+\rho_1^{j}(T_i))-(\delta\varphi_2^{k}-\delta\varphi_1^{k}-\delta\varphi_2^{j}+\delta\varphi_1^{j})\end{aligned} \tag{6-25}$$

与单差观测量的数学模型相比较，双差观测量消去了观测历元钟差参数项。尽管钟差参数在 $\delta\varphi$ 项中仍然保留，但正如在单差观测量分析中已讨论的那样，在这些项中使用具有一定精度的先验值即可满足精度要求。

双差观测量只包括 $J-1$ 个模糊参数（J 为观测卫星数）和3个待定点坐标共 $J+2$ 个未知参数。与单差观测量相似，可以得到双差观测量的误差方程，即

$$v_i^{jk} = N_{12}^{jk} + \frac{1}{c} f^j \left[(e_x^k - e_x^j) \Delta x + (e_y^k - e_y^j) \Delta y + (e_z^k - e_z^j) \Delta z \right] + F_{12}^{jk} - \Phi_{12}^{jk} \quad (6\text{-}26)$$

按最小二乘法即可解出待定点坐标和模糊参数。

以观测卫星数 $J=5$ 为例，其未知数向量和系数矩阵形如

$$\boldsymbol{X} = (\boldsymbol{A}^{\mathrm{T}} \boldsymbol{P} \boldsymbol{A})^{-1} \boldsymbol{A}^{\mathrm{T}} \boldsymbol{P} \boldsymbol{L} \quad (6\text{-}27)$$

$$i=1\text{ 时}, \boldsymbol{A} = \begin{bmatrix} 1 & 0 & 0 & 0 & \delta e_x^{12}(t_1) & \delta e_y^{12}(t_1) & \delta e_z^{12}(t_1) \\ 0 & 1 & 0 & 0 & \delta e_x^{13}(t_1) & \delta e_y^{13}(t_1) & \delta e_z^{13}(t_1) \\ 0 & 0 & 1 & 0 & \delta e_x^{14}(t_1) & \delta e_y^{14}(t_1) & \delta e_z^{14}(t_1) \\ 0 & 0 & 0 & 1 & \delta e_x^{15}(t_1) & \delta e_y^{15}(t_1) & \delta e_z^{15}(t_1) \end{bmatrix}$$

$$i=2\text{ 时}, \boldsymbol{A} = \begin{bmatrix} 1 & 0 & 0 & 0 & \delta e_x^{12}(t_2) & \delta e_y^{12}(t_2) & \delta e_z^{12}(t_2) \\ 0 & 1 & 0 & 0 & \delta e_x^{13}(t_2) & \delta e_y^{13}(t_2) & \delta e_z^{13}(t_2) \\ 0 & 0 & 1 & 0 & \delta e_x^{14}(t_2) & \delta e_y^{14}(t_2) & \delta e_z^{14}(t_2) \\ 0 & 0 & 0 & 1 & \delta e_x^{15}(t_2) & \delta e_y^{15}(t_2) & \delta e_z^{15}(t_2) \end{bmatrix}$$

$$i=3\text{ 时}, \boldsymbol{A} = \begin{bmatrix} 1 & 0 & 0 & 0 & \delta e_x^{12}(t_3) & \delta e_y^{12}(t_3) & \delta e_z^{12}(t_3) \\ 0 & 1 & 0 & 0 & \delta e_x^{13}(t_3) & \delta e_y^{13}(t_3) & \delta e_z^{13}(t_3) \\ 0 & 0 & 1 & 0 & \delta e_x^{14}(t_3) & \delta e_y^{14}(t_3) & \delta e_z^{14}(t_3) \\ 0 & 0 & 0 & 1 & \delta e_x^{15}(t_3) & \delta e_y^{15}(t_3) & \delta e_z^{15}(t_3) \end{bmatrix}$$

$$\vdots \qquad \qquad \vdots$$

$$i=I\text{ 时}, \boldsymbol{A} = \begin{bmatrix} 1 & 0 & 0 & 0 & \delta e_x^{12}(t_I) & \delta e_y^{12}(t_I) & \delta e_z^{12}(t_I) \\ 0 & 1 & 0 & 0 & \delta e_x^{13}(t_I) & \delta e_y^{13}(t_I) & \delta e_z^{13}(t_I) \\ 0 & 0 & 1 & 0 & \delta e_x^{14}(t_I) & \delta e_y^{14}(t_I) & \delta e_z^{14}(t_I) \\ 0 & 0 & 0 & 1 & \delta e_x^{15}(t_I) & \delta e_y^{15}(t_I) & \delta e_z^{15}(t_I) \end{bmatrix}$$

$$\boldsymbol{X} = \begin{bmatrix} N_{12}^{12} \\ N_{12}^{13} \\ N_{12}^{14} \\ N_{12}^{15} \\ \Delta x_2 \\ \Delta y_2 \\ \Delta z_2 \end{bmatrix}$$

式中

$$\delta e_x^{1k}(t_i) = \frac{f^j}{c}(e_x^k - e_x^1)$$

$$\delta e_y^{1k}(t_i) = \frac{f^j}{c}(e_y^k - e_y^1)$$

$$\delta e_z^{1k}(t_i) = \frac{f^j}{c}(e_z^k - e_z^1)$$

与单差观测量不同的是双差观测量之间有相关性，这里的权矩阵 $\boldsymbol{P}$ 不再是对角矩阵。例

如,在一次观测中对 J 颗卫星进行了相位测量,可以组成 $J-1$ 个双差观测量。在形成这些双差观测量时有的单差观测量被使用过不只一次,因而所组成的这些双差观测量不是完全独立的,即存在相关。为使协因数矩阵的形式较为简洁,可以选择一颗参考卫星,其他卫星的观测量都与参考卫星单差观测量组成双差。例如,选择卫星 1 作为观测历元 T_i 的参考卫星,即有

$$\Phi_{12}^{1j} = \Phi_{12}^{j} - \Phi_{12}^{1} \tag{6-28}$$

这样组成的双差观测量的相关系数为 1/2,其协因数子矩阵为

$$\boldsymbol{Q}_i = \begin{bmatrix} 2 & 1 & \cdots & 1 \\ 1 & 2 & \cdots & 1 \\ \vdots & \vdots & & \vdots \\ 1 & 1 & \cdots & 2 \end{bmatrix} \tag{6-29}$$

式(6-29)是观测历元 T_i 时取得的 $J-1$ 个双差观测量的协因数子矩阵,不同观测历元所取得的双差观测量彼此不相关,在一段时间内取得的双差观测量的协因数矩阵是一分块对角矩阵,即

$$\boldsymbol{Q} = \begin{bmatrix} \boldsymbol{Q}_1 & \boldsymbol{0} & \cdots & \boldsymbol{0} \\ \boldsymbol{0} & \boldsymbol{Q}_2 & \cdots & \boldsymbol{0} \\ \vdots & \vdots & & \vdots \\ \boldsymbol{0} & \boldsymbol{0} & \cdots & \boldsymbol{Q}_{N-1} \end{bmatrix} \tag{6-30}$$

这时,双差观测的基线解可写为

$$\boldsymbol{X} = (\boldsymbol{A}^{\mathrm{T}}\boldsymbol{Q}^{-1}\boldsymbol{A})\boldsymbol{A}^{\mathrm{T}}\boldsymbol{Q}^{-1}\boldsymbol{L} \tag{6-31}$$

与单差观测量相较,双差观测量基线解减少了大量的接收机时钟参数,这是以减少了等效的观测方程为代价的。从全过程来看,单差基线解是利用原始观测量组成方程组,将接收机时钟参数与其他参数一并求解;而双差基线解是利用原始观测量先行消去接收机时钟参数,再组成方程组对其他参数求解。两种解法的原始观测量与待定参数都相同,从这一意义来讲,两种解法没有本质的区别。应该说明的是两种数据处理方法都是采用了最小二乘法解算的,但是原始观测量的误差特性往往不能完全满足理论要求,这就使理论上等效但过程不同的两种解法往往差异不大。这种差异的大小,以及哪一种解法更好,这些问题要靠大量的实验来回答。实际工作表明这种差异很小,有些人更倾向于双差解法也许是因为它的解算过程比较简明,且便于利用模糊参数的整数特性。

(二)三差观测量及其基线解

三差观测量是在双差观测量的基础上做线性组合以消去模糊参数,取两个观测历元(通常是相邻的两个观测历元)的双差观测量之差构成三差观测量,即

$$\begin{aligned} \Phi_{12}^{jk}(T_{i+1},T_i) &= \Phi_{12}^{jk}(T_{i+1}) - \Phi_{12}^{jk}(T_i) \\ &= -\frac{1}{c}f(\rho_2^k(T_{i+1}) - \rho_1^k(T_{i+1}) - \rho_2^j(T_{i+1}) + \rho_1^j(T_{i+1}) - \rho_2^k(T_i) + \rho_1^k(T_i) + \\ &\quad \rho_2^j(T_i) - \rho_1^j(T_i)) - \delta\varphi_2^k(T_{i+1}) + \delta\varphi_1^k(T_{i+1}) + \delta\varphi_2^j(T_{i+1}) - \\ &\quad \delta\varphi_1^j(T_{i+1}) + \delta\varphi_2^k(T_i) - \delta\varphi_1^k(T_i) - \delta\varphi_2^j(T_i) + \delta\varphi_1^j(T_i) \end{aligned} \tag{6-32}$$

在三差观测量中,模糊参数已被消去。

可以导出三差观测量的误差方程,即

$$v_{12}^{jk}(T_{i+1},T_i)=\frac{1}{c}f[(e_x^k(T_{i+1})-e_x^j(T_{i+1})-e_x^k(T_i)+e_x^j(T_i))\Delta x+(e_y^k(T_{i+1})-e_y^j(T_{i+1})-e_y^k(T_i)+e_y^j(T_i))\Delta y+(e_z^k(T_{i+1})-e_z^j(T_{i+1})-e_z^k(T_i)+e_z^j(T_i))\Delta z]+F_{12}^{jk}(T_{i+1},T_i)-\Phi_{12}^{jk}(T_{i+1})+\Phi_{12}^{jk}(T_i) \tag{6-33}$$

它的最小二乘解为

$$\boldsymbol{X}=(\boldsymbol{A}^{\mathrm{T}}\boldsymbol{PA})^{-1}\boldsymbol{A}^{\mathrm{T}}\boldsymbol{PL} \tag{6-34}$$

三差观测量是相关的。它不仅因为在形成双差观测量时不只一次使用同一卫星的原始相位观测而引起了相关，而且由于在形成三差观测量时，一个历元的双差观测量也被使用不止一次，从而引起相关。式(6-34)中 $\boldsymbol{P}$ 即是相关权矩阵。

为讨论问题方便，我们把观测历元 T_{i+1} 与 T_i 所形成的三差观测量称为历元为 T_i 的三差观测量，并略去表示接收机序号的下标，以下标表示观测历元序号。以 $T\Phi$ 表示三差观测量

$$T\Phi_i^{jk}=\Phi_i^{jk}(T_{i+1})-\Phi_i^{jk}(T_i)$$

对双差和单差观测量的下标做同样规定，并以 $D\Phi$ 表示双差观测量，以 Φ 表示单差观测量，以 j 为参考卫星，k 为观测卫星，且 $j<k$。

$$\begin{aligned}T\Phi_i^{jk}&=D\Phi_{i+1}^{jk}-D\Phi_i^{jk}\\&=\Phi_{i+1}^k-\Phi_i^k-\Phi_{i+1}^j+\Phi_i^j\end{aligned} \tag{6-35}$$

设两个三差观测量分别为 $T\Phi_i^{jk}$ 和 $T\Phi_{i'}^{j'k'}$，它们之间的相关情况如下：

(1) $i'=i$。它们是同一历元的两个三差观测量。形成双差时其参考卫星相同，即有

$$j=j'$$
$$T\Phi_i^{jk}=\Phi_{i+1}^k-\Phi_i^k-\Phi_{i+1}^j+\Phi_i^j$$
$$T\Phi_{i'}^{j'k'}=\Phi^{k'}{}_{i+1}-\Phi^{k'}{}_i-\Phi_{i+1}^j+\Phi_i^j$$

——当 $k'=k$ 时，为同一观测量，其相关系数为 1。

——当 $k'\neq k$ 时，在组成三差观测量的四个单差观测量中有两个是相同的，其相关系数为 1/2。

(2) $i'=i+1$。它们是相邻历元的两个三差观测量，有

$$T\Phi_i^{jk}=\Phi_{i+1}^k-\Phi_i^k-\Phi_{i+1}^j+\Phi_i^j$$
$$T\Phi_{i'}^{j'k'}=\Phi^{k'}{}_{i+2}-\Phi^{k'}{}_{i+1}-\Phi^{j'}{}_{i+2}+\Phi^{j'}{}_{i+1}$$

——当 $j'=j$ 且 $k'=k$ 时，在组成三差观测量的四个单差观测量中有两个是相邻历元共用的，但在模型中符号相反，其相关系数为 $-1/2$。

——当 $j'=j$ 或 $k'=k$ 时，在组成三差观测量的四个单差观测量中有一个是相邻历元共用的，但在模型中符号相反，其相关系数为 $-1/4$。

——当 $j'=k$ 或 $k'=j$ 时，在组成三差观测量的四个单差观测量中有一个是相邻历元共用的，其相关系数为 1/4。

——其他情况，其相关系数为 0，(规定 $j<k$ 不出现 $j'=k$ 且 $k'=j$ 的情况)。

如果设单差观测量的单位权为 1，按上述情况，将其协方差矩阵的协因数示于表 6-1 中。

表 6-1 三差观测量间的协因数

$i'=$	i		$i+1$				
$j'=$	j		j			k	
$k'=$	k		k		k		j
协因数	4	2	-2	-1	-1	1	1

作为例子，下面给出 5 历元的三差观测量的协方差矩阵，即

	历元序号	1	1	1	2	2	2	3	4	4	4	5	5	5	5
历元序号	卫星	23	24	25	23	24	25	34	12	13	14	12	13	14	15
1	23	4	2	2	−2	−1	−1	0	0	0	0	0	0	0	0
1	24	2	4	2	−1	−2	−1	0	0	0	0	0	0	0	0
1	25	2	2	4	−1	−1	−2	0	0	0	0	0	0	0	0
2	23	−2	−1	−1	4	2	2	1	0	0	0	0	0	0	0
2	24	−1	−2	−1	2	4	2	−1	0	0	0	0	0	0	0
2	25	−1	−1	−2	2	2	4	0	0	0	0	0	0	0	0
3	34	0	0	0	1	−1	0	4	0	−1	1	0	0	0	0
4	12	0	0	0	0	0	0	0	4	2	2	−2	−1	−1	−1
4	13	0	0	0	0	0	0	1	2	4	2	−1	−2	−1	−1
4	14	0	0	0	0	0	0	−1	2	2	4	−1	−1	−2	−1
5	12	0	0	0	0	0	0	0	−2	−1	−1	4	2	2	2
5	13	0	0	0	0	0	0	0	−1	−2	−1	2	4	2	2
5	14	0	0	0	0	0	0	0	−1	−1	−2	2	2	4	2
5	15	0	0	0	0	0	0	0	−1	−1	−1	2	2	2	4

上例仅列出了 5 个历元的三差观测量的协方差矩阵。为了具有代表性，选择的各历元三差观测量数量不同，参考卫星也有变化。例中，历元序号为 1～5，每历元构成的三差观测量数量分别为 3、3、1、3、4。1、2 历元的参考卫星为 2 号，3 历元的参考卫星为 3 号，4、5 历元的参考卫星为 1 号。从所列矩阵可以看出，除了本历元的各观测量间有类似于双差的协方差项外，相邻历元也构成一些协方差项。

三差解常用于观测量中周跳的检测，此时常略去其观测量间的相关性求解，即

$$\boldsymbol{X}=(\boldsymbol{A}^{\mathrm{T}}\boldsymbol{A})^{-1}\boldsymbol{A}^{\mathrm{T}}\boldsymbol{L} \tag{6-36}$$

三差观测量用于基线解时，组成的观测量消去了模糊参数，未知参数大大减少（只有需要解算的坐标改正数 Δx、Δy、Δz），但解算过程中需要组成复杂的协方差矩阵（判断频繁）。

三差观测方程中未知数的系数形如 $(e_x^k(T_{i+1})-e_x^k(T_i))-(e_x^j(T_{i+1})-e_x^j(T_i))$，为两项的代数和，而每项均为同一卫星相邻历元的方向余弦之差，因相邻历元时间间隔不长，它们的值很小，因此对自由项计算中的误差极为敏感。三差观测量在组差时，除了消去了模糊参数以外，也消去了相邻历元间的等值误差，其所付出的代价是有效观测量的减少（考虑到相关性）。其解与双差解往往有些出入，即便在理论上，它与双差解也不等效。

三、多站同步观测

在实际工作中，参加 GPS 作业的接收机经常不只有两台，即形成多站同步观测。这里讲的同步观测不必由观测人员做特殊的同步操作，只需按观测计划，向所有参加同步观测的接收

机输入共同的观测开始时刻、测段长和共同的采样间隔(提取并记录观测量的间隔)，接收机会自动完成同步观测(采样)。有的接收机不要求输入开始时刻和测段长(要求输入采样间隔)，由数据处理软件选择那些同步观测进行处理。没有按计划时刻开机的个别观测，其数据也能处理，只是涉及这一接收机的同步观测数据比计划的少。

多测站同步观测可以一并求得多个未知点的解。其数据处理在原理上和前面所讨论的基线测定(两台接收机)并无原则区别，但也有些值得注意的问题。

(一)多站同步观测双差解

当多站同步观测时，其解法与双差基线解相似。事实上，基线解算是用一个已知点解算一个未知点，多站同步观测是用一个已知点解算多个未知点，只是未知数多了数倍。不同的是，多站同步观测时各站的组差观测量存在相关性。以双差解算为例，除本站各双差观测量间存在相关性外，站间观测量也存在相关性。这种相关性应以相关权矩阵参与平差计算。

和基线解一样，解算的第一步是组成双差观测量。例如，有 n 个测站参加同步观测，并以站 1 作为参考站，其他各站与站 1 构成双差观测量，以观测卫星 j、k 为例，有

$$
\begin{aligned}
\Phi_{12}^{jk} &= \Phi_{2}^{jk} - \Phi_{1}^{jk} \\
\Phi_{13}^{jk} &= \Phi_{3}^{jk} - \Phi_{1}^{jk} \\
\Phi_{14}^{jk} &= \Phi_{4}^{jk} - \Phi_{1}^{jk} \\
&\vdots \\
\Phi_{1n}^{jk} &= \Phi_{n}^{jk} - \Phi_{1}^{jk}
\end{aligned}
$$

由于各组成的观测量都使用了参考站 1 的单差观测量，故所组成的观测量间是相关的，其相关系数为 1/2。当然，在同步区双差观测量间的相关权矩阵应包含双差本身的相关性。

以 5 站参加同步观测为例，如每站观测 5 颗卫星，相关权矩阵中 1 个历元子矩阵的系数如下

	测站	12				13				14				15			
测站	卫星	12	13	14	15	12	13	14	15	12	13	14	15	12	13	14	15
12	12	4	2	2	2	2	1	1	1	2	1	1	1	2	1	1	1
	13	2	4	2	2	1	2	1	1	1	2	1	1	1	2	1	1
	14	2	2	4	2	1	1	2	1	1	1	2	1	1	1	2	1
	15	2	2	2	4	1	1	1	2	1	1	1	2	1	1	1	2
13	12	2	1	1	1	4	2	2	2	2	1	1	1	2	1	1	1
	13	1	2	1	1	2	4	2	2	1	2	1	1	1	2	1	1
	14	1	1	2	1	2	2	4	2	1	1	2	1	1	1	2	1
	15	1	1	1	2	2	2	2	4	1	1	1	2	1	1	1	2
14	12	2	1	1	1	2	1	1	1	4	2	2	2	2	1	1	1
	13	1	2	1	1	1	2	1	1	2	4	2	2	1	2	1	1
	14	1	1	2	1	1	1	2	1	2	2	4	2	1	1	2	1
	15	1	1	1	2	1	1	1	2	2	2	2	4	1	1	1	2
15	12	2	1	1	1	2	1	1	1	2	1	1	1	4	2	2	2
	13	1	2	1	1	1	2	1	1	1	2	1	1	2	4	2	2
	14	1	1	2	1	1	1	2	1	1	1	2	1	2	2	4	2
	15	1	1	1	2	1	1	1	2	1	1	1	2	2	2	2	4

上例是 1 个历元的相关权矩阵，各历元间的观测量不相关。和基线测量中双差的相关权矩阵类似，在一段观测时间内其相关权矩阵为一个分块对角矩阵，即

$$\boldsymbol{Q}=\begin{bmatrix}\boldsymbol{Q}_1 & \boldsymbol{0} & \cdots & \boldsymbol{0}\\ \boldsymbol{0} & \boldsymbol{Q}_2 & \cdots & \boldsymbol{0}\\ \vdots & \vdots & & \vdots\\ \boldsymbol{0} & \boldsymbol{0} & \cdots & \boldsymbol{Q}_{N-1}\end{bmatrix} \tag{6-37}$$

解为

$$\boldsymbol{X}=(\boldsymbol{A}^{\mathrm{T}}\boldsymbol{Q}^{-1}\boldsymbol{A})\boldsymbol{A}^{\mathrm{T}}\boldsymbol{Q}^{-1}\boldsymbol{L} \tag{6-38}$$

其中解向量(站 1 为已知点)为

$$\boldsymbol{X}=[N_{12}^{12}\quad N_{12}^{13}\quad N_{12}^{14}\quad N_{12}^{15}\quad N_{13}^{12}\quad N_{13}^{13}\quad N_{13}^{14}\quad N_{13}^{15}\quad N_{14}^{12}\quad N_{14}^{13}\quad N_{14}^{14}\quad N_{14}^{15}\quad N_{15}^{12}\quad N_{15}^{13}\quad N_{15}^{14}\quad N_{15}^{15}$$
$$\Delta x_2\quad \Delta y_2\quad \Delta z_2\quad \Delta x_3\quad \Delta y_3\quad \Delta z_3\quad \Delta x_4\quad \Delta y_4\quad \Delta z_4\quad \Delta x_5\quad \Delta y_5\quad \Delta z_5]^{\mathrm{T}} \tag{6-39}$$

多站同步观测的已知点可能不止一个，这时应将所有已知点均按其点位精度赋予先验权参加平差，所得解中包括已知点的修正值。若上例中站 1、站 4 为已知点，其解向量为

$$\boldsymbol{X}=[N_{12}^{12}\quad N_{12}^{13}\quad N_{12}^{14}\quad N_{12}^{15}\quad N_{13}^{12}\quad N_{13}^{13}\quad N_{13}^{14}\quad N_{13}^{15}\quad N_{14}^{12}\quad N_{14}^{13}\quad N_{14}^{14}\quad N_{14}^{15}\quad N_{15}^{12}\quad N_{15}^{13}\quad N_{15}^{14}\quad N_{15}^{15}$$
$$\Delta x_1\quad \Delta y_1\quad \Delta z_1\quad \Delta x_2\quad \Delta y_2\quad \Delta z_2\quad \Delta x_3\quad \Delta y_3\quad \Delta z_3\quad \Delta x_4\quad \Delta y_4\quad \Delta z_4\quad \Delta x_5\quad \Delta y_5\quad \Delta z_5]^{\mathrm{T}} \tag{6-40}$$

(二)多站同步观测的基线向量解

式(6-38)给出的解是未知点的坐标改正值或未知点的坐标。有时，尤其是涉及后续的数据处理时，需要点间的相对定位值，即点间矢量或基线矢量。基线矢量是自由矢量，既然已取得各点位的坐标，不难给出点基线矢量即坐标差(也称基线边)。但是，有些问题需要说明。

1. 线性无关基线矢量

多站同步观测时，可以连接许多基线边(点间矢量)，可以给出全部组合，但它们不都是“独立”的，或是说它们中间存在线性相关的边(矢量)。这一点对于以后将要进行的数据处理是重要的，只有线性无关的那些基线边(矢量)才可用于以后的平差。

当有 N 个测站进行同步观测时，取点间坐标差即可得到基线边。尽管基线的选取是随意的，但只有 $3(N-1)$ 个坐标差是线性无关的，其余可能的坐标差均可由这 $3(N-1)$ 个坐标差进行线性组合得到，即存在线性相关。也就是说，N 个测站同步观测时，只有 $N-1$ 条基线是它的解，这些解可以用于后续的数据处理。

多站同步观测比基线测量(两站同步观测) 的作业效率提高值如表 6-2 所示。

表 6-2 同步观测接收机数量与解的线性无关边

接收机数	线性无关边数	增加一台的效率提高量/%
2	1	—
3	2	100
4	3	50
5	4	30
6	5	25

可以看出，随着同步观测接收机数量的增多，效率也在提高，这种效率的提高在接收机数从 2 台变为 3 台时最大，当同步观测接收机数较多时这种提高就不很明显了。以上所说的效率的提高是指作业效率的提高，在实际无关边的工作中还要考虑经济效率，即还要考虑接收机的成本。

因按式(6-38)进行平差需解方程的阶数增大,计算量是很大的。有些商用软件采取分别解算基线矢量的方法,这样软件的编制较简单,且数据处理所需要的计算机时较少。这些软件可以解算全部组合的基线矢量,也可以选择解算,即选择线性无关的基线进行解算。

线性无关边原则上可以任选,但不能包括那些可与其他已选边构成闭合环的边。图 6-3 给出一个选择线性无关边的例子。

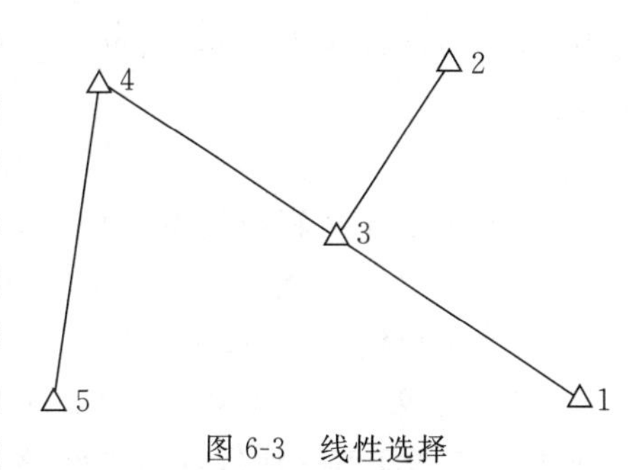

图 6-3　线性选择

按理,如果解算了全部线性无关边,其线性组合应与单独解算线性相关边一致,但实际上常会存在差异,除了在数据处理中有粗差(如周跳)外,这种差异是不大的。产生这种差异的主要原因是同步数据采用量不完全一致。例如,图 6-3 中 1—2 边、2—4 边的距离相对 1—4 边要短,考虑到不同测站卫星的升降时刻不同(距离越远差别越大),解 1—2 边和 2—4 边时,所采用的同步观测数据可能与解 1—4 边时所用的同步数据不同(1—4 边可能少些),这样的单独解与站 1、2、4 同步数据共同解稍有不同。采用数据的不同,还与不同接收机的灵敏度不同有关。另一个可能的原因是商用软件在不进行人工更新时,常使用 C/A 码定位的结果作为已知点的起算坐标,不同边的起算坐标不一致也会造成这种差异。按上所述,在作业中选择线性无关边时,应优选较短的边(尤其是作业范围较大时),并注意解算时使各边已知点坐标采用值一致。

有人将存在线性相关边所形成的闭合图形称为同步闭合环,并主张将同步环闭合差作为 GPS 相对定位精度的指标之一,并在总体平差前先进行同步闭合环平差。同步环闭合差作为检核软件数据处理中有无粗差的方法是可取的,作为精度指标或进行平差则未必合适。

2. *线性无关边之间的相关性*

既然基线边可以自点位坐标求得,而按式(6-38)解得的点位坐标(未知数)间存在相关性,显然各边(包括线性无关边)之间也存在相关性。可以观察一个实际例子,三个测站分别选为北京、郑州和西安,选择西安—北京和西安—郑州为解的两条线性无关边,则六个坐标差(经差、纬差和高程差)的相关系数矩阵如表 6-3 所示。

表 6-3　基线间的相关性

坐标差	ΔB_1	ΔL_1	ΔH_1	ΔB_2	ΔL_2	ΔH_2
ΔB_1	1.00	0.12	−0.49	0.73	0.09	−0.38
ΔL_1	0.12	1.00	0.49	0.14	0.74	0.38
ΔH_1	−0.49	0.49	1.00	−0.21	0.34	0.70
ΔB_2	0.73	0.14	−0.21	1.00	0.18	−0.30
ΔL_2	0.09	0.74	0.34	0.18	1.00	0.53
ΔH_2	−0.38	0.38	0.70	−0.30	0.53	1.00

这种相关性随测站间相互位置和卫星的空间分布不同而不同。测站相同、日期不同而测段观测时间相近的相关系数矩阵相近;同一天不同测段,因所测卫星的空间分布不同,其相关系数矩阵会有较大的差异。这种相关系数可达到 0.7,有的算例甚至可达到 0.9 左右。这表明解之间存在一定的系统性。一些商用数据处理软件是按单边解算的,它不能给出这样的相关系数矩阵或相关权矩阵,但这未改变各边的解之间存在相关性的事实。

四、短边模糊参数的实型解和整型解

模糊参数是相位观测中第一观测历元的未知整周计数，是整数。在随后的组差过程中(线性组合)仍保持其整数特性。在双差观测量的数学模型中，模糊参数为

$$N_{12}^{jk}=N_2^k-N_1^k-N_2^j+N_1^j$$

式中，N_{12}^{jk} 应该是整数。如果观测了 J 颗卫星，即有 $J-1$ 个待定的模糊参数，可以解出这些参数，即

$$\boldsymbol{X}=(\boldsymbol{A}^{\mathrm{T}}\boldsymbol{Q}^{-1}\boldsymbol{A})^{-1}\boldsymbol{A}^{\mathrm{T}}\boldsymbol{Q}^{-1}\boldsymbol{L}$$

式中，$\boldsymbol{X}$ 包括了基线解和这些模糊参数，即

$$\boldsymbol{X}=[N_{12}^{11}\quad N_{12}^{12}\quad N_{12}^{13}\quad \cdots\quad N_{12}^{1J}\quad \Delta x_2\quad \Delta y_2\quad \Delta z_2]^{\mathrm{T}}$$

式中，N_{12}^{1J} 为模糊参数，其理论上应为整数。由于误差的存在，在第一次解算得到的解中各 N 不为整数。如果误差不是很大，且观测时间不是很短，模糊参数的解为接近整数的实数。因此，可以令它等于其解所靠近的整数(若其解为 257.102，即令其为 257)，并作为已知值，进行第二次求解。在第二次再求解组成方程式时，模糊参数已不再是待定参数，较第一次解算不仅待定参数减少了(只有 Δx_2、Δy_2、Δz_2)，而且方程组的结构也会改善，使解算的精度有所提高。这样的解通常称为模糊参数整型约束解，也称为 fixed 解。不进行模糊参数整型约束的第一次解通常称为模糊参数实型解，也称为 float 解。

模糊参数的整型约束不总是可以提高解的精度的。在进行模糊参数的整数约束时，第一次解算的模糊参数的精度应优于 1/6 模糊波长，否则将可能使凑整的模糊参数产生整周的误差。这无疑将降低解的精度。

不仅如此，由于存在卫星星历误差和大气传播延迟误差，尽管它们在双差组差中被大大削弱或消除，其残差仍然影响基线解(包括模糊参数)。这些影响常带有系统性，并随基线的长度而增加，将使常系数(为 1)的模糊参数偏离整数解。存在明显系统性偏差的情况下，这种模糊参数的偏离整数恰恰是它吸收观测误差或等效观测误差中常值系统差的体现。这种吸收(使模糊参数偏离整数)可使解的精度提高。如果此时进行模糊参数的整型约束，不但不会进一步提高精度，反而会降低解的精度。

对于短边，这种偏离不大，进行模糊参数的整数约束通常都会取得较好的结果。当基线较长时，一些系统性偏差不仅会破坏模糊参数的整数特性，而且在存在明显系统性偏差的情况下，这种模糊参数的偏离整数可能给基线解带来好处，它可吸收观测误差或等效观测误差中部分常值系统差。这时不应进行模糊参数的整数约束，应保持其解的实型数。至于多长的边适用于模糊参数的整数约束，要靠实验和经验确定，一般认为不超过 20 km 的边会有较好的结果，边长越短越好。

事实上，不仅双差观测量可以利用模糊参数的整数特性，单差观测量解算较短基线时可与双差观测量一样，利用模糊参数的整数特性提高解算精度。

自单差观测量误差方程式(6-22)，得

$$\begin{aligned}v_i^j&=\overline{N}^j+f^j\Delta t_i+\frac{1}{c}f^j(e_x^j\Delta x+e_y^j\Delta y+e_z^j\Delta z)+F_i^j-\Phi_i^j\\ \overline{N}^j&=N^j+f^j\delta t_i\end{aligned}$$

式中，$\overline{N}^j$ 为原单差模糊参数，而现在 N^j 中包括有 $f^j\delta t_i$ 项而不再具有整数特性。可以将

$f^j \delta t_i$ 分为两部分

$$\overline{N}^j = N^j + (f^j \delta t_i)_{\mathrm{I}} + (f^j \delta t_i)_{\mathrm{F}}$$

即 $f^j \delta t_i$ 分为整数部分和小数部分，分别以下标 I 与 F 表示。注意到，对于任何卫星其 $(f^j \delta t_i)_{\mathrm{F}}$ 是相同的。在第一次解算时所解出的各卫星的模糊参数虽不为整数，但他们的尾数是相近的。取其尾数的中数，可以强制令解出的模糊参数尾数相同，并等于前述尾数中数。同样，认为此模糊参数已知，进行第二次解算。

单差观测量基线解中模糊参数整数特性利用的限制与双差测量是相近的，也能提高解的精度，只是稍烦琐。与双差解相较，区别在于单差解中以尾数中数代替双差解的尾数为 0。

第三节　载波相位测量改正

载波相位测量是基于信号传播时间和速度的观测量，不可避免地要受到外界和内部因素的影响，其中一些是可以改正的，且必须在数据处理中加以改正才能取得较高的定位精度。还有一些不易改正或不能改正的，需要分析其对定位的影响，并在工作中加以控制，或作为精度评估的参考。

如果说传统大地测量较多地注意观测量的精度（如测角精度、测边精度），GPS 相对定位更注意解的精度，以及所解得的基线精度。即使原始观测量的精度相同，所得到的解的精度往往也不相同。这涉及测站与卫星构成的空间图形、各种误差源在不同情况下对解的的影响（情况不同其影响也不尽相同）。

一、周跳的修正

在进行相位测量时，对每一卫星的相位值是连续计量的，但每次观测时直接读取的是周以下的小数部分，其整周数是由计数器累加的。对于一颗卫星，在全部观测时间（如 1～3 小时）这种计数是连续进行的。由于存在仪器和外界的电气干扰，载波锁相环路的短暂失锁会造成整周计数错误，这一现象称为周跳（cycle slip）。周跳一旦发生，不仅这一次观测整周数是错误的，而且此后观测的其整周数也会系统地错下去，这会对基线解造成很大的影响，从而不能得到正确的解。因此，必须对观测量的原始数据进行预处理，检测出这种周跳，并对观测量进行修正，才能保证顺利地得到基线解。

可以用不同的方法检测周跳，如利用卫星运动是光滑连续的特点，可以应用多项式外推，即以前几次观测量拟合外推下一个观测量的预估值，观察实际观测值与相应的外推值之差是否在整周数上相符，若不符合则修正整周数（包括以后观测量的整周数）。这一方法对于观测历元间隔不长的情况比较有效。此外，一般是在组成单差或双差观测量之后进行周跳检测的。这时接收机钟差、卫星星历误差和大气传播延迟误差已被大大削弱，容易取得好的效果。这种方法有时也会漏掉个别周跳值小的情况（如 1 周）或误判 1 周，尤其是失锁持续 1 个以上历元的情况。

更有效的方法是在上述检测基础上，利用相邻观测历元的观测值差来检测周跳。例如，以三差观测量来检测双差观测量的周跳。由于三差观测量是历元 $i+1$ 与历元 i 双差观测量之差，只有在这两个历元之间产生了周跳才会影响到该观测量，产生较大的误差，否则该观测量不受其影响。如果用三差测量进行一次基线解算（目的是检测，可以不考虑观测量的相关性，以简化计算)，由于这种周跳只是个别的，它对平差结果不会产生明显的影响，只是使发生了周跳的那个观测量的残差明显大于其他观测量。这就提供了准确寻找周跳的一种途径。此外，这一过大残差的符号及值也在一定程度上反映了需要调整的方向和数值。经过三差检测和调整一般可以认为不存在周跳。

一些 GPS 相位测量接收机具有失锁报警功能。当载波锁相环路的误差信号超过某一范围(如 40°)时，产生失锁信号，该信号与相位观测量一同记录于原始观测数据组中(占 1 bit)。借助这一报警信号，可以很明显地提示该历元的观测量可能发生了周跳，这为周跳的查找与修正提供了有利条件。

由于周跳对解产生严重的影响，在应用软件中，周跳还可采用迭代的方法进一步编辑，在前一步编辑的基础上解算基线。由于周跳已得到基本的修正或没有周跳，这时的解与正确解已很相近，以此近似解反算相位值并在历元间取差，与观测历元间相位差进行比较，并修正可能存在的周跳。当历元间隔为 30 s、近似值的精度为米级时，所产生的三差相位计算误差小于 0.1 周，可以满足进一步进行周跳编辑的要求。

二、大气传播延迟改正

GPS 接收机相位测量的精度相当于几毫米。在基线测定的精度问题中起决定性作用的是外界影响，即空间飞行器的误差和信号传播误差。信号传播误差主要表现为大气传播误差，即电离层延迟和对流层延迟，尽管可以采用数学模型改正和双频接收机来削弱它们的影响，它们的残差仍是基线测定中的主要误差源之一。

(一)对流层延迟改正

与伪距测量一样，相位测量也受大气传播延迟的影响，只是在形成单差、双差或三差观测量时，是以相应的线性组合影响观测量的。电磁波在大气层中传播的速度与真空不同，组差前相位观测量的数学模型为

$$\Phi_1^j(T_i)=N_1^j+\varphi^j(T_i)+f^j\delta t_1-\frac{1}{c}f^j\rho_1^j(T_i)-\delta\varphi_1^j$$

可以把由信号传播速度改变引起的误差，等效为一个附加的大气相位改正 $\Delta\varphi_1^j$，可得

$$\Phi_1^j(T_i)=N_1^j+\varphi^j(T_i)+f^j\delta t_1-\frac{1}{c}f^j\rho_1^j(T_i)-\delta\varphi_1^j+\Delta\varphi_1^j(T_i)$$

可以看出，在相位观测量以线性组合组差时，大气相位改正 $\Delta\varphi$ 也作相应的线性组合，单差、双差和三差的大气相位改正分别为

$$\Delta\varphi_{12}^j(T_i)=\Delta\varphi_2^j(T_i)-\Delta\varphi_1^j(T_i) \tag{6-41}$$

$$\Delta\varphi_{12}^{jk}(T_i)=\Delta\varphi_2^k(T_i)-\Delta\varphi_1^k(T_i)-\Delta\varphi_2^j(T_i)+\Delta\varphi_1^j(T_i) \tag{6-42}$$

$$\begin{aligned}\Delta\varphi_{12}^{jk}(T_{i+1},T_i)=&\Delta\varphi_2^k(T_{i+1})-\Delta\varphi_1^k(T_{i+1})-\Delta\varphi_2^k(T_{i+1})+\Delta\varphi_1^k(T_{i+1})-\Delta\varphi_2^j(T_i)+\\&\Delta\varphi_1^j(T_i)+\Delta\varphi_2^j(T_i)-\Delta\varphi_1^j(T_i)\end{aligned} \tag{6-43}$$

如能求得单一相位(一个测站对一颗卫星的相位观测)的大气传播延迟改正 $\Delta\varphi_n^j$，就可得到单差、双差或三差的大气相位改正，对流层延迟改正就是这种情况，

第四章已经介绍过一种对流层延迟改正模型，其计算较简单，但对相位测量而言精度稍低。更为精确的对流层延迟改正模型可以使用萨斯塔莫伊宁(Saastamoninen)模型，即

$$\Delta R_{\mathrm{T}}=(D_{\mathrm{Z}}+W_{\mathrm{Z}})\cdot CFA \tag{6-44}$$

式中，ΔR_T 是以米为单位的对流层延迟改正，D_Z 为干大气天顶延迟，W_Z 为湿大气天顶延迟，CFA 为几何分布因子。其中

$$D_Z = 0.2277$$

$$W_Z = 0.2277\left(0.05 + \frac{1255}{T}\right)\frac{e}{F}$$

$$F = 1 - 0.00266\cos(2\varphi) - 0.00028H$$

$$CFA = \left[\sin h + \frac{A}{\tan h + B/(\sin h + C)}\right]^{-1}$$

$$A = 0.001185[1 + 0.6071\times10^{-4}(P - 1000) - 0.1471\times10^{-3}e + 0.3072\times10^{-2}(T - 293)]$$

$$B = 0.001144[1 + 0.1164\times10^{-4}(P - 1000) + 0.2795\times10^{-3}e + 0.3109\times10^{-2}(T - 293)]$$

$$C = -0.0090$$

式中，h 为所测卫星的高度角，φ 为纬度，H 为椭球体高（单位为 km），e 为水汽压（单位为 mbar），T 为温度（单位为 K），P 为大气压（单位为 mbar）。

当使用干、湿温度 T、T' 测定气象参数时，有

$$e = e_s - (T - T')\frac{P}{1006.6}$$

式中，e_s 为饱和蒸气压（单位为 mbar），且有

$$\lg e_s = 9.4051 - \frac{2353}{T}$$

以上是以米为单位的对流层延迟改正模型，只需要将它除以波长就可得到以周为单位的相应值。

实际计算中，可以在单一相位观测值加入此项改正，然后进行正常的观测量组差。

在卫星高度角大于 20°时，依上式所求的对流层延迟改正值中干大气部分精度可达 1 cm 左右，但湿大气部分则不甚准确，一般估计误差可达分米。这主要是因为信号传播路径上大气中水汽含量有较大变化，而所记录的接收机附近水汽含量不能很好地代表传播路径上的水汽含量。

在实际工作中也可以采用改进的霍普菲尔德（Hopfield）模型和勃兰克（Black）模型等。这些都是较精确的对流层延迟改正模型。用它们计算的对流层延迟改正的差异不大，这种差异一般小于 1 cm，当卫星高度角比较低时差异较大，可能达到厘米级。对各模型的优劣尚无较一致的评价。

水汽辐射计可以得到更精确的湿大气分量的改正值（精度约为 1～3 cm），但这一设备相对 GPS 测量设备而言过于庞大，目前只用于个别实验和研究工作中。

以上所讨论的大气改正精度是对应观测量而言的，在长时间的观测中其残差带有一定的随机性，而它对定位结果的影响还将进一步削弱。

载波相位测量的精度很高，对流层延迟已成为高精度相对定位的主要误差源，而模型改正的精度有限。近年来发展的、在数据处理中设置对流层延迟待估参数的方法可取得较好的效果。

自式(6-44)得

$$\Delta R_T = (D_Z + W_Z)\cdot CFA$$

可知，对流层延迟是两个因子的乘积。其中，$D_Z + W_Z$ 因子涉及气象因素，特别是涉及湿大气因素(测不准)。而 CFA 因子主要取决于所测卫星的高度角，尽管 CFA 因子也涉及大气温度和大气压，但对 CFA 的影响要小 2～4 个数量级，精度不高的近似值即可视为已知值。由于对流层的高度不大(一般不大于 40 km)，可以认为 1 个测站观测范围和一段时间内(如 1 小时)的 $D_Z + W_Z$ 是常值，称为该测站的天顶延迟值 ΔR_{Tz}（当 $h=90°$时 $CFA=1$）。将天顶延迟值 ΔR_{Tz} 作为待估参数参与定位解算，可在一定程度上削弱对流层延迟对定位结果的影响。

在观测不同卫星所列的观测方程中，ΔR_{Tz} 的系数不同，以双差为例，有

$$v_{12}^{jk} = N_{12}^{jk} + \frac{1}{c}f^j[(e_x^k - e_x^j)\Delta x + (e_y^k - e_y^j)\Delta y + (e_z^k - e_z^j)\Delta z + (CFA_2^k - CFA_2^j)\Delta R_{Tz2} - (CFA_1^k - CFA_1^j)\Delta R_{Tz1}] + F_{12}^{jk} - \Phi_{12}^{jk} \tag{6-45}$$

两站的距离不是很大时，式(6-45)中 ΔR_{Tz2} 和 ΔR_{Tz1} 的系数相差不大，这将导致方程组的稳定性降低。为此，可以设

$$\Delta R_{Tz12} = \Delta R_{Tz2} - \Delta R_{Tz1}$$

式(6-45)可写为

$$v_{12}^{jk} = N_{12}^{jk} + \frac{1}{c}f^j\{(e_x^k - e_x^j)\Delta x + (e_y^k - e_y^j)\Delta y + (e_z^k - e_z^j)\Delta z + (CFA_2^k - CFA_2^j)\Delta R_{Tz12} + [(CFA_2^k - CFA_2^j) - (CFA_1^k - CFA_1^j)]\Delta R_{Tz1}\} + F_{12}^{jk} - \Phi_{12}^{jk} \tag{6-46}$$

式中，ΔR_{Tz1} 的系数是两站对同一卫星（j 或 k）几何分布因子之差的代数和，其数值(绝对值)很小。可以依参考站 1 的气象数据求得天顶延迟值 ΔR_{Tz1}，并视为已知值。尽管气象数据可能不准确(代表性问题)，但式(6-46)中相应的系数小，不会对方程产生明显影响。这样减少了一个未知数，更主要的是大大改善了方程组的结构，增强了稳定性，有利于求解。

这种增加天顶延迟待估参数的方法可以用于基线的相对定位，也可用于多站同步观测相对定位解算。

(二)电离层延迟改正

在载波相位测量中通常不是以模型来改正而是采用双频观测量来求定电离层延迟，即

$$\Delta\rho_I = 1.545\,7(\rho'_{L2} - \rho'_{L1})$$

$$\rho_{L1} = \rho'_{L1} + \Delta\rho_I$$

在相位测量中应将其改化为相位

$$\frac{c}{f_1}\Delta\varphi_I = 1.545\,7\left[\frac{c}{f_1}(\Phi_{L1} + N_{L1}) - \frac{c}{f_2}(\Phi_{L2} + N_{L2})\right]$$

$$\Delta\varphi_I = 1.545\,7\left[(\Phi_{L1} + N_{L1}) - \frac{f_1}{f_2}(\Phi_{L2} + N_{L2})\right]$$

$$\Delta\varphi_I = 1.545\,7\,(\Phi_{L1} - 1.283\,3\Phi_{L2}) + 1.545\,7(N_{L1} - 1.283\,3N_{L2}) \tag{6-47}$$

或写为

$$\Delta\varphi_I = 1.545\,7(\delta\Phi + \delta N) \tag{6-48}$$

$$\delta\Phi = \Phi_{L1} - 1.283\,3\Phi_{L2} \tag{6-49}$$

$$\delta N = N_{L1} - 1.283\,3N_{L2} \tag{6-50}$$

代入式(6-46)，得

$$v_{12}^{jk} = N_{12}^{jk} + \frac{1}{c}f^j[(e_x^k - e_x^j)\Delta x + (e_y^k - e_y^j)\Delta y + (e_z^k - e_z^j)\Delta z] + (F_{12}^{jk} - \Phi_{12}^{jk}) +$$

$$1.5457(\delta\Phi_2^k-\delta\Phi_1^k-\delta\Phi_2^j+\delta\Phi_1^j)+1.5457(\delta N_2^k-\delta N_1^k-\delta N_2^j+\delta N_1^j)$$

式中，最后一项（δN 的代数和）是未知常数，应与未知数 N_{12}^{jk} 合并，可仍以 N_{12}^{jk} 表示，得

$$v_{12}^{jk}=N_{12}^{jk}+\frac{1}{c}f^j[(e_x^k-e_x^j)\Delta x+(e_y^k-e_y^j)\Delta y+(e_z^k-e_z^j)\Delta z]+ (F_{12}^{jk}-\Phi_{12}^{jk})+1.5457(\delta\Phi_2^k-\delta\Phi_1^k-\delta\Phi_2^j+\delta\Phi_1^j) \tag{6-51}$$

式(6-51)是加入电离层延迟改正的双差误差方程。式(6-51)和原来的双差模型相较只是加入了可自相位观测量计算的电离层延迟改正，此外并无区别。可以按原来的方法进行相对定位。只是此处的 N_{12}^{jk} 已不是原模糊参数，它还包含了电离层延迟改正的整数部分。由于电离层延迟改正的整数部分要乘以非整型常数，故此时模糊参数 N_{12}^{jk} 已不再具备整型性质，除非电离层延迟改正的整数部分为零。

三、潮汐改正、相对论改正和天线偏心改正

(一)地球潮汐改正

地球体的潮汐可分为固体潮和海潮（也称负荷潮），由于地球为非刚体，前者是日、月引力产生的形变，后者是由海水的潮汐运动而引起地球负荷的改变从而产生的形变。这种变化在时间上是周期性的，在空间上（地表）是连续的。这两种潮汐之和对地球上一点可能引起几十厘米的周期变化，但对相对定位的影响应是这种变化之差。

以 U_2、U_3 表示日、月的二阶和三阶引力潮位，σ_i 为海洋的单层密度，h_j 为第一勒夫数，l_j 为第二勒夫数，h'_j 为第一负荷勒夫数，l'_j 为第二负荷勒夫数，G 为万有引力常数，R 为地球半径。由固体潮和海潮叠加引起的点位位移可表示为

$$\left.\begin{aligned}\delta_r&=h_2\frac{U_2}{g}+h_3\frac{U_3}{g}+4\pi GR\sum_{i=0}^{n}\frac{h'_i\sigma_i}{(2i-1)_g}\\ \delta_\varphi&=\frac{l_2}{g}\frac{\partial U_2}{\partial\varphi}+l_3\frac{\partial U_3}{\partial\varphi}+\frac{4\pi GR}{g}\sum_{i=1}^{n}\frac{l'_i}{2i-1}\frac{2\sigma_i}{\partial\varphi}\\ \delta_\lambda&=\frac{l_2}{g}\frac{\partial U_2}{\partial\lambda}+l_3\frac{\partial U_3}{\partial\lambda}+\frac{4\pi GR}{g}\sum_{i=1}^{n}\frac{l'_i}{2i-1}\frac{2\sigma_i}{\partial\lambda}\end{aligned}\right\} \tag{6-52}$$

式中，δ_r、δ_φ、δ_λ 分别表示潮汐形变改正沿测站高程、纬度和经度方向的分量。为处理方便，可将潮汐改正变换为沿三个坐标轴方向的分量。

自球面坐标与直角坐标的变换公式

$$\begin{aligned}x&=r\cos\varphi\cos\lambda\\ y&=r\cos\varphi\sin\lambda\\ z&=r\sin\varphi\end{aligned}$$

可得

$$\left.\begin{aligned}\delta_x&=\cos\varphi\cos\lambda\delta_r-r\sin\varphi\cos\lambda\delta_\varphi-r\cos\varphi\sin\lambda\delta_\lambda\\ \delta_y&=\cos\varphi\sin\lambda\delta_r-r\sin\varphi\sin\lambda\delta_\varphi+r\cos\varphi\cos\lambda\delta_\lambda\\ \delta_z&=\sin\varphi\delta_r+r\cos\varphi\delta_\varphi\end{aligned}\right\} \tag{6-53}$$

得到测站 k 观测卫星 j 的潮汐相位改正数 $(\Delta_t)_k^j$，即

$$(\Delta_t)_k^j=(e_x)_k^j\delta_x+(e_y)_k^j\delta_y+(e_z)_k^j\delta_z \tag{6-54}$$

式中，$(e_x)_k^j$、$(e_y)_k^j$、$(e_z)_k^j$ 分别为所测卫星方向对三个坐标轴的方向余弦。

式(6-54)是以米为单位的，如需改化为载波相位值，只需除以载波波长。

(二)相对论改正

在惯性坐标系内高速运动的卫星会产生相对论效应。按狭义相对论,卫星上的时间尺度产生变化,反映为时钟频率,即

$$f_s = f\left[1-\left(\frac{v_s}{c}\right)^2\right]^{\frac{1}{2}} \approx f\left(1-\frac{{v_s}^2}{2c^2}\right)$$

式中,f 为相对惯性系静止时卫星钟频率,f_s 为以速度 v_s 运动中同一时钟频率,c 为光速。卫星钟频率将改变,即

$$\Delta f_1 = f_s - f = -f\,\frac{v_s^2}{2c^2} \tag{6-55}$$

如将 GPS 卫星的平均运动速度 3 874 m/s 代入式(6-55),则可得狭义相对论影响卫星钟频率平均改变,即

$$\Delta f_1 = -0.835\times10^{-10} f$$

按广义相对论,如果卫星所在空间的重力位为 W_{S},地面接收机所在的重力位为 W_{T},则同一时钟的频率改变为

$$\Delta f_2 = (W_{\mathrm{S}} - W_{\mathrm{T}})\,\frac{f}{c^2} \tag{6-56}$$

通常可以不考虑日月引力对重力位的影响且把地球引力视为质心引力,则

$$\Delta f_2 = \frac{\mu}{c^2} f\left(\frac{1}{R}-\frac{1}{r}\right) \tag{6-57}$$

式中,$\mu = 3.986\,005\times10^{14}\ \mathrm{m^3/s^2}$,是万有引力和地球质量的积;$R$ 是地球半径;r 是卫星到地心的距离。

如果取 GPS 卫星的平均地心距为 26 560 km,则可得广义相对论影响卫星钟频率平均改变,即

$$\Delta f_2 = 5.284\times10^{-10} f$$

同时考虑狭义相对论和广义相对论的平均影响,即

$$\Delta f = \Delta f_1 + \Delta f_2 = 4.449\times10^{-10} f \tag{6-58}$$

如 GPS 卫星钟在地面时的频率为 f,进入轨道后频率将增加 Δf,可以在地面将卫星钟频率(10.23 MHz)预调,人为降低 $4.551\,3\times10^{-3}$ Hz,入轨后将为设计的 10.23 MHz。也就是说,卫星钟已经考虑了平均的相对论效应,因此用户不必考虑此项改正。

对于一般用户,如进行导航和精度不是很高的相对定位,不需要再考虑相对论效应。对于高精度用户,考虑到 GPS 卫星运动轨迹是小偏心率的椭圆,其实际速度、地心距与平均速度、平均地心距存在差异,此时与相对论的平均效应的差异不大。

将二体问题的有关公式代入式(6-55)和式(6-57),得到的精确的相对论效应频率变化公式为

$$\Delta f = \frac{\mu f}{c^2}\left[\frac{1}{R}+\frac{1}{2a}-\frac{2}{(1-e^2)a}-\frac{2e(\cos E - e)}{(1-e^2)a}\sqrt{\frac{a^3}{\mu}}\,\frac{\mathrm{d}E}{\mathrm{d}t}\right] \tag{6-59}$$

对 t 积分可得相对论引起的时间偏差 τ,经化简有

$$\tau = \frac{\mu}{c^2}\left(\frac{1}{R}-\frac{3}{2a}\right)t - \frac{2\sqrt{a\mu}}{c^2}e\sin E \tag{6-60}$$

式中，第一项 t 的系数为常值，即为频率的常值偏差，它随时间累积，将 a、R 等数值代入后所得即为卫星钟的频率偏调值，用户不必考虑；第二项为一周期变化项，其振幅约为 2 μm，对不同的卫星有所不同，这相当于在卫星钟钟差中附加一项周期性的相对论钟差，在高精度绝对定位时应予以考虑，在相对定位中因站间取差，其影响要小得多，一般可不予考虑。GPS 测量(相对定位和导航)通常采用广播星历，在广播星历导航电文中卫星钟钟差拟合参数 a_0、a_1、a_2 中已考虑了相对论效应的第二项修正，使用广播星历的用户不必再考虑此项修正。

(三)卫星天线偏心改正

载波相位测量的观测值是卫星天线到接收机天线间的距离体现，在数据处理过程或定位解中一般采用卫星质心和测站标志的位置。它们并不重合，须予以改正，这类似于大地测量中的偏心改正。

卫星位置计算是以卫星质心为质点计算的，它与卫星天线并不重合，对 BLOCKⅡ卫星其偏心距为 1.06 m。鉴于卫星的姿态控制使卫星天线保持指向地心，其偏心矢量是沿卫星到地心方向的。由于卫星位置矢量在观测过程中不断变化，在高精度定位中应逐历元改正。其对相位观测量的改正为

$$\Delta\varphi_a = \frac{fd(\boldsymbol{r}^j - \boldsymbol{R}) \cdot \boldsymbol{R}}{c\,|\boldsymbol{r}^j - \boldsymbol{R}|\,|\boldsymbol{R}|} \tag{6-61}$$

式中，$\boldsymbol{r}^j$ 为卫星位置矢量，$\boldsymbol{R}$ 为测站位置矢量，d 为卫星天线偏心距。

在 GPS 测量中，天线中心是作为一个质点参加数据处理的，在观测中保持不变，接收机天线与测站标志不一致所形成的偏心可以在定位数据处理后进行改正。测站偏心一般是沿高程、东向、北向量取的，可相应加入高程、纬度和经度分量，在已知点须将标志点归化到天线中心，在待定点是将天线中心归化到标志点。

第四节　影响相对定位精度的因素

影响载波相位相对定位精度的因素很多，除了上述可以改正或修正的以外，还有一些不能或不易改正的因素和其他因素。

一、天线相位中心误差和多路径效应

(一)接收机天线和天线的相位中心误差

GPS 接收机天线类型主要有对数螺线天线和微带天线，前者有较高的天线增益，后者天线的相位中心较稳定，近年来生产的测量型接收机多采用微带天线。微带天线体是类似印刷电路的平面型天线，它便于成批生产，同一批产品的电气性能相似性强，这一点对于精密测量是很有意义的。近年来发展的扼流圈天线具有很好的相位中心稳定性，多用于高精度相对定位。

接收机天线接收的卫星信号是天线整体作用的结果，很难确切地定义所得的观测值是对应天线上哪一个点，只能是等效地对应一个点，通常称为天线的电气中心或相位中心。实验证明，这种相位中心随电磁波入射方向(也就是卫星的方向)不同而变动。在进行 GPS 作业时只能取一个几何点对准测量标志(仪器对中)，通常称为天线的几何中心。几何中心一般由生产

厂在对天线进行各种条件的测试后给定,这种几何中心只是前述电气中心(相位中心)的平均位置。这显然会为精密定位带来误差。

由于天线相位中心的变动与卫星相对接收机的方向有关,各次观测的卫星方向可能有较大的不同,用仪器监测测定修正值的方法效果不会很好。由于工艺上的原因,微带天线的同批产品电气特性比较稳定,也就是说其电气中心随卫星方向变化的漂移是相近的,当同步观测的天线指向相同时在相对测量中可以削弱天线电气中心漂移的影响。在天线出厂时其几何中心(对中器)相对天线体保持一致并给出方向标志,作业时使各接收机的天线方位标志指向一致(如指北),就可以削弱这一影响。即使这样,其残余误差仍可达几毫米。近几年发展的扼流圈天线可将残余误差控制在 1 mm 左右,甚至在 1 mm 之内。

如果一个测段的观测时间不是很长,其所测卫星的空间方向变化不大,所测不同卫星带有不同的系统性偏差。显然这会给解带来误差。不同观测日期但观测时间相近的测段的解,其天线相位中心误差有较明显的系统性。

接收机天线相位中心误差对精密定位尤其是短距离的相对定位(如精密工程测量)有较大的影响,对 1 km 或更短的基线测量而言是一项主要误差源。为了进一步削弱这一影响,可以采用交换天线(连同接收机)的作业方法。其做法是在两天的同一时间进行两测段的测量,两测段交换接收机和天线(第一天和第二天接收机交换占点),由于 GPS 的卫星分布在相邻两天同时间段(准确说是第二天超前 4 分钟)内是相同的,其天线相位中心的漂移也是相同的,其中数可以更有效地削弱残余误差的影响。

同样道理,可以进行接收机天线相位漂移残余误差的质量检测。交换接收机前后的互差就是该残余误差的两倍。通常精密定位出测前应进行这一检测,应该说明的是,这样的检测结果还包括接收机本身的系统性偏差,从应用的角度没有必要将它们分开。此外,特定的卫星分布不能代表各种情况,这种检测应在不同的时间至少进行两次。

(二)多路径效应

不考虑大气传播延迟时,相位观测应是信号自卫星到接收机直线传播延迟量的体现。测站周围的地面(或水面)或其他能造成电磁波反射的物体的存在,使天线接收到的信号除直线传播的以外,还有经反射体反射的信号。这就使相位观测值含有误差。一般情况,由于反射信号的振幅远小于正常信号,迭加的结果是使接收的信号有一附加延迟,即多路径效应误差。为了削弱多路径效应误差,一般天线体带有屏蔽板以隔离地面或水面的反射信号,但对高度角为正的反射源作用不大。在实际工作中应选择周围高度角 10°～15°以上无障碍物、无高压电线的点位。人体也是可能造成多路径效应的介质,观测时应注意不走近且不高于天线。枝叶较密的树木也可能产生多路径效应,要注意避开。

应该说明的是,与传统测量不同的是,这里障碍物的作用不是遮挡信号,而是产生不利的反射信号,观测可以照常进行而不被察觉,而对定位结果产生额外的误差。这一点在选择测站位置时必须充分注意。

随着所测卫星方向的不同,多路径效应误差也会有所不同。多路径效应误差对相对定位的影响在一测段中带有较强的系统性,观测不同卫星或空间图形不同的测段间会有一定的差异,但也常有一定的系统性。新型天线设计(如扼流圈天线)也应充分考虑削弱多路径影响的问题。

二、卫星星历误差和已知点坐标误差对相对定位解的影响

(一)卫星星历误差对相对定位解的影响

与导航解算一样,相位测量的相对定位解也受卫星星历误差的影响,但影响的方式有所不同。

由于单差和双差相对定位解算在理论上是等效的,这里以单差形式讨论卫星星历误差的影响,其结论对双差解算同样有效。

在讨论卫星星历误差对解的影响时,我们可以假定不存在观测误差、接收机钟差等非星历误差,且认为模糊参数 N 已解出。略去微小改正数,单差观测量的数学模型可简写为

$$DR_{AB}^{j}=R_{B}^{j}-R_{A}^{j}+c\delta t$$

式中,下标 A、B 表示接收机所在的测站,其中 A 为已知站、B 为待定站,R_{B}^{j}、R_{A}^{j} 分别为某观测历元卫星至接收机 A、B 的距离;δt 为两台接收机的钟差互差。这种简化不影响我们所讨论的精度估计问题。

由于卫星星历误具有明显的系统性,短时间内对同一卫星的多次观测不能明显地改善其影响,可以只对一次观测进行分析。观测方程为

$$\boldsymbol{AY}=\boldsymbol{L} \tag{6-62}$$

$$\boldsymbol{A}=\begin{bmatrix} a_{11} & a_{12} & a_{13} & 1 \\ a_{21} & a_{22} & a_{23} & 1 \\ a_{31} & a_{32} & a_{33} & 1 \\ a_{41} & a_{42} & a_{43} & 1 \end{bmatrix},\quad \boldsymbol{Y}=\begin{bmatrix} \Delta x_{1} \\ \Delta x_{2} \\ \Delta x_{3} \\ \Delta x_{4} \end{bmatrix},\quad \boldsymbol{L}=\begin{bmatrix} l^{1} \\ l^{2} \\ l^{3} \\ l^{4} \end{bmatrix}$$

$$a_{ij}=\frac{\partial DR_{B}^{j}}{\partial x_{i}}$$

$$l^{j}=DR^{j}-DR^{j}(X^{j},X_{A},X_{B0},0)$$

式中,$DR^{j}(X^{j},X_{A},X_{B0},0)$ 为以待定点初始值和卫星位置计算得到的伪距差。基线的解 $\boldsymbol{Y}$ 可写为

$$\boldsymbol{Y}=\boldsymbol{A}^{-1}\boldsymbol{L} \tag{6-63}$$

$$\Delta\boldsymbol{Y}=\boldsymbol{A}^{-1}\Delta\boldsymbol{L} \tag{6-64}$$

式中

$$\Delta\boldsymbol{Y}=[\delta x_{1}^{j}\quad \delta x_{2}^{j}\quad \delta x_{3}^{j}\quad \delta t]^{\mathrm{T}}$$

$$\Delta\boldsymbol{L}=[\delta l^{1}\quad \delta l^{2}\quad \delta l^{3}\quad \delta l^{4}]^{\mathrm{T}}$$

其中,δl^{j} 为卫星星历误差 δx^{j} 引起的自由项误差,$\Delta\boldsymbol{Y}$ 即为上述误差所引起的解误差。δl^{j} 为

$$\delta l^{j}=\sum_{i=1}^{3}\left[\frac{1}{R_{B}^{j}}(x_{i}^{j}-x_{iB})-\frac{1}{R_{A}^{j}}(x_{i}^{j}-x_{iA})\right]\delta x_{i}^{j} \tag{6-65}$$

式中,下标 $i(i=1,2,3)$ 分别表示坐标的三个分量。

为简化公式推导,建立辅助坐标系 $O\xi_{1}\xi_{2}\xi_{3}$。辅助坐标系三轴指向为

$$\boldsymbol{\xi}_{1}^{0}=\frac{\boldsymbol{AB}}{|\boldsymbol{AB}|}$$

$$\boldsymbol{\xi}_{2}^{0}=-\frac{\boldsymbol{\xi}_{1}^{0}\times\boldsymbol{r}_{B}^{0}}{|\boldsymbol{\xi}_{1}^{0}\times\boldsymbol{r}_{B}^{0}|}$$

$$\boldsymbol{\xi}_{3}^{0}=\boldsymbol{\xi}_{1}^{0}\times\boldsymbol{\xi}_{2}^{0}$$

式中，$\boldsymbol{AB}$ 是连接已知点 A 与未知点 B 的矢量，$\boldsymbol{r}_B^0$ 是未知点 B 的地心位置矢量。在 $O\xi_1\xi_2\xi_3$ 坐标系中，式(6-65)可写为

$$
\begin{aligned}
\delta l^j &= \sum_{i=1}^{3}\left[\frac{1}{R_B^j}(\xi_i^j - \xi_{iB}) - \frac{1}{R_A^j}(\xi_i^j - \xi_{iA})\right]\delta\xi_i^j \\
&= \sum_{i=1}^{3}\frac{1}{R_B^j}\left[(\xi_i^j - \xi_{iB}) - (\xi_i^j - \xi_{iA})\left(1 - \frac{R_A^j - R_B^j}{R_B^j}\right)\right]\delta\xi_i^j
\end{aligned}
$$

在 $O\xi_1\xi_2\xi_3$ 坐标系中，有

$$
\begin{aligned}
\xi_{1B} - \xi_{1A} &= D \\
\xi_{2B} - \xi_{2A} &= 0 \\
\xi_{3B} - \xi_{3A} &= 0 \\
D &= |\boldsymbol{AB}|
\end{aligned}
$$

以此化简上式，可得

$$
\delta l^j = \frac{D}{R_B^j}\left\{[(e_1^j)^2 - 1]\delta\xi_1^j + e_1^j e_2^j \delta\xi_2^j + e_1^j e_3^j \delta\xi_3^j\right\} \tag{6-66}
$$

式中，D 为测站 A、B 间的距离，e_i^j 表示 j 卫星观测方向对 i 坐标轴的方向余弦。

略去卫星运动中法向与径向的微小差别，并认为卫星运动的切向、法向、次法向三个误差分量是不相关的，并设切向分量误差 σ_{T}、法向分量误差 σ_{N}、次法向分量误差 σ_{M} 彼此相等，即

$$
\sigma_{\mathrm{T}} = \sigma_{\mathrm{N}} = \sigma_{\mathrm{M}} = \sigma
$$

可求得 δl^j 的均方根值，即

$$
\sigma_{l^j} = \frac{D}{R_B^j}\sin\psi^j\sigma \tag{6-67}
$$

式中，ψ^j 为测站 B 观测卫星 j 的方向与基线 AB 的夹角，σ_{l^j} 即为卫星 j 位置误差引起的等效观测误差。

为与最小二乘法保持形式的一致，可按下式估计定位解的精度

$$
\boldsymbol{V} = \boldsymbol{AY} - \boldsymbol{L}
$$

$$
\boldsymbol{Y} = (\boldsymbol{A}^{\mathrm{T}}\boldsymbol{Q}^{-1}\boldsymbol{A})^{-1}\boldsymbol{A}^{\mathrm{T}}\boldsymbol{Q}^{-1}\boldsymbol{L} \tag{6-68}
$$

作为近似，可以认为诸卫星到测站的距离均相等，即

$$
R_B^j = R_B^{\mathrm{s}}
$$

于是有

$$
\boldsymbol{Q} = \begin{bmatrix}
\sin^2\psi^1 & 0 & 0 & 0 \\
0 & \sin^2\psi^2 & 0 & 0 \\
0 & 0 & \sin^2\psi^3 & 0 \\
0 & 0 & 0 & \sin^2\psi^4
\end{bmatrix} \tag{6-69}
$$

$$
\boldsymbol{Q}_L = (\boldsymbol{A}^{\mathrm{T}}\boldsymbol{Q}^{-1}\boldsymbol{A})^{-1} \tag{6-70}
$$

$$
\sigma_{y_i} = \sqrt{q_{ii}}\left[\frac{D}{R_B^{\mathrm{s}}}\sigma\right] \tag{6-71}
$$

式中，q_{ii} 是 $\boldsymbol{Q}_L$ 中 i 行 i 列元素。

式(6-71)即为卫星位置误差对基线解各分量影响的估计公式。

从式(6-71)可看出，卫星位置误差乘以因子 $\frac{D}{R_B^s}$ 引入解的误差。由于卫星至接收机的距离约为 20 000 km，远大于基线长度，故卫星位置误差被大大缩小后引入基线解。这一点与导航解有显著区别。

以上分析了卫星星历误差对解的影响及其量级。实际工作中这种影响比以上分析的要小些，这是因为在定位解算的待估参数中还包括模糊参数。待估的模糊参数在相位观测量中为常值的部分，它与卫星星历误差一样仅与所测卫星(或其线性组合)有关，当采用模糊参数实型解时，凡在一测段中对观测量影响为常值的分量均被其吸收。卫星轨道误差在一测段中尤其是测段观测时间不长时，对观测量的影响具有常值分量，这一部分将被模糊参数吸收，总的看来卫星轨道误差对解的影响将被部分削弱。模糊参数整型解常用于短边，其轨道误差影响本身不突出。

(二)已知点坐标误差对相对定位解的影响

就一般测量问题而言，相对定位是解位置差(如坐标差)这一类问题。解算这类问题时至少有一个点是已知坐标值的已知点。当采用直角坐标系时，已知点的坐标采用值不影响相对定位解(坐标差)。但 GPS 相对定位有所不同，它不是纯相对定位，即已知点的坐标采用值不同，其解算的坐标差也不同。或者说，已知点坐标采用值含有误差时会影响相对定位解，从而产生误差。

单差观测量的数学模型可以简写为

$$\Phi_{12}^j = N_{12}^j + f\delta t_{12} - (\rho_2^j - \rho_1^j)\frac{f}{c} + \cdots \tag{6-72}$$

式中，ρ_1^j 是已知点到卫星的距离，即

$$\rho_1^j = [(x^j - x_1)^2 + (y^j - y_1)^2 + (z^j - z_1)^2]^{\frac{1}{2}} \tag{6-73}$$

它在误差方程中是作为已知值参加计算的。如果已知点坐标 (x_1, y_1, z_1) 含有误差，将使自由项计算值含有误差。

采用和上节类似的方法，使用辅助坐标系可以导出已知点坐标误差，将导致误差方程产生如下误差

$$\delta l^j = -\left\{[(e_1^j)^2 - 1]\delta z_1 + e_1^j e_2^j \delta z_2 + e_1^j e_3^j \delta z_3\right\}$$

式中，$\delta z_i (i=1,2,3)$ 是已知点坐标误差的三个分量，e_i^j 为测站至卫星 j 对坐标轴 i 的方向余弦(采用辅助坐标系)。作为估值，若视已知点坐标三分量具有相同的中误差 δ，则上式可简化为

$$\sigma_{l^j} = \sin^2\psi\sigma$$

该式与坐标系选择无关。

该误差对解算结果(相对定位)的影响为

$$\Delta \boldsymbol{X} = (\boldsymbol{A}^{\mathrm{T}}\boldsymbol{A})^{-1}\Delta \boldsymbol{L}$$

$$\Delta \boldsymbol{L} = [\delta l^1(T_1) \quad \cdots \quad \delta l^2(T_1) \quad \cdots \quad \delta l^J(T_N)]^{\mathrm{T}} \tag{6-74}$$

从以上分析可以看出，已知点的坐标误差对解的影响取决于点间矢量与卫星的空间分布。

对于解算中某一起算的已知点，这一误差 δz 是常值误差，对于同一时间的不同测段(不同日期的观测)，卫星的空间分布是几乎不变的。因此，这一误差是系统性的。不同时段的卫星空间分布有差别，可以削弱这一影响，但因卫星分布所占有的象限相差不大，这种削弱的效

果并不很理想。

西安至郑州的实验表明，当已知点坐标各分量有 3 m 误差时，对解的分量影响可达 $0.3\times10^{-6}D$（D 为距离），这对高精度网来说是不能接受的。

三、SA 对 GPS 相对定位的影响

美国政府曾采取技术措施（SA）降低非特许用户的实时定位精度。尽管目前已取消了这一控制措施，但我国有相当一部分的大地测量成果是在实施 SA 期间取得的，且不能排除以后再次实施 SA 的可能，因此需要了解 SA 对 GPS 相对定位的影响。

GPS 按其服务分为标准定位服务（SPS）和精密定位服务（PPS）。PPS 只供美军及经美国国防部同意的那些用户（通常称特许用户）使用，SPS 则供包括其他国家在内的民用。SPS 可以对卫星实行选择可用性。

全部 BLOCKⅡ卫星可以将 SA 技术措施置“ON”状态或置“OFF”状态，自 1990 年 3 月 25 日已对全部 BLOCKⅡ卫星的 SA 置“ON”，但其置入的误差可以是零。例如，根据实际工作可看出 1990 年 9 月底至 1991 年 11 月底没发现明显的 SA 影响，1991 年 12 月发现明显的 SA 影响。

SA 可能包括如下技术措施：

（1）广播电文中卫星钟参数的偏差。

（2）广播电文中卫星星历的偏差。

（3）C/A 码的抖动。

（4）基频抖动（它引起载波和码频的抖动）。

AS 技术被称为反电子欺骗技术。AS 既可置于“ON”状态也可置于“OFF”状态。在必要时启用。按目前了解，AS 主要的技术措施是将 P 码改为 Y 码。AS 的设置不是为了人为降低精度，主要是为了防止敌方干扰，不对相位测量造成影响。

尽管目前美国已经取消了 SA（于 1999 年 5 月），但不保证以后不再使用。此外，我国有不少主要 GPS 测量（如全国 GPS 一、二级网，国家 GPS A、B 级网和中国地壳运动观测网络的一部分）是在实施 SA 期间施测的。因此考虑 SA 对精密相对定位的影响还是有意义的。

按 SA 可能采取的技术措施，卫星钟参数的偏差和 C/A 码抖动对载波相位观测量的相对定位不会产生实质性影响。卫星星历的偏差会对采用广播星历的相对定位产生影响，采用其他后处理星历可以不受其影响。双频观测量已消除卫星钟钟差的影响，但载波相位观测量的数学模型中还涉及载波频率，基频的抖动引起载波频率的抖动，将影响以载波相位作为基本观测量的 GPS 相对定位。分析 1 s 采样的相位观测实验表明，载波的频率偏移可达 10^{-9}。有必要分析它对相对定位的影响。

当卫星钟频率存在漂移时，相对定位的双差相位观测量数学模则可写为

$$\begin{aligned}\Phi_{12}^{ij}(T)=&N_{12}^{ij}-\frac{1}{c}(f^j+\delta f^j(T))(\rho_2^j(T)-\rho_1^j(T))+\frac{1}{c}(f^i+\delta f^i(T))(\rho_2^i(T)-\\&\rho_1^i(T))-\frac{1}{c}(f^j+\delta f^j(T))\left(\delta t_2(T)\frac{\mathrm{d}\rho_2^j(T)}{\mathrm{d}t}-\delta t_1(T)\frac{\mathrm{d}\rho_1^j(T)}{\mathrm{d}t}\right)+\\&\frac{1}{c}(f^i+\sigma f^i(T))\left(\delta t_2(T)\frac{\mathrm{d}\rho_2^i(T)}{\mathrm{d}t}-\delta t_1(T)\frac{\mathrm{d}\rho_1^i(T)}{\mathrm{d}t}\right)+\cdots\end{aligned}$$

式中，略去了含 $\frac{1}{c^2}$ 的项。事实上，等式右侧第四、第五项 $\left(含\frac{\mathrm{d}\rho}{\mathrm{d}t}\right)$ 与前两项（含 ρ）相较要小得多，只要考虑前两项即可。其引起的影响为

$$\delta_f = -\frac{1}{c}\delta f^j(T)(\rho_2^j(T) - \rho_1^j(T)) + \frac{1}{c}\delta f^i(T)(\rho_2^i(T) - \rho_1^i(T))$$

式中，若 $\frac{\delta f}{f}$ 为 10^{-9} 量级，则 $\frac{\delta f}{c}$ 为 5×10^{-9} 量级，同一卫星对两站的距离差一般不超过 1 000～1 500 km，可以估计这一因素对载波观测量的影响在几毫米量级，含距离变率的项会更小。此外，上述距离和距离差在一个相当长的时间内具有系统性，而频率偏移是随机的，其结果是在观测时间段内进一步削弱其影响。可以看出，目前美国实行的 SA 措施不会对相对定位产生根本性影响。但此期间卫星星历精度是否相应降低，只能用实验的方法确定。

为了证实以上分析，将 SA 期间所测的西安至上海的 8 测段观测数据进行处理，并与 SA 前实验的结果进行比较（测段长 3 小时）：SA 前与 SA 后的差 Δx 为 -0.260 m、Δy 为 0.038 m、Δz 为 -0.024 m。其差异约为 10^{-7} 量级，在精度的允许范围内。

四、观测量误差、解算精度与测段长

（一）观测量误差

和所有测量一样，观测量精度对定位解的精度有很大影响。相位测量本身的精度很高（毫米级），但前节所述的一些误差或是不易改正，或是改正或修正不能做到十分精确，它们都将影响或以改正后的残差影响观测量精度。也就是说，参加定位解算的观测量不只含有相位测量本身的误差，还包含其他外界和仪器的误差，且后者是主要因素。

此外，观测量误差还与定位测量中的具体条件有关，它们对定位解的影响也不完全相同。除相位测量本身外（它不是主要的），观测量的主要误差源及其性质如下：

（1）电离层延迟误差在精度讨论中指改正后残差。在使用双频仪器时，误差主要来源于改正模型中略去的高阶项影响。误差随所测卫星高度角的降低而有所加大，高度角在 16°～20°以下明显加大。相对定位中，电离层延迟误差还与边长有关，边长越长，两站视线通过的电离层的差异越大，残差也越大，但不存在正比关系。在边长较短时（几十千米）才使用单频仪器，由于两站视线通过相邻较近的大气层，在相位观测取差时其影响被大大削弱。电离层延迟误差对所测各卫星有一定系统性。

（2）对流层延迟误差同样指改正后残差，主要源自气象数据的代表性误差和模型误差。边长较短时误差较小，与边长成正比，一定边长以上（如上百千米），修正后残差几乎与边长无关。对流层延迟误差对所测各卫星有一定系统性。

（3）天线相位中心误差。相对定位中只有两天线间的相位中心差异对解有影响，与其他因素（如边长）无关。因机械原因，两天线间有一定的系统差异，对各卫星有系统性影响，所测不同卫星因方向不同而又有所不同。

（4）多路径效应仅取决于测站的地理环境（植被、障碍物等电磁波反射因素）。不同卫星因所测方向不同而有差异。

（5）卫星位置误差。卫星位置误差主要源自卫星轨道测定误差，使用广播星历时还涉及拟合误差。同一卫星在不长的观测时间内（如 1～3 小时）有系统性，在较长的连续观测中又有一

定的周期性。不同卫星间有一定的随机性，且和边长有关。同样，卫星位置误差对不同的边长在站间取差后，其观测量误差的大小与边长成正比，且与所测卫星相对站间的方向有关。

(6)已知点位置误差。同步观测解算采用同一已知点坐标时，不论对观测量还是解都有系统性影响，不同卫星因观测方向不同而有些差异。在大范围多同步区测量，且采用统一的已知点(和解算点)时，该范围内对解有系统性影响。

(二)相对定位解算精度和观测时间

上述误差的特性不同，但可以分为系统性部分(或分量)及随机性部分，系统性部分可能产生解的偏差，随机性部分则可能影响解的精度(主要指内符合精度)。

相对定位的解算结果最终是以方程组求解得到的，如双差求解，即

$$\boldsymbol{X}=(\boldsymbol{A}^{\mathrm{T}}\boldsymbol{P}\boldsymbol{A})^{-1}\boldsymbol{A}^{\mathrm{T}}\boldsymbol{P}\boldsymbol{L}$$

式中，$\boldsymbol{X}$ 为解向量，且

$$\boldsymbol{X}=[N_{12}^{12}\quad N_{12}^{13}\quad N_{12}^{14}\quad N_{12}^{15}\quad \Delta x_2\quad \Delta y_2\quad \Delta z_2]^{\mathrm{T}}$$

$\boldsymbol{X}$ 的解算精度取决于两个因素，一个是观测量的精度(包括各误差源的等效测距误差)，另一个是方程组的稳定性(系数矩阵 $\boldsymbol{A}$ 的结构)。所谓方程组的稳定性是指方程组的解对方程组中误差的敏感程度。如果存在一定的方程误差(即 $\boldsymbol{L}$ 向量，或是说观测量误差)，解的误差急剧增大，就是说方程组的稳定性差。方程组的稳定性取决于系数矩阵 $\boldsymbol{A}$。为了提高相对定位的精度，除了减小观测量误差外，还要注意解的稳定性。

同样以双差解算为例，其系数矩阵为

$$i=1\text{ 时},\boldsymbol{A}=\begin{bmatrix}1&0&0&0&\delta e_x^{12}(t_1)&\delta e_y^{12}(t_1)&\delta e_z^{12}(t_1)\\0&1&0&0&\delta e_x^{13}(t_1)&\delta e_y^{13}(t_1)&\delta e_z^{13}(t_1)\\0&0&1&0&\delta e_x^{14}(t_1)&\delta e_y^{14}(t_1)&\delta e_z^{14}(t_1)\\0&0&0&1&\delta e_x^{15}(t_1)&\delta e_y^{15}(t_1)&\delta e_z^{15}(t_1)\end{bmatrix}$$

$$i=2\text{ 时},\boldsymbol{A}=\begin{bmatrix}1&0&0&0&\delta e_x^{12}(t_2)&\delta e_y^{12}(t_2)&\delta e_z^{12}(t_2)\\0&1&0&0&\delta e_x^{13}(t_2)&\delta e_y^{13}(t_2)&\delta e_z^{13}(t_2)\\0&0&1&0&\delta e_x^{14}(t_2)&\delta e_y^{14}(t_2)&\delta e_z^{14}(t_2)\\0&0&0&1&\delta e_x^{15}(t_2)&\delta e_y^{15}(t_2)&\delta e_z^{15}(t_2)\end{bmatrix}$$

$$i=3\text{ 时},\boldsymbol{A}=\begin{bmatrix}1&0&0&0&\delta e_x^{12}(t_3)&\delta e_y^{12}(t_3)&\delta e_z^{12}(t_3)\\0&1&0&0&\delta e_x^{13}(t_3)&\delta e_y^{13}(t_3)&\delta e_z^{13}(t_3)\\0&0&1&0&\delta e_x^{14}(t_3)&\delta e_y^{14}(t_3)&\delta e_z^{14}(t_3)\\0&0&0&1&\delta e_x^{15}(t_3)&\delta e_y^{15}(t_3)&\delta e_z^{15}(t_3)\end{bmatrix}$$

$$\vdots\qquad\qquad\vdots$$

$$i=I\text{ 时},\boldsymbol{A}=\begin{bmatrix}1&0&0&0&\delta e_x^{12}(t_I)&\delta e_y^{12}(t_I)&\delta e_z^{12}(t_I)\\0&1&0&0&\delta e_x^{13}(t_I)&\delta e_y^{13}(t_I)&\delta e_z^{13}(t_I)\\0&0&1&0&\delta e_x^{14}(t_I)&\delta e_y^{14}(t_I)&\delta e_z^{14}(t_I)\\0&0&0&1&\delta e_x^{15}(t_I)&\delta e_y^{15}(t_I)&\delta e_z^{15}(t_I)\end{bmatrix}$$

式中

$$\delta e_x^{1k}(t_i)=\frac{f^k}{c}(e_x^k-e_x^1)$$

$$\delta e_y^{1k}(t_i)=\frac{f^k}{c}(e_y^k-e_y^1)$$

$$\delta e_z^{1k}(t_i)=\frac{f^k}{c}(e_z^k-e_z^1)$$

系数矩阵 **A** 是以观测历元为主进行排序的，为了方便分析，可以将上式顺序变更一下，即以所测卫星为主顺序，得

$$\boldsymbol{A}=\begin{bmatrix}
1 & 0 & 0 & 0 & \delta e_x^{12}(t_1) & \delta e_y^{12}(t_1) & \delta e_z^{12}(t_1)\\
1 & 0 & 0 & 0 & \delta e_x^{12}(t_2) & \delta e_y^{12}(t_2) & \delta e_z^{12}(t_2)\\
1 & 0 & 0 & 0 & \delta e_x^{12}(t_3) & \delta e_y^{12}(t_3) & \delta e_z^{12}(t_3)\\
\vdots & \vdots & \vdots & \vdots & \vdots & \vdots & \vdots\\
1 & 0 & 0 & 0 & \delta e_x^{12}(t_I) & \delta e_y^{12}(t_I) & \delta e_z^{12}(t_I)\\
0 & 1 & 0 & 0 & \delta e_x^{13}(t_1) & \delta e_y^{13}(t_1) & \delta e_z^{13}(t_1)\\
0 & 1 & 0 & 0 & \delta e_x^{13}(t_2) & \delta e_y^{13}(t_2) & \delta e_z^{13}(t_2)\\
0 & 1 & 0 & 0 & \delta e_x^{13}(t_3) & \delta e_y^{13}(t_3) & \delta e_z^{13}(t_3)\\
\vdots & \vdots & \vdots & \vdots & \vdots & \vdots & \vdots\\
0 & 1 & 0 & 0 & \delta e_x^{13}(t_I) & \delta e_y^{13}(t_I) & \delta e_z^{13}(t_I)\\
0 & 0 & 1 & 0 & \delta e_x^{14}(t_1) & \delta e_y^{14}(t_1) & \delta e_z^{14}(t_1)\\
0 & 0 & 1 & 0 & \delta e_x^{14}(t_2) & \delta e_y^{14}(t_2) & \delta e_z^{14}(t_2)\\
0 & 0 & 1 & 0 & \delta e_x^{14}(t_3) & \delta e_y^{14}(t_3) & \delta e_z^{14}(t_3)\\
\vdots & \vdots & \vdots & \vdots & \vdots & \vdots & \vdots\\
0 & 0 & 1 & 0 & \delta e_x^{14}(t_I) & \delta e_y^{14}(t_I) & \delta e_z^{14}(t_I)\\
0 & 0 & 0 & 1 & \delta e_x^{15}(t_1) & \delta e_y^{15}(t_1) & \delta e_z^{15}(t_1)\\
0 & 0 & 0 & 1 & \delta e_x^{15}(t_2) & \delta e_y^{15}(t_2) & \delta e_z^{15}(t_2)\\
0 & 0 & 0 & 1 & \delta e_x^{15}(t_3) & \delta e_y^{15}(t_3) & \delta e_z^{15}(t_3)\\
\vdots & \vdots & \vdots & \vdots & \vdots & \vdots & \vdots\\
0 & 0 & 0 & 1 & \delta e_x^{15}(t_I) & \delta e_y^{15}(t_I) & \delta e_z^{15}(t_I)
\end{bmatrix}$$

可以看出，模糊参数在方程组中，其系数为 1，且不同的卫星（或卫星间求差），其模糊参数不同。或者说，模糊参数的求解只依赖该卫星（或卫星间求差）的观测方程，其他卫星的观测方程对该模糊参数的解无贡献。这种在方程中系数始终为 1 的参数，其解算精度除与观测量精度有关外，还取决于其他参数（如待解坐标的系数，也就是卫星的空间方向）的变化幅度。如果其他系数也不变化，则方程组秩亏；如变化不大，则方程组稳定性差。由于卫星视运动的角速度不大（约每分钟 0.5°），为了取得方程组各参数（包括模糊参数）足够精度的解，就不得不采用较长的连续观测时间。通常将这种连续的观测称为测段（session），连续观测的时间长度称为测段长。

如前所述，取得满意精度的测段所需的时间，一方面取决于观测方程系数的变化，另一方面取决于观测量精度。GPS 载波相位观测量的内部精度很高（优于 1 cm 或更好），但它会受到外部影响，如大气传播延迟修正误差、卫星星历误差等，显然这些误差会降低观测量的精度。此外，这些误差对观测量站间的取差的影响，随站间的距离增大而增大。当误差增大时，就不

得不增加观测时间，以取得更高的方程组稳定性。也就是说，所必需的测段长随边长不同而不同，边长长时所需的测段长也要长一些。一般几十千米的边长约需要观测 1 小时，对于几百或上千千米的边长，至少需要 2～3 小时的观测时间。应该说明，在使用双频接收机观测并采用精密星历进行数据处理时，若边长超过一定范围（如 200 km），方程组稳定性要求的最短观测时间不再增加。这是由于星历精度较高，且不会因边长的增加而明显影响观测方程的误差。电离层修正残差与边长无关，对流层天顶延迟作为待估参数时，其残差也与边长无关。延长观测时间只是为了观测更多的卫星，且增加观测量有利于精度的提高。

影响测段观测时间的另一因素是在站间距离不长（如小于 20 km ）时，可利用模糊参数的整数特性。这时，在进行第一次解算（模糊参数为实型数）所取得的模糊参数解具有一定精度，如$\frac{1}{4}$或$\frac{1}{6}$的波长，就可以在第二次解算时将模糊参数作为精确已知值（整型数）参加待定点坐标解算。由于第一次解算时，对模糊参数的解算精度要求相对较低，第二次解算时排除了模糊参数，不存在因模糊参数的系数始终为常值，而要求同一卫星其他系数有较大变化的情况，故在较短的观测时间内，如 30 分钟左右，也可取得较满意的解。

（三）卫星可见预报和观测时间的选择

一般 GPS 相对定位商用数据处理软件都带有卫星可见预报软件，使用这类软件时需在当前子目录下备有前期观测时的卫星星历文件；调入预报软件后，输入预计观测的测站坐标、预计观测日期和观测卫星的截止高度角；软件首先读取前期卫星星历文件中的卫星日程表（含所有 GPS 卫星的概略星历），按预计观测日期计算卫星位置，再利用测站坐标计算卫星的高度角和方位角，选取那些高度角大于所输入截止高度角的卫星，作为预报的可观测卫星。软件的输出可以有多种形式，如按时间序列给出可见卫星的高度角、方位角，或以图展示可见卫星数，或以图展示可见卫星的高度角和方位角。

图 6-4 是可见卫星数预报，从图中可以方便地看出什么时间可以观测到几颗卫星。事实上利用这样的预报图就可以方便地安排观测计划，即优选出当天观测的测段开始时间和测段长。由图 6-4 可知，0 点到 24 点都有 4 颗以上卫星可供观测，其中：2 时到 21 时 30 分可观测到 5 颗卫星，3 时到 12 时 30 分和 15 时到 16 时 30 分有 6 颗卫星可供观测，8 时到 12 时可以观测到 7 颗卫星。显然可观测卫星数多对提高定位精度有利，可优先在 8 时到 12 时 30 分选择观测测段（可观测 6 颗卫星）。如需要再选，可在 3 时到 13 时间选取。初步选定观测时间后，必要时可利用软件，给出此时间内的卫星高度角和方位角的图示，观察其空间分布。

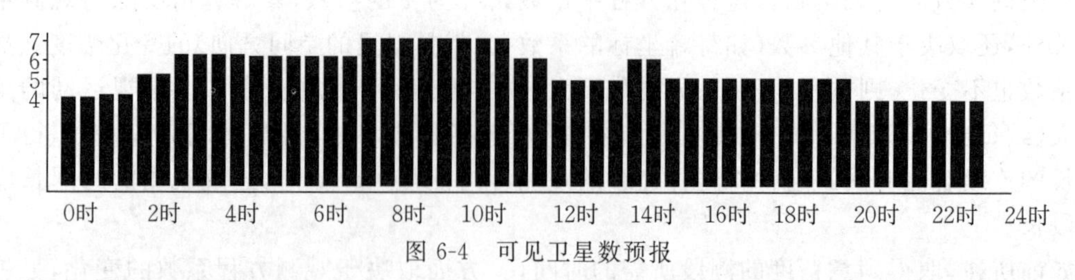

图 6-4　可见卫星数预报

在一个测站或在不大的区域内作业时，不必每天做上述的测段选择，可依某一天选定的测段按每天提前 4 分钟推出以后几天的测段开始时间和测段长。在实际工作中，测段的选择还要考虑工作效率。

第五节　快速测量和准动态测量

卫星测量(主要是GPS)的发展大体上沿两个方向,一个是取得高精度,另一个是取得高效率。前者多用于高精度控制测量和为地学研究提供实测数据,后者多用于各种工程测量。

20世纪80年代中期,GPS卫星星座尚未正式组网(实验卫星星座)就提出了走-停定位(kinematic survey),它与动态定位(dynamic positioning)的区别在于动态定位具有更广泛的适用范围。走-停定位是基于已知模糊参数情况(借助于初始化)的相对定位,它的可靠性受到卫星信号失锁(周跳)的影响。20世纪90年代初,GPS工作卫星完成组网,可见(观测)卫星数大量增加(绝大多数时间可见5~6颗卫星或更多),多余观测提供了个别卫星失锁后模糊参数恢复的算法和技术,提高了可靠性。为了及时将参考站的数据传送给用户,附加数据传输的实时动态测量(real time kinematic,RTK)实现了实时相对定位,但它的作用距离受到通信设备作用距离的限制。对于工程测量而言,它大大提高了工作效率,原则上这种方式可用于动态(接收机处于运动状态)的相对定位,但作用距离受到限制,不如导航或是差分导航应用广泛。此外,还发展了快速定位的搜索解法,可以在较短的观测时间确定模糊参数,取得定位解,多用于距离较短的相对定位。

一、走-停定位

模糊参数的整数特性可以提高基线解的精度。首先将各模糊参数作为待估参数进行平差,取得模糊参数的实型解后,强制为整数,并作为已知值进行第二次平差,由于第二次平差的待估参数减少了(一半或更多),基线解的精度可以提高。一些商用软件通常把第一次解称为实型解(float solution),第二次解称为整型解(fixed solution)。这种解法受两方面的限制:基线长度的限制和第一次模糊参数实型解精度的限制。

在工程测量中,边长较短,一般都可利用模糊参数的整数特性来提高解算精度。此外,工程测量要在保证要求精度的条件下追求高效率,即希望缩短观测时间,而基线测量的观测时间和卫星分布与基线长度有关。一般情况,边长在千米左右时观测30~45分钟可得到较满意的解,边长在10 km左右时要求观测时间约1小时,随着边长的增加所要求的观测时间也要增加。事实上,载波相位观测值的精度很高(毫米级),一般要求观测时间较长,其主要作用是改善模糊参数的求解精度,再利用载波相位观测量组成误差方程,即

$$V_{12}^{jk}(T_i)=N_{12}^{jk}+\frac{f}{c}(e_x^k-e_x^j)\Delta x+\frac{f}{c}(e_y^k-e_y^j)\Delta y+\frac{f}{c}(e_z^k-e_z^j)\Delta z+F_{12}^{jk}(0,x_0,y_0,z_0,T_i)-\varphi_{12}^{jk}(T_i) \tag{6-75}$$

式中,坐标改正值的系数为卫星方向的方向余弦的线性组合,当采用多颗卫星时,其系数是不同的,不会使方程组严重病态。但模糊参数的情况不同,它的系数始终为1,且仅属于该卫星的线性组合,即所测的其他卫星不包括此参数。如果卫星的空间方向不变,所列方程是线性相关的,无法解出所求参数。事实上,随着观测时刻的不同,卫星的方向及其方向余弦是变化的,方程可解,而其变化的大小取决于时间间隔。可以预计,观测时间过短时,方程式将严重病态,参数的解算精度低,较长的观测时间则可取得较好的解。在一定意义上可以说,模糊参数在解算中的特点决定了观测时间的长度(不仅是为了增加观测量以削弱随机误差),加大采样率并

不能解决这一问题。这给我们一个启示，模糊参数确定之后就不需要这样长的观测时间，也能取得较好精度的基线解，这就是快速定位方法。

（一）模糊参数确定后的快速定位

可以采用一定的方法确定模糊参数，称为初始化。确定之后接收机保持锁定状态（不关机，不失锁），此时模糊参数不变，为已知，就可以在不长的观测时间内取得较好的定位解。这种方法一般称为准动态定位，又称为走-停定位。它的具体做法如下：

（1）在一条基线上（可以很短）使用两台接收机进行初始化，可以是较长的观测时间（类似于普通的相对定位），以取得基线解和整型约束的模糊参数解。

（2）一台接收机始终不动（在已知点），另一台接收机不关机，迁至新的待定点并观测几分钟，不关机再迁至另一待定点，以此类推。

（3）最后回到初始化基线进行闭合检验。

究其本质，这一方法仍属静态定位。移动接收机过程虽属动态，但其所取的数据不用于解算，只是保持其模糊参数的不变，参加定位解算的数据是在接收机停在某一待定点上所测数据和固定在已知点上接收机所测的数据。这与一般所谓的动态定位（接收机在运动过程中定位）是不同的。一台接收机在已知点上不停地观测是为了与待定点接收机数据取站间差以削弱卫星钟钟差。

这种定位方法的解算并无特殊之处，只是将初始化所确定的模糊参数作为已知数的定位解。由于观测时间很短，通常采用较高的采样率以削弱随机误差的影响。

（二）走-停定位的初始化

如前所述，快速定位的初始化是为了确定模糊参数，可以是在一条基线上进行一段几十分钟的观测。为了提高初始化的效率，可以在已知基线上进行初始化。由于是已知基线，故Δx、Δy、Δz是已知的，方程中只有模糊参数N是待定量，其系数为1，与卫星的方向无关，只需少量观测即可以足够的精度解出模糊参数。显然已知基线的精度会影响模糊参数的解，使用模糊参数的整数特性可降低对已知基线的精度要求。这种已知基线可以是前期测定的基线。

还可以用交换天线（实质上是交换接收机）的方法进行初始化。具体作法是两台接收机分别置于一条基线的两端，观测几分钟，不关机两台接收机交换所占点位，即原站A的接收机搬至站B，原站B的接收机搬至站A，再观测几分钟可解出模糊参数。

两台接收机的观测量组成双差，可写为

$$\varphi_{AB}^{jk}(T_i^1)=N_B^{jk}-N_A^{jk}-\frac{f}{c}(\rho_B^k(T_i^1)-\rho_A^k(T_i^1))+\frac{f}{c}(\rho_B^j(T_i^1)-\rho_A^j(T_i^1))+\cdots \tag{6-76}$$

式中，T_i^1表示交换天线前的观测时刻（历元），模糊参数只在卫星间取相应的线性组合，“…”表示未写出的、与所论问题无关的微小项。交换接收机后，观测时刻以T_i^2表示。对两台接收机而言，其各自的模糊参数未改变，只是改变了所占点位，即

$$\varphi_{BA}^{jk}(T_i^2)=N_B^{jk}-N_A^{jk}-\frac{f}{c}(\rho_A^k(T_i^2)-\rho_B^k(T_i^2))+\frac{f}{c}(\rho_A^j(T_i^2)-\rho_B^j(T_i^2))+\cdots \tag{6-77}$$

取与观测时刻序列相应的式(6-76)和式(6-77)相减，得

$$\varphi_{AB}^{jk}(T_i^1)-\varphi_{BA}^{jk}(T_i^2)=-\frac{f}{c}(\rho_B^k(T_i^1)-\rho_A^k(T_i^1))+\frac{f}{c}(\rho_A^k(T_i^2)-\rho_B^k(T_i^2))+$$

$$\frac{f}{c}(\rho_B^j(T_i^1)-\rho_A^j(T_i^1))-\frac{f}{c}(\rho_A^j(T_i^2)-\rho_B^j(T_i^2)) \qquad (6\text{-}78)$$

由于 $\rho(T_i^1)$ 与 $\rho(T_i^2)$ 的值相近，式(6-78)的右端近似等于式(6-76)的 2 倍，但消去了模糊参数，这样的方程组可解。取得基线解后，按前述已知基线确定模糊参数的方法可以回代解出模糊参数。

(三)GPS 走-停定位的技术特点

1. 相位锁定的保持

模糊参数在作业过程中保持不变是快速定位的基础。这就要求在全过程中不能出现失锁。快速定位搬站时接收机处于运动状态，为了提高工作效率，搬站多利用汽车等交通工具，为了保持锁定，对运动的速度和加速度有一定的限制。不同的接收机这种限制不尽相同，一般车速在每小时 40 千米以内可以保持锁定。急刹车、急转弯或大的变速对保持锁定不利。

应该说明的是，不是所有 GPS 测量型接收机都可以做这样的快速定位。信号的锁定主要靠接收机内的锁相环路，它的一个重要参数是锁相环路的带宽。锁相环路带宽越窄，增益越大，信噪比越大，相位测量的精度也越高，但易产生失锁；反之锁相环路带宽较宽则不易失锁，但相位测量精度降低。早期生产的商用 GPS 接收机的带宽约为 1 Hz，它具有较高的相位测量精度，但不适合于做快速定位，即较易产生失锁。当人们发现所接收到的 GPS 卫星信号(通过锁相环路)的信噪比有较大的宽余度时，即适当加大带宽后仍能保持较好的相位测量精度，可以用加大带宽以少量的精度降低换取较强的锁定能力。后期生产的 GPS 接收机，尤其是适用于工程测量的小型接收机，多将锁相环路带宽放大至 10～15 Hz 左右。它们兼顾了测量精度和动态性能。

2. 对观测卫星数的要求和模糊参数的恢复

从原理上讲，在已知模糊参数的情况下，需要测 4 颗卫星组成 3 个双差观测值即可解算 3 个待定的坐标未知数。在实际工作中，常有卫星的升降交替，快速定位要求在保持不少于 4 星观测的基础上增加新星。原 4 星已知模糊参数可解出观测时刻的位置(不论是待测点位还是运动中的点位)，新升卫星的观测值可利用已知观测时刻的位置，解算其模糊参数(利用模糊参数整数特性)。也就是说，快速定位允许卫星的升降交替，但以观测时刻为准，新星的升起只能在原 4 颗卫星未降落时，即此时观测的卫星数至少为 5。在只测到 4 颗卫星时不允许卫星降落(卫星数少于 4)，也不允许 2 颗卫星同时升降(即失去 1 颗原测卫星的观测量，增加 1 颗新卫星的观测量)，尽管这时的观测卫星数保持为 4。

同样道理，如果观测 5 颗卫星，就可允许个别(1 颗)卫星失锁，在探明失锁卫星后，可以在 4 颗不失锁卫星观测量的基础上恢复其模糊参数。由 24 颗卫星组成的 GPS 卫星星座有不少时间是可以测到 5 颗及 5 颗以上卫星的，这可以提高快速定位抵抗个别卫星失锁的能力。与前述卫星交替的情况不同，这不是必须的，而是有利的。

3. 失锁的检核

有的 GPS 接收机有实时的失锁显示，一旦发生导致观测失败的失锁(并非个别卫星在具有多余观测时的失锁)，就应重新进行初始化，而后再开始进行快速定位。有的 GPS 接收机不具备失锁的实时显示，这将给快速定位的实际工作带来一定困难。一项可行的措施是形成类似导线测量的闭合环，并于闭合后现场进行数据处理(设计良好的软件不需要很长的时间)，也可以在收工后当日进行数据处理，及时发现不闭合的环路，安排重测。

4. 采样率与精度

快速定位的观测时间较短，为了在较短的时间内取得校多的观测量，削弱随机误差的影响，多选用较高的观测数据采样率（如每 5 s 或 10 s 一次）。理论上讲，快速测量的精度应与较长时间观测的静态定位精度相差不多，但实际上还是有差别的，通常快速定位的定位精度约为数厘米。静态定位在模糊参数整型约束后，在参数相同的条件下观测数据量对提高解的精度还是起一定作用的，尤其是考虑到 GPS 相位测量误差在诸多外界影响下可能偏离高斯分布的因素。

二、快速静态定位的搜索解和宽巷观测量

前面所讨论的走-停定位或准动态定位是建立在保持已知模糊参数（不变）的条件下的快速定位方法。所谓快速静态定位是指在工程测量中其边长较短，模糊参数保持整数特性时可以较短的观测时间（如 10 分钟）用搜索的方法确定模糊参数或解（测站位置），从而达到快速定位的目的，它的精度可达 $5\ \mathrm{mm}+10^{-6}D$。这一方法也可用于走-停定位中的重新初始化。

（一）模糊参数的搜索解法

在进行模糊参数的浮点双差解时，当观测时间不长时，由于存在模糊参数 N，方程组病态，不能得到精确解。但在所解的一组模糊参数 N 的附近必有一组整数的组合为正确的模糊参数的解。一旦取得这样的模糊参数解，方程组中将不包括模糊参数，即可得到精确的位置解。可以按初次解算所得的各个 N 值，以及其中误差确定 N 值的整数搜索范围（如 ± 3 倍误差），依次利用这些可能的 N 值组合，求测站的位置解，在这些解中必有一个正确的解，且其残差 $\boldsymbol{V}^{\mathrm{T}}\boldsymbol{PV}$ 为最小。每次搜索时不必对方程组重新求逆，只需要按整数改变自由项求解，计算量不大。N 的搜索范围和所测的卫星决定了搜索的次数，即

$$M=(6\sigma)^{(J-1)}$$

式中，J 为所测卫星数。如果每个 N 值的搜索范围是 10 周，采用 4 颗卫星的单频数据时，搜索次数为 10^3：采用 8 颗卫星时，搜索次数为 10^7。当观测卫星数较多时，为了减少搜索的次数，通常选择少量卫星（如 5 颗）进行这样的搜索解。待取得搜索解后，以所解的位置回代，解出其他未参加搜索的卫星观测量的模糊参数，与参加搜索的观测量一并进行最小二乘解算，作为最后的定位解。

（二）位置搜索

除了模糊参数的搜索解外，也可以得到位置的搜索解。位置搜索时不计整周的模糊参数，只取相位观测量的尾数进行搜索。为了进行位置搜索，可以按近似解（如使用三差方法取得近似解）的精度确定搜索范围和搜索步长。通常搜索范围可以定为 3 倍近似解的中误差，步长选为 2 cm。为了鉴别正确解，建立模糊函数

$$\left.\begin{aligned} A(x_0,y_0,z_0)&=\sum_{i=1}^{K}\sum_{j=1}^{J-1}\mathrm{e}^{ij}\\ r&=2\pi(\varphi_{12}^{ij}(T_k)-\varphi_{12}^{ij}(x_0,y_0,z_0,T_k))\end{aligned}\right\}\tag{6-79}$$

式中，$\varphi_{12}^{ij}(T_k)$ 是相位双差观测值，$\varphi_{12}^{ij}(x_0,y_0,z_0,T_k)$ 是按点位的初始值（近似值）和观测时间 T_k 自卫星位置算得的相位双差计算值，K 为观测的历元数，J 为所测的卫星数。实际上对式(6-79)只取实部，可写为

$$A(x_0,y_0,z_0)=\sum_{i=1}^{K}\sum_{j=1}^{M-1}\cos r \tag{6-80}$$

模糊函数 A 的大小取决于站坐标近似值的精确程度，而与模糊参数无关，观测值整周的变化不会影响 A 的值，如果近似值等于站坐标的真值且观测值无误差，则 A 的值为最大，即

$$A=K(M-1) \tag{6-81}$$

可以认为，在近似值附近必有一点是真值，即必有一点满足式(6-81)。事实上，观测值总是有误差的，r 余弦函数使得模糊函数 A 对正常的观测误差不敏感，其结果是必有一点(x,y,z)使得 A 达到最大值，接近式(6-81)，在步长为 2 cm 时 A 将大于近似值 90%，该点即是要求的解。

显然，近似值的精度决定了搜索范围(如 3σ)，进而决定了所要搜索的点数，即

$$M=\left(\frac{6\sigma}{0.02}\right)^3$$

例如，近似值各分量的精度为 0.1 m，则需要进行搜索的点数为 2.7 万个。如果近似值的精度为 0.3 m，则需要进行搜索的点数为 72.9 万个。每次主要的是计算卫星到测站的距离，其计算量不大。提高近似值的精度可大大减少计算量，这通常要增加观测时间。

为了减少搜索次数，也可以将模糊参数的搜索和位置搜索结合使用。为此，首先选择空间分布较好的 4～5 颗卫星的单频数据进行模糊参数搜索，其解可作为位置搜索的精确近似值。在进行随后的位置搜索时，采用全部观测数据。

按照上述方法编制的软件可以使观测时间缩短到几分钟，解算的精度只是稍低于一般静态定位，这种精度的降低主要是由于观测量较少。提高数据的采样率是有利的。

事实上，位置搜索解与最小二乘解是等效的。其中，r 是残差的周以下小数部分。例如，将残差 r 做级数展开，有

$$\cos r=1-r^2+\cdots$$

模糊函数 A 最大，即 $\sum r^2$ 最小，这是最小二乘解。如果能保证残差不超过 0.5 周，位置搜索解与最小二乘解就是等效的。当观测 4 颗卫星且观测时间足够长(可解模糊参数) 时，最小二乘解有唯一解。搜索解不必解模糊参数，所以不需要很长的观测时间，但对解的近似值有一定的精度要求，否则观测误差的存在可能使解存在的多值性，即可能收敛于错误的点。观测 5 颗或 5 颗以上的卫星(有多余观测)，可以大大减少(甚至避免)这种多值性。

另外，应该注意的是这种搜索解是在以模糊参数为整数的基础上进行的，和双差解中模糊参数整数特性的利用一样，待定点到已知点的距离不能过长(如不大于 20 km)。

原则上，这种定位解和观测时间长短无关，故可用于动态定位，也可用于保持模糊参数已知的快速定位的初始化和失锁后的重新确定模糊参数。事实上，把这两种方法结合才能提高快速定位效率和可靠性。

(三)相位观测量的组合与近似解的求定

1. 相位观测量的组合

不论位置搜索还是模糊参数搜索，都要求近似值或模糊参数初始解有较高的精度，以减少搜索次数，甚至可以避免多值解。这种解的精度是以周为单位的，如对于 L1 波段，1 周对应 19 cm(波长)。显然波长越长同样的位置精度对应的周数越小，对于搜索解也就越有利。但即使是 L2 波段，其波长也只有 24 cm。

事实上，当使用双频接收机进行观测时，可以利用变频原理进行等效的波长变换，以增长

波长。

有两个频率不同的正弦信号，自变频公式有

$$\cos(\omega_1 t+\varphi_1)\cos(\omega_2 t+\varphi_2)=0.5\cos((\omega_1 t+\varphi_1)-(\omega_2 t+\varphi_2))+0.5\cos((\omega_1 t+\varphi_1)+(\omega_2 t+\varphi_2))$$

通过带通滤波器，可以取第一项，也可以取第二项，即

$$\cos(\omega_1 t+\varphi_1)\cos(\omega_2 t+\varphi_2)=0.5\cos((\omega_1-\omega_2)t+(\varphi_1-\varphi_2)) \tag{6-82}$$

通过变频后，其频率为两频率之差，相应初相也为两初相之差。或者说，通过变频后其相位为两信号的相位之差，只是此时的频率为两频率之差。如果两信号相位取差，相应频率也取差，就相当于进行了变频，尽管此时未必进行了物理变频。具体公式为

$$\begin{aligned}\varphi_{1-2}&=\varphi_1-\varphi_2\\ f_{1-2}&=f_1-f_2\end{aligned} \tag{6-83}$$

取 L1 和 L2 相位观测量之差（称为宽巷观测量），其相应的频率也要取差，即其频率为 347.82 MHz。频率的降低意味着波长加大为 0.862 5 m，这显然对搜索解有利。

由于宽巷观测量是两个观测量的代数和，其观测随机误差也会相应地加大，即

$$\sigma_{1-2}=(\sigma_1^2+\sigma_2^2)^{\frac{1}{2}}$$

如果认为 φ_1 和 φ_2 相位观测量的精度相当（尽管 φ_2 对应的波长稍长，但其信噪比也大些），则 φ_{1-2} 相位观测量的随机误差将增大$\sqrt{2}$ 倍。

显然观测量的随机误差增大对搜索解有不利的影响，但这种误差是以周为计量单位的，宽巷相位观测量的波长为 0.862 5 m，如果以周为单位，与 L1 波长 0.190 4 m 相较，其随机误差为 0.31σ。对搜索解还是有利的。

其他可能存在的系统误差在组成宽巷相位观测量时也会叠加，考虑到宽巷观测量多用于较短的边长，这种误差并不明显。

事实上这不是唯一的相位组合方式，可以先将 L1 或（和）L2 进行倍频，然后进行变频，即

$$\varphi_{m1-n2}=m\varphi_1-n\varphi_2 \tag{6-84}$$

$$\lambda_{m1-n2}=\frac{\lambda_1\lambda_2}{m\lambda_1-n\lambda_2} \tag{6-85}$$

适当选择 m 和 n，可以得到不同的波长，但与此同时相应的组合相位观测量的随机误差也会按误差传播定律增大，其系统性误差按组成宽巷观测量的代数和进行叠加。

2. 近似解的求定

近似解的精确程度对搜索解影响很大，较精确的近似解可以减少搜索次数，减少计算量，甚至避免可能出现的多值性。当观测时间较短时，如 10 分钟或更短，伪距双差解和相位三差解都可以作为求近似值的有效方法。

伪距双差解和相位测量中的双差解相似，只是其原始观测量不是相位而是伪距。由于伪距不存在模糊，对观测时间没有严格的要求。可以仿照相位双差写出伪距双差的观测方程，即

$$v_{12}^{jk}=\frac{f}{c}(e_{x_2}^k-e_{x_2}^j)\Delta x_2+\frac{f}{c}(e_{y_2}^k-e_{y_2}^j)\Delta y_2+\frac{f}{c}(e_{z_2}^k-e_{z_2}^j)\Delta z_2+F^{jk}(x_2^0,y_2^0,z_2^0,T)-\rho_{12}^{jk}(T)$$

式中，F^{jk} 为近似值代入所计算的相应相位观测值。星间取差消除了接收机钟差参数；站间取差消除了包括 SA 在内的卫星钟钟差影响。可按最小二乘法求解，由于目的是求近似解，可以不考虑双差观测量间的相关性。

观测时间为5～10分钟时，伪距双差法所得的近似解的精度可以达到1 m左右或更好。伪距观测量的精度直接影响解的精度，采用窄相关技术的接收机的伪距观测量精度高，可以达到分米级，显然这对搜索解十分有利。

三差解也可用于求定近似解。较多的实验表明，三差解实际精度往往高于解的精度评估。就求定近似解而言，增加观测的采样率是有利的，尤其是采用伪距双差方法求定近似解。

三、实时走-停定位

实时走-停定位也可称为实时动态定位(RTK)。

GPS相对定位需要将两个观测站所取得的数据一并处理，通常是事后进行的。对于通常使用的固定站相对定位而言，事后处理并无大碍。一方面，大多数测量并不要求实时提供测量结果；另一方面，固定站相对定位的测量成功率高，各站观测同步进行的独立性较强，不会因一站的观测质量问题(如周跳)影响其他站。走-停定位则有所不同，各站观测是序贯进行的，其站间相关性较强，一站的周跳处理不当，将影响后续测站的观测质量，实时处理每一站的数据(周跳的探测需要在两站取差后进行)对于保障走-停定位的测量质量有重要意义(如必要时就地再次进行初始化)。此外，对于一些精度要求不高的测量，如工程放样、碎部测图、高密度的工程控制网，实时提供测量(定位)结果可以大幅度提高工作效率。实时处理要求将一站的观测数据送往另一站，这就需要一个可靠的数据传输链。

(一)数据传输

距离不远的两站数据传输，包括一站到多站的数据传输，常采用高频。事实上我国在1994年即成功地进行过这种数据传输(用于方位角快速测定)。

通常走-停定位的数据传输内容包括：

(1)采样时间。

(2)所测各卫星的星号。

(3)所测各卫星的双频相位观测值、伪距观测值。

(4)导航解算值。

大多数GPS接收机都具有这些数据的输出功能，使用者只需要输入相应的指令。只是不同产品的指令和输出数据格式有所不同(生产厂可提供有关资料)。图6-5为站间数据传输的框图。

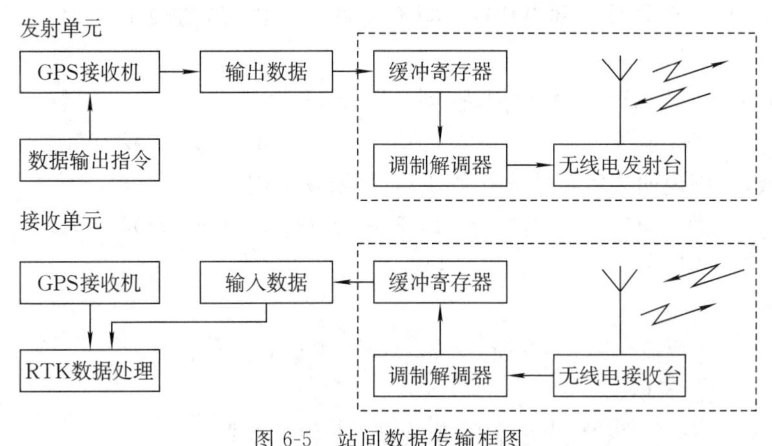

图6-5　站间数据传输框图

图 6-5 中缓冲寄存器用于缓存数据，解决输出(或输入)数据与发射(或接收)数据比特率的差异和保持发射数据的连续性。调制解调器用于数据发射时的主要功能为数据编码(用于接收数据时的正确性检验，如附加和校验数或其他的位运算数)、数据打包和对载波进行调制；用于数据接收时的主要功能为解调、数据解包和数据正确性检验，并将校验无误的数据送出。对于校验不合格的有误数据，调制解调器将自动发出数据重发申请，发射台接到重发申请后将再次重发该包数据。RTK 数据处理单元包括 CPU、ROM、RAM 等器件，它的算法与走-停定位基本相同，但通常插入周跳检测、周跳恢复和模糊参数重解的算法。

商品化具有 RTK 功能的 GPS 接收机将更加集成化，将数据输出指令与 RTK 数据处理并入 GPS 接收机，可共用机内的 CPU、ROM、RAM。

数据传输的数据量要按照采样频率、每次采样最大数据量、发射和接收单元的比特率进行综合设计，设计中还需要考虑可能的数据重发、数据头、校验数等，并留有适当余地，以免造成数据丢失。

通常使用的无线电通信设备为超短波，此时最大通信距离一般在 10 km 左右，且受到地形的影响。这也使 RTK 的作用距离受到限制。

(二)周跳检测、周跳恢复和模糊参数重解

在实时走-停测量中，周跳的实时处理至关重要，处理不当不仅影响当前站的测量质量，而且影响后续站的测量质量。它与静态定位不同的是在走动过程中接收机坐标是不断变动的，这就增加了周跳检测、修正的难度。作为实时定位，这种检测和修正应该是快捷的。

可靠的周跳检测是数据质量的保障，也是修正的基础。其中有各种有效的检测和修正方法，这里只介绍其中一种。

可以利用电离层延迟修正，以高采样率的相邻历元基本不变(或十分相近)为基础，进行周跳检测，即有

$$\Delta\rho_1(t_1)=(N_2(t_1)\lambda_2-N_1(t_1)\lambda_2+\varphi_2(t_1)\lambda_2-\varphi_1(t_1)\lambda_1)\cdot 1.5457$$

$$\Delta\rho_1(t_2)=(N_2(t_2)\lambda_2-N_1(t_2)\lambda_1+\varphi_2(t_2)\lambda_2-\varphi_1(t_2)\lambda_1)\cdot 1.5457$$

由于

$$\Delta\rho_1(t_1)=\Delta\rho_1(t_2)$$

在无周跳时，$N(t_2)=N(t_1)$ 有

$$\varphi_2(t_2)\lambda_2-\varphi_2(t_1)\lambda_2-\varphi_1(t_2)\lambda_1+\varphi_1(t_1)\lambda_1=0 \tag{6-86}$$

可作为有无周跳的检测条件。如果式(6-86)不近似为 0，则可判断 L1 或 L2 发生周跳，或同时发生周跳。

假定周跳发生在 L1，L2 未发生周跳，则

$$\Delta N_1=(\varphi_2(t_2)\lambda_2-\varphi_2(t_1)\lambda_2-\varphi_1(t_2)\lambda_1+\varphi_1(t_1)\lambda_1)/\lambda_1$$

ΔN_1 近于整数；否则说明周跳可能发生在 L1，L2 未发生周跳，此时

$$\Delta N_2=(\varphi_2(t_2)\lambda_2-\varphi_2(t_1)\lambda_2-\varphi_1(t_2)\lambda_1+\varphi_1(t_1)\lambda_1)/\lambda_2$$

ΔN_2 近于整数。

具体计算过程为：

(1)计算 $F=\varphi_2(t_2)\lambda_2-\varphi_2(t_1)\lambda_2-\varphi_1(t_2)\lambda_1+\varphi_1(t_1)\lambda_1$。

(2)若 $F=0$，无周跳。

(3)若 $F/\lambda_1=J$，L1 发生周跳，修正值为 J，J 为整型数。

(4)若 $F/\lambda_2=K$，L2 发生周跳，修正值为 K，K 为整型数。

两者都不为整型数的情况，一般为 L1、L2 同时发生周跳。这在实际工作中并不罕见，尤其是在接收机运动中经过障碍，产生信号遮挡的情况下。

在两个波段信号均发生周跳时不能用上述方法进行周跳的修正，可以使用静态定位中使用的多项式拟合推估的方法进行周跳修正。不同的是，不仅卫星在运动，接收机也在运动，因此降低了可靠性(或修正的准确性)。在两个波段的周跳分别修正后，应满足式(6-86)，可以作为周跳修正正确性的检核。最后，在不能取得满意的修正时(尤其是卫星信号失锁时间较长时)，可以就地进行初始化。

RTK 大多用于精度要求不高的地面测量，站点测量时间一般要求 5 颗卫星可见时间最少为 2 s，在 10 km 范围内其精度大约为 2～3 cm。

原则上，RTK 也可用于动态定位。当运动存在较大的加速度时，易发生周跳，且不易取得可靠的修正，又不能进行就地初始化，因此存在较多困难。在近于匀速运动时(如巡航飞行)可取得较好的结果，但作用距离因素限制了它的应用范围。

(三)坐标转换参数

通常工程测量多使用地方坐标系(如 1954 北京坐标系或 1980 西安坐标系)，而不是 GPS 测量所使用的 WGS-84 坐标系。也就是说，GPS 测量要求的起算点坐标及相对定位所取得的坐标差应为 WGS-84 坐标系下的，且需要提供地方坐标系的测量成果。在静态定位中，常用的事后处理可以通过坐标系统转换满足这一要求。由于 RTK 不经事后处理即可提供测量成果的应用，必须实时进行这一转换。尽管有些工程应用对精度的要求不高，但这种转换也要进行。例如，采用 1954 北京坐标系作为起算点(固定站)坐标将使 10 km 的测量结果产生约 5 cm 的误差，而两系统坐标轴不平行达到 2″时，在作用范围内最不利情况是产生约 10 cm 的误差。显然这是不容忽视的。

可以输入已知的坐标转换参数，也可以进行坐标转换参数的测定。事实上，RTK 对坐标转换参数的精度要求不高，在三个已知地方坐标的点上进行这种转换参数的测定，即可满足要求，只是进行这种测定的已知点要在测区附近(最好覆盖测区)，点间距离适当长一些。

RTK 的解算过程会把输入的起算点(固定站)坐标转换为 WGS-84 坐标系的坐标值，并将解算得到的 WGS-84 点位坐标转换为采用的地方坐标系坐标。

第六节　GPS 相位测量接收机及其随机软件

一、GPS 相位测量接收机

近年来已有不少公司生产出不同型号的 GPS 相位测量接收机，美国 Litton Aero Service 公司(原 Macrometer 公司，后合并到 Aero Service 公司)生产的 Macrometer V-1000 是一种单频(L1)相位测量接收机，这是最早推出的商用相位测量接收机。随后该公司又生产了 MINI-MAC2816 双频相位测量接收机及 MINI-MAC1816 单频相位测量接收机。美国 MAGNAVOX 公司与瑞士 Wild 公司联合生产了 WM-101 单频相位测量接收机，后又推出双频接收机 WM-102。随后 Wild 公司单独研制生产了 Wild 200 GPS 接收机，美国 Trimble 公司相继推出了 Trimble 4000-S、4000-SX、4000-SL、4000SST 等型号的 GPS 接收机，而其性能也在不断改进。美国 Ashtech 公司生产的 GPS 接收机型号为 Ashtech Z-12。

近年来测量型 GPS 接收机的发展趋势为：一个方向是向小型化(数字电路)、低功耗发展，其主要的用户对象是工程测量；另一个方向是向高精度和高稳定性发展，其主要的用户对象是精密测量。当然，以上趋势也可以集中于性能完善的一种接收机。

Ashtech Z-12 可以作为新型高精度接收机的例子。Z-12 型接收机采用了“Z 跟踪”技术，它可以取得 L1 波段的 C/A 码和 L1、L2 波段的 P 码的伪距观测量(即所谓的双 P 码接收机)，即使美国采用反电子欺骗(AS)技术，也能进行有效的观测(精度稍有降低)。此外，该接收机大大提高了接收的信噪比(十余分贝)，提高了观测精度和可靠性(减少了周跳)。与 Ashtech Z-12 相类似的接收机还有 Rogue 8000、Trimble 4700 等。目前，这种类型的接收机已广泛应用于高精度 GPS 测量。

这些接收机在结构和电路设计上不尽相同，从定位角度，我们关心的是它们可以提供哪些观测量，精度如何，可以提供哪些对定位解算有用的信息，以及哪些供事后处理数据存放的介质。此外，它们的几何尺寸、重量、功耗和对正常工作的外界环境的要求等也是用户所关心的。目前所生产的载波相位测量接收机，其相位测量的精度可以等效为几毫米。对于多个信道而言，通常可以同样的精度检校各信道间的系统差。在一定意义上可以认为各种类型的相位测量接收机都具有很高的测量精度。从前面的讨论可知，尽管接收机具有很高的观测精度，但是大气传播延迟改正的误差却严重地影响实际所得到的观测量精度。由于双频观测可以很好地改正大气传播误差的主要成分——电离层延迟，故在长边基线测量或卫星轨道测定等工作中，双频相位测量接收机可以取得更高精度的解。在短边基线测量中，由于两站间电离层延迟十分相近，在组成单差观测量时将消除其大部分影响，因而当边长较短时(如十几到几十千米)，应采用价格较低的单频接收机。

从可提供的观测量类型和可用信息来看，大多数的接收机除了进行载波相位测量外，还可利用 C/A 码进行伪距测量。此外，这类接收机也可以接收卫星发播的导航电文，它实际上相当于导航接收机与相位测量接收机的综合。与导航型接收机一样，它可自 C/A 码伪距观测量求得测站位置解(由于观测时间长，精度优于导航解)，作为相对定位解算时的初始值，又可以很高的精度(优于 1 μs)使两接收机的时间同步，并可提供卫星星历，而这些都是相对定位事后数据处理所需要的。因此这种伪距/相位测量接收机更适合于各种相对定位。

相位测量型接收机可以 Ashtech Z-12 为代表。它是一种既可利用 C/A 码进行伪距测量，又能进行载波相位测量的 GPS 接收机。它由两部分组成，即天线单元和信号处理单元。天线安装在三角架上，三角架具有光学对中器和一根专门设计的杆尺，以便于使天线的相位中心精确对准测站标志和量取天线高。微带天线接收卫星发播的信号，经滤波、放大，变为较低频率的信号，并经电缆送至信号处理单元。

信号处理单元外形尺寸为 17 cm×51 cm×39 cm，重 4.5 kg，它具有机内存储器以记录观测资料、处理单元所计算出的实时定位解及卫星发播的导航电文，供事后数据处理使用。它还备有 RS-232C 串行接口，可与计算机或其他设备进行数据传输。此外，信号处理单元还有第二天线插口及外部频标插口，其机内的镍铬电池在充满电后可连续工作 4～5 小时。

信号处理单元的中央处理器用于导航解、气象数据处理及点位近似值的输入，观测数据及导航电文的输出等。此外，它可以按测站的近似位置及卫星日程表计算卫星可见预报。

信号处理单元有 12 个独立的通道，这些通道是独立工作的，最多可以跟踪 12 颗卫星。内部通道的误差可以检测并消除，它们具有译码功能，可取得卫星导航电文，从而知道哪些卫星是健康的。从导航电文取得卫星星历，既供导航定位使用，也可供事后处理的基线测量使用。

信号处理单元将观测数据、输入的气象及测站数据连同导航电文记录在内存中。在进行事后数据处理时，通过数据传输软件将全部信息传输至计算机并记录在磁盘中，供数据处理使用。

在接收机日趋完善的同时，人们把注意力转向了接收机天线。当精密定位精度达到毫米级时，接收机天线的相位中心变动及多路径效应成为主要的误差源。早期的微带天线以其小巧（几厘米）而得到广泛应用。尽管采用了较大的金属底盘，但是它对多路径效应的抑制能力不强，天线相位中心的稳定性约为几毫米（如小于 5 mm）。20 世纪 90 年代末期发展的扼流圈天线在一定程度上抑制了多路径效应，天线相位中心的变动也可保持在 1 mm 左右。但是这种天线体型和重量都较大，给使用带来了一些不便，大多作为选购件，用于要求精度高或边长短的高精度测量。20 世纪之交，发展了一种多馈点天线，如 JAVAD 接收机所配套的天线。它采用“双深度双频率”的扼流圈天线，可以比较有效地抑制两个 L 波段的多路径效应，天线相位中心的变动小于 1 mm（经测试，一般在 0.5 mm 左右），而且体型较小，重量也轻。JAVAD Regancy 接收机重 2.7 kg，功耗为 3.0 W ，它的数据观测可达每秒 20 次，对动态测量有利。

图 6-6 给出了国内使用较多的 Ashtech Z-12 接收机、JAVAD Regancy 接收机及 Trimble 4800 接收机的图片，而表 6-4 给出了几种接收机的主要技术指标。

（a）Ashtech Z-12接收机

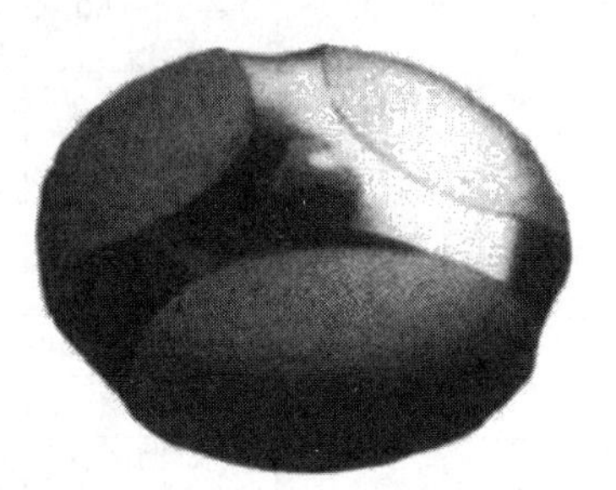
（b）JAVAD Regancy接收机

（c）Trimble 4800接收机

图 6-6　国内常用的几种接收机

这类接收机的典型特征是使用单频接收机，观测 1 小时可得 $2\times10^{-6}D$ 的基线测定精度；使用双频接收机，可得约 $1\times10^{-6}D$ 的基线测定精度。

表 6-4　几种 GPS 接收机的主要技术指标

接收机型号	NR 101	MINI-MAC 2816	JAVAD Regancy	Ashtech Ⅻ	Trimble 4800	Ashtech Z-12
频段	L1	L1+L2	L1+L2	L1+L2	L1+L2	L1+L2
观测量	C/A，相位	C/A，相位	P，相位	C/A，相位	C/A，相位	P，相位
测量模式	静态	静态	静态	静态	静态 RTK	静态
静态定位精度	5 mm+$1.5\times10^{-6}D$	5 mm+$1\times10^{-6}D$	1 mm+$1\times10^{-6}D$	5 mm+$1\times10^{-6}D$	5 mm+$0.5\times10^{-6}D$	—
处理软件	GPSWIN	AIMS10	Pimnacle	GPPS	GPSurvey	GPPS
观测卫星	10	8	10	12	8	12
输出介质	0.6～2 MB 内存	2×3.5″软盘	0～80 MB	1 MB 内存	内存	2 MB 内存
键盘	15 键	标准键盘	2+2LED	16 键	—	16 键
显示	24 字 2 行	80 字 24 行	—	40 字 8 行	—	40 字 8 行
时标输出	—	秒脉冲选件	—	秒脉冲选件	—	秒脉冲选件
频标输入	—	10MC 选件	—	10MC 选件	—	10MC 选件
天线工作温度/℃	−40～55	−20～50	−20～55	−40～65	−40～55	−40～65
接收机工作温度/℃	−20～50	−20～50	−20～55	−20～55	−40～55	−20～55
天线存储温度/℃	−40～70	−55～75	−30～75	−55～75	−40～75	−55～75
接收机存储温度/℃	−40～70	−56～75	−30～75	−30～75	−40～75	−30～75
电源/V(DC)	10～36	12	6～28	12	—	12
内电池/h	5	2	—	4.5	8	—
功耗/W	—	—	3.0	—	7	—
重量(含电池)/kg	6.3	15	2.7	4.5	2.1	3.86
天线/kg	0.3	3.5	—	1.2	—	1.70
尺寸/mm	275×123×275	210×380×490	∅225×84	—	∅230×176	—

二、GPS 相位测量接收机的随机软件

一般商用接收机都随机带有后处理软件，如 MIN-MAC 2816 接收机的随机软件 AIMS10、Trimble 4000SST 所带的随机软件 Trivec Plus、Trimble 4800 所带的随机软件 GPSurvey、Ashtech Z-12 所带的随机软件 GPPS 等。它们大多是针对该接收机数据设计的后处理软件，对其他型号的接收机不适用。还有一些商用 GPS 数据后处理软件，如 GAMIT、TOPAS、Bernese 等，它们大多能处理多种型号接收机的数据（将各种接收机数据转换为统一的数据格式），而且大多具有较强的数据处理功能（如轨道改进等），这些软件的使用方法不尽相同，但其总体上的数据处理步骤是相似的。

GPS 数据处理软件大多对计算机有一定的要求，如对内存和硬盘的容量、操作系统等的要求。在确认所用的计算机满足所提要求后，可将软件装配到硬盘。装配过程中会有一系列

提问，可按现用装备情况键入相应的选择。装配完毕即可进行数据处理。

一般数据处理软件都可以成批处理（自动处理），其数据处理的详细过程一般并不显示。这里介绍典型的数据处理过程，处理过程是按功能叙述的，目的是了解数据处理的各阶段及其功能。数据处理的一般过程如下。

（一）数据提取和复制

接收机所取得的观测数据或是存储在软盘中（如 MIMI-MAC），或是存储在接收机内存中（如 Trimble 4000SST、Ashtech Z-12）。数据处理的第一步是把数据提取或复制到用户指定的计算机硬盘子目录下。数据包括广播星历数据、采样时刻（历元）、相应的伪距和相位观测数据。可以按日期或日期加测段号设置子目录以便管理。要求把需处理的同步观测所有接收机的数据复制在同一子目录下，数据提取（自接收机复制到磁盘）使用随机所带的数据通信软件。

（二）选择解算方式

对观测量的利用可选择使用单频或双频修正电离层延迟或对 L1、L2 分别进行解算再取权中数。解算长边时显然要选择双频修正电离层延迟的模式，解算短边（10 km 左右）时双频接收机选择 L1、L2 分别解算更为有利，由于距离短，电离层延迟不需要修正，而电离层修正值是靠 L1、L2 数据组合后修正 L1 观测值的，其误差较 L1 的观测误差大，这样的修正往往得不偿失。解算模式还可以选择模糊参数为浮点数的解或模糊参数为整数约束的解，有的软件会按模糊参数浮点解中模糊参数的精度自动选择是否进行整数约束解，有的软件则两种解都给出，一些软件还可以选择对流层延迟模型，以及是否设置对流层天顶延迟值的待估参数。

（三）计算卫星位置

按观测时刻和卫星星历计算对应观测时刻的卫星位置。其计算方法与第四章所述内容基本相同。为了提高计算速度，有的软件只是稀疏地计算若干时刻的位置，在以后用到卫星位置时再进行内插。也可以使用其他来源的精密星历，可以是稀疏的供内插的星历，也可以是个别点的位置和速度，并由软件生成所要求的卫星位置（软件带有轨道计算功能）。

（四）计算接收机钟差

使用伪距观测值和所算得的卫星位置进行导航解算，解出位置和接收机钟差。所解的位置可作为待定点的初始值或已知点的缺省值。顺便指出，一般解算时均有是否更新已知点坐标值的提示，考虑到已知点坐标对相对定位的影响，在解算较长基线时通常需要按精确已知值（WGS-84 系统）更新。

（五）周跳编辑

周跳的检测和编辑是自动进行的，不同软件所使用的数学方法不尽相同，有的是多项式拟合，有的也可先进行三差解。这种周跳的检测和编辑往往用最小二乘原理迭代法进行，以利用较精确的站坐标进一步检测周跳，迭代检测无周跳后才给出最后解。多站同时平差时，由于还须判断两站中哪站发生的周跳，往往费机时较多。

（六）最小二乘解

按所选择的观测量类型是否进行模糊参数的整型约束，以及是否加入和加入哪些附加的待估参数按最小二乘进行平差计算给出最后基线的解和方差协方差矩阵。单一基线解只能给出该基线解参数的精度估计和方差协方差项，多台接收机一并解算时还给出基线间的协方差项(有时这些是以相关系数矩阵的形式给出的),具有轨道改进功能的软件还可做轨道改进解。原理性的数据流程如图 6-7 所示。

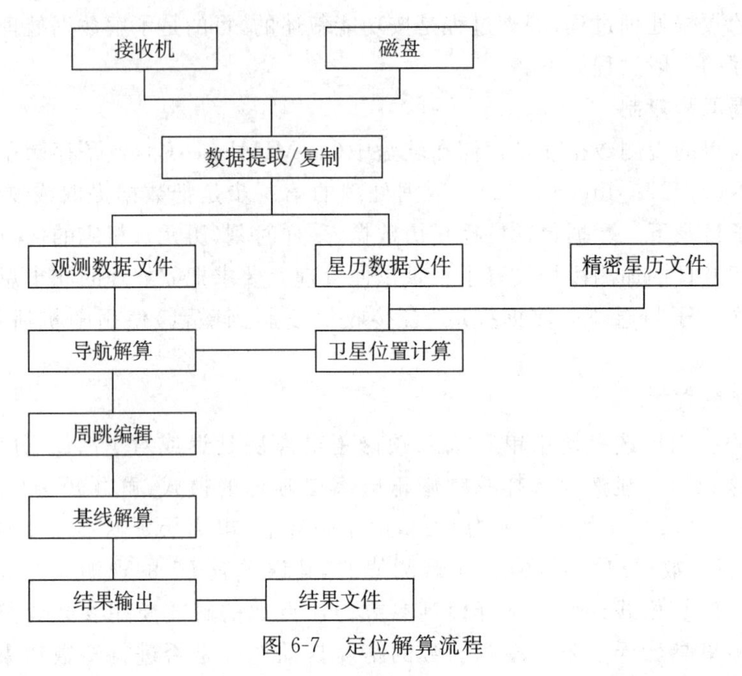

图 6-7　定位解算流程

第七章　卫星测量的应用技术

利用卫星发播的载波相位测量的定位技术，因其精度高、效率高、灵活性强，在测量和其他相关领域中得到了广泛的应用。GPS 已成功地应用于高精度控制测量、工程测量、形变监测、地壳监测、天文测量等领域，并被证实它在提高精度、降低成本、缩短工期等方面较过去沿用的常规测量技术优越。

通常，不同的应用领域有不同的技术要求与条件。例如，大范围高精度控制测量主要追求高精度，它的点间距离较长，观测时间较长，点位选择的机动性较大；而工程测量中，多数情况下，精度要求较易满足，主要追求高效率，它的点间距离较短，选点的机动性较小。

应该说明的是，作为一种新技术，卫星测量有它本身的技术特点，包括优点和不足(如要求对空通视)，在应用中应充分发挥其优越性，对其不足之处应尽量避免或采取补助措施。此外，常规测量中的许多技术和方法可供卫星测量借鉴，这种借鉴应是充分体现了卫星测量技术特点的借鉴或发挥。

第一节　大范围高精度大地控制网或监测网

大范围高精度大地控制网或监测网通常指地域较大、精度要求高的那类控制网，它可以是国家基础控制网、某种科学目的的监测网，甚至是全球网。通常这类控制网的点数较多、点间距离(边长)较长(几百或上千千米)，在布设和数据处理上也有其特点。

一、高精度卫星大地控制网的布设

(一)大地控制测量的新手段

卫星相对定位作为一种高精度、高效率的测量手段，自然首先应用于大地测量，并使常规大地测量的精度提高了一个数量级(甚至更高)。目前，技术上比较成熟、应用广泛的卫星测量技术应属 GPS，可以就 GPS 的一些应用问题进行分析讨论，当然这些也适用于其他类似的卫星导航定位系统。不应把 GPS 定位仅看作传统大地测量的一种观测手段，它有可能改变或更新传统大地测量的某些传统观念。

GPS 技术不仅给大地测量提供了一种新的高精度的定位手段，而且可能对于传统大地测量的某些方面产生探远的影响。为了解决国民经济和军事上对定位的需要，传统大地测量的工作方式是首先在全国范围内布设高精度的大地控制网(如一等锁、二等网)，然后逐级加密，向用户提供一系列遍布全国的、有一定密度的点位和它们的坐标。这是一个很大的工程，我国已经花了几十年时间来完成这一任务。但是，现在看来也存一些问题：

(1)工程的周期很长，全部工程完毕时(经过整体平差)，大量的点位已遭破坏。用户不得不花费很多时间去寻找这些点位，经常使用户在制定计划时产生困难。

(2)由于要考虑通视条件及图形强度，最高精度的点位往往在交通不便的山上，当用户对精度要求较高时只能按照精度要求自行引点。

(3)传统大地测量的平面位置精度较高,而高程(大地高)精度偏低。这是由于传统大地测量方法不能直接给出点位的几何高程(大地高),水准测量虽然可以较高精度测定高程,但是它不是几何高程,而化算为大地高时所需要的高程异常又不精确。

(4)由于科学技术的发展,某些国民经济建设和军事工程对于定位精度的要求不断提高,大地测量工作者面临着要不要改造原有大地网或建立更高精度的大地控制网的问题。

且不论使用传统大地测量技术解决以上问题的效能和效率,至少 GPS 定位技术为解决上述问题提供了一种新的可能性,应用 GPS 技术可以不预先、普遍地做全面的大地网,而是按照用户所需要的地区与精度要求随用随做。可以使用 GPS 测量,自几百千米以外的已知点直接取得待测地区的一个或几个点的精密大地坐标,并且可以建立一个精密方位,其他的待测点可以使用 GPS 或常规大地测量的方法进行测量。按照这样的工作方式,不需要在全国大规模地重建大地网,只需要在全国范围内用 GPS 建立一个高精度的稀疏骨架网(控制网),以测定坐标变换参数,并作为长距离 GPS 测量的起算点。

这样的测量方式的特点如下:

(1)可以快速地建成全国范围的高精度控制网。

(2)可以直接测定大地高,其精度稍低于平面位置的精度(主要因卫星的分布及大气误差的影响)。

(3)可以使重要的点位是直接测量点,而不需要引点(GPS 测量没有点间通视的要求),以保证取得最好的精度。

(4)这样的局部地区测量网是建立在高精度定位基础上的,是整体测量网的一部分,不会出现相邻地区结合不好或坐标系统不统一的问题。

(5)由于 GPS 测量的全天候、高效率,可以适应用户对时间的要求。

在较高精度控制网控制下完成局部地区的控制测量或工程测量,可参见本章中工程测量应用的有关部分,这里主要论述高精度、大范围的控制网或骨架网建立的有关问题。

(二)GPS 大地控制网设计中的一般问题

在实际工作中,GPS 网的总体设计是十分重要的。一个网的总体设计应该包括布网的目的、主要技术指标和精度指标、网点的分布与选定、为确保实现所提技术指标所采取的技术规定、施测方法、施测中主要技术问题的解决方案、数据处理和精度评定等内容。为叙述方便,这里将主要探讨 GPS 网设计中的主要技术问题和原则。

1. 网的边长与相对精度

网的边长指网中相邻点间的距离。在网的设计中,全网的平均边长关系到一定覆盖面积内网点数的多少和点间的相对精度。前者决定了工作量,后者决定了整体技术指标。因此,网的边长选择是网设计中的重要问题之一。

一般以相对精度作为大地控制网的精度指标,通常认为 GPS 相对定位的误差与边长成正比。也就是说 GPS 相对定位的相对精度是常值。事实上,这一看法值得商榷。

GPS 相对定位的主要误差源有天线相位中心误差、电离层延迟、对流层延迟、卫星星历误差、多路径效应和载波相位测量误差等。这些误差源导致了解的误差,再结合它们与边长的关系,可以看出边长对相对精度的影响。

(1)卫星星历误差,指卫星位置误差,与所测卫星的方向有关,其对解的影响与边长成正比。

(2)对流层延迟与网点周围的低空大气的温度、湿度、气压有关,短边基线其两点间相关性较强,随边长的增大这种相关性变弱。通常在精密定位时会加入对流层延迟修正,对相对定位起作用的是两点修正后残差的差异。可以估计出,这种残差差异在边长为几十千米时可能与边长成正比,边长近百千米或更大时这种残差差异与边长关系不大。

(3)电离层延迟与所测卫星高度和网点周围的电离层电子密度有关。一般认为 200 km 以上两点间电离层的相关性变弱。同样,我们关心的是经双频观测修正后的两点残差的差异。可以认为这种残差差异在边长小于 200 km 时可能与边长成正比,边长超过这一长度或更大时,这种残差与边长关系不大。

(4)多路径效应与网点周围的地理环境有关,与边长无关。载波相位测量误差与接收机性能和网点周围的电气环境有关,与边长无关。

(5)天线相位中心误差与天线结构和所测卫星的方向有关,与边长无关。

从以上分析可以看出,与边长成正比的误差源只有卫星位置误差,还有大气影响与边长成正比。还应该指出,随着测轨技术的发展,尤其是精密星历的使用,卫星位置误差在不断地减小,它对解的贡献也在减小。可以认为当边长为数千米到数十千米时,相对定位误差变化不大,边长越短相对精度越低;边长为数十千米到小于一二百千米时,相对精度大体保持不变;边长大于一二百千米时,边长越长则相对精度越高。也就是说,在做较大范围控制网时,采用较长的边长可以取得更好的相对精度。

1991 年在上海、北京、西安、郑州一带和北京附近分别做了平均边长约 800 km 和 140 km 的长、中边实验,实验使用双频 GPS 接收机。实验表明对于单一测段,测段长 3 小时,中等边长的相对精度约 $0.6\times10^{-6}D$,而长边的相对精度优于 $0.2\times10^{-6}D$,以后的大量实践将进一步证实这一趋势。

2. 网点选择

GPS 控制网的网点选择涉及的因素很多,也很灵活,只能选择其主要的进行原则上的讨论。

(1)网点的分布。与传统大地测量不同,GPS 相对定位的解算精度与测站间构成的几何图形关系不明显,故 GPS 网对测站的分布不涉及构成几何图形的强度要求。这不是说 GPS 相对定位不存在解算几何(或称为几何强度)的问题。事实上,几何强度是解对观测误差敏感程度的反映,反映在代数上则是方程组的系数矩阵。与传统大地测量不同,GPS 相对定位不是以地面已知点位置直接解算待定点的,而是通过空间的已知卫星位置来解算待定点的,它的几何强度主要是由卫星相对测站的几何分布决定的。尽管如此,还是大体上按均匀分布布设为好,也就是说边长大体相当。主要是考虑到全网相对精度的基本一致,以及对覆盖区域的均匀控制。

网点分布要考虑的另一因素是用户的要求,如重要的用户可以且最好布设网点,以便直接应用。GPS 测量之所以能更多地考虑用户的需要,是因为它对地面测站间的几何分布没有严格涉及解算精度的要求。

(2)站址周围的地理环境。传统大地测量的选点必须考虑通视条件,即必须保证观测方向的通视。GPS 测量也有类似的要求。由于 GPS 测量观测对象是天空中的卫星,故须保证测站对天空的良好通视。一般要求高度角 10°以上无障碍物。

GPS 测量不仅要考虑通视问题,还要考虑多路径效应问题。应避开或远离可能引起电磁波反射的物体或地表覆盖,如大的金属物件、大面积水域等。通常在观测时不易发现多路径效应,而到数据处理时才造成精度的降低甚至成果作废,在实际工作中这样的例子是很多的。在原大地点测量遇到高标,尤其是钢标时,应在标上观测(去掉标头)。

事实上,GPS 测量对环境或良好通视的要求比常规大地控制测量的要低,但实际工作中却往往因此而忽视了多路径效应,从而影响精度。不能说个别障碍物一定引起多路径效应,但应避免这种可能性。

(3)站址的交通条件。所有控制测量的选点都应注意交通条件,尤其是上点的条件。常规控制测量受通视条件的限制,常常不得不将点位选在高山上,而 GPS 测量不应再受此限制。上点条件不仅影响施测困难程度,而且今后利用这些点也会有类似问题,常会影响点位的利用率。

(4)需要与原大地点重合时,要根据目的和需要确定重合数量。

3. 测段长

早期(1993 年以前)的 GPS 卫星星座尚未按计划发射完毕,空间的卫星数目少,可提供观测的时间不多,如每天可提供连续观测的时间在 3 小时左右的观测窗口有 2～3 个。当时,不论是高精度测量还是要求精度不高的工程测量,都以测段(session)作为观测单元,每测段连续观测,时间一般不超过 3～4 小时。现在 GPS 卫星星座已布设完毕,空间卫星数增多,全天均有 4 颗以上卫星可供观测。为了提高效率及削弱大气传播延迟修正后残差的影响,在高精度测量中多采用全天观测。或是说,以接近 1 天的时间作为 1 个测段(考虑到接收机的一些操作和避开年积日的变动,一般测段长略小于 24 小时)。在要求精度不高时,如工程测量,以测段作为观测单元,其测段长视边长而定,在满足要求精度的条件下提高效率。

(三)GPS 网的分区观测

作业的组织往往取决于接收机的数量。如果 GPS 接收机的数量足够多,每个测站可以设置一台 GPS 接收机,这样组织同步观测、数据处理都较简单。只是需要注意,应采用所有同步观测站数据一并平差处理的软件。用于高精度测量的商用软件,如 GAMIT、BERNESE 等,都是全部同步区整体平差的。

当网点数较多、接收机数量不足时,作业的组织要复杂些,涉及的技术问题也多。这种作业方式要求的物质条件较低,较易实现。我国已布测的 GPS 一、二级网即属此情况。

通常 GPS 网的测站点总数多于所使用的接收机数,因此不得不采用分区观测。同一分区各点的观测是同步进行的,分区与分区之间要有一定的连接点。作为高精度 GPS 网在设计分区和观测计划时应考虑的方面如下:

(1)网的整体性,即不产生网的局部扭曲。

(2)误差的传播。连接点作为不同分区的公共点,在网平差中其定位误差将影响分区的精度,而且带有一定的系统性。

(3)网的多余观测。较多的多余观测(这里所说的多余观测不是指同一条边的重复观测)可以通过网平差提高解的精度和可靠性。

(4)方便的检核。在网平差前对观测质量进行检核是必要的,这类似于常规观测量中闭合差检验。此外它还提供了一种评定精度的方法。

(5)网的经济效率。这是实际布测 GPS 网所必须考虑的问题。

一种可能的分区方法是按参加作业的接收机数确定分区点数,分区间由两个到三个点连接(公共点),如图 7-1(a)所示,我国利用子午卫星系统卫星进行联测定位和短弧定位时就是采用了这样的分区方法。另一种分区的作业方法如图 7-1(b)所示,也是按参加作业的接收机数确定分区点数。但是不同的是，在完成一个分区的观测后，约半数接收机搬站，余下的约半数接收机继续观测，形成观测子区。子区的观测与分区相同，只是测站数不同。当其他接收机搬至新点后开始下一分区的观测。由于路程的远近和交通条件的不同，较早到达新站的接收机不必等待其他搬站的接收机到达，即可提前观测（与不少于半数的不搬站接收机同步观测）。

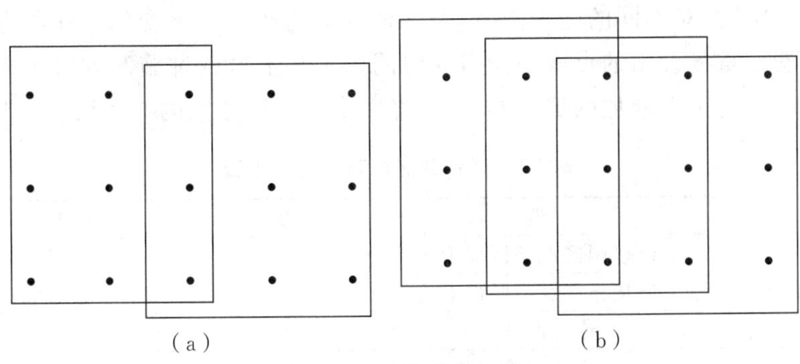

图 7-1　两种观测分区

可以以一个具体的 GPS 网设计，比较两种分区施测方法。该网覆盖全国，全网 40 个点。

(1)网的整体性。显然，增加相邻区的连接点数甚至跨区连接（即一些点参加三个或三个以上的分区观测），对加强网的整体性是有利的。第二种分区方案在很大程度上加强了网的整体性。按该方案，不但连接相邻分区的点数增加，而且有较多的连接三个分区，甚至四个分区的点。

(2)网的多余观测。由于全网是分区观测的，各分区分别解算后应进行全网的平差。在整体平差中，各分区的解算结果将作为带有相关权矩阵的观测值参加平差。

从平差的效果（解的精度）来看：一方面，这种观测量所形成的多余观测越多，效果越好；另一方面，这些观测量之间的相关性越大，则平差的效果越差。与其他观测量具有线性相关（不独立）的观测量，对平差无贡献。

同一分区同步观测所取得的观测量（矢量解）总是相关的。按实验结果，各矢量解间的相关系数约为 0.1～0.7，它取决于卫星和测站的几何分布。不同分区或子区同步观测所取得的观测量（矢量解）之间是不相关的。此外，这样线性无关的矢量解在同一分区或子区同步观测时只能取得 $N-1$ 个，其中 N 为参加观测的接收机数。尽管有的软件可以给出更多的矢量解，但这些解是不独立的，它们与 $N-1$ 个基本解构成线性相关。这也就是说，同一分区同步观测所取得的观测量（矢量解）不会产生多余观测。

从以上分析可以看出，为了取得全网较高精度的平差解，应尽量增加多余观测，并减少它们之间的相关性，而这两个要求都需要尽量增加观测的分区或者子区数（在网点数一定的情况下）。

(3)工作量与效率。多余观测总是与工作量相联系的，也就是说增益总是和所付出的代价相联系的，问题在于效率。这里的效率是指增益与所付代价的比，可以用增加的观测量与必要观测量之比作为增益的数量表示。由于任何施测方案的观测量不能少于求解所必需的必要观测，故增加的观测量也是增加的多余观测量，而多余观测与必要观测的比可以在一定程度上反映平差后的精度增益。所付出的代价一般可以是相对增加的经费或是相对增加的工天。

由于第二种分区施测的方法充分地利用了搬站时间，形成子区观测，其效率是比较高的。

估计经费是比较困难的。按某作业单位的经费预算，可以大体将经费分为：①随 GPS 网点数而变的经费，如观测准备费（测区调查、必要的造标埋石和必要的新增设备费）、辅助测量费（如必要的水准联测），这部分按预算约占总经费的25%；②随观测工天数而变的经费，如观测费（仪器折旧费、作业人员工资、补助和住宿费），这部分按预算约占总经费的45%；③随搬站的组次数而变的经费，如搬站的运输费等，这部分按预算约占总经费的30%。

当网点数一定时，对不同的施测方案，第一种方案的经费是不变的。在网点数相同时，增加的第三种经费是重复设站的点次差所需的费用。实际上这两种施测方案的差别是不大的，所增加的经费只是随工天增加的那一部分，从经费来看施测方案的效率见表7-1。

表7-1 两种分区施测方案的比较

	性能	分区方案二	分区方案一
整体性	连接两区及两区以上	36 90%	18 45%
	连接三区及三区以上	18 45%	2 5%
	连接四区	4 10%	0 0%
多余观测	必要观测	39	39
	多余观测	81	18
	多余观测/必要观测	208%	46%
经费	总工天数	159	115
	工天的相对增加率	38.30%	0%
	总经费	121.90%	100%

大范围GPS网施测的主要困难在于搬站，按第二种分区方案，从经费来看增加了大量多余观测，但所付出的代价不大，因此它的效率也高。

（四）闭合差检验与闭合条件

在进行整体平差之前，应确保参加平差的所有观测量的质量是好的，即应进行一系列的检验，其中闭合差检验是有效的手段之一。

应该指出，这种闭合差检验在构成闭合环时不应包括线性相关的观测量，也就是说同步观测的解算矢量（按前述，简称观测量）不构成闭合环。如果按一定时段数的中数参加闭合环检验，那么同一分区或子区的解算矢量不能构成闭合差检验。显然，分区或子区的数目越多，形成的这样的闭合环也越多。

如果在图上画出这些闭合环，就显示出一系列闭合图形，即闭合条件。它能更形象地表示出多余观测对提高平差解精度的贡献。

综上所述，分区方案二中网的分区及子区的设计加强了网的整体性和几何结构，网中的大量多余观测提高了全网的精度和可靠性，而网的施测方法提高了作业效率。表7-1给出了该具体例子涉及的两种方案的主要性能的比较。对于不同的工程和具体设计，这些数据会有所不同。

（五）连续观测站的利用

近来国内外兴建的永久性、连续观测的GPS观测站越来越多。这些观测站不间断地对GPS实施观测，并可通过互联网(internet)获取它们的观测数据，如国际GPS服务(IGS)站、国内地壳运动观测网络的基准站（后者可以通过数据共享取得观测数据）。常年观测数据的积累使这些站都有精确的测站位置（站址坐标），不论它们建站的目的是什么，这些站的观测资料和精确的站址坐标，都可以为布设高精度控制网提供高精度的已知点位置和众多的、与本控制网点同步观测的数据。

不必刻意组织这类与连续观测站的联测，即各分区自行组织观测，只需要在方案设计中选定这些邻近的连续观测站，列入数据处理方案。图 7-2 是采用连续观测站同步观测的示意。由于所需数据是事后取得的，又难以实时了解这些站的工作状态，因此在选择连续观测站时应留有备份。

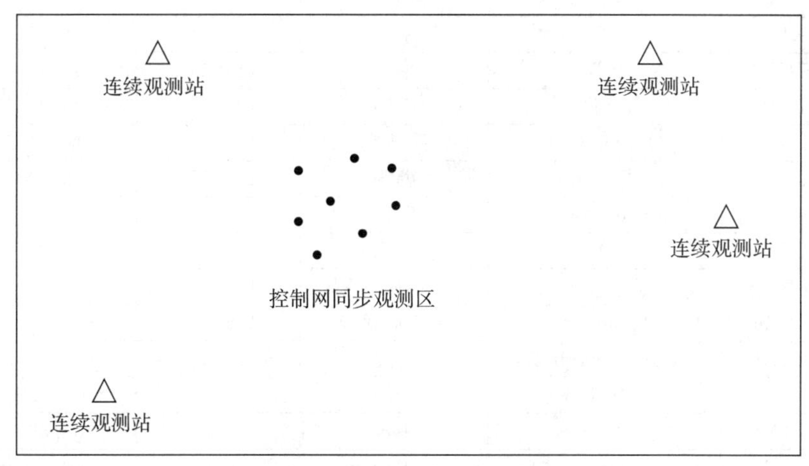

图 7-2　采用连续观测站同步观测示意

目前，在我国附近已有不少可供利用的 IGS 站(图 7-3、表 7-2)。一般而言，国外 IGS 站距国内测区较远，国内也有一些台站参加了 IGS 观测，后者距国内测区较近，但因观测历史较短，站址坐标的精度与一些国际站精度相比较差。国内新建的地壳监测网络在国内具有较均匀的分布，站间距离为 1 000 km 左右。随着这些连续观测站的积累，站址坐标会逐渐精化，比较适于国内测区使用。

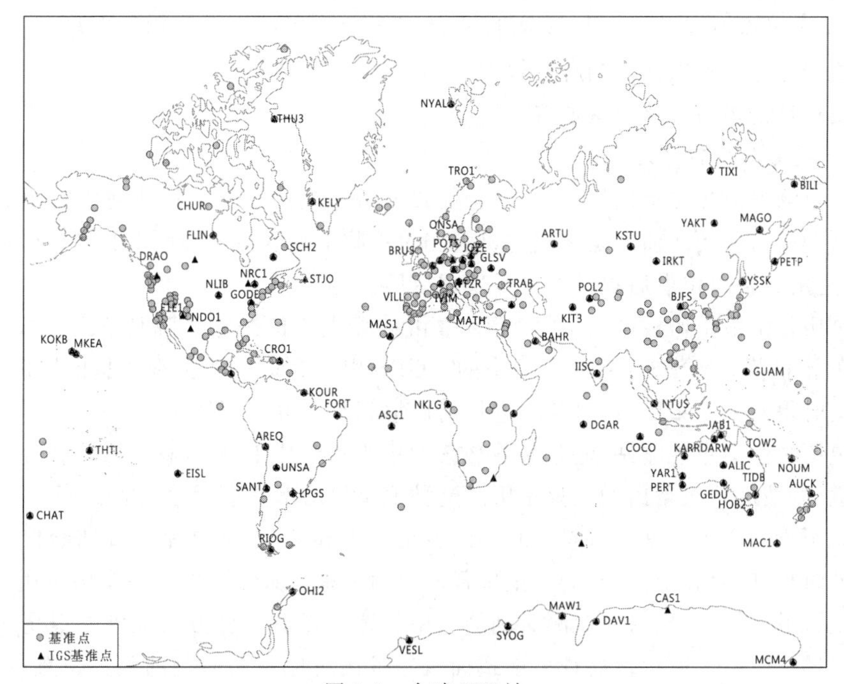

图 7-3　全球 IGS 站

表 7-2 我国附近的部分 IGS 站及概略位置

代号	站名	所属国家和地区	概略经度/(°)	概略纬度/(°)
KSTU	Krasnoyarsk	俄罗斯	92.79	55.99
YAKT	Yakutsk	俄罗斯	129.68	62.03
PETP	Petropavlovsk	俄罗斯	158.61	53.07
SHAO	上海	中国	121.20	31.10
WUHN	武汉	中国	114.36	30.53
TAIW	台北	中国	121.54	25.02
PIMO	Quezon City	菲律宾	121.08	14.64
DAEJ	Taejon	韩国	127.37	36.40
IISC	Bangalore	印度	77.57	13.02
KUNM	昆明	中国	102.80	25.03
NTUS	Singapore	新加坡	103.68	1.35
BAKO	Cibinong	印度尼西亚	106.85	−6.49
DGAR	Diego Garcia Island	英属	72.37	−7.27
URUM	乌鲁木齐	中国	68.63	43.59
XIAN	西安	中国	109.22	34.37
NSSP	Yerevan	美国	44.50	40.23
BAHR	Manama	巴林	50.61	26.21
GUAM	Dededo	美国(关岛)	144.87	13.59
TSKB	Tsukuba	日本	140.09	36.11

二、高精度控制网的数据处理

高精度 GPS 网的数据处理包括同步区观测的处理和网平差。高精度 GPS 网的点间距离较长,为减少卫星位置误差对解的影响,同步区观测的数据处理宜使用精密星历。此外,还应采用处理精细并考虑各项修正的解算软件。

(一)使用精密星历计算卫星位置

1. 广播星历与精密星历

载波相位测量的相对定位解算中,卫星位置依卫星星历计算。按所使用的星历来源可分为广播星历和精密星历。前者是在接收机观测时接收卫星发播的导航电文经译码取得的实时星历,后者是由有关单位事后提供的事后处理星历。

广播星历是由卫星监控站对卫星观测,并由计算中心依据这些观测数据和极移、UT1 与 GPS 时差的预报值,拟合外推后注入卫星的。GPS 用户在取得相位观测量的同时,通过导航电文即可实时得到卫星星历,这对及时进行定位解算是十分有利的。

精密星历是由卫星观测站(通常数量较多)的观测数据,以及极移、UT1 事后处理值确定的卫星轨道,并按此轨道给出的卫星星历。这种卫星星历都是事后给出的。

精密星历给出的可以是某一参考时刻的卫星位置和速度(通常是按日期给出),也可以是对应一系列时刻(间隔几十分钟)的卫星位置。以前一种方式提供的卫星星历由用户(软件)进行受摄卫星轨道计算,求出对应观测时刻的卫星位置。以后一种方式提供的卫星星历由用户(软件)进行插值(如 12 阶拉格朗日多项式插值),求出对应观测时刻的卫星位置。显然,以后一种方式提供的若干离散点卫星位置更便于使用。

“精密星历”一词开始使用于子午卫星系统，至今仍在广泛使用(尤其是在众多的商用软件中)。就实质而言，它属事后处理星历；就方法而言，在使用同样的观测数据时，它较外推的广播星历精度高。至于具体的某一星历，则应具体地分析它是否精密(较广播星历)，以及其精密程度。

不论星历的来源如何，依它所计算的卫星位置也是有误差的。在相对定位解算中卫星位置是作为已知值使用的，卫星位置将不可避免地影响定位精度，且在一测段中误差呈现系统性。由于卫星星历计算所使用的数据长达几天，在相隔不长日期(如2～3天)的同一时间的测段间也有一定的系统性。

2. 卫星位置计算

精密星历常以对应一系列时刻的卫星位置的形式提供给用户，即提供 T_i 和 $X(T_i)$。但GPS测量需要的是对应观测时刻 t 的卫星位置 $X(t)$，t 往往是一实型数，一般与 T_i 不同。这就需要使用一定的数学方法，依据一系列对应时间 T_i 的位置 $X(T_i)$，求得对应时间 t 的位置 $X(t)$。常用的数学方法是插值。

(1)一般插值方法。插值的方法很多，这里主要介绍拉格朗日插值多项式。它是诸多插值多项式中的一种，也是用于由精密星历计算观测时刻卫星位置的常用方法。

一般而言，科学实验及数值计算往往只提供函数沿自变量的一些离散点的函数值 $f(x_i)$ $(i=1,2,\cdots)$。用数值法求得的精密星历就是这种情况。插值就是利用所给的这些离散点上的函数值，求在这些离散点范围内或范围外(但出范围不远)任意点的函数值 $f(x)$。前者称为内插，后者称为外推。这些自变量的一些离散点称为节点。

设 $f(x)$ 在 $n+1$ 个相异点 $(a=x_0<x_1<x_2<\cdots<x_n=b)$ 处的函数值为

$$f(x_0)=f_0$$
$$f(x_1)=f_1$$
$$f(x_2)=f_2$$
$$\vdots$$
$$f(x_n)=f_n$$

取 n 次多项式，有

$$P_n(x)=c_0x^n+c_1x^{n-1}+c_2x^{n-2}+\cdots+c_{n-1}x+c_n$$

上式作为所求函数 $f(x)$ 的近似表达式，使它满足以下条件

$$P_n(x_i)=f_i \quad (i=0,1,2,\cdots,n)$$

显然，上式为 $n+1$ 个包含未知数 c_0、c_1、c_2……c_n 的方程组，解此方程组即可求定各待定系数 c_i。由于待定参数与方程数一致，该解是唯一的，即

$$P_n(x)=c_0x^n+c_1x^{n-1}+c_2x^{n-2}+\cdots+c_{n-1}x+c_n \tag{7-1}$$

式(7-1)为函数 $f(x)$ 以 x_0、x_1、x_2……x_n 为节点的 n 次插值多项式，n 为多项式的次数。

显然，这样所得的内插或外推的插值多项式是有误差的，我们将 $P_n(x)$ 代替 $f(x)$ 所产生的误差称为插值公式的余项，即

$$R_n(x)=f(x)-P_n(x) \tag{7-2}$$

插值多项式的节点可以是等间隔的也可以是非等间隔的，在卫星位置计算中多为等间隔节点的情况。

(2)拉格朗日插值多项式。上述插值多项式可以称为插值多项式的一般形式，它满足一般

的插值计算。为了解出 $n+1$ 个待定参数，需解 n 阶线性方程组（n 为插值多项式的次数，即节点数减 1）。当次数 n 较大时，线性方程组解算工作量很大。为了避免解线性方程组，可将多项式写为另一种形式，即拉格朗日插值多项式

$$L(x)=f_0l_0(x)+f_1l_1(x)+f_2l_2(x)+\cdots+f_nl_n(x) \tag{7-3}$$

式(7-3)的问题是如何选择 $L(x)$ 的函数形式。具体地是如何选择 l_i，使 $L(x)$ 为一个 n 次多项式，且使插值多项式 $L(x)$ 在节点处的值等于该节点处的给定的函数值。

因此，可以选择

$$l_i(x)=\frac{(x-x_0)(x-x_1)\cdots(x-x_{i-1})(x-x_{i+1})\cdots(x-x_{n-1})(x-x_n)}{(x_i-x_0)(x_i-x_1)\cdots(x_i-x_{i-1})(x_i-x_{i+1})\cdots(x_i-x_{n-1})(x_i-x_n)} \tag{7-4}$$

注意式(7-4)分子或分母中的连乘因式中不包括 $x-x_i$ 或 x_i-x_i 项。

从所选的 l_i 表达式式(7-4)中可以看出，其分母是 n 个实数的乘积，且它仍是实数；其分子是 n 个一次多项式的连乘，它的积是一个 n 次多项式。

从所选的 l_i 表达式中还可以看出：

(1)当 $x=x_i$ 时，其分子、分母各对应因子相同，值为 1。

(2)当 $x=x_j\,(i\neq j)$ 时，其分子中必有一个为 0，值为 0。或写为

$$l_i(x_j)=\begin{cases}0, & i\neq j\\ 1, & i=j\end{cases}$$

显然，上式在节点上有

$$L(x_j)=f_j \quad (j=1,2,\cdots,n)$$

如前所述，插值多项式因待定参数与方程数一致，因此该解是唯一的。可见拉格朗日插值多项式与插值多项式的一般形式是等效的，只是计算方式不同。

拉格朗日插值多项式的计算过程不必解线性方程组，只是将要插值的自变量的具体数值代入 x 中，进行一系列的乘法和加法的运算，即可求得对应该自变量的函数值。

使用精密星历计算卫星位置正是这一情况，只是自变量是时间 t。在这样的插值计算中，其节点常是等间距的，这时拉格朗日插值多项式进一步简化，其 $l_i(x)$ 的分母是 n 个不变的常值，使计算更加简捷。考虑到计算机进行乘法运算几乎和加法一样快，拉格朗日插值多项式常用于精密星历计算卫星位置。

(3)插值的精度——插值多项式的余项。插值方法是利用一系列已知的离散函数值对未知函数进行数值逼近的一种数学方法。它是一种对未知函数（在一定的范围内）求函数值的近似值的方法。在工程中应用这类数值方法之前，必须讨论这种近似方法的精度及其适用范围，以免造成严重的失误或不必要的机时浪费。

我们用插值多项式 $y=L_n(x)$ 近似表示函数 $y=f(x)$ 值，其误差为

$$R_n(x)=f(x)-L_n(x) \tag{7-5}$$

式(7-5)通常称为插值公式的余项。

设一系列已知函数值 f_i 和欲求函数 $f(x)$ 的对应自变量为 $x_i\,(i=0,1,\cdots,n)$，x 是区间 $[a,b]$ 上的点。令

$$K=\frac{R_n(x)}{W_{n+1}(x)} \tag{7-6}$$

$$W_{n+1}(x)=\prod_{i=0}^{n}(x-x_i)$$

$$\prod_{i=0}^{n}(x-x_i)=(x-x_0)(x-x_1)\cdots(x-x_{n-1})(x-x_n)$$

做辅助函数

$$\varphi(t)=f(t)-L_n(t)-KW_{n+1}(t) \tag{7-7}$$

设函数 $f(t)$ 在区间 $[a,b]$ 具有 $n+1$ 阶有界导数。将上述辅助函数对 t 求 $n+1$ 阶导数，有

$$\varphi^{(n+1)}(t)=f^{(n+1)}(t)-L_n^{(n+1)}(t)-KW_{n+1}^{(n+1)}(t)$$

由于 n 次插值多项式最高阶次不大于 n，$L_n(t)$ 的 $n+1$ 阶导数为 0，$W_{n+1}(t)$ 的阶次为 $n+1$，其 $n+1$ 阶导数为 $(n+1)!$，故

$$\varphi^{(n+1)}(t)=f^{(n+1)}(t)-K(n+1)!$$

按插值多项式的定义，在 $t=x_i\ (i=0,1,2,\cdots,n)$ 处，$f(x_i)=L_n(x_i)$，它的余项为 0，即在 $t=x_i$ 时函数 $\varphi(x_i)=0$。按罗尔定理，在函数的两个根之间，它的一阶导数至少有一个根，即点 ζ，使 $\varphi'(\zeta)=0$。这样在 $n+2$ 个点 x_0、x_1、x_2……x_n 和 x 之间有 $n+1$ 个点 $\zeta_i\ (i=0,1,2,\cdots,n)$，使 $\varphi'(x_i)=0$。再度使用罗尔定理可得在 ζ'_0、ζ'_1、ζ'_2……ζ'_n 之间存在的 n 个 ζ'_i，使得 $\zeta''(\zeta'_i)=0$。重复使用罗尔定理，在 x_0、x_1、x_2……x_n 和 x 的最大值与最小值之间，存在一点 ξ 使得 $\varphi^{(n+1)}(\xi)=0$。代入式(7-7)的 $n+1$ 阶导数公式，有

$$0=f^{(n+1)}(\xi)+K(n+1)!$$

于是

$$K=-\frac{f^{(n+1)}(\xi)}{(n+1)!}$$

可得

$$\begin{aligned}R_n(x)&=KW_{n+1}(x)\\&=-\frac{f^{(n+1)}(\xi)}{(n+1)!}W_{n+1}(x)\end{aligned} \tag{7-8}$$

式(7-8)即为插值多项式的余项表达式。式中除分母 $(n+1)!$ 外，还包括函数的 $n+1$ 阶导数 $f^{(n+1)}(\xi)$ 和 $W_{n+1}(x)$。

首先考虑 $W_{n+1}(x)$，有

$$W_{n+1}(x)=(x-x_0)(x-x_1)\cdots(x-x_{n-1})(x-x_n)$$

它只与插值节点 x 和欲求函数的点 x 有关。如果差值节点是等间距的，其间距为 h，则有

$$x_i-x_0=ih$$

或

$$x_i=x_0+ih$$

设待求的插值点为

$$x=x_0+th$$

则

$$x-x_i=(t-i)h$$

于是

$$W_{n+1}(x)=h^{n+1}t(t-1)(t-2)\cdots(t-n)$$

可见，当增大节点间距时，如间距 h_1 增大至 h_2 时，插值的误差将以 $(h_2/h_1)^n$ 的倍数急速

增大。此外，自上式还可看出，随着插值点 x 的取值不同（即 t 不同），其插值结果的误差也不同。可以直观地看出，在插值节点中间区域的 W 值较小，在两边的 W 值较大。例如，$n=5$ 时，有

$$W_{n+1}=\begin{cases}14.77\,h^{6}, & t=0.5\\ 3.52\,h^{6}, & t=2.5\\ 162.42\,h^{6}, & t=5.5\\ 720.00\,h^{6}, & t=6.0\end{cases}$$

显然，在选定插值多项式的阶数后，可以优选最佳初值位置，一般它位于诸插值节点的中部。

就分母中的 $(n+1)!$ 来看，插值多项式的阶数越高，插值误差越小。但必须同时考虑函数 $f(x)$ 本身的特性。不是所有函数的高阶导数都随阶数的增高而变小，如 $y=\ln x$，有

$$y^{(n+1)}=\frac{(-1)^{n}n!}{x^{n}}$$

其绝对值和 $n!$ 增长一样快，这说明在使用插值方法时，必须考虑函数本身的特性。

对 GPS 卫星轨道而言，其函数特点允许使用较高阶数的插值公式。通常使用 12 阶拉格朗日插值多项式进行轨道插值。由于使用精密星历多为事后处理，为了提高插值精度，常使插值点位于诸节点中部。

（二）同步观测的精密数据处理及其软件

通常生产 GPS 接收机的生产厂会配有数据处理软件，这些数据处理软件大都只适合于处理该种型号或同一公司的接收机数据，常简称这些软件为随机软件。这些随机软件大都比较简捷，对计算机的配置要求不高（一般微机或便携机，对速度和内存均无特殊要求），便于使用，通常用于工程测量或边长较短的控制测量或用于质重控制的野外数据处理。这类软件在处理长边（如几百或上千千米）时往往精度不高（也有适用于长边的随机软件）。对于长边且要求精度较高的 GPS 测量，常常使用高精度数据处理软件，这类软件不针对特定接收机类型，采用通用数据格式，具有很高的精度，但对计算机的配置要求较高，处理过程也较繁复。

GAMIT 软件可以作为高精度 GPS 数据处理软件的例子。GAMIT 是美国麻省理工学院（MIT）研制的著名 GPS 定位数据处理软件，该软件在 UNIX 环境下运行，也可以在装有 LINUX 系统的微机上运行。GAMIT 整个软件系统中的每一程序用 Microsoft Make 维护，在修改任一程序的源代码后，用 Make 自动编辑修改并生成新的执行程序，便于程序维护和不断更新。

作为高精度数据处理软件，它与一般精度的随接收机所附的软件的主要区别在于：

（1）统一的数据格式。高精度数据处理软件是一种通用数据处理软件，它不再是针对某公司或某种型号接收机所设计的软件，应对多种流行的机型都具有处理能力。一般接收机的观测数据输出文件的数据格式是不同的（可以称为专用数据格式），这就需要一种共同的数据格式。各种接收机随机所附的软件包应能将其专用数据格式的原始数据转换成通用格式，通用数据处理软件（如 GAMIT）依这种通用数据格式进行编程读入，并进行后续的数据处理。目前使用的通用数据格式为 RINEX 格式，一般市场销售的 GPS 接收机均附有将本接收机数据文件转换为 RINEX 格式数据文件的附带软件。

（2）测量修正细致完善。不论是观测量还是定位结果，都会受到外界的影响：其中有些是误差（特别是系统性误差），如大气对电磁波传播的影响、天线的修正；有些是环境影响，如潮汐

对定位的影响。这些都需要进行精密的修正才能取得精密的定位结果。GAMIT软件不仅包括了这些应修正的项，而且可以不断依据最新的研究成果或模型进行修订。

(3)允许多个已知点参与平差。一般精度的数据处理软件，在平差时多采用一个已知点，其余同步观测的点作为未知点参与平差，允许多个已知点参与平差，以求处理过程的简捷，并避免在一般测量中出现因已知点精度不高造成的不符。高精度数据处理软件允许多个已知点参与平差，当然这些已知点应具有较高的精度和可信度。即使如此也不可避免地产生一定的不符，故可以对这些已知点赋予先验权(称为先验约束)，进行最小二乘滤波，在平差过程中对已知点也给予一定的修正(称为已知点松弛)。

(4)可以对卫星轨道进行改进。一般精度的数据处理软件在进行数据处理时把卫星位置视为已知值，高精度数据处理软件认为卫星位置具有误差并可进行修正。这种误差源自卫星轨道参数的不精确，它们是卫星轨道参数的函数，在观测方程中加入轨道参数的修正函数就可以在平差中对它们进行修正(一般也需要赋予先验权，详见第九章)。这种对卫星轨道参数进行的改进也称卫星轨道松弛，事实说明这样处理有助于提高定位精度。

(5)可以使用精密星历。一般精度的GPS数据处理常采用广播星历计算卫星位置，而GAMIT既可以使用广播星历，又可以采用IGS、ISO、JPL等精密星历进行卫星位置计算。显然，精密星历是内插星历，比外推的广播星历要精确，但取得精密星历要延迟一定时间。

(6)带有对流层参数估计功能。随机软件多采用数学模型依实测气象数据(或统计气象数据)计算对对流层延迟进行修正。由于地面气象数据不能很好代表信号传播路径的情况，精度往往受到影响。GAMIT可以将测站的对流层天顶延迟值作为待估参数一并参与平差，这在一定程度上削弱了对流层延迟修正残差对定位结果的影响，可以提高定位解的精度。

(7)附有轨道计算(积分)软件。精密定位中精密星历的使用，以及卫星定轨等GPS应用都需要进行轨道计算(积分)，GAMIT软件有该计算模块，可以调用。在使用广播星历时不需要这一部分功能。

(8)需要准备轨道计算所需要的数据。与广播星历不同，轨道计算是在天球坐标系内进行的，它所使用的坐标系统也不是WGS-84，而观测与解算是在地球坐标系内进行的，需要进行坐标转换。坐标转换中需要准备一些参数。此外，轨道计算还需要计算日、月引力摄动，需要太阳、月亮的位置。一般称这些数据准备为“全程表”的准备。

全程表包括的内容如下。

Gdetic. dat——大地测量基准表。

Ut1——TAI—UT1表，反映地球自转的协调时与UT1的差值，取自国际地球自转服务局(IERS)公报。

Pole——地球瞬时极的位置表(pole table)，取自极移公报。

Leap. sec——TAI—UTC的跳秒。

Svnav. dat——卫星的发射编号NS与伪随机码标号PRN的对照表。

Antmod. dat——记载了天线相位中心在垂直方向和方位上的偏移量及随机变化函数。

Rcvant. dat——接收机和天线的代码。

Nutabl——章动表(nutation table)。

Luntab——月亮表(lunar tabular ephemeris)。

Soltab——太阳表(solar tabular ephemeris)。

GAMIT 进行精密定位解算的过程与一般的数据处理软件并无原则区别。

GAMIT 软件主要由数据文件格式转换部分、轨道积分程序(ARC)、观测值模型程序(MODEL)、单站自动修复周跳(SINCLN)、双差自动修复周跳(DBLCLN)、人工交互修复周跳(CVIEW)、双差最小二乘解程序(SOLVE)等程序组成。

(9)数据文件格式转换部分的内容如下。

Makexp——建立 make 的输入文件,生成数据文件格式的批处理(Prepar. bat)。

Makej——形成 GAMIT 格式的卫星钟钟差文件 J-file、测站钟差文件 K-ile(或 I-file)。

Makex——将 RINEX 格式的观测数据文件转换成 GAMIT 软件的观测数据文件(X-file)。

Bctot——将广播星历文件(E-file)转换成 GAMIT 的卫星钟钟差文件(J-file)和卫星轨道文件(T-file)。

NGSTOT——将 NGS 格式的精密星历转换为轨道文件。

Ig3-TO-gt——将 IGS. sp3、SIO. sp3、JPL. sp3 精密星历转换成 G-file、T-file。

Fixdrv——根据定义的处理方案,生成数据处理的批处理(BtestY. bat)。

(10)轨道积分程序(ARC,采用广播星历时不使用)。根据给定的卫星轨道初值和力模型参数,用数值积分方法给出卫星轨道和微分方程的数值解。即首先由 ARC 生成初始轨道文件,提供观测方程的所需信息,然后根据参数估计求出精确的轨道初值和力模型参数,用 ARC 解得精确的卫星轨道。TTONGS 可以将它转为 NGS 星历。

(11)观测值模型程序(MODEL)。通过 MODEL 可由观测数据文件(X-file)生成观测方程文件(C-file)。

(12)数据编辑部分的内容如下。

SINCLN——基于非差和星间单差观测值线性拟合可发现并修正周跳。对双频观测数据,综合利用 L1、L2、LC 和 LG 的观测值,一般可以确定出所有周跳的位置;对于有双 P 码伪距的观测数据,用 M-W 方法可将周跳正确修正到非差观测值上。

DBLCLN——用双差线性拟合方法进一步修正周跳。

CVIEW——给出观测值(OMD)及各种组合随历元变化的图形,便于发现周跳。而 SCANDD 程序还给出残差较大的双差观测值的历元、卫星和测站,这样能修复遗漏的较小周跳和较大残差。

AUTCLN——自动完成(批处理)周跳和粗差的编辑。

CFMRG——建立控制,将数据文件 C-file 合并到 M-file,以及提供平差程序 SOLVE 使用的输入平差参数。

(13)双差最小二乘解程序(SOLVE)。数据编辑完毕后,SOLVE 将各个测站干净的 C-file 中的观测方程组成双差观测方程,并按最小二乘求解未知参数,双差观测量是整体搜索出的、一组最大函数不相关的双差观测值,采用模糊参数消去法,可以保证法方程阶数不随附加模糊参数的增加而增大。构造附加的对流层虚拟观测量和电离层虚拟观测量作为参数估计的基本观测量。对于伪距观测值有双 P 码的数据采用 M-W 方法,求解整周模糊度,输出平差结果文件 Q-file、协方差矩阵文件 H-file。

三、高精度控制网平差

根据不同的布网方法和精度要求，网的平差方法也会有所不同。对于工程网，因其精度及工程要求的特殊性，平差方法与高精度控制网稍有不同，有关问题将在第三节中讨论。高精度控制网原始观测量很大，采用原始观测量进行平差在原理上是可行的，但相位观测包括大量的观测数据及其相应的权矩阵，还有数量很多的附加待估参数。例如，对一次同步观测采用双差观测量时，模糊参数的数量约为 $(J-1)\cdot(N-1)$，其中 J 为所测卫星数，N 为测站数。对于同步观测区、观测次数、网点数、观测卫星数都较多的情况，计算量极大，对计算机的要求也很高。事实上可以采用分阶段平差，即先按每一次同步观测进行平差(如采用 GAMIT 或其他可用软件)解出测站间矢量解，然后进行全网平差。

(一)关于坐标系统

在原始数据的同步观测数据处理中，所使用的坐标系统与数据处理所采用的卫星星历的坐标系统一致，不一致的坐标系统相当于在相对定位中引入起算点坐标的附加误差，而这种误差是系统性的，会给相对定位带来系统性偏差，应该避免。这样解算所得的矢量解也属于该系统。矢量解虽属相对位置，但它与坐标系统有关，在不同坐标系中，其矢量的三个分量的表示是不同的(取决于坐标轴指向)。显然，按此进行的全网平差，其坐标系统也应属于卫星星历所采用的坐标系统。

传统大地测量的大地网平差一般要先确定基准，即大地原点及其有关参数。由于传统大地测量的基本技术手段是相对观测(如测角、测边)，其参加平差的观测量大多是标量(只有天文方位角是矢量的一个分量)，它不含完全定义坐标系统的信息，反映在平差问题中是法方程组秩亏。卫星测量(如 GPS)则有所不同，它的观测量是矢量(自由矢量)，包括定义三个坐标轴指向的信息。此外，大量已知坐标的 IGS 站及其(连续)观测量可以方便地从互联网上获取，对于采用 IGS 站作为参考站的同步观测数据处理，事实上已包括了相当精度的坐标系统信息(包括了坐标系原点)。因此，GPS 大地控制网不需要，也不应该自行确定大地基准。IGS 站目前采用的坐标系统是 ITRF-97，它是由几十个 IGS 核心站以其坐标值共同维持或共同定义的，各核心站的坐标理论上可能存在少量误差(不同于原点，其理论上是无误差的)，在这样定义的坐标系中不存在原点。可以在网平差中采用部分 IGS 站作为具有一定先验权的已知点参加平差，这样平差的结果采用了相应的坐标系统。由于一般是采用部分 IGS 站，它与 ITRF-97 会有所区别，这种区别大体相当于国际地球参考框架(ITRF)的扩展网。

(二)网平差的数据准备

网平差的数据准备即是同步观测区的数据处理，由于它们观测了几乎相同的卫星，它们的解具有较大的相关性，同步解的各待估参数间是相关的。它们的相关系数约为 0.1～0.7，甚至更大(与测站间的几何分布有关)。同步观测数据处理后应给出解的协方差矩阵，作为虚拟观测量进行网平差。这些在类似 GAMIT 的数据处理软件中都会作为输出文件给出。

高精度控制网常有两种情况：一种是所用接收机数量与测量点数相同，即所有点均参与同步观测；另一种是所用接收机数量少于测量点数，即它们参与不同的同步观测。对于第一种情况，即所有点均参与同一同步观测(这种同步观测一般进行多次)，且不宜将多次同步观测的解算值取简单中数作为最后结果。一个简单的原因是这些同步观测解一般不是等精度的，而且参加同步观测的各站在多次同步观测中不一定是“全员”的，因此所测卫星也不一定是完全一样的,解的方差协方差矩阵也会有所不同。事实上,它可以与多个同步区一样地进行网平差。

参加网平差的虚拟观测量质量控制也是数据准备的重要一环。在同步观测解中有明显差异的点,在认为观测质量存在问题时,应删除该点(在已有一定数量的解算结果时不难判断),并重新进行同步观测的数据处理。也可以进行网的平差试算,从而判断质量有问题的同步观测中的点。由于涉及协方差矩阵,任何情况的点删除都要重新进行同步观测的数据处理(坐标差)。以这些矢量为带有先验权矩阵的相关观测量,并将其作为观测值(或称为虚拟观测量),进行全网平差。这样处理在理论上是严格的。由于解算是分阶段进行的,线性方程组的阶数大为降低,计算总量减少,对计算机的要求也大大降低。以下主要讨论网的平差试算,也是多数卫星控制网采用的技术途径。

(三)网平差

局部地区(如我国)高精度大地控制网平差的目的如下:

(1)统一多次观测的不符值(或称为消除矛盾),使成果唯一。

(2)提高全网点间的相对精度。

(3)使全网的坐标纳入高精度的地球质心坐标系统(如 ITRF-97 坐标系统)。

按上述,网平差可以分两步实现。此外,还应考虑地壳运动对网平差的影响。

1. 相对网平差

由于 GPS 相对定位精度最高,但它的精度(绝对精度)会随距离的加大而降低,网内点间距离相对较短,因此可以有最好的自由矢量精度(即坐标差精度),而联测的 IGS 站的距离一般要长得多。由于同步观测解中所选的 IGS 站不一定都相同,且长边精度稍低,采用站间矢量作为虚拟观测量进行平差可以暂时避开坐标系统问题,取得网内站间相对精度最大限度的提高。为此,应考虑以下三点:

(1)选定网点的坐标近似值。近似值的选定有较大的随意性,一般可以选多次同步解算的中值。

(2)选定参加平差的线性无关边。同步区内的线性无关边数为 $N-1$,其中 N 为同步观测点数。这有一定的随意性,一般选择距离较近的边。

(3)计算与所选边对应的相关权矩阵。一般同步解算的权矩阵为点坐标间的方差协方差矩阵,应变换为对应所选线性无关边坐标差分量的相关权矩阵。

其误差方程为

$$v_x^{ij}=\delta x^j-\delta x^i-(\Delta x^{ij})_q+(\Delta x^{ij})_0$$

同理对 y、z 分量,有

$$v_y^{ij}=\delta y^j-\delta y^i-(\Delta y^{ij})_q+(\Delta y^{ij})_0$$

$$v_z^{ij}=\delta z^j-\delta z^i-(\Delta z^{ij})_q+(\Delta z^{ij})_0$$

式中,下标 q 表示虚拟观测值,0 表示近似值;$\Delta x^{ij}=x^j-x^i$。

求解的矩阵形式为

$$\boldsymbol{X}=(\boldsymbol{A}^{\mathrm{T}}\boldsymbol{P}\boldsymbol{A})^{-1}\boldsymbol{A}^{\mathrm{T}}\boldsymbol{P}\boldsymbol{L}$$

式中,$\boldsymbol{A}$ 为系数矩阵,$\boldsymbol{P}$ 为对应虚拟观测值的协方差矩阵,$\boldsymbol{L}$ 为自由项。

由于自由矢量不包括坐标原点的信息,且表现为法方程秩亏,可定义网中一点为固定点(不设改正数)。

这样解算后，由于没有更多的约束，可以保持并提高网点间的相对定位精度(通过多余观测)。但它的坐标系统原点是由所选固定点近似值定义的。

2. 坐标系统纳入地球质心系统

经过相对网平差后，网点间的相对位置矛盾消除、精度提高。但它是以网中一点的近似值定义坐标系原点的，其坐标轴指向和尺度是采用卫星星历和同步解算中的 IGS 站综合定义的，应将它纳入地球质心系统，如 ITRF-97 坐标系统。可以将相对网平差解连同其方差协方差矩阵(其中包括参与同步区解算的 IGS 站)，甚至可以包括全球的 IGS 核心站及其方差协方差矩阵，所有网点均不赋先验权(很小的权)；对 IGS 站(或核心站)按其站坐标精度赋予相应的先验权，进行最小二乘滤波的再次平差，即

$$\boldsymbol{X}=(\boldsymbol{A}^{\mathrm{T}}\boldsymbol{P}\boldsymbol{A}+\boldsymbol{P}_X)^{-1}\boldsymbol{A}^{\mathrm{T}}\boldsymbol{P}\boldsymbol{L}$$

式中，$\boldsymbol{P}_X$ 为 IGS 站采用的先验权。

这样可以将整网纳入 IGS 站所属的 ITRF-97 坐标系统，它会将网的坐标系原点移至 ITRF-97 坐标系统，也对坐标轴指向和尺度进行了改进(因 IGS 站边长较长，对于坐标轴指向和尺度的贡献较大)。网内自由矢量因较强的约束而在很大程度上保持了原有精度。

3. 地壳运动

对于高精度、大范围的大地控制网应考虑地壳运动对网点的影响。这需要借助长期观测站或定期复测站(监测站)。分布在网内主要板块(或亚板块)上的监测站可以给出该测站的年变(三分量的速度)，网内测站可以使用所属板块的年变进行修正。考虑到地壳运动的控制网应指定一个固定的历元(该网成果的历元)，所有网内点和使用的 IGS 站均应化算至该历元，所得网平差结果也属该历元。用户在应用这些网点时，视精度要求，应将网成果历元加入相应年变，化算至使用历元。

网平差实际上是分三阶段进行处理的，即同步观测区平差、相对网平差、联测高等级网平差。前一阶段平差解连同相应的方差协方差矩阵作为虚拟观测值参加后一阶段平差。数据处理理论上已证明这与“整体平差”是等效的，但大大减少了计算量和对计算机的要求。

相似的方法在 1992 年曾用于我国 GPS 一级网一期数据处理。当时国外 IGS 站数据获取困难，使用广播星历，以网内点的绝对定位值作为坐标系，定义带有位置先验权的点，使坐标系统纳入 WGS-84 坐标系。

第二节　我国几个主要的高精度 GPS 网简介

我国已建的高精度 GPS 网主要有：全国 GPS 一、二级网，国家 GPS A、B 级网，中国地壳运动观测网络。

一、全国 GPS 一、二级网

全国 GPS 二级网于 1991—1997 年由总参测绘局布测(图 7-4、表 7-3)，全网 534 点，在全国陆地(除台湾省)、海域均匀分布，包括南沙重要岛礁。一级网 44 点(图 7-4、表 7-3)，平均边长约 800 km，于 1991 年 5 月至 1992 年 4 月观测。二级网分为 6 个测区(南海岛礁，东北、华北测区，西北测区，华东测区，东南测区，青藏云贵川测区)观测，于 1992—1997 年施测。一级

网施测期间，一天内卫星可见时间短，接收机数目远少于网点数，采用“滚动推进”的方式施测。全网使用 MINI-MAC 2816 接收机观测，每天观测 2～3 个时段，每时段 3 小时，总时段数不小于 10。全网进行了网平差，坐标系统为 ITRF-96 坐标系统，历元为 1997.0。

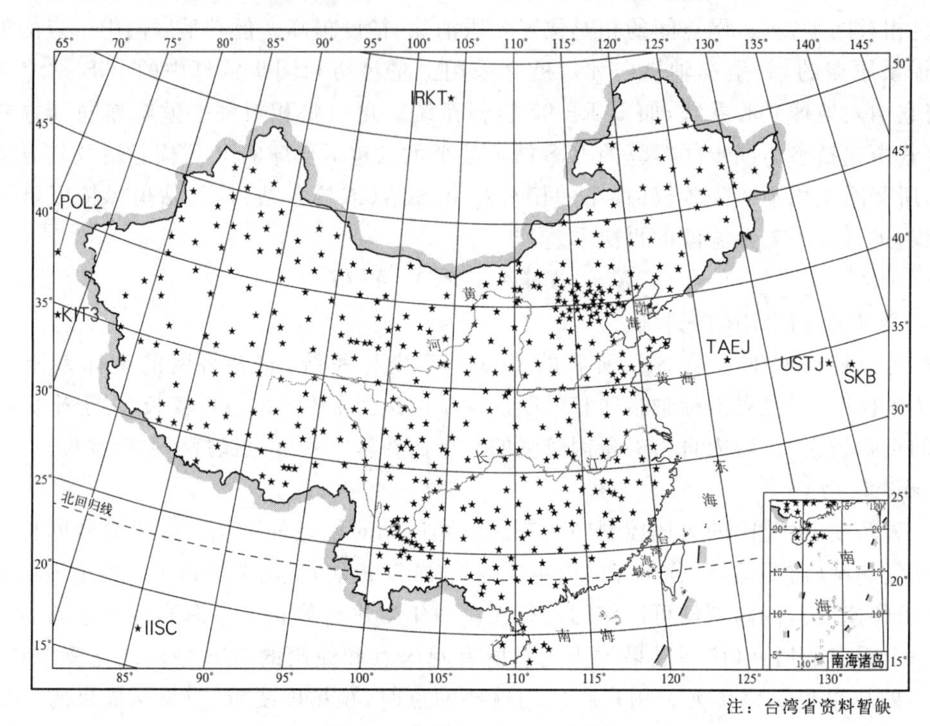

图 7-4　全国 GPS 一、二级网

表 7-3　一、二级网施测情况及精度

施测年份	网等级	地区	使用仪器	相对精度
1991	一级网	全国	MINI-MAC 2816	3×10^{-8}
1992	二级网	南海岛礁	MINI-MAC 2816	2×10^{-7}～1
1992	二级网	华东	MINI-MAC 2816	2×10^{-7}～1
1993	二级网	西北	MINI-MAC 2816	1×10^{-7}
1994	二级网	东南	MINI-MAC 2816	1×10^{-7}
1995	二级网	东北、华北	Ashtech Z-12	1×10^{-8}
1997	二级网	青藏云贵川	Ashtech Z-12	1×10^{-8}

二级网在一级网基础上布测，平均边长约为 200 km，施测时间较长。前期（1992—1994 年）使用 MINI-MAC 2816，时段数大于 4；后期由于卫星分布健全，1995—1997 年使用 Ashtech Z-12 接收机观测，采用 1 天时段，时段数大于 4。因此，二级网各区间的精度有明显差别。其中，东北、华北，青藏云贵川两区范围较大，约占总点数的 60%，精度较好。一、二级网点均进行了水准联测。表 7-3 大体描述了一、二级网的施测情况及精度（以异步闭合环计算的中误差）。

二、国家 GPS A、B 级网

国家 GPS A 级网第一次于 1992 年结合国际 IGS92 会战，由国家测绘局、中国地震局等单位布测(图 7-5),全网 27 个点,平均边长约 800 km。1996 年国家测绘局进行了 A 级网复测,参加复测的仪器为 Ashtech MD12、Trimble 4000SSE、Leica 200 等双频接收机。全网整体平差后,在 ITRF-93 参考框架中的地心坐标精度优于 0.1 m,点间水平方向的相对精度优于 2×10^{-8},垂直方向的相对精度优于 7×10^{-8}。

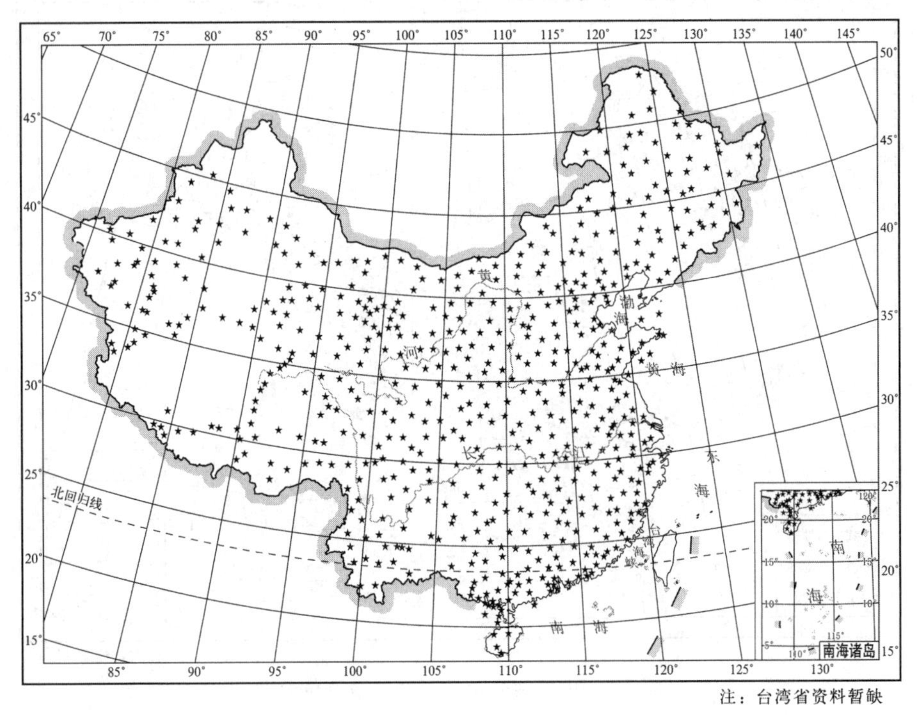

图 7-5　国家 GPS A、B 级网

B 级网由国家测绘局于 1991—1995 年布测,包括 A 级点 818 个。B 级网的结构在东部地区为连续网,点位较密集;中部地区为连续网与闭合环相结合,点位密度适中;西部地区为闭合环与导线,点位密度较稀疏。B 级网中 60%的点与我国一、二等水准点重合,其余进行了水准联测。B 级网点间重复精度在水平方向优于 4×10^{-7},在垂直方向优于 8×10^{-7}。

三、中国地壳运动观测网络

中国地壳运动观测网络由中国地震局、总参测绘局、国家测绘局、中国科学院四家单位于 1998 年开始布测(图 7-6),是以地震预报为主要目的,兼顾测量需要的监测网,网点的布设主要分布在我国的大板块和地震活跃区附近。全网包括基准网点、基本网点和区域网点,共 1 081 点。其中,基准网点间距为 1 000 km 左右,为 GPS 常年连续观测点;基本网点间距约 500 km,为定期复测点;基准网和基本网主要分布于国内较大的板块上。区域网点间距约几十到百千米,为不定期复测点,全国范围内分布不均,较密集地分布在地壳运动活跃地区。基准网、基本网观测使用的接收机为 Ashtech Z-12、Rogue 8000 和 Ashtech CGRS-12,绝大部分配备了扼流圈天线,其天线相位中心精度约 1 mm。参加区域间观测的除上述仪器外,还有 Trimble 4000SSE、TOPCON、捷创立 GTR2204 和 GTR3220 等接收机。中国地壳运动观测网络基本情况如表 7-4 所示。

目前,这三个高精度 GPS 网已进行联测,将进行整体平差,届时将建立统一的、包括两千多点的 GPS 网，可以作为我国的基础大地控制网。中国地壳运动观测网络中连续观测的基准站可为任何时间作业的 GPS 测量提供同步观测数据，并作为起算点，使 GPS 测量更方便的同时提高作业效率。

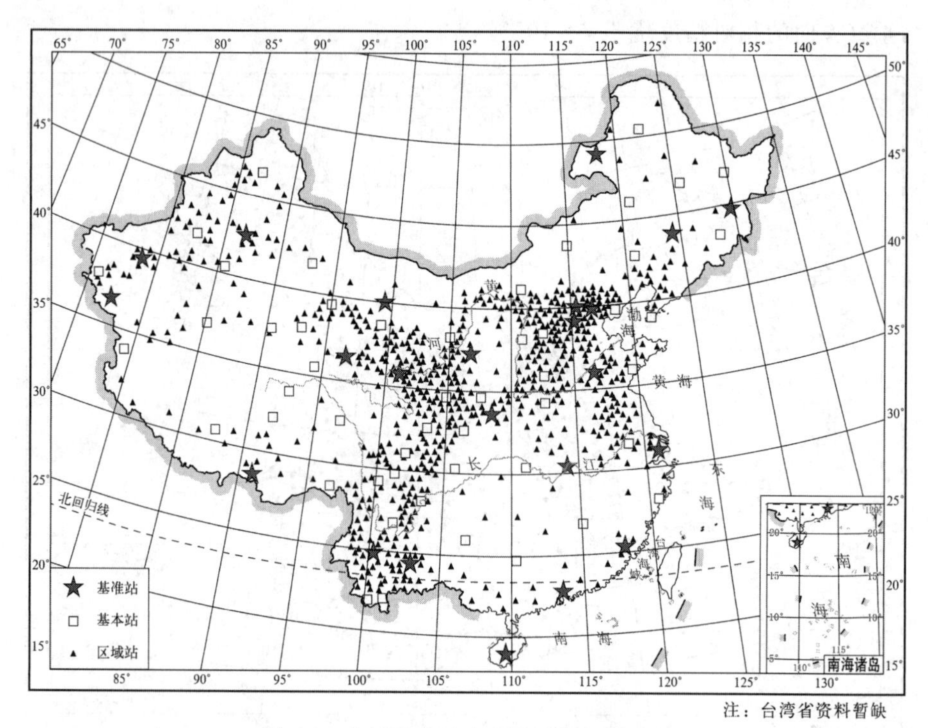

图 7-6　中国地壳运动观测网络点位分布

表 7-4　中国地壳运动观测网络基本情况

	基准网	基本网	区域网
点数	25	56	1 000
分布	国内板块	国内板块	地壳运动活跃地区
观测	连续观测	定期复测	不定期复测
水平精度	—	2.5 mm	1.8 mm
垂直精度	—	4.8 mm	4.9 mm
基线年变精度	1.3 mm	—	—
定轨精度	0.5 m	—	—

第三节　局部地区工程控制网

和大地控制网相比，工程控制网更加面向用户，它在精度要求、覆盖范围、点位密度等方面可能有很大的灵活性，这些主要取决于布设工程控制网的目的和需要。一般而言，它的范围和点间距离不是很大。

在局部地区工程控制网测量中，一般对精度的要求并不很高，它更要求高效率。近年来 GPS 接收机的小型化、低功耗给 GPS 用于工程测量提供了硬件条件，GPS 快速定位等高效率的作业和解算方法则提供了软件条件。我国近十年的实践表明，GPS 用于局部地区工程控制网测量，在缩短工期、降低成本、提高精度和设计的灵活性等方面都表现出了它的优越性。

GPS已经大量用于工程控制网和城市控制网，在高精度变形监测和军事工程测量中也有应用，且有扩大应用领域和范围的趋势。这里不过多地讨论GPS定位在工程测量领域的具体应用和应用可能，重点讨论带有共同性的技术特点。

GPS相对定位用于工程控制网测量，常遇到的问题之一是坐标系统问题。GPS定位通常要求起算点坐标系为WGS-84坐标系，而其定位结果也属WGS-84坐标系。但为了与已有资料一致，工程测量中常要求给出当地坐标系统，如1954北京坐标系的成果。这就涉及如何进行坐标系统间的转换问题。在高程系统上，GPS定位给出的成果为大地高，而工程测量常常使用正常高，如何经济地取得正常高也是应解决的问题，此外如何充分利用GPS的技术特点(如布网的灵活性)以提高经济效率也需要探索和讨论。

一、局部地区工程控制网的布设

工程控制网或军控网有两个基本任务。一个是作为全国基本比例尺测图的控制点，要求较均匀地遍布全国；另一个是为满足重点经济建设和国防建设的需要，在某些地区作为更精确的控制点，如提供大比例尺测图的控制点或直接应用点位。我国现已完成了全国基本比例尺的测图，目前大量需要的是进行第一种任务。经济发展和军事应用的特点要求的精度有时会比较高，所需要的控制点也不一定是连续、均匀的。

工程控制网的布设和大地测量控制网在原则上是一致的，但也有一些区别。只需对特殊性的问题做扼要讨论。

1. 重合已知点

为了取得当地采用坐标系的点位坐标，工程控制网应包括若干原有的已知点(已知采用坐标系坐标的点)，也称重合点。要求包括重合点的最少数量视使用的坐标转换模型而定(一般为3个)。重合点的作用是提供原来采用的坐标系统，工程测量所用的已知点大多是原各级三角点，应尽量选择高等级点或原测绘资料的起算点。如果要求提供正常高，还应重合若干水准点，或对网内若干GPS点进行水准联测。关于坐标转换和正常高求定问题，在数据处理中将作更进一步的探讨。

2. 网点分布

网点的分布可以分为两种情况，一种是覆盖面积不大(如一个县市或一个工地)，另一种是覆盖面积较大(如一个专区或大工程的施工范围，或河道流域，或军事基地、实验场等)。它需要在全部覆盖区内采用统一的坐标系统。第一种情况可参照大地测量控制网布设，只是由于GPS测量与地面图形关系不大，可不受地面图形的限制，增加了灵活性。第二种情况则应考虑经济效益问题。以下讨论第二种情况，即覆盖面积较大的工程控制网网点的分布问题。

使用经典大地测量方法布设控制网，它的精度受点间图形强度的影响。为保证其整体精度(即整体的图形强度好)，通常在全测区范围内使点间距离接近网的平均边长(点位密度大体均匀)。如果为等边长(单图形为等边三角形)，则整体精度最高。这样布测工程或城市控制网的经济效益往往偏低。按目前的经济发展和军事需要，只需要在部分地区进行更高精度的控制测量。例如，某地区下辖若干县市，按其本身建设和规划的需求，在县(市)区和部分经济发展较快地域要求布设部分高精度控制点。其余大片地域，暂不要求较高精度的控制测量。考虑到工程应用，其平均边长在1～3 km。军事基地或实验场也有类似情况。事实上，需要进行较高精度控制测量的是一系列孤立的点群，点群包括几个、十几到几十个点，点群间距离约几十千米甚至近百千米，其他大片地区并不急需进行控制测量。

如果按密度大体均匀布网，在全区建立统一坐标系统的较高精度控制测量将包括大量暂不使用的点，甚至不会使用的点(有时这种点会占80%～90%)，显然这是不经济的。

各点群也可以各自构成一个密集的小网，为符合原采用坐标系，每个小网应联测3个原已知点，这样联测的已知点数将大大增加，且原已知点多属困难点。此外，由于小区范围较小，难以就近找到精度较高的已知点，多半只能选择精度较低的四等点作为已知点。就GPS所能取得的较高精度而言，受已知点精度限制，各小区存在一定程度的扭曲，或者说各小区的坐标系统仍不统一。

GPS定位技术具有高精度、高效率和机动性强的特点，其精度不受地面图形的限制，这就在技术上提供了一种经济的控制测量方法。例如，将近期开发或规划开发的若干分散小区进行较密集的控制测量，称为密集小网，全区以大跨度的定位将这些孤立的小区连成一体，称为稀疏骨架网。这样，全网将成为整体性强的统一的高精度控制测量系统。每个密集小网选一点作为这样的大跨度的稀疏骨架网点。由于全区为一整体网，只需在全区范围选3～4个原已知点。在这样范围内选少量高等级的国家大地点并不困难。以我国某地区的GPS城市控制网为例：该网覆盖10个县市，按发展规划的要求，不同的县市辖区内需要布设7～30个点，此外还有一些开发区，其所需点数为4～6个。这些点多是急需布设的较高精度网点，总点数与全覆盖区均匀布设的点相较仅占10%左右。考虑到将来的成片开发和扩展(如等级公路建设)，要求坐标系统全测区统一，为原来采用的1954北京坐标系。应该说明的是，尽管测区内各片原测绘资料名义上都是1954北京坐标系的，由于各片原测量时采用的已知点不统一，且精度低，因此在现要求精度下，这些资料的坐标系统实际上是不统一的。曾在不同县交界处的高等级公路放样中出现较大偏移，就是这一问题的反映。

事实上，这是一种两级布网方式。各点群按工程需要布设较密集的小网(图7-7中实线小块，小块A的放大图在右上角)，这种小网的平均边长约为1～3 km；各个小网再以一个大网(稀疏骨架网)连接。各小网有一点参加大网，原则上骨架网的边长和图形没有限制(实际工作中约数十千米)。骨架网内包括数个重合的已知点。图中稀疏骨架网网点(包括已知点)有24个，密集网(小网)网点有20个。

稀疏骨架网的主要作用是坐标系统的统一和坐标传算，由于边长和测段的观测时间都比较长，因此相对精度较高。

3. 可靠性

GPS定位的特点之一(或许是不足)是系统性误差源往往大于随机性误差源。GPS应用于工程测量一般精度宽余度较大，但仍需要一定的多余观测。多余观测的主要目的不是提高精度，而是提高可靠性。观测可以分边解算，每边应不少于两测段。此外，两测段取中数后还需要有一定的多余观测。对于提高可靠性和数据检核效率而言，闭合图形是较方便实用的方式。视精度要求，密集小网可以使用快速静态解法(减少观测时间)。工作中须特别注意天线高的量取，以避免粗差。

对于精度要求较低的密集小网也可采用走-停定位或实时走-停定位(RTK)施测，此时除以稀疏骨架网点作为起算数据外，骨架网还提供坐标变换参数，采用RTK施测同样有必要进行检核以保障可靠性。

4. 及时的数据处理和检核

GPS测量的结果都是以数据文件的形式提供的。除测段时间、所测卫星等参考数据以外，不易直观地体现测量的质量及定位质量，而作业人员在现场不易判断所进行测量的质量，进而影响控制作业质量。工程测量数据处理使用的软件基本上都设计为微机运行版本，加之工程测量作业较为集中，可以在工地或驻地及时进行定位解算和必要的检验。这种及时的解算和检验对于控制测量质量及提高测量效率（不设计更多的备份观测，及时安排补测、返测甚至微调施测方案）都很有效。

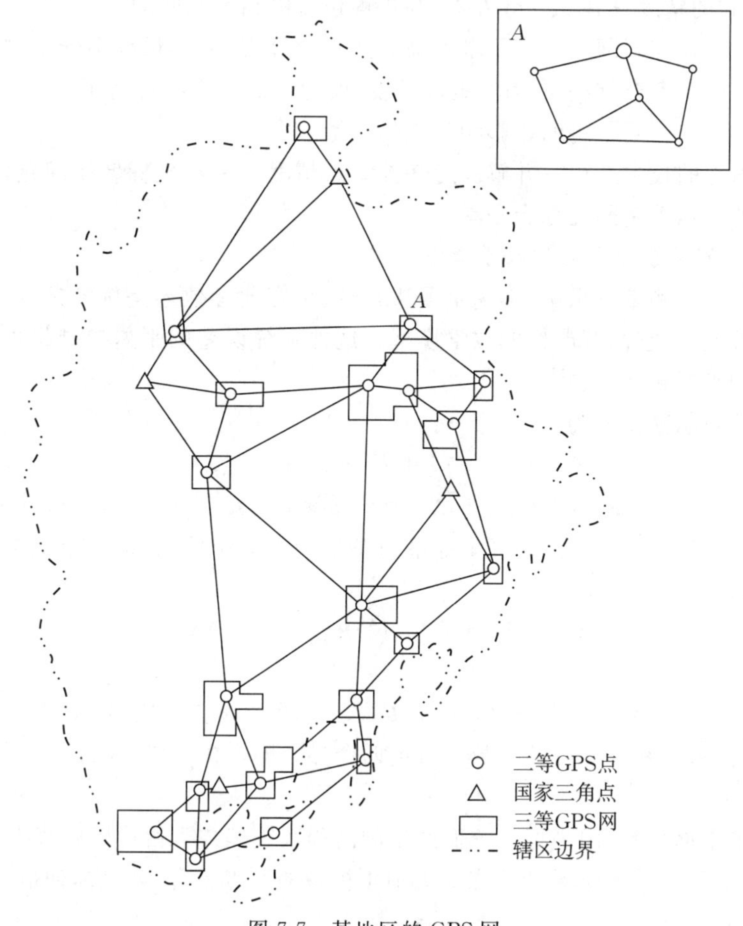

图7-7　某地区的GPS网

二、局部地区工程控制网的数据处理

一般工程控制网平差中采用自由矢量，即坐标差（原始观测经GPS定位软件处理的基线成果），作为基本观测量参加网平差。

工程控制网数据处理普遍存在的问题之一是控制点的精度低于GPS测量精度。常用的GPS网平差方法是先进行GPS网的自由平差（固定一点的三维平差），并对GPS网本身做精度评定。通常这种精度评定结果的精度较高，这是因为GPS测量本身的精度远高于工程控制测量所要求的精度。为了提供原采用坐标系的成果，还需要使用原坐标系内的一些已知点进行 GPS 网的控制网平差(固定多个已知点的三维平差)。使用较低精度的控制点势必造成原 GPS 网精度的降低，而这种降低了精度的成果正是多数用户要使用的。

如将所测 GPS 网经坐标转换(如七参数转换)至测区原采用坐标系，则可不损失已有 GPS 网的精度。但作为一般工程控制测量，其覆盖范围太小，很难以足够的精度来确定坐标转换参数。由于目前大多采用的 1954 北京坐标系不是整体平差值(局部平差)，因此不同地区可能有不同的转换参数。目前，尚无全国统一测定的坐标转换参数。

和已知点有关的另一问题是高程精度问题。测区内已知点多为三角点，而三角点的高程多为三角高程，它的精度只有 0.5 m 左右，与平面位置的精度不匹配。

以上问题在工程控制网的精度要求不高时并不十分突出，其最终不低于网的精度要求即可。只是在工程中没有充分利用 GPS 的高精度，就理论而言不甚合理而已。如果精度要求较高，覆盖面积较大，这些问题将明显影响工程的质量。

可以采用另外的技术途径一并解决已知控制点精度不高和坐标转换问题(甚至包括正常高拟合问题)，即工程控制网的综合平差。

1. 工程控制网的综合平差的数学模型

不同坐标系统在测量成果中，不论是平移参数、尺度比参数还是旋转参数，都是以一种系统误差形式体现的，且它们有严格的数学模型。这种系统误差的平差模型将可在一次平差中同时解决平差和坐标转换问题。

通常使用的布尔莎模型为

$$\boldsymbol{X}_{\mathrm{L}i}=\boldsymbol{X}_s+(1+K)\boldsymbol{R}(\theta_1,\theta_2,\theta_3)\boldsymbol{X}_{\mathrm{G}i}$$

式中，$\boldsymbol{X}=[x_1\ \ x_2\ \ x_3]^{\mathrm{T}}$，$\boldsymbol{R}$ 为旋转矩阵，$\boldsymbol{X}_s$ 为平移参数向量，$\theta_j(j=1,2,3)$ 为旋转参数，K 为尺度比，下标 L、G 分别表示局部地区坐标系和 WGS-84 坐标系，下标 i 表示测站点序号。

网中选择另一点 $\boldsymbol{X}_{\mathrm{L0}}$，有

$$\boldsymbol{X}_{\mathrm{L0}}=\boldsymbol{X}_s+(1+K)\boldsymbol{R}(\theta_1,\theta_2,\theta_3)\boldsymbol{X}_{\mathrm{G0}}$$

前两式相减，得

$$\boldsymbol{X}_{\mathrm{L0}}-\boldsymbol{X}_{\mathrm{L}i}=(1+K)\boldsymbol{R}(\theta_1,\theta_2,\theta_3)(\boldsymbol{X}_{\mathrm{G0}}-\boldsymbol{X}_{\mathrm{G}i}) \tag{7-9}$$

式中，只剩尺度比参数和三个旋转参数。解出四个参数即可按 GPS 网的坐标差求得局部坐标系的坐标差。

我们先讨论平面位置，因坐标系统而产生的高程系统偏差可留待以后解决。为此，采用辅助坐标系 $OZ_1Z_2Z_3$。该坐标系的原点与大地坐标系的原点重合，其坐标轴指向为

$$\left.\begin{aligned}
\boldsymbol{Z}_3^0&=\boldsymbol{N}^0\\
\boldsymbol{Z}_2^0&=\frac{\boldsymbol{X}_3^0\times\boldsymbol{N}^0}{|\boldsymbol{X}_3^0\times\boldsymbol{N}_2^0|}\\
\boldsymbol{Z}_1^0&=\frac{\boldsymbol{Z}_3^0\times\boldsymbol{Z}_2^0}{|\boldsymbol{Z}_3^0\times\boldsymbol{Z}_2^0|}\\
\boldsymbol{N}^0&=\begin{bmatrix}\cos L\cos B\\ \sin L\cos B\\ \sin B\end{bmatrix}
\end{aligned}\right\} \tag{7-10}$$

式中，L、B 为测区中央一点的大地经纬度。

该坐标系与大地坐标系的变换公式为

$$\begin{bmatrix} z_1 \\ z_2 \\ z_3 \end{bmatrix} = \boldsymbol{R}(\theta_2)\boldsymbol{R}(\theta_3)\begin{bmatrix} x_1 \\ x_2 \\ x_3 \end{bmatrix} \tag{7-11}$$

式中，$\boldsymbol{R}$ 为旋转变换矩阵，其中

$$\theta_2 = 90° - B$$

$$\theta_3 = L$$

辅助坐标系中的 Z_3 轴指向测区中央的法线。在测区不是很大时，绕 Z_1、Z_2 轴不大的旋转基本上不影响平面位置，绕 Z_3 轴旋转基本上不影响高程。因此，可以只采用一个旋转参数 θ_3，从而得到局部坐标系的坐标与 WGS-84 坐标系的变换关系，即

$$Z_{Li} - Z_{L0} = (1 + K)\boldsymbol{R}(\theta_3)(Z_{Gi} - Z_{G0})$$

但是，其高程分量仍然存在由坐标系统不一致导致的影响。

这样定义的坐标系在测区范围内，其 Z_3 轴大体平行于测区的垂线方向（在 200 km×200 km 范围内，偏差为 0.000 1），可以认为观测量 Z_3 轴分量的精度相当于高程精度，这对为已知点赋先验权来说是很方便的。尤其是进行正常高拟合时，有的水准点的水平位置并不精确已知，同样有的三角点的高程也不一定很精确。

为了书写方便，Z_1、Z_2、Z_3 轴写为 X、Y、Z 轴，以 ΔX、ΔY、ΔZ 表示观测所取得的坐标差，Δx、Δy、Δz 表示坐标差的初始值，其误差方程为

$$\left.\begin{aligned} v_{xjk} &= x_k - x_j + [\Delta X b_1 + \Delta X b_2 + (\Delta X - \Delta x)]_{jk} \\ v_{yjk} &= y_k - y_j + [\Delta Y b_1 + \Delta Y b_2 + (\Delta Y - \Delta y)]_{jk} \\ v_{zjk} &= z_k - z_j + [\Delta Z b_1 + (\Delta Z - \Delta z)]_{jk} \end{aligned}\right\} \tag{7-12}$$

式中，j、k 为所测定的自由矢量两端点编号，最后一项 $\Delta X - \Delta x$ 是自由项，它是观测坐标差与初始值坐标差的差异，且

$$\Delta X = X_k - X_j,\quad \Delta x = x_k - x_j$$

$$\Delta Y = Y_k - Y_j,\quad \Delta y = y_k - y_j$$

$$\Delta Z = Z_k - Z_j,\quad \Delta z = z_k - z_j$$

式(7-12)中，b_1 为比例尺参数，b_2 是绕 Z 轴的旋转参数，如果考虑高程因大地水准面与椭球面的不规则倾斜问题，只需要将其中的第三个分量的误差方程式改写为

$$v_{zjk} = z_k - z_j + [\Delta Z b_1 + \Delta X b_3 + \Delta Y b_4 + \Delta X^2 b_5 + \Delta Y^2 b_6 + \Delta X \Delta Y b_7 + (\Delta Z - \Delta z)]_{jk} \tag{7-13}$$

式中，b_3、b_4 为大地水准面与参考椭球面的相对倾斜参数，b_5、b_6 和 b_7 是其二阶项参数。实际上，如果区域很大，拟合的效果未必很好，它只反映了大地水准面在测区范围内的大体变化趋势。式(7-13)中参数 b_3 至 b_7 视具体情况（地形、范围已知高程点的多少），也可只取至一阶项。此时，系数矩阵为

$$
\boldsymbol{A}=\begin{bmatrix}
1 & 0 & 0 & -1 & 0 & 0 & 0 & 0 & 0 & \cdots & \Delta X_{12} & \Delta Y_{12} & 0 & 0 \\
0 & 1 & 0 & 0 & -1 & 0 & 0 & 0 & 0 & \cdots & \Delta Y_{12} & \Delta X_{12} & 0 & 0 \\
0 & 0 & 1 & 0 & 0 & -1 & 0 & 0 & 0 & \cdots & \Delta Z_{12} & 0 & \Delta X_{12} & \Delta Y_{12} \\
1 & 0 & 0 & 0 & 0 & 0 & -1 & 0 & 0 & \cdots & \Delta X_{13} & \Delta Y_{13} & 0 & 0 \\
0 & 1 & 0 & 0 & 0 & 0 & 0 & -1 & 0 & \cdots & \Delta Y_{13} & \Delta X_{13} & 0 & 0 \\
0 & 0 & 1 & 0 & 0 & 0 & 0 & 0 & -1 & \cdots & \Delta Z_{13} & 0 & \Delta X_{13} & \Delta Y_{13} \\
0 & 0 & 0 & 1 & 0 & 0 & -1 & 0 & 0 & \cdots & \Delta X_{23} & \Delta Y_{23} & 0 & 0 \\
0 & 0 & 0 & 0 & 1 & 0 & 0 & -1 & 0 & \cdots & \Delta Y_{23} & \Delta Y_{23} & 0 & 0 \\
0 & 0 & 0 & 0 & 0 & 1 & 0 & 0 & -1 & \cdots & \Delta Z_{23} & 0 & \Delta X_{23} & \Delta Y_{23} \\
\vdots & \vdots & \vdots & \vdots & \vdots & \vdots & \vdots & \vdots & \vdots & \vdots & \vdots & \vdots & \vdots & \vdots
\end{bmatrix}
$$

$$
\boldsymbol{X}=(\boldsymbol{A}^{\mathrm{T}}\boldsymbol{PA}+\boldsymbol{P}_X)^{-1}\boldsymbol{A}^{\mathrm{T}}\boldsymbol{PL}
$$

式中，$\boldsymbol{P}_X$ 为重合已知点坐标的先验权。由于第三个分量的方向与高程方向基本一致，因此可以对平面分量和高程分量分别赋权。

在平差前，将所有观测数据（自由矢量）和已知点数据都变换至辅助坐标系，平差后进行逆变换。这种变换是严格的，不会影响精度，所费计算机时也不多。

按上述网平差的数学模型，网平差和采用坐标系的变换及正常高的拟合是通过一次平差完成的，这种平差是在三维坐标系内进行的，平差是严格的。对原有已知点，上述数学模型既充分利用了其所携带的坐标系统的信息，又可完成对相对位置的改进。

这种平差方法的特点如下：

(1)平差前，先将网中的点和点间矢量通过坐标变换改为辅助坐标系，平差是在辅助坐标系内进行的，平差后再进行逆变换。这种坐标变换不会带来额外误差。

(2)所有重合已知点按其本身精度加权。重合已知点的相对精度不高时不会降低 GPS 测量精度，在平差中重合已知点的作用只是给网赋予坐标系统，使成果属于原采用坐标系。

(3)该辅助坐标系的第三轴在测区内与高程分量相近。可对高程和平面分量分别加权，允许重合点只有精确平面位置而无精确高程（如三角点），或只有精确高程而无精确平面位置（如水准点）。

(4)平差、坐标变换和正常高拟合一次完成。正常高拟合精度要视测区范围的大小、地理环境的复杂程度（如山区、丘陵、平原等）和重合已知正常高高程点的密度而定。这种平差方法适用于稀疏骨架网的平差，当然也可用于包含已知点的任何工程控制网的平差。

2. 密集小网的平差和坐标系统的传递

由于测区密集小网（离散的小网）很多，其边长与稀疏骨架网相差较大，一并平差问题较多（如赋权和对计算机容量的要求），因此从问题的简化和计算量考虑，采用两级平差是有利的。首先平差稀疏骨架网，在稀疏骨架网点的控制下逐个进行密集小网平差。

这样逐级平差的一个问题是如何保障各密集小网是一个统一的坐标系，就 GPS 测量所取得的自由矢量而言，它们属于同一坐标系，即 WGS-84 坐标系。对原采用坐标系而言，它们也存在同一的系统误差源，因此只需将稀疏骨架网平差后解得的误差参数（b_1 至 b_7）用于各密集小网，即可使各密集小网均变换到稀疏骨架网所属的坐标系（原采用坐标系）。也就是说，密集小网平差时不再另行求定与坐标系统有关的系统误差参数，也无须重合原已知点，而是将稀疏骨架网平差解作为已知值代入模型。

在进行稀疏骨架网平差时，因覆盖面积较大，前述数学模型中 ΔZ 可以只取 b_3 和 b_4 项，只有要求进行正常高拟合的密集小网平差时才采用全部参数。

三、工程控制网的精度和高程系统

（一）工程控制网的精度

通常 GPS 测量能达到约 10^{-6} 或 2×10^{-6} 的相对精度，使用 GPS 相对定位进行工程控制网测量时，也应可以达到相近的精度。大量的工程控制网实践表明，在进行自由网平差时，通常都可以达到约 1/1 000 000 至 1/500 000 的相对精度。当要求提供本地采用坐标系的坐标时，不同的数据处理方法可以有不同的精度。在采用一般的控制网平差时，受重合已知点的精度限制，其平差后点位的坐标精度大幅度下降，往往这种下降后的精度正是用户所得到的（使用坐标）精度。个别工程中采用重合多个已知点的方法，通过试算，选择部分可以取得较好精度估计的重合点作为最后结果。这种做法依据不足，不宜采用。

应用前述工程网综合平差的方法基本不受重合已知点精度的限制，可以 GPS 相对定位本身相当的精度给出本地采用坐标系的点位坐标。

图 7-7 是一个实际工程的例子，它可以说明两级布网（稀疏骨架网和密集的小网）方式的应用效果和工程网综合平差所取得的本地采用坐标的精度。该网包括 10 个县市和部分经济开发区，覆盖面积为 2 万多平方千米，要求提供本地区采用的坐标系（1954 北京坐标系）的点位坐标。工程采用了前述的两级布网方式，密集的小网平均边长为 2.8 km，稀疏骨架网平均边长为 24.7 km，采用了 4 个复合已知点，平差后成果为采用的坐标系下的成果。平差后的精度：稀疏网相对精度为 1/2 100 000，密集网相对精度为 1/1 040 000，最弱边相对中误差分别为 1/1 270 000 和 1/320 000。需要说明的是，以上精度估计应是观测时天线中心的精度，由于重复上点率不高，以上精度不包含天线相位中心误差、点位对中误差和量取天线高误差。例如，天线相位中心误差为 5 mm，对中分量误差为 2 mm，密集小网的标石中心精度应为 1/450 000。

为了检核所得坐标是否属于原采用坐标系（1954 北京坐标系），在测区重合观测了部分原三角点（这些检核点在数据处理中不作为已知重合点），它们分布在不同的县市，结果如表 7-5 所示。

表 7-5　新测点坐标与原采用坐标的差异

所在县（市）	测区部位	重合点数	X 坐标差/m	Y 坐标差/m
A	北部	1	−0.080	−0.081
B	南部	1	−0.034	−0.283
C	东部	1	−0.078	−1.154
D	西部	2	−0.114	−0.176
E	中部	2	0.122	0.029

由于原三角点多为低等控制点扩展施测（四等点甚至军控点），可能与 1954 北京坐标系存在系统偏差。

为了验证密集的小网与骨架网坐标系统的一致性，在其中一个较大的小网中选择两点（两点相距 13 km）参加骨架网观测及平差。在小网平差中只取一点 A 作为骨架网点（另一点 B 作为未知点），观察点 B 在小网平差和骨架网平差中的坐标差异可以体现小网与骨架网坐标系

统的一致性。该差异的三个分量分别为

$$\delta_B = 0.003\ \text{m}, \quad \delta_L = 0.005\ \text{m}, \quad \delta_H = 0.084\ \text{m}$$

其中平面位置差异较小，约为 5 mm，高程差异较大，接近分米。这是因为骨架网的重合已知点为三角高程点，其高程精度较差，而在小网平差中采用了正常高拟合。

GPS 用于工程控制网的一个特殊性问题是最弱边长相对中误差问题。现行工程测量规范对最弱边长相对中误差有相应的限差规定，在使用测角、测边的工程网布设中，边长主要是通过三角形解算求得的。由于误差的累计，边长精度逐渐减弱，一般最弱边在测定边较远处，规定最弱边长误差限制对控制全网质量有重要意义。而 GPS 测量中每边都是直接测量边，不具备控制（或体现）全网质量的意义。此外，就工程网几千米的边长而言，在 GPS 测量的误差中，基本不随边长而变的因素是主要的（如天线相位中心误差、对中误差、多路径效应等），大多数情况最弱边是边长过短的边（如几百米）。对于此类问题应在设计中尽量避免布设过短的边，如用户确实需要，应说明该边可能不满足最弱边边长中误差限差，但它不能说明全网质量。

（二）工程控制网的高程系统

GPS 相对定位解是几何位置，经坐标变换也不改变其几何位置的性质。由此而确定的高程只能是几何高程，即大地高。一些工程控制网往往要求提供正常高，以便与已有资料一致。

传统的测量技术只能用水准测量的方法（或三角高程）取得高程差，以验潮站的长期观测资料确定高程零点，递推全国，以取得高程。为了减少高程传递中的误差累积，采用布设水准网逐级控制。工程控制网常以水准测量联测国家水准网取得高程，这种高程属正常高，是以铅垂线为准的测量成果，它不是纯几何高程或高差，它受铅垂线这一物理因素的影响。大地高是测站点沿通过该点的椭球面法线到椭球的距离，是几何高程或高程差。GPS 相对定位所提供的是这种几何高程或高程差。GPS 测量所提供的高程或高程差的精度很高，使用大地高程或高程差的用户可以直接使用该值。对于要求正常高或高差的用户，使用大地高则会引入误差。

正常高系统源于正高系统，正高是测站点沿该点的铅垂线至大地水准面的距离，以 H_g 表示为

$$H_g = \frac{1}{g_m}\int_0^{H_g} g\,\mathrm{d}H$$

式中，g_m 是测站点沿铅垂线至大地水准面的平均重力加速度。实际上由于 g_m 无法严格确定，正常高也不能精确确定。按莫洛坚斯基（Molodensky）的理论建立了正常高系统，正常高以 H_γ 表示为

$$H_\gamma = \frac{1}{\gamma_m}\int_0^{H_\gamma} g\,\mathrm{d}H$$

式中，γ_m 是测站点沿垂线至似大地水准面的平均正常重力值，且

$$\gamma_m = \gamma - 0.308\,6\,\frac{H_\gamma}{2}$$

$$\gamma = \gamma_0(1 + \beta_1 \sin^2\varphi + \beta_2 \sin^2 2\varphi)$$

其中，γ_0 是椭球赤道上的正常重力值；φ 为测站纬度；在确定了重力参考椭球后，式中的 β 值也可确定。我国目前采用的值为

$$\gamma_0 = 978.030$$
$$\beta_1 = 0.005\,302$$
$$\beta_2 = 0.000\,007$$

大地高与正常高有如下关系，即

$$H = H_\gamma + \zeta \tag{7-14}$$

式中，ζ 即为似大地水准面与参考椭球面的差距，一般称为高程异常。

似大地水准面与参考椭球面不同，它不是一个数学表面而是不规则的物理表面，如果覆盖范围不大，可以一个多项式描述两个表面的差异，即

$$\zeta(x_i, y_i) = a_0 + a_1 \Delta x_i + a_2 \Delta y_i + a_3 \Delta x_i^2 + a_4 \Delta y_i^2 + a_5 \Delta x_i \Delta y_i \tag{7-15}$$

式中

$$\Delta x_i = K_B (B_i - B_0)$$
$$\Delta y_i = K_L (L_i - L_0)$$

其中，B_0、L_0 为参考点的纬度和经度，参考点可选在测区中部；K 为化角度为距离的乘常数。式(7-15) 为二阶拟合多项式。

如果有一定数量的水准重合点(既有 GPS 测量取得的大地高，又有水准测量取得的正常高)，可以解出 a_0 至 a_5 六个待定参数。一旦解出这些参数，任一 GPS 点可自式(7-15)、式(7-14)求得该点的正常高。

进行这样的正常高拟合一般要求测区(包括边缘地带)的点与水准点重合，且要具有一定的数量，要有较均匀的分布。此外，水准重合点分布的代表性也是应注意的问题之一，如在山区应避免水准重合点多在较平坦处，而待求高程异常的点在较高的地区。

如果测量范围较大，大地水准面变化复杂(和地形有关)，以一个多项式拟合全测区会产生较大误差，缩小范围则会好得多。可以分区进行这种拟合，即以要求正常高的 GPS 点为中心，选择一定数量的水准重合点进行拟合，由于小范围内大地水准面的变化简单，多项式拟合的效果也会好一些。对每一个要求正常高的 GPS 点分别进行一次拟合，计算量较大，但精度较好。也可以考虑地形影响进行高程异常的插值，但需要测区有数字地形模型(digital terrain model,DTM)的支持。

正常高的拟合可以大大减少水准测量的工作量，在生产上有重要作用。但正常高的拟合实质上是以数学表面逼近物理表面的一种方法，它的效果取决于物理表面(大地水准面)本身的特征。同样的方法用于不同的测区可能有不同的效果。一般在平原地区可以取得较好的效果(一些实验表明可以取得接近四等水准的精度)，丘陵地区稍差，山区则应慎重使用。

第四节　GPS 测定大地方位角和垂线偏差

一、GPS 测定大地方位角

在以测距和测角为主要技术手段的传统大地测量中，坐标传算主要依方位和距离进行。为了控制方位误差的传播，要求以一定的密度(距离)进行独立的大地方位角测定[拉普拉斯方位角(Laplace azimuth)]。GPS 控制网的坐标传算方式不同，不再有这样的要求，也就降低了布设控制网中独立测定大地方位角的重要性。然而，在不少工程和军事应用中，独立测定大地方位角还有

着重要作用。

传统测定大地方位角的方法是采用天文测量测定天文方位角和天文经纬度的，经垂线偏差修正后取得大地方位角，即拉普拉斯方位角。也就是说，为了取得大地方位角需要测定天文经纬度和天文方位角，且需要于测前、测后进行人差测定。此外，天文测量需要晴夜才能进行。可见用传统方法测定大地方位角的效率很低。GPS 测量也可以确定大地方位角，其效率明显提高。

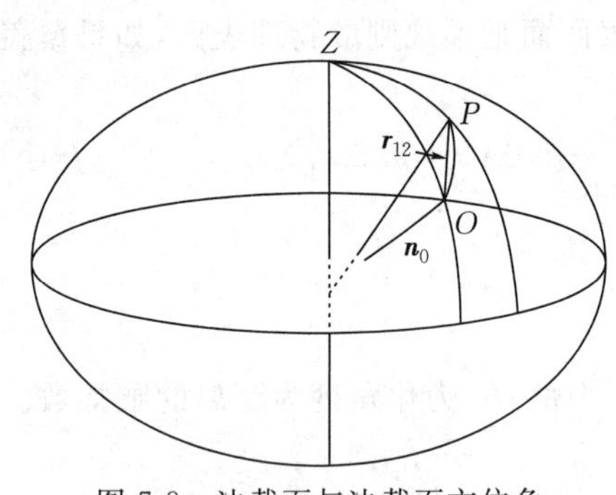

图 7-8 法截面与法截面方位角

(一)大地方位角的解算

两点间的 GPS 测量可以解算点间的大地方位角。

如图 7-8 所示，在 O、P 两点进行 GPS 相对测量，可以得到点间矢量 $\boldsymbol{r}_{12}$，它与 O 点法线 $\boldsymbol{n}_0$ 所构成的平面即为 O 点过 P 点的法截面，法截面与子午面的夹角即是点 O 至点 P 的法截面方位角。O 点的法线可以表示为

$$\boldsymbol{n}_0 = \begin{bmatrix} x_o \\ y_o \\ z_o + N_o e^2 \sin B_o \end{bmatrix} \tag{7-16}$$

点 O、P 间矢量为

$$\boldsymbol{r}_{12} = \begin{bmatrix} x_p - x_o \\ y_p - y_o \\ z_p - z_o \end{bmatrix} \tag{7-17}$$

式(7-16)和式(7-17)中，(x_o, y_o, z_o) 和 (x_p, y_p, z_p) 分别为点 O 和点 P 的坐标；N_o、B_o 分别为点 O 的卯酉曲率半径和大地纬度，e 为参考椭球的偏心率，且关系如下

$$N_o = \frac{a}{1 - e^2 \sin^2 B_o}$$

坐标轴 Z 的单位矢量为

$$\boldsymbol{z} = \begin{bmatrix} 0 \\ 0 \\ 1 \end{bmatrix}$$

子午面法线和法截面法线的单位矢量分别为

$$\boldsymbol{f}_1 = \frac{\boldsymbol{n}_0 \times \boldsymbol{z}}{\boldsymbol{n}_0 \cdot \boldsymbol{z}} \tag{7-18}$$

$$\boldsymbol{f}_2 = \frac{\boldsymbol{n}_0 \times \boldsymbol{r}_{12}}{\boldsymbol{n}_0 \cdot \boldsymbol{r}_{12}} \tag{7-19}$$

$$\cos A = \boldsymbol{f}_1 \cdot \boldsymbol{f}_2 \tag{7-20}$$

两平面法线的夹角 A 即为点 O 至点 P 的法截面方位角。

以反三角函数求角 A 时涉及象限判断，当 $\cos A > 0$ 时，A 位于 1、4 象限，反之位于 2、3 象限；当两点经差 $L_2 - L_1 > 0$ 时，A 位于 3、4 象限，反之位于 1、2 象限。各点的经度可用下式求得，即

$$L_i = \arctan \frac{y_i}{x_i}$$

这样取得的方位角是法截面方位角。理论上，大地方位角与法截面方位角不同，它们的差异主要与两点间距离有关，在中纬度地区两种方位角差异与两点间距离的关系如表 7-6 所示。

表 7-6　中纬度地区方位角差异与两点间距离的关系

距离/km	两种方位角差异/(″)
25	<0.002
50	<0.007
100	<0.026

由表 7-6 可知，在距离不大时，两者的差异可以忽略不计。事实上多数应用(尤其是军事应用)中所需要的并不一定是大地方位角，有时恰恰是法截面方位角。

(二)大地方位角的测定精度与效率

理论上，天文方位角测定的精度与方位点的距离(边长)无关。事实上当边长较短时(如数百米)，由于北极星与目标距离相差较大，观测中反复调焦或成像不清，将影响测量精度。GPS 测定方位角虽不存在这类问题，但其测量精度也与边长有关。

GPS 测定方位角计算中涉及两个量，一个是测站点 O 的法线单位矢量，另一个是点间单位矢量 $\boldsymbol{r}_{12}$。对于前者，测站点 O 的法线矢量取决于点位坐标的精度，作为 GPS 测量的起算点，一般其精度不低于米级，法线矢量的方向精度不低于 0.1″。点间矢量的方向精度可以用其相对精度表示。点间矢量的相对精度与边长有关，就千米级的边长而言，边长越长精度越高，当边长不小于 600 m 时，相对精度可达 1/200 000，这相当于方向 1″的精度。当边长达到 1～2 km 时，点间矢量的相对精度可以接近 1/1 000 000，也就是说，理论上方位角测定精度可以优于 0.5″。

由 GPS 相对测量精度分析可知，在测量短边时，天线相位中心的误差是一项主要误差源。就是这一原因，使得距离小于 1 km 的边长的相对定位精度明显下降(天线相位中心误差为 5 mm 时，1 km 边长引起 1″误差)。同样原因，在使用 GPS 测定大地方位角(尤其是短边方位角)时，应在测前进行天线相位中心误差的检验，必要时可以采用天线配对的方法减弱该项误差。有条件时，采用扼流天线也可以大大降低该项误差。

当边长过短又希望取得较高精度时(如 300～500 m)，可以采用交换天线的方法，即点 O、P 测量双数测段，测段间交换天线。如果天线相位中心误差在两测段间不变，则交换天线可以使其误差对点间矢量的影响值反号，再以测段中数削弱其影响。由于天线相位中心误差随所测卫星的方向而有一些变化，这种削弱是不彻底的。如在相邻日期的相同时间进行交换天线测量，由于所测卫星的空间图形相近，这种削弱效果较好。

可用实验说明 GPS 测定大地方位角可能达到的精度。这些实验测定了 GPS 大地方位角，还测定了天文纬度、天文方位角，以取得天文方法测定的大地方位角。两种方法测定的大地方位角之差是它们误差的叠加。

实验Ⅰ(表 7-7)的数据是在一条边上进行多次 GPS 测量的结果，其中拉普拉斯方位角按一等天文测定。实验数据表明，当边长为 1～2 km 时，GPS 测定大地方位的精度可达 0.5″～1″。值得注意的是，实验Ⅰ各次测量的离散较小(未列举的其他实验数据也有类似情况)，即它与天文测量的方位存在一个不大的系统差异，考虑到拉普拉斯方位角的精度，GPS 测定的方位角的精度有可能更高一些。

表 7-7 实验Ⅰ(边长为 1 800 m,GPS 测段长为 3 小时)数据

测段代号	拉普拉斯方位角 /(° ′ ″)	GPS 方位角 /(° ′ ″)	方位角差 /(″)
012A	303 17 59.34	303 18 00.00	0.66
109A	303 17 59.34	303 17 59.64	0.30
109B	303 17 59.34	303 17 59.78	0.44
110B	303 17 59.34	303 17 59.89	0.55

实验Ⅱ(表 7-8)是多边的单次测量,实验中 GPS 测量未进行天线交换,拉普拉斯方位角按二等天文测定。实验数据表明,当边长为 300～700 m 时,GPS 测定方位角的精度在 2″左右。

表 7-8 实验Ⅱ(边长为 240～775 m,GPS 测段长为 2 小时)数据

测段代号	边长 /m	拉普拉斯方位角 /(° ′ ″)	GPS 方位角 /(° ′ ″)	方位角差 /(″)
0001	558	45 00 16.1	45 00 12.9	−3.2
0002	720	272 48 58.1	272 48 57.0	−1.1
0003	775	263 19 55.2	263 19 53.6	−1.6
0004	566	205 15 27.6	205 15 30.0	2.4
0005	511	169 32 06.5	169 32 06.6	0.1
0006	256	257 45 53.4	257 45 53.1	−0.3
0007	270	19 50 15.3	19 50 16.7	1.4
0008	241	16 04 21.6	16 04 20.1	−1.5
0009	432	145 10 46.9	145 10 46.9	0.0
均方根值				1.62

天文方法测定大地方位角需要于晴朗的夜间进行,天文经纬度和天文方位角测量工作量大且受天气影响。而 GPS 测定大地方位角的时间较天文方法大大减少,且基本不受天气影响,效率有很大提高。

(三)坐标系统

在解算中,坐标系统使用不当会严重降低精度(严格讲是计算错误)。由上述方位角解算过程可知,大地方位角的解算值取决于点间矢量和一点的法线矢量。这些矢量与坐标系统有关,在不同的坐标系内它们的值不同,所得的大地方位角也就不同。此外,采用不同的参考椭球(法线矢量不同)所得的大地方位角也不同。

通常在 GPS 测量的解算中,起算点 P_0 的坐标采用 WGS-84 坐标系统,星历也采用 WGS-84 坐标系统,所解点间矢量也采用 WGS-84 坐标系统。此时,应采用 WGS-84 椭球参数,所得的大地方位角即为 WGS-84 坐标系中的方位角。

当要求其他坐标系统的大地方位角时,应将两点的坐标经坐标变换,变为所要求的坐标系统,并使用相应的椭球参数求解方位角。

当所求方位角要求精度不高(如 1″～2″)时,可以忽略点间矢量在不同坐标系内的差别,即忽略要求的坐标系与 WGS-84 坐标系的三轴指向不同(这种不同对于我国常用坐标系而言小于 0.5″),P_0 的坐标为采用的坐标系,使用相应的椭球参数,即可求出采用的坐标系的大地方位角。

二、GPS 测定垂线偏差

(一)GPS 测定垂线偏差的原理

垂线偏差是重力方向和椭球体法线方向的差异，是联系一点的物理量(重力)和几何量(位置)的重要参数。由于一点的重力方向，即垂线方向与表示位置的参考椭球法线方向相近，又是唯一便于探测、复制的，它被广泛用作一点的测量(观测)基准。大地测量的基本任务之一是利用观测量取得点间的几何位置关系，后者是以参考椭球法线为准的，于是产生数据处理和观测量基准不一致的问题。在测量成果应用中也存在这一问题，它是前面所述的逆过程。一个典型的应用例子是:在空间飞行器发射中，垂线偏差是统一两种基准必不可少的参数。

传统的垂线偏差测定采用天文测量方法，取垂线为基准的天文经纬度与以参考椭球法线为基准的大地经纬度之差，得到垂线偏差。这样取得的垂线偏差精度约为 1″，但作业效率很低，工作量大且要求夜间天气晴朗。

可以用 GPS 和常规天顶距测量求得垂线偏差。GPS 测量可以取得点间矢量，它和点位法线矢量的数量积可以算得点间法线天顶距 Z_G，常规的天顶距测量(辅助测量)得到的是点间垂线天顶距 Z_Z，它们的差异就是垂线偏差在该方位的分量(图 7-9)。组合该差异在不同方位的值就可以解算垂线偏差。这种方法涉及天顶距测量，它不可避免地要受到大气折光的影响，需要设法削弱它的影响。

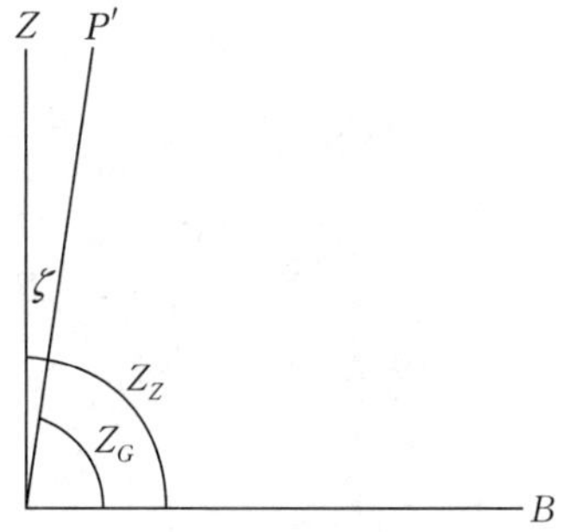

图 7-9　两种天顶距和垂线偏差分量

高差与天顶距有着密切联系，在已知距离时它们之间可以互相化算。测量高差可以使用受大气折光较小的水准测量，按 GPS 测量给出的距离可求得垂线天顶距。由于要受到水准路线上垂线偏差变化的影响，在归算中要假定垂线偏差在一个不大的范围内变化不大或呈线性变化。这种假定使该方法不适用于地形复杂的地区。

一般而言，在平原地区宜采用水准测量作为辅助测量取得垂线天顶距，且可以获得较好的垂线偏差测定精度，在山区宜采用实测天顶距作为辅助测量量。

(二)以天顶距和 GPS 测量测定垂线偏差

所谓法线天顶距，是指测站 P 到目标点 B 的直线与点 P 法线的夹角。如前节所述，点 P、B 进行了 GPS 测量，得到点间矢量 $\boldsymbol{r}_{PB}$，则点 P 至点 B 的法线天顶距为 Z_G，可自点间矢量和法线矢量的数量积求得，即

$$\cos Z_G = \frac{\boldsymbol{r}_{PB} \cdot \boldsymbol{n}_P}{|\boldsymbol{r}_{PB}|\,|\boldsymbol{n}_P|} \tag{7-21}$$

垂线天顶距则可自观测取得，但应加入大气折光改正。大气折光改正的公式为

$$\delta Z = Kf(D, Z, R)$$

式中，K 为大气折光系数，大气折光改正是两点间距离 D、天顶距 Z 和大气分布球层曲率半径 R 的函数。在实际工作中 Z 接近于 90°，可以采用较简单的近似公式，即

$$\delta Z = \frac{KD}{R}$$

式中，R 为地球半径，D 和 R 都是已知的。由于大气折光系数在不同地区和时间有较大的变

化，因此可以把它视为待定的参数。此时，公式为

$$Z_Z = Z' + \delta Z$$

若 PB 的方位角为 A，则在此法截面上垂线偏差的分量为 ζ_A，则

$$\begin{aligned}\zeta_A &= Z_Z - Z_G \\ &= \xi\cos A + \eta\sin A + \frac{KD}{R} + Z' - Z_G\end{aligned} \tag{7-22}$$

式中，有 3 个待定参数 ξ、η 和 K。如果在 n 个方向进行了这样的测量，且认为大气折光系数在天顶距施测时间内在各方向上是不变的，则可列出一组方程式，即

$$\zeta_i = \xi\cos A_i + \eta\sin A_i + \frac{KD_i}{R} + Z'_i - Z_{Gi} \tag{7-23}$$

当 $n \geqslant 3$ 时方程可解出 3 个待定参数。通常可以选择 $n=4$，即有 1 个多余观测，有条件时多测几个方向对解算的精度有利。这时可应用平差方法确定垂线偏差，即

$$\boldsymbol{X} = \boldsymbol{B}^{\mathrm{T}}\boldsymbol{B}^{-1}\boldsymbol{L}$$

$$\boldsymbol{X} = \begin{bmatrix}\xi \\ \eta \\ K\end{bmatrix}, \quad \boldsymbol{B} = \begin{bmatrix}\cos A_1 & \sin A_1 & \dfrac{D_1}{R} \\ \vdots & \vdots & \vdots \\ \cos A_i & \sin A_i & \dfrac{D_i}{R} \\ \vdots & \vdots & \vdots \\ \cos A_n & \sin A_n & \dfrac{D_n}{R}\end{bmatrix}, \quad \boldsymbol{L} = \begin{bmatrix}Z'_1 - Z_{G1} \\ \vdots \\ Z'_i - Z_{Gi} \\ \vdots \\ Z'_n - Z_{Gn}\end{bmatrix}$$

一般而言，解的精度取决于数学模型的精确程度、观测量的精度和方程组系数矩阵的结构。

由于大气折射是物理过程，用数学模型化总会存在一定偏差。在模型化的过程中，我们假定了在测定天顶距的过程中各方向上大气折射系数是一致的(相同的)。事实上，在不同的时间大气折射系数是有变化的，此外不同方向(方位)也会因植被的不同有所变化。为了使模型化更接近实际，在进行天顶距测量时应遵守：上半测回观测顺序为 1、2……n，下半测回观测顺序为 n、$n-1$……2、1；观测应在清晨进行，以减少不同植被的影响。

提高观测量精度涉及一些具体和细节问题。

要采用全度盘读数的电子经纬度进行天顶距测量，削弱度盘分划误差的影响。

(1)选取适当的边长。边长过长不利于削弱大气折射的影响，边长过短则 GPS 测定法线天顶距的精度可能降低。一般可以选择 500～1 000 m 左右。在地形条件许可、视线高出地面较多、有利于保持不同方向大气折光系数一致的情况下(如丘陵地区)，也可以采用更长的边长。

(2)注意精确量取仪器高和标志高。也可以采用一次性设置脚架，在观测天顶距时脚架上放置经纬仪和照准标志，在进行 GPS 测量时换置天线。在全部观测过程中保持脚架的高度稳定。采用这一方法时，应在仪器检验时测定经纬仪和各照准标志的高差。可以固定两个脚架，交换经纬仪和照准标志并测量标志的天顶距，算得经纬仪和照准标志的高差，即

$$\mathrm{d}h = \frac{\cos Z_1 + \cos Z_2}{2D}$$

式中，$\mathrm{d}h$ 为仪器和标志的高差，Z_1 和 Z_2 是交换仪器和标志前后所测的天顶距，D 为两个脚架

的距离。

(3)提高 GPS 短边测量的精度，采用适当的测段数和测段长。此外，使用扼流圈天线有利于减少天线相位中心变化的误差。

显然，方位的分布影响解的几何强度，较均匀的方位分布对提高解的精度有利。从式(7-23)可以看出，当方位角为 0°或 180°时，对 ξ 解的贡献大，对 η 解无贡献；当方位角为 90°或 270°时，对 η 解的贡献大，对 ξ 解无贡献；当方位角值介于它们之间时，对 ξ 和 η 解的贡献相当。实际工作中受场地、地形的限制，只要近似保持近于正交的方向，即可取得对 ξ 和 η 较好的解算强度。此外，和解算精度有关的另一个问题是参数间的相关性问题。我们要求得垂线偏差分量 ξ 和 η，但待估参数中还有大气折光系数 K。如果 K 和另两个参数 ξ、η 的解存在较大的相关性，即协方差矩阵中协方项较大，则在有观测误差的情况下会产生参数解间的相关移动问题，即 K 和其他待估参数共同或反向变动(取决于正相关或负相关)。这显然对求解 ξ 和 η 不利。事实上，只要在选边时采用两两对向(近于 180°)，这时 K 的系数基本不变(边长相近时)，而 ξ 和 η 的系数反号，就可以很好地解决参数间的相关性问题。

综上所述，为了提高垂线偏差的测定精度应采取如下措施：

(1)提高天顶距测量精度，并选择集中、有利的观测时间。

(2)提高 GPS 测量精度。

(3)解决好仪器和照准标志的量高问题。

(4)成对(对向)选择测量边，所选边对数不少于两对，并使各边在方位上有较均匀的分布，边对数的冗余对提高精度有利。

实际工作中很难全面满足上述要求，尤其是选择测量边要受场地和地形的限制，只能做到近似满足。

为了验证上述方法的正确性和可能取得的精度，在我国南方山区进行了垂线偏差测定实验(表 7-9)。为了检验其测定精度，在同一点上还进行了天文测量，并求得垂线偏差。表 7-9 表头中“GPS”和“天文”表示不同方法所测得的垂线偏差。

从实验的 6 个点来看，垂线偏差两分量的精度无明显差别，其与天文垂线偏差差异的均方根值为 2.0″，平均边长为 534 m，最小边长为 226 m。

表 7-9　GPS 和天文测量结果及其差异(山区)

点名	GPS ξ/(″)	GPS η/(″)	天文 ξ/(″)	天文 η/(″)	差异 dξ/(″)	差异 dη/(″)	平均边长 /m	最短边长 /m
002	0.49	−6.35	1.91	−7.02	−1.43	0.77	524	359
003	3.33	−10.97	2.37	−9.84	0.96	−1.12	797	556
004	3.26	−8.32	1.94	−10.89	1.29	2.57	595	433
005	0.22	−9.89	3.11	−7.70	−2.89	−1.19	372	226
006	8.06	−7.11	3.69	−7.66	4.37	0.45	442	352
008	2.08	−4.50	1.50	−6.83	0.58	2.33	475	310

(三)以水准和 GPS 测量测定垂线偏差

和天顶距测量一样，水准测量也可以敏感铅垂线方向，结合敏感法线的 GPS 测量也可以解算垂线偏差。

假定在所讨论的范围内，如距垂线偏差测量点 P 在 300～600 m，垂线偏差是不变的，即变化率为 0。参考椭球和大地水准面均可视为球的一部分，垂线偏差变化率为 0，即意味着两个球面的曲率半径是相等的，而点 P 的垂线偏差仅是由两个球面的定向不同所致的。

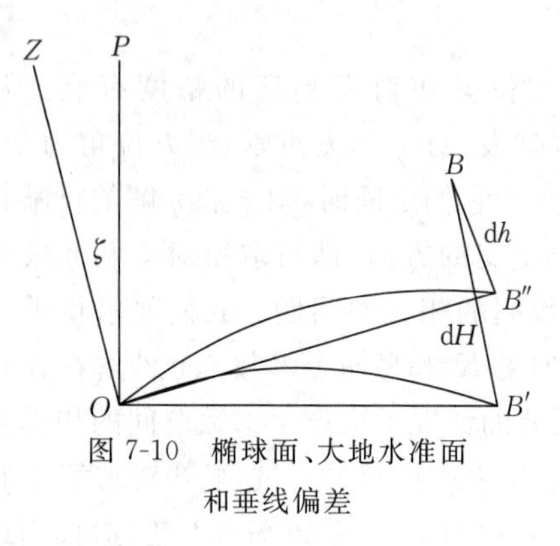

图 7-10 椭球面、大地水准面和垂线偏差

图 7-10 中，B''、B' 分别是点 B 到似大地水准面（平移到通过点 O）和椭球面的投影，$\mathrm{d}h$ 和 $\mathrm{d}H$ 分别为正常高差和大地高差，利用弦切角为圆弧之半，并考虑到两椭球的曲率半径相等和几何关系可以得到

$$\angle POZ = \angle B''OB' = \zeta$$

而

$$\angle B''OB' = \frac{\mathrm{d}h - \mathrm{d}H}{D}$$

即

$$\zeta = \frac{\mathrm{d}h - \mathrm{d}H}{D} \tag{7-24}$$

既然已求得垂线偏差在所测方向的分量 ζ，就可得到类似式(7-23)的垂线偏差求解方程

$$\zeta_A = \xi \cos A + \eta \sin A \tag{7-25}$$

这时只要进行了两个方向的 GPS 测量和水准测量，求得大地高差，并取得正常高差，就可以解算垂线偏差了。

以上是假定不存在垂线偏差变化（即垂线偏差变化率为零）的前提下得到的。在实际工作中，如在平原地区，也有可能接近这种情况，至少在所考虑的精度范围内，这种近似是允许的。考虑到在其他地区的适用性和大地水准面的变化不仅取决于地形（地下的密度变化也起作用），还应进一步探讨垂线偏差变化率不为零的情况。

所进行的水准测量是以水准仪设站点的铅垂线为测量基准的。可以认为，垂线偏差变化是通过水准测量影响垂线偏差测量结果的。就所讨论的范围而言，两点间的水准高差与所测路径无关，可以假定沿所测边的断面进行水准测量的情况，从而进行分析（图 7-11）。此外，考虑到所讨论问题的范围为几百米，可以简化地认为垂线偏差变化只有一阶项，即线性变化。

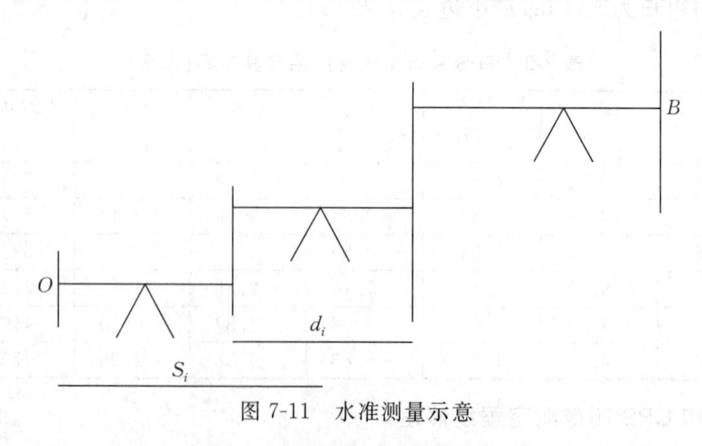

图 7-11 水准测量示意

一站水准测量因垂线偏差变化所引起的测量偏差为

$$\Delta h_i = S_i d_i \frac{\mathrm{d}\zeta}{\mathrm{d}s}$$

$$\sum_{i=1}^{n} \Delta h_i = \sum_{i=1}^{n} S_i d_i \frac{\mathrm{d}\zeta}{\mathrm{d}s}$$

式中，S_i 为自点 O 到水准测量设站点的距离，d_i 为该站水准标尺的距离，$\frac{\mathrm{d}\zeta}{\mathrm{d}s}$ 为垂线偏差变化率在所测方位的分量。垂线偏差变化对水准测量全程引起的偏差与水准测量的路径无关，可以假定水准测量是按等间距设站的，即 d_i 均相等。以 d 表示，水准测量的偏差为

$$\begin{aligned}\Delta h &= \left[\frac{d^2}{2} + \frac{1}{2} n d^2 (n-2)\right] \frac{\mathrm{d}\zeta}{\mathrm{d}s} \\ &\approx \frac{1}{2} D^2 \frac{\mathrm{d}\zeta}{\mathrm{d}s}\end{aligned}$$

式中，D 为水准路线全长。可对此项偏差进行量级的估计，以估计它对垂线偏差沿 OB 方向分量引起的测量偏差，即

$$\begin{aligned}\Delta\zeta &= \frac{1}{2} D \frac{\mathrm{d}\zeta}{\mathrm{d}s} \\ &= \frac{1}{2}(\zeta_B - \zeta_P)\end{aligned}$$

它将以两点间垂线偏差之差的 $\frac{1}{2}$ 影响 ζ 的测定。例如，当 O、B 两点垂线偏差线性变化 2″时，它将引起 1″的测定偏差。

可以在同方向选择两个点进行测量(图 7-12)，如 B_{11}、B_{12}。由于它们到点 P 的距离不同，可以解算垂线偏差在该方向的变化率。

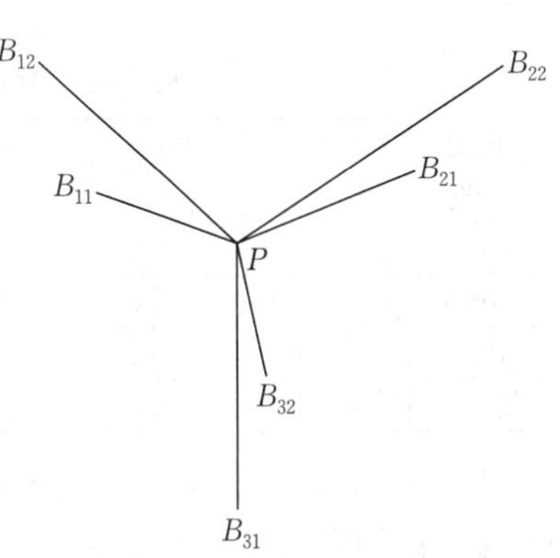

图 7-12　GPS 与水准测量测定垂线偏差的点位分布

设在 A_i 方向测量点 j，则此方向的 j 个观测为

$$\zeta_{ij} = \xi \cos A_i + \eta \sin A_i - \frac{1}{2} D_{ij} \frac{\mathrm{d}\zeta_i}{\mathrm{d}s} + \left(\frac{\mathrm{d}H_{ij} - \mathrm{d}h_{ij}}{D_{ij}}\right) = 0 \tag{7-26}$$

观测点数，即方程式个数为 $i \cdot j$，待估参数个数为 $i+2$，方程组可解。

与前述一样，考虑到方程组的结构，其 i 个方向的方位角宜较均匀地分布。考虑到具体工作量，i 可取 3，j 可取 2。其中同方向的点以近似于等距离的方式分布。垂线偏差的解为

$$\boldsymbol{X} = (\boldsymbol{A}^{\mathrm{T}} \boldsymbol{A})^{-1} \boldsymbol{L}$$

$$\boldsymbol{A} = \begin{bmatrix} \cos A_{11} & \sin A_{11} & -\frac{D_{11}}{2} & 0 & 0 \\ \cos A_{12} & \sin A_{12} & -\frac{D_{12}}{2} & 0 & 0 \\ \vdots & \vdots & \vdots & \vdots & \vdots \\ \cos A_{i1} & \sin A_{i1} & 0 & 0 & -\frac{D_{i1}}{2} \\ \cos A_{i2} & \sin A_{i2} & 0 & 0 & -\frac{D_{i2}}{2} \end{bmatrix}, \quad \boldsymbol{X} = \begin{bmatrix} \xi \\ \eta \\ \frac{\mathrm{d}\zeta_1}{\mathrm{d}s} \\ \vdots \\ \frac{\mathrm{d}\zeta_i}{\mathrm{d}s} \end{bmatrix}, \quad \boldsymbol{L} = \begin{bmatrix} \mathrm{d}H_{11} - \mathrm{d}h_{11} \\ \mathrm{d}H_{12} - \mathrm{d}h_{12} \\ \vdots \\ \mathrm{d}H_{i1} - \mathrm{d}h_{i1} \\ \mathrm{d}H_{i2} - \mathrm{d}h_{i2} \end{bmatrix}$$

在施测中，所谓同方向是指大体方向相同，以便在该方向上选用相同的 $\frac{\mathrm{d}\zeta}{\mathrm{d}s}$。

与不考虑垂线偏差变化率的方法相比，该方法基本不增加水准测量的工作量，相当于增设一个中间的节点，但却增加了 GPS 测量的工作量。这种做法，主要目的与其说是提高精度，倒不如说是在不确知该地区的垂线偏差变化率是否可以忽略其影响时，提高垂线偏差测定可靠性的措施。如果确知其影响可以忽略，如平原地区，可以采用不考虑垂线偏差变化率的方法。

以在华北平原的一次实验为例，该实验未考虑垂线偏差的变化率，选择了两个方向用于测定垂线偏差。实验进行了多组 GPS 测量，考虑到水准测量（利用的数据为一等水准）不是主要误差源，因此只进行了一次。每组 GPS 测量连同同一的水准测量进行垂线偏差测定解算。在垂线偏差测量点上进行了天文测量，并求得天文大地垂线偏差进行比对，结果如表 7-10 所示。

表 7-10　垂线偏差的 GPS 和天文测量结果及其差异

观测日期	GSP $\xi/('')$	GPS $\eta/('')$	天文 $\xi/('')$	天文 $\eta/('')$	差异 $\mathrm{d}\xi/('')$	差异 $\mathrm{d}\eta/('')$	边长 A /m	边长 B /m
109A	0.21	−2.93	−0.84	−4.39	−1.05	−1.46	1 441	1 800
108A	0.39	−3.06	−0.84	−4.39	−1.23	−1.33	1 441	1 800
109B	−0.51	−3.82	−0.84	−4.39	−0.33	−0.57	1 441	1 800
108B	0.31	−3.32	−0.84	−4.39	−1.15	−1.07	1 441	1 800

从表 7-10 中可知，4 次测定结果与天文垂线偏差差异的均方根值为 1.1″。同时可以看出垂线偏差的测定结果与天文方法测定的垂线偏差存在明显的系统性差异，这可能是受垂线偏差变化率的影响。

（四）垂线偏差测定中的坐标系统

和 GPS 测定大地方位角一样，这样测定的垂线偏差属于 WGS-84 坐标系。如果需要对应其他坐标系统的垂线偏差，应进行坐标变换，即

$$\xi = \varphi - B$$
$$\eta = (\lambda - L)\cos B$$

式中，B、L 表示了椭球体法线的方向（前节已给出法线表示式），φ、λ 表示了垂线的方向。不同坐标系只是法线不同，垂线并无变化。可以从上式简单地进行不同坐标系间垂线偏差的变换。以变换为 1980 西安坐标系的垂线偏差为例，上式对于 WGS-84 坐标系有

$$\xi_{84} = \varphi - B_{84}$$
$$\eta_{84} = (\lambda - L_{84})\cos B$$

对于 1980 西安坐标系，有

$$\xi_{80} = \varphi - B_{80}$$
$$\eta_{80} = (\lambda - L_{80})\cos B$$

三角函数 $\cos B$ 中没有区分纬度 B 的坐标系统。于是得到

$$\left.\begin{aligned}\xi_{80} &= \xi_{84} + B_{84} - B_{80}\\ \eta_{80} &= \eta_{84} + (L_{84} - L_{80})\cos B\end{aligned}\right\} \tag{7-27}$$

对天文测量而言，GPS 和辅助测量，不论是天顶距测量还是水准测量，测定垂线偏差的效

率大大提高，且基本不受天候影响。但它的垂线偏差测定精度略低，且对测站条件有一定要求。当测量点数较多、精度要求在 2″左右时，GPS 与辅助测量测定垂线偏差不失为一种高效率的作业方法。

三、GPS 绝对定位

对于空间科学和远程武器发射而言，一个只保证点间相对坐标差精度的相对测量网（如经典大地测量网）是不够的，它还要求点位的地心坐标精度。因此，一个全国范围的高精度控制网不仅应是一个高精度的相对测量网，而且应是高精度的地心坐标系统网。目前，国际上已建立了高精度的地心坐标系统网，如 ITRF-96、WGS-84 等。这两种坐标系统十分相近，差异约在几厘米。可以采用相对定位联测已知地心坐标的点，取得待定点的地心坐标（也常称为绝对坐标）。目前，广泛分布于全球的 IGS 站都可以作为联测点（它们的观测数据可于互联网上于事后取得），我国也已建立了属于 ITRF-97 的 GPS 控制网。应该说目前取得点位的地心坐标，在技术上已不成为主要问题。但在某些特定条件下，尤其是军用，可能需要快速、独立地测定点的地心坐标，这种方法常称为绝对定位。

可以应用载波相位测量得到绝对定位解，而使用码观测也可以进行绝时定位（与导航解不同的是，允许较长的观测时间和较高的定位精度）。

（一）载波相位测量的绝对定位

考虑到卫星钟频偏和接收机频率误差，单站载波相位测量的数学模型可写为

$$\begin{aligned}\Phi_{\mathrm{r}}^{j}(T_k)=&(f^j+\Delta f^j+\delta f^j(T_k))\delta t_{\mathrm{r}}(T_k)-\frac{1}{c}(f^j+\Delta f^j+\delta f^j(T_k))\rho^j(T_k)+\\&\int_{T_0}^{T_k}(f^j+\Delta f^j+\delta f^j(t)-f_{\mathrm{r}}(t))\,\mathrm{d}t-\\&\frac{f^j}{c}\dot{\rho}^j(T_k)\left(\delta t_{\mathrm{r}}(T_k)-\frac{1}{c}\rho^j(T_k)\right)+N_{\mathrm{r}}^j\end{aligned}\tag{7-28}$$

式中，f^j 为卫星发播频率的标称值，各卫星采用统一的标称值 f；Δf^j 为其频偏；δf^j 为卫星钟频率的随机频率；δt_{r} 为接收机钟差；ρ^j 为卫星至接收机的距离。

由于是处理单站数据，考虑到削弱接收机钟频率误差和编辑周跳的不便，可将相位观测量组成星间差后，再组成历元差。

组成星间差，为

$$\begin{aligned}\Phi_{\mathrm{r}}^{ij}(T_k)=&(\Delta f^j-\Delta f^i)\delta t_{\mathrm{r}}(T_k)-\frac{1}{c}[(f^j+\Delta f^j)\rho^j(T_k)-(f^i+\Delta f^i)\rho^i(T_k)]+\\&(\Delta f^j-\Delta f^i)(T_k-T_0)-\frac{f}{c}(\dot{\rho}^j(T_k)-\dot{\rho}^i(T_k))\delta t_{\mathrm{r}}(T_k)-\\&\frac{f}{c^2}(\rho^j(T_k)\dot{\rho}^j(T_k)-\rho^i(T_k)\dot{\rho}^i(T_k))+N_{\mathrm{r}}^{ij}+\\&(\delta f^j(T_k)-\delta f^i(T_k))\delta t_{\mathrm{r}}(T_k)-\frac{1}{c}(\delta f^j(T_k)\rho^j(T_k)-\delta f^i(T_k)\rho^i(T_k))+\\&\int_{T_0}^{T_k}(\delta f^j(t)-\delta f^j(t))\,\mathrm{d}t\end{aligned}\tag{7-29}$$

式中，含 δf 的项为误差项，考虑到具体的量级，其中主项为积分项，在以后的推导中将只保留此项。

再组成历元差，为

$$\Phi_{\mathrm{r}}^{ij}(T_k,T_{k-1})=-\frac{f+\Delta f^j}{c}(\rho^j(T_k)-\rho^j(T_{k-1}))+\frac{f+\Delta f^i}{c}(\rho^i(T_k)-\rho^i(T_{k-1}))+$$
$$(\Delta f^j-\Delta f^i)(T_k-T_{k-1})+(\Delta f^j-\Delta f^i)(\delta t_{\mathrm{r}}(T_k)-\delta t_{\mathrm{r}}(T_{k-1}))+$$
$$\int_{T_{k-1}}^{T_k}(\delta f^j(t)-\delta f^i(t))\mathrm{d}t-\frac{f}{c}(\dot{\rho}^j(T_k)-\dot{\rho}^i(T_k))\delta t_{\mathrm{r}}(T_k)+$$
$$\frac{f}{c}(\dot{\rho}^j(T_{k-1})-\dot{\rho}^i(T_{k-1}))\delta t_{\mathrm{r}}(T_{k-1})-\frac{f}{c^2}(\dot{\rho}^j(T_k)\rho^j(T_k)-$$
$$\dot{\rho}^i(T_k)\rho^i(T_k)-\dot{\rho}^j(T_{k-1})\rho^j(T_{k-1})+\dot{\rho}^i(T_{k-1})\rho^i(T_{k-1}))\tag{7-30}$$

式中，δf 可取自卫星导航电文，是已知的；δt_{r} 可取自导航解。积分项是误差部分，它取决于卫星发播频率的稳定度。ρ 中隐含测站坐标，是要解算的未知量。参照第六章所述方法，可导出误差方程，即

$$v_{\mathrm{r}}^{ij}=\frac{f}{c}(e_x^j(T_k)-e_x^i(T_{k-1}))\Delta x+\frac{f}{c}(e_y^j(T_k)-e_y^i(T_{k-1}))\Delta y+$$
$$\frac{f}{c}(e_z^j(T_k)-e_z^i(T_{k-1}))\Delta z+F^{ij}(x_0,y_0,z_0,T_k,T_{k-1})-\Phi^{ij}(T_k,T_{k-1})\tag{7-31}$$

与相对定位相似，加入大气传播延迟修正，其中电离层延迟修正在取历元差时已消去了模糊参数，即

$$(\Delta\varphi^j(T_k,T_{k-1}))_{10N}=1.545\,7\mathrm{d}\varphi^j$$
$$\mathrm{d}\varphi^j=(\varphi_{\mathrm{L1}}(T_k)-\varphi_{\mathrm{L1}}(T_{k-1}))^j-1.283\,3(\varphi_{\mathrm{L2}}(T_k)-\varphi_{\mathrm{L2}}(T_{k-1}))^j$$

它的最小二乘解为

$$\boldsymbol{X}=(\boldsymbol{A}^{\mathrm{T}}\boldsymbol{P}\boldsymbol{A})^{-1}\boldsymbol{A}^{\mathrm{T}}\boldsymbol{L}\tag{7-32}$$

在无 SA 情况下，卫星钟的频率稳定度一般优于 10^{-12}，模型中主要误差项影响不大。经实验，在观测几小时后其绝对定位精度可达 3 m 左右。

在处理中，对流层延迟应慎重处理，与一般相对测量相比，其对结果的影响要大得多。甚至在平原地区和山区需要选用不同的修正模型，才能取得较好的结果。

美国采用 SA 措施时期，其卫星发播的载波频率稳定度下降（频率抖动），定位精度急剧下降（约为几十米）。

（二）伪码测距绝对定位

事实上，采用 C/A 码测量也可以取得一定精度的绝对定位结果。即使在执行 SA 期间，由于其干扰抖动在平均位置附近（图 4-11），长时间观测和适当的处理也会取得较好的结果。

有的商用软件提供定点长时间观测的码定位结果，但存在以下问题：

(1)使用 C/A 码定位，靠通用电离层和对流层修正模型修正传播延迟，其精度不高，且有明显的系统性误差，长时间观测虽可取得较好的内部精度估计，但可能存在系统性偏差。

(2)对各次码定位结果只是简单取中数或以精度衰减因子（dilution of precision，DOP）加权，精度损失较大。

需要进行以下改进：

(1)处理好大气传播修正。采用双频接收机，精确修正电离层延迟。选用精密的对流层延迟修正模型。

(2)进行全部观测量的统一平差,一组 DOP 值很大的观测量(一个历元)在单独解算时只能提供较低精度的一次解,在统一平差时与其他时间卫星组合对解有很好的贡献。

其解为

$$\boldsymbol{X}=(\boldsymbol{A}^{\mathrm{T}}\boldsymbol{A})^{-1}\boldsymbol{L}$$

$$\boldsymbol{A}=\begin{bmatrix} e_x^{10}(t_1) & e_y^{10}(t_1) & e_z^{10}(t_1) \\ e_x^{20}(t_1) & e_y^{20}(t_1) & e_z^{20}(t_1) \\ \vdots & \vdots & \vdots \\ e_x^{j0}(t_1) & e_y^{j0}(t_1) & e_z^{j0}(t_1) \\ e_x^{10}(t_2) & e_y^{10}(t_2) & e_z^{10}(t_2) \\ \vdots & \vdots & \vdots \\ e_x^{j0}(t_2) & e_y^{j0}(t_2) & e_z^{j0}(t_2) \\ \vdots & \vdots & \vdots \\ e_x^{10}(t_N) & e_y^{10}(t_N) & e_z^{10}(t_N) \\ \vdots & \vdots & \vdots \\ e_x^{k0}(t_N) & e_y^{k0}(t_N) & e_z^{k0}(t_N) \end{bmatrix}$$

$$\boldsymbol{L}=\left[[F^1]_{r_0}-[F^0]_{r_0}-\rho^1+\rho^0 \quad \cdots \quad [F^k]_{r_0}-[F^0]_{r_0}-\rho^k+\rho^0\right]^{\mathrm{T}}$$

经实验,采用双频 P 码接收机,在 SA 期间 1 天的观测可以取得 3 m 左右的绝对定位精度。在无 SA 期间所需要的时间可以减少。

对于多数情况,3 m 左右的精度已有应用价值,而精度的进一步提高将受到大气传播延迟修正精度的限制。

第八章　卫星受摄运动方程的数值解

人造卫星的受摄运动方程主要有两种形式，即拉格朗日行星运动方程和直角坐标的受摄运动方程，前者是六个轨道根数的一阶微分方程，后者是卫星的三个直角坐标的二阶微分方程。

事实上牛顿受摄运动方程较拉格朗日行星运动方程更适合解算卫星受摄运动，即

$$\left.\begin{aligned}
\frac{\mathrm{d}a}{\mathrm{d}t} &= \frac{2}{n\sqrt{1-e^2}}(1+2e\cos f+e^2)^{\frac{1}{2}}U \\
\frac{\mathrm{d}e}{\mathrm{d}t} &= \frac{\sqrt{1-e^2}}{na}(1+2e\cos f+e^2)^{\frac{1}{2}}\left[2(\cos f+e)U-(\sqrt{1-e^2}\sin E)N\right] \\
\frac{\mathrm{d}i}{\mathrm{d}t} &= \frac{r\cos(\omega+f)}{na^2\sqrt{1-e^2}}W \\
\frac{\mathrm{d}\Omega}{\mathrm{d}t} &= \frac{r\sin(\omega+f)}{na^2\sqrt{1-e^2}\sin i}W \\
\frac{\mathrm{d}\omega}{\mathrm{d}t} &= \frac{\sqrt{1-e^2}}{nae}(1+2e\cos f+e^2)^{\frac{1}{2}}\left[2U\sin f+(\cos E+e)N\right]-\cos i\,\frac{\mathrm{d}\Omega}{\mathrm{d}t} \\
\frac{\mathrm{d}M}{\mathrm{d}t} &= n-\frac{1-e^2}{nae}(1+2e\cos f+e^2)^{\frac{1}{2}}\left[\left(2\sin f+\frac{2e^2}{\sqrt{1-e^2}}\sin E\right)U+(\cos E-e)N\right]
\end{aligned}\right\} \tag{8-1}$$

式中，U 为卫星所受摄动力产生的沿切线方向的加速度分量，以运动速度方向为正；N 为卫星所受摄动力产生的加速度沿主法线方向的分量，以内法线方向为正；W 为卫星所受摄动力产生的加速度沿轨道面法线方向的分量，正向取向按 U、N、W 组成右手系。

式(8-1)是六个一阶微分方程。其方程左端为轨道根数的一阶导数，右端为轨道根数与摄动加速度三个分量的函数。事实上，摄动加速度也是轨道根数和时间 t 的函数。故式(8-1)可概括为

$$\dot{y}_i(t)=f_i(\boldsymbol{y},t)\quad(i=1,2,\cdots,6) \tag{8-2}$$

式中，$\boldsymbol{y}$ 表示六个轨道根数，y_i 为第 i 个轨道根数($i=1,2,\cdots,6$)。卫星受摄运动的数值就是用数值解解形如式(8-2)的微分方程组。

直角坐标的卫星受摄运动方程为

$$\left.\begin{aligned}
\ddot{x} &= \frac{F_x}{m} \\
\ddot{y} &= \frac{F_y}{m} \\
\ddot{z} &= \frac{F_z}{m}
\end{aligned}\right\} \tag{8-3}$$

式中，m 为卫星质量，F_x、F_y、F_z 分别为卫星所受摄动力沿三个坐标轴方向的分量。同样，等式右端是卫星位置(在考虑大气阻力时还包含卫星速度)的函数。故式(8-3)也可以写为

$$\ddot{y}_i(t) = f_i(\mathbf{y}, t) \quad (i = 1, 2, 3) \tag{8-4}$$

式中，$\mathbf{y}$ 表示卫星位置的三个分量 y_1、y_2、y_3（即 x、y、z）。式(8-4)除了左端为二阶导数外，与式(8-2)形式一样。下面主要讨论这两种类型微分方程组的解。

卫星星历计算就是已知某一历元时刻的卫星运动状态，从而求定任意时刻的卫星位置（和速度）。这里所说的已知卫星运动状态，对式(8-2)而言即已知卫星的六个瞬时轨道根数，对式(8-4)而言即已知卫星的位置（三个分量）和速度（三个分量）。显然这是微分方程的初值问题，因此有

$$\left.\begin{aligned} \dot{y}_i(t) &= f_i(\mathbf{y}, t) \\ y_i(T_0) &= \sigma_i(T_0) \end{aligned}\right\} \quad (i = 1, 2, \cdots, 6) \tag{8-5}$$

或

$$\left.\begin{aligned} \ddot{y}_i(t) &= f_i(\mathbf{y}, t) \\ \dot{y}_i(t_0) &= \dot{x}_i(t_0) \\ y_i(t_0) &= x_i(t_0) \end{aligned}\right\} \quad (i = 1, 2, 3) \tag{8-6}$$

式(8-5)、式(8-6)中，$\sigma_i (i = 1, 2, \cdots, 6)$ 表示给定的六个轨道根数，x_i、$\dot{x}_i (i = 1, 2, 3)$ 表示给定的卫星位置和速度。

对于式(8-6)是求得任意给定时刻 t 的卫星位置 $y_i(t) = x_i(t)$（和速度 $\dot{y}_i(t)$）。对于式(8-5)是首先求得对应给定时刻 t 的卫星瞬时轨道根数 $y_i(t)$，再按照二体问题计算卫星星历的方法求得相应时刻 t 的卫星位置 $x_i(t)$ 和速度 $\dot{x}_i(t)$。

对于这类微分方程求解初值问题，可以采用分析法解式(8-5)，也可以采用数值方法求解，这里主要讨论数值解法。

数值解法实际上是一种步进递推的解法。可将时间 t 离散化，得到一个时间序列 t_0、t_1、t_2……t_n、t_{n+1}……。在已知 y 的情况下依据式(8-5)或式(8-6)，以一定的方法求得 $y(t_1)$（推进一步）。然后以同样的方法在已知 $y(t_1)$ 的情况下求得 $y(t_2)$，依此类推。可见数值方法解微分方程初值问题可归结为已知 $y(t_n)$ 如何推求 $y(t_{n+1})$ 的问题。

在卫星星历计算中这种时间序列通常是等间隔的，往往与给定时刻 T 并不重合（介于 t_i 与 t_{n+i} 之间），这时就须用插值的方法求得对应 T 时刻的解。

第一节　单步法与多步法解受摄运动方程

按前述，卫星受摄运动方程可以归结为微分方程组的初值问题，即

$$\left.\begin{aligned} \dot{y}_i(t) &= f_i(\mathbf{y}, t) \\ y_i(t_0) &= \sigma_i(T_0) \end{aligned}\right\} \quad (i = 1, 2, \cdots, 6)$$

或

$$\left.\begin{aligned} \ddot{y}_i(t) &= f_i(\mathbf{y}, t) \\ \dot{y}_i(t_0) &= \dot{x}_i(t_0) \\ y_i(t_0) &= x_i(t_0) \end{aligned}\right\} \quad (i = 1, 2, 3)$$

数值方法解上述微分方程组可以归结为已知 y_n 求 y_{n+1}。注意到微分方程组中的 $\mathbf{y} =$

$[y_1 \quad y_2 \quad y_3 \quad y_4 \quad y_5 \quad y_6]^T$，即六个一阶微分方程组联立求解。这样联立方程的数值解法只不过是要求几个方程“齐头并进”地进行解算，它与单一方程的数值解法没有原则的区别。

例如，上面的方程可写为

$$
\begin{aligned}
&\dot{y}_1(t)=f_1(y_1,y_2,y_3,y_4,y_5,y_6,t)\\
&\dot{y}_2(t)=f_2(y_1,y_2,y_3,y_4,y_5,y_6,t)\\
&\dot{y}_3(t)=f_3(y_1,y_2,y_3,y_4,y_5,y_6,t)\\
&\dot{y}_4(t)=f_4(y_1,y_2,y_3,y_4,y_5,y_6,t)\\
&\dot{y}_5(t)=f_5(y_1,y_2,y_3,y_4,y_5,y_6,t)\\
&\dot{y}_6(t)=f_6(y_1,y_2,y_3,y_4,y_5,y_6,t)\\
&y_1(t_0)=\sigma_1\\
&y_2(t_0)=\sigma_2\\
&y_3(t_0)=\sigma_3\\
&y_4(t_0)=\sigma_4\\
&y_5(t_0)=\sigma_5\\
&y_6(t_0)=\sigma_6
\end{aligned}
$$

问题可以归结为已知 $y_1(t_n)$、$y_2(t_n)$……$y_6(t_n)$，利用第一个微分方程求 $y_1(t_{n+1})$，然后利用第二个微分方程求 $y_2(t_{n+1})$，照此依次求出 $y_3(t_{n+1})$ 至 $y_6(t_{n+1})$。至此已将对应的 t_{n+1} 时刻的轨道根数全部求出。重复上面过程就可求得对应 t_{n+2} 时刻的全部轨道根数，依此类推。

可见用数值方法解联立微分方程组（高阶微分方程）与解一阶微分方程的方法完全一样，只是由于计算方程右端的函数 $f(\mathbf{y},t)$（简称右函数）涉及其他方程的解，要求各方程“齐头并进”解算而已。这在计算中只不过是同一子程序的多次调用。因此，以下我们将重点讨论单一微分方程的常用解法。

微分方程的数值解法很多，通常用于解卫星受摄运动方程的方法大体上可分为两类，即单步法与多步法。所谓单步法是指在求 y_{n+1} 的过程中，只需要前一步点 y_n 的值。而多步法是再把解推进一步，即求 y_{n+1} 的过程中，不仅需要前一步点 y_n 的值，而且还要用到已解过的 y_{n-1}、y_{n-2}…… 步点的值（图 8-1）。显然单步法可以直接利用微分方程的初始条件 $y(t_0)=\sigma$ 进行递推解算，而多步法由于需要已知若干个点上的解（通常不超过十几个），必须由其他方法求得开始若干步点上的解。或者说单步法是“自起步”的，而多步法不是自起步的。在解卫星受摄运动方程中常使用的多步法有亚当斯（Adams）公式、科威尔（Cowell）公式和它们的预报校正算法。在使用这些方法时，常用的单步法为龙格-库塔（Runge-Kutta）公式。

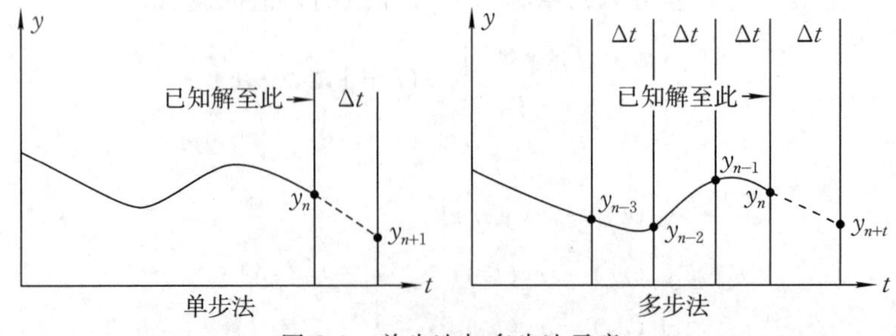

图 8-1 单步法与多步法示意

一、微分方程的龙格-库塔解法

龙格-库塔公式可用于解形如

$$y'(t)=f(t,y)$$
$$y(t_0)=\sigma$$

的微分方程。该公式是在已知 $y(t_n)$ 的情况下设法求得 $y(t_{n+1})$。如果步间的距离为 h(称为步长),并假定函数高阶导数存在,用泰勒级数展开 $y(t_{n+1})$,得

$$y(t_n+h)=y(t_n)+h\left[\frac{\mathrm{d}y}{\mathrm{d}t}\right]_{t_n}+\frac{h^2}{2}\left[\frac{\mathrm{d}^2y}{\mathrm{d}t^2}\right]_{t_n}+\frac{h^3}{3!}\left[\frac{\mathrm{d}^3y}{\mathrm{d}t^3}\right]_{t_n}+\cdots \tag{8-7}$$

式中

$$\frac{\mathrm{d}y}{\mathrm{d}t}=f(t,y)$$
$$\frac{\mathrm{d}^2y}{\mathrm{d}t^2}=\frac{\mathrm{d}}{\mathrm{d}t}f(t,y)$$
$$=\frac{\partial f}{\partial t}+\frac{\partial f}{\partial y}\frac{\partial y}{\partial t}$$
$$=\frac{\partial f}{\partial t}+\frac{\partial f}{\partial y}f(t,y)$$

为书写方便记为 $\frac{\mathrm{d}^2y}{\mathrm{d}t^2}=f'_t+f'_yf$。

同样

$$\frac{\mathrm{d}^3y}{\mathrm{d}t^3}=f''_{tt}+2f''_{ty}f+f''_{yy}f^2+f'_yf'_t+f'_yf'_yf$$

这样 $y(t_n+h)$ 的泰勒级数就可写为

$$y(t_n+h)=y(t_n)+hf(t_n,y_n)+\frac{h^2}{2!}(f'_{t_n}+f'_{y_n}f_n)+$$
$$\frac{h^3}{3!}[f''_{t_nt_n}+2f_nf''_{y_nt_n}+f_n^2f''_{y_ny_n}+f'_{y_n}(f'_{t_n}+f_nf'_{y_n})]+\cdots \tag{8-8}$$

如果取式(8-8)前两项即是欧拉(Euler)公式,其具体含意就是以 t_n 处的导数值代替全部 $[t_n,t_{n+1}]$ 区间的导数值所求得的函数值(图 8-2)。

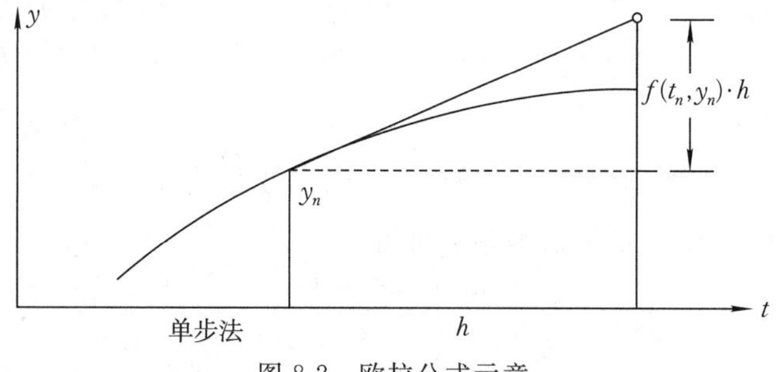

图 8-2　欧拉公式示意

显然,欧拉公式的精度不高。欲使其精度提高就需要在式(8-8)中取更多的项,这样就涉

及函数的高阶导数。而我们能方便地求得的只是函数的一阶导数，即 $\frac{\mathrm{d}y}{\mathrm{d}t}=f(t,y)$。从离散化的概念出发，可以认为高阶导数是 t_n 附近若干点上一阶导数的线性组合（当然也可以认为是函数的线性组合）。龙格-库塔公式就是以若干点上的 f 值（即函数的一阶导数）的线性组合来代替 f 的高阶导数，这样就可以使式(8-8)取更多的项以提高精度。具体的做法是选择一种适当的线性组合形式，其中包括若干个待定系数，使之与 $f(t_n+h)$ 的泰勒级数展开式恒等，并确定这些待定系数，从而使所得到的公式等效于包含高阶次的泰勒级数展开式。如果这种线性组合的形式选择恰当，就可以确定这些待定系数。

假定解具有如下形式

$$\left.\begin{aligned} y_{n+1} &= y_n+\sum_{i=1}^{v} w_i k_i \\ k_i &= hf\left(t_n+c_i h,\ y_n+\sum_{j=1}^{i-1}\alpha_{ij}k_j\right) \end{aligned}\right\} \tag{8-9}$$

式中，k_i 为步长 h 与函数的一阶导数 $f(t,y)$ 的乘积，其中一阶导数变量 t、y 取决于系数 c_i 与 α_{ij}，w_i 为加权系数，v 是在 t_n 附近取得的点数。

由式(8-9)可得 k_i 的表达式，且为了与式(8-8)的泰勒级数展开式一致，可令

$$c_1=0,\quad \alpha_{11}=0$$

于是

$$\begin{aligned} k_1 &= hf(t_n,y_n) \\ k_2 &= hf(t_n+c_2h,y_n+\alpha_{21}k_1) \\ k_3 &= hf(t_n+c_3h,y_n+\alpha_{31}k_1+\alpha_{32}k_2) \\ &\vdots \end{aligned}$$

将 k_i 中的 $f(t_n+\Delta t,y_n+\Delta y)$ 按泰勒级数展开，并代入式(8-9)，使之与 y_{n+1} 的泰勒级数展开式式(8-8)恒等，即可比较 h 的同次幂系数，得到待定系数 c_i、α_{ij}。

为简便，以 $v=2$ 为例

$$\begin{aligned} k_1 &= hf_n \\ k_2 &= hf_n+hf'_{t_n}c_2h+hf'_{y_n}\alpha_{21}k_1 \\ &= hf_n+h^2(c_2f'_{t_n}+\alpha_{21}f_nf'_{y_n}) \end{aligned}$$

代入式(8-9)，得

$$\begin{aligned} y_{n+1} &= y_n+w_1f_nh+w_2f_nh+w_2(c_2f'_{t_n}+\alpha_{21}f_nf'_{y_n})h^2 \\ &= y_n+(w_1+w_2)f_nh+(w_2c_2f'_{t_n}+w_2\alpha_{21}f_nf'_{y_n})h^2 \end{aligned} \tag{8-10}$$

相应的，式(8-8)为

$$y_{n+1}=y_n+f_nh+\left(\frac{1}{2}f'_{t_n}+\frac{1}{2}f'_{y_n}f_n\right)h^2 \tag{8-11}$$

比较式(8-10)与式(8-11)中 h 的同次幂系数可得

$$w_1+w_2=1$$

$$w_2c_2=\frac{1}{2}$$

$$w_2\alpha_{21}=\frac{1}{2}$$

以上四个待定系数只须满足三个方程，为不定解。可以先选定一个系数，如选定

$$c_2=\frac{1}{2}$$

也可以取$\frac{1}{3}$或1。

于是

$$c_2=\frac{1}{2}$$
$$w_2=1$$
$$w_1=0$$
$$\alpha_{21}=\frac{1}{2}$$

对于$v=2$的龙格-库塔公式，有

$$k_1=hf(t_n,y_n)$$
$$k_2=hf\left(t_n+\frac{1}{2}h,y_n+\frac{1}{2}k_1\right)$$
$$w_1=0$$
$$w_2=1$$
$$y_{n+1}=y_n+\sum_{i=1}^{2}w_ik_i$$

由于它与泰勒级数展开至二阶项（略去h的三阶以上的项）对应，故称为二阶龙格-库塔公式。同样的方法可以导出三阶、四阶，以及更高阶的龙格-库塔公式。

三阶龙格-库塔公式为

$$k_1=hf(t_n,y_n)$$
$$k_2=hf\left(t_n+\frac{1}{2}h,y_n+\frac{1}{2}k_1\right)$$
$$k_3=hf(t_n+h,y_n-k_1+2k_2)$$
$$w_1=\frac{1}{6}$$
$$w_2=\frac{2}{3}$$
$$w_3=\frac{1}{6}$$
$$y_{n+1}=y_n+\sum_{i=1}^{3}w_ik_i$$

四阶龙格-库塔公式为

$$k_1 = hf(t_n, y_n)$$

$$k_2 = hf\left(t_n + \frac{1}{3}h, y_n + \frac{1}{3}k_1\right)$$

$$k_3 = hf\left(t_n + \frac{2}{3}h, y_n + \frac{1}{3}k_1 + k_2\right)$$

$$k_4 = hf(t_n + h, y_n + k_1 - k_2 + k_3)$$

$$w_1 = \frac{1}{8}$$

$$w_2 = \frac{3}{8}$$

$$w_3 = \frac{3}{8}$$

$$w_4 = \frac{1}{8}$$

$$y_{n+1} = y_n + \sum_{i=1}^{4} w_i k_i$$

高阶的龙格-库塔公式甚繁，一般给出高阶公式的各待定系数 w_i、c_i、α_{ij} 以供查用。

表 8-1 给出了八阶龙格-库塔公式系数，将这些系数代入式(8-9)就可得到实用的八阶龙格-库塔公式。借助这样的系数表就不难写出实用的龙格-库塔公式，即

c_1				
c_2	α_{21}			
c_3	α_{31}	α_{32}		
$\vdots$	$\vdots$			
c_v	α_{v1}	α_{v2}	$\cdots$	α_{vv}
	w_1	w_2	$\cdots$	w_v

$$k_1 = hf(t_n, y_n)$$

$$k_2 = hf\left(t_n + \frac{4}{27}h, y_n + \frac{4}{27}k_1\right)$$

$$k_3 = hf\left(t_n + \frac{2}{9}h, y_n + \frac{1}{18}(k_1 + 3k_2)\right)$$

$$k_4 = hf\left(t_n + \frac{1}{3}h, y_n + \frac{1}{12}(k_1 + 3k_3)\right)$$

$$k_5 = hf\left(t_n + \frac{1}{2}h, y_n + \frac{1}{8}(k_1 + 3k_4)\right)$$

$$k_6 = hf\left(t_n + \frac{2}{3}h, y_n + \frac{1}{54}(13k_1 - 27k_3 + 42k_4 + 8k_5)\right)$$

$$k_7 = hf\left(t_n + \frac{1}{6}h, y_n + \frac{1}{4\,320}(389k_1 - 54k_3 + 966k_4 - 824k_5 + 243k_6)\right)$$

$$k_8 = hf\left(t_n + h, y_n + \frac{1}{20}(-231k_1 + 81k_3 - 1\,164k_4 + 656k_5 - 122k_6 + 800k_7)\right)$$

$$k_9 = hf\left(t_n + \frac{5}{6}h, y_n + \frac{1}{288}(-127k_1 + 18k_3 - 678k_4 + 456k_5 - 9k_6 + 576k_7 + 4k_8)\right)$$

$$k_{10} = hf\left(t_n + h, y_n + \frac{1}{840}(1\,481k_1 - 81k_3 + 7\,104k_4 - 3\,376k_5 + 72k_6 - 5\,040k_7 - 60k_8 + 720k_9)\right)$$

$$y_{n+1} = y_n + \frac{1}{840}(41k_1 + 27k_4 + 272k_5 + 27k_6 + 216k_7 + 216k_9 + 41k_{10})$$

以上是八阶龙格-库塔实用公式。从式中可以看出，每推进一步要求 10 次右函数 $f(t,y)$。在解卫星受摄运动方程时，计算右函数的工作量很大。因此，用龙格-库塔公式解卫

星受摄运动方程将耗费较多的机时。而后面将要讨论的多步法，其每推进一步所需要的右函数计算次数要少得多。这样就限制了龙格-库塔公式的应用范围。但龙格-库塔公式是一种可以自行起步的数值方法，在解卫星受摄运动方程时常用于多步法起步，即求出若干步点，供多步法使用。

表 8-1　八阶龙格-库塔公式系数表

	c_i	α_{ij}										
i \ j			1	2	3	4	5	6	7	8	9	10
1	0											
2	$\frac{4}{27}$		$\frac{4}{27}$									
3	$\frac{2}{9}$	$\frac{1}{18}\times$	1	3								
4	$\frac{1}{3}$	$\frac{1}{12}\times$	1	0	3							
5	$\frac{1}{2}$	$\frac{1}{8}\times$	1	0	0	3						
6	$\frac{2}{3}$	$\frac{1}{54}\times$	13	0	−27	42	8					
7	$\frac{1}{6}$	$\frac{1}{4\,320}\times$	389	0	−54	966	−824	243				
8	1	$\frac{1}{20}\times$	−231	0	81	−1 164	656	−122	800			
9	$\frac{5}{6}$	$\frac{1}{288}\times$	−127	0	18	−678	456	−9	576	4		
10	1	$\frac{1}{840}\times$	1 481	0	−81	7 104	−3 376	72	−5 040	−60	720	
	w_i	$\frac{1}{840}\times$	41	0	0	27	272	27	216	0	216	41

二、微分方程的亚当斯解法

(一)亚当斯显式公式

亚当斯(-巴什福思)[Adams(-Bashforth)]公式是一种多步法的微分方程数值解法。

设微分方程为

$$y'(t)=f(t,y)$$
$$y(t_0)=\sigma$$

问题仍然是在已求得 $y=f_n$ 的情况下，如何求下一步点的值 $y(t_{n+1})$，其中 $t_{n+1}-t_n=h$ 称为步长。

应用定积分可以写出

$$y(t_{n+1})=y(t_n)+\int_{t_n}^{t_{n+1}} f(t,y)\,\mathrm{d}t \tag{8-12}$$

通常被积函数中的 y 难以表示为 t 的显函数，故不宜直接积分。若被积函数 f 的前几步的值为已知,即已知 f_n、f_{n-1}、f_{n-2}……f_{n-q},则可用牛顿后向差分公式表示被积函数。公式为

$$\begin{aligned}f(t,y)&=p(t)\\&=f_n+\frac{t-t_n}{h}\nabla f_n+\frac{(t-t_n)(t-t_{n-1})}{2!h^2}\nabla^2 f_n+\cdots+\\&\quad\frac{(t-t_n)(t-t_{n-1})\cdots(t-t_{n-q+1})}{q!h^q}\nabla^q f_n\end{aligned}$$

式中,q 为牛顿后向差分公式的阶,其中

$$\nabla f_n=f_n-f_{n-1}$$
$$\nabla^n f_n=\nabla(\nabla^{n-1}f_n)$$

上式称为 n 阶后向差分。

于是式(8-12)可写为

$$\begin{aligned}y(t_{n+1})=y(t_n)&+\int_{t_n}^{t_{n+1}}f_n\mathrm{d}t+\int_{t_n}^{t_{n+1}}\frac{1}{h}(t-t_n)\nabla f_n\mathrm{d}t+\\&\int_{t_n}^{t_{n+1}}\frac{1}{2!h^2}(t-t_n)(t-t_{n-1})\nabla^2 f_n\mathrm{d}t+\cdots+\\&\int_{t_n}^{t_{n+1}}\frac{1}{q!h^q}(t-t_n)(t-t_{n-1})\cdots(t-t_{n-q+1})\nabla^q f_n\mathrm{d}t\end{aligned}$$

注意 $\nabla^m f$ 为已知定值,与积分变量 t 无关,各项被积函数均为多项式,可以求出其定积分。于是上式可写为

$$\left.\begin{aligned}\gamma_m&=\frac{1}{h}\int_{t_n}^{t_{n+1}}\frac{1}{m!h^m}(t-t_n)(t-t_{n-1})\cdots(t-t_{n-m+1})\mathrm{d}t\\y(t_{n+1})-y(t_n)&=h\sum_{m=0}^{q}\gamma_m\nabla^m f_n\end{aligned}\right\}\tag{8-13}$$

式(8-13)中分别人为地乘了 $\frac{1}{h}$ 和 h 因子,其作用结果是相抵消的,这样做是为了以后公式推导的方便。

可以证明 γ_m 是与右函数 f 及步长 h 无关的常数。由式(8-13)可知,γ_m 与右函数 f 无关。为证明 γ_m 与步长 h 无关,可引入辅助变量

$$s=(t-t_n)/h$$

于是

$$\begin{aligned}t-t_{n-i}&=t-t_n+t_n-t_{n-i}\\&=h(s+i)\end{aligned}$$

代入式(8-13)并将积分变量换为 s,因此有

$$\begin{aligned}\gamma_m&=\frac{1}{h}\int_0^1\frac{1}{m!h^m}(s+1)(s+2)\cdots(s+m-1)h^m\cdot h\mathrm{d}s\\&=\int_0^1\frac{1}{m!}s(s+1)(s+2)\cdots(s+m-1)\mathrm{d}s\end{aligned}\tag{8-14}$$

观察二项式的幂级数展开式,即

$$(1\pm x)^{-s}=1\mp sx+\frac{1}{2!}s(s+1)x^2\mp\frac{1}{3!}s(s+1)(s+2)x^3+\cdots\mp$$

$$(-1)^m \frac{1}{m!}s(s+1)(s+2)\cdots(s+m-1)x^m+\cdots \tag{8-15}$$

可见 γ_m 的被积函数恰是 $(1-x)^{-s}$ 展开式中 x^m 项的系数。

通常以 $\binom{-s}{m}$ 表示二项式的 $(1+x)^{-s}$ 幂系数(也称广义二项式系数),故

$$\gamma_m=\int_0^1(-1)^m\binom{-s}{m}\mathrm{d}s \tag{8-16}$$

由此可知,γ_m 是与被积函数 f 及步长 h 无关的常数。

此外,在式(8-15)基础上可以导出 γ_m 的递推公式,更方便地求定 γ 的值。

引入函数 $G(\tau)$ (称为产生 γ_m 的母函数),有

$$\begin{aligned}G(\tau)&=\sum_{m=0}^{\infty}\gamma_m\tau^m\\&=\int_0^1\sum_{m=0}^{\infty}(-1)^m\binom{-s}{m}\tau^m\mathrm{d}s\end{aligned} \tag{8-17}$$

式中,$|\tau|<1$ 且 $\tau\neq0$。由于 $(1+x)^{-s}$ 与 $(1-x)^{-s}$ 的系数仅差因子 $(-1)^m$,故

$$\begin{aligned}G(\tau)&=\int_0^1(1-\tau)^{-s}\mathrm{d}s\\&=\left[\frac{-1}{\ln(1-\tau)(1-\tau)^s}\right]_0^1\\&=\frac{-\tau}{(1-\tau)\ln(1-\tau)}\end{aligned}$$

或写为

$$\frac{1}{1-\tau}=-G(\tau)\frac{\ln(1-\tau)}{\tau} \tag{8-18}$$

将展开式

$$\frac{1}{1-\tau}=1+\tau+\tau^2+\tau^3+\cdots$$

$$\frac{-\ln(1-\tau)}{\tau}=1+\frac{\tau}{2}+\frac{\tau^2}{3}+\cdots$$

及式(8-17)代入式(8-18),得

$$(\gamma_0+\gamma_1\tau+\gamma_2\tau^2+\cdots+\gamma_m\tau^m+\cdots)\left(1+\frac{\tau}{2}+\frac{\tau^2}{3}+\cdots\right)=1+\tau+\tau^2+\tau^3+\cdots \tag{8-19}$$

比较式(8-19)等号两端 τ 的同次项系数,可得

$$\begin{aligned}&\gamma_0=1\\&\gamma_1+\frac{1}{2}\gamma_0=1\\&\gamma_2+\frac{1}{2}\gamma_1+\frac{1}{3}\gamma_0=1\\&\gamma_m+\frac{1}{2}\gamma_{m-1}+\frac{1}{3}\gamma_{m-2}+\cdots+\frac{1}{m+1}\gamma_0=1\end{aligned}$$

或写为

$$
\left.\begin{aligned}
\gamma_0 &= 1 \\
\gamma_m &= 1 - \sum_{i=1}^{m} \frac{1}{i+1}\gamma_{m-i}
\end{aligned}\right\} \tag{8-20}
$$

式(8-20)就是 γ_m 的递推公式。利用式(8-20)的第一式可得

$$\gamma_0 = 1$$

代入第二式,可得

$$\gamma_1 = \frac{1}{2}$$

将 γ_0、γ_1 代入第三式可得

$$\gamma_2 = \frac{5}{12}$$

依此类推,可逐个算出 γ_0、γ_1、γ_2……γ_m……。表 8-2 给出了下标 m 取 0 ~ 6 时 γ_m 的值。

表 8-2 部分 γ_m 的值

m	0	1	2	3	4	5	6
γ_m	1	$\frac{1}{2}$	$\frac{5}{12}$	$\frac{3}{8}$	$\frac{251}{720}$	$\frac{95}{288}$	$\frac{19\,087}{60\,480}$

式(8-13)是以右函数 f 的高阶差表示的亚当斯公式。实际上,还可以将高阶差分化为右函数 f 的线性组合,使计算更加方便,即

$$\nabla^m f_n = \sum_{k=0}^{m} (-1)^k \binom{m}{k} f_{n-k}$$

代入式(8-13),得

$$
\begin{aligned}
y(t_{n+1}) - y(t_n) &= h \sum_{m=0}^{q} \gamma_m \sum_{k=0}^{m} (-1)^k \binom{m}{k} f_{n-k} \\
&= h \sum_{k=0}^{q} \sum_{m=k}^{q} (-1)^k \gamma_m \binom{m}{k} f_{n-k}
\end{aligned}
$$

令

$$\beta_k = \sum_{m=k}^{q} (-1)^k \gamma_m \binom{m}{k} \tag{8-21}$$

则

$$y(t_{n+1}) - y(t_n) = h \sum_{k=0}^{q} \beta_k f_{n-k} \tag{8-22}$$

自式(8-21)可以看出 β_k 与右函数及步长 h 无关(但与阶数 q 有关),可以一次算出。这样利用式(8-22)即可简洁地进行解算,见表 8-3。

利用式(8-20)、式(8-21)、式(8-22)可自 f_n、f_{n-1}、f_{n-2}……$f(t_{n+1})$ 直接计算第 $n+1$ 步点的 $y(t_{n+1})$,称为 q 阶亚当斯显式公式。

由于亚当斯公式是建立于牛顿插值公式基础之上的,显然它的精度与阶数 q、步长 h 和函数 f 的高阶导数有关。关于解卫星受摄运动方程中阶数和步长的选择问题以后还将进行较详细地讨论。

表 8-3　部分 β_k 的数值（q 取 3～5）

q		k					
		0	1	2	3	4	5
3	$\frac{1}{24}\times$	55	−59	37	−9		
4	$\frac{1}{720}\times$	1 901	−2 774	2 616	−1 274	251	
5	$\frac{1}{1\,440}\times$	4 227	−7 923	9 482	−6 798	2 627	−425

利用亚当斯显式公式解微分方程的具体步骤可归纳如下：

（1）按求解的精度确定亚当斯公式的阶数 q 和步长 h。

（2）按式（8-20），有

$$\gamma_m+\frac{1}{2}\gamma_{m-1}+\frac{1}{3}\gamma_{m-2}+\cdots+\frac{1}{m+1}\gamma_0=1\quad(m=0,1,2,\cdots,q)$$

逐步递推求得 γ_0、γ_1、γ_2……γ_q。

（3）按式（8-21），有

$$\beta_k=\sum_{m=k}^{q}(-1)^k\binom{m}{k}\gamma_m\quad(k=0,1,2,\cdots,q)$$

计算 β_0、β_1……β_q。

（4）按式（8-22），有

$$y(t_{n+1})-y(t_n)=h\sum_{k=0}^{q}\beta_k f_{n-k}$$

逐步取得微分方程的解。

从上述解算过程可以看出，每推进一步求 $y(t_{n+1})$ 只需要计算右函数 f_n 一次，其余的 f_{n-1}、f_{n-2}……f_{n-q} 是计算前一步时已求出的。与龙格-库塔公式每推进一步需要多次计算右函数（计算右函数的次数随采用的阶数递增）相较，可以大大节省机时。但是亚当斯公式不能自行起步，即仅从初始条件 $y(t_0)=\sigma$ 不能直接使用亚当斯公式进行计算。通常的做法是先使用龙格-库塔公式计算出亚当斯公式所需要的前 $q+1$ 个步点上的解（从而求出各步的右函数值）。

（二）亚当斯隐式公式

亚当斯-莫尔顿（Adams-Moulton）公式，即亚当斯隐式公式，在解 $y(t_{n+1})$ 时不仅使用 f_n、f_{n-1}……f_{n-q+1}，还利用一定精度的 $y(t_{n+1})$ 近似值得到的 f_{n+1}，即是在解 $y(t_{n+1})$ 时还要利用 y_{n+1} 的初始值。这样的公式称为隐式公式。显然使用隐式公式解微分方程是一个迭代过程，即利用 y_{n+1} 的初始值 $(y_{n+1})_0$ 求出 y_{n+1} 较精确的值 $(y_{n+1})_1$，将 $(y_{n+1})_1$ 作为初始值求得 $(y_{n+1})_2$，依此类推直至求得符合精度要求的 y_{n+1} 的值。

与亚当斯显式公式推导一样，可以写出解

$$y_{n+1}=y_n+\int_{t_n}^{t_{n+1}}f(t,y)\,\mathrm{d}t$$

假定 f_{n+1}、f_n、f_{n-1}……f_{n-q+1} 已知（这里的 f_{n+1} 是自 y_{n+1} 的初始值即近似值求得的），于

是可用牛顿后向差分公式内插(而不是外推)被积函数 $f(t,y)$,得

$$f(t,y)=f_{n+1}+\frac{1}{h}(t-t_{n+1})\nabla f_{n+1}+\frac{1}{2!h^2}(t-t_{n+1})(t-t_n)\nabla^2 f_{n+1}+\cdots+\frac{1}{q!h^q}(t-t_{n+1})(t-t_n)(t-t_{n-1})\cdots(t-t_{n-q+2})\nabla^q f_{n+1}$$

与显式公式类似地定义 γ_m^*,可得

$$\left.\begin{aligned}\gamma_m^*&=\frac{1}{h}\int_{t_n}^{t_{n+1}}\frac{1}{m!h^m}(t-t_{n+1})(t-t_n)(t-t_{n-1})\cdots(t-t_{n-m+2})\,\mathrm{d}t\\ y_{n+1}-y_n&=h\sum_{m=0}^{q}\gamma_m^*\ \nabla^m f_{n+1}\end{aligned}\right\}\tag{8-23}$$

为了推导 γ_m^* 的递推公式,引入辅助函数

$$s=\frac{1}{h}(t-t_{n+1})$$

则

$$t-t_{n-i+1}=h(s+i)$$

代入式(8-23)并将积分变量换为 s,有

$$\gamma_m^*=\int_{-1}^{0}\frac{1}{m!}s(s+1)(s+2)\cdots(s+m-1)\,\mathrm{d}s\tag{8-24}$$

注意到式(8-24)与 γ_m 的表达式式(8-14)相比,除了积分限不同之外其他皆相同,可以与推导公式 γ_m 的递推公式一样,引入母函数 $G^*(\tau)$,即

$$\begin{aligned}G^*(\tau)&=\sum_{m=0}^{\infty}\gamma_m\cdot\tau^m\\&=\int_{-1}^{0}(1-\tau)^{-s}\,\mathrm{d}s\\&=\left[\frac{-1}{\ln(1-\tau)(1-\tau)}\right]_1^0\end{aligned}$$

式中,$|\tau|<1$ 且 $\tau\neq 0$。或写为

$$-\frac{\ln(1-\tau)}{\tau}G^*(\tau)=1$$

得

$$\left(1+\frac{1}{2}\tau+\frac{1}{3}\tau^2+\cdots\right)(\gamma_0^*+\gamma_1^*\tau+\gamma_2^*\tau^2+\cdots)=1$$

比较等式两端 τ 的同次项系数即可得

$$\begin{aligned}&\gamma_0^*=1\\&\gamma_1^*+\frac{1}{2}\gamma_0^*=0\\&\gamma_2^*+\frac{1}{2}\gamma_1^*+\frac{1}{3}\gamma_0^*=0\\&\qquad\vdots\end{aligned}$$

或写为

$$\gamma_m^* + \frac{1}{2}\gamma_{m-1}^* + \frac{1}{3}\gamma_{m-2}^* + \cdots + \frac{1}{m+1}\gamma_{m-m}^* = \begin{cases} 1, & m=0 \\ 0, & m \neq 0 \end{cases} \tag{8-25}$$

式(8-25)即是 γ_m^* 的递推公式。可以应用 γ_m^* 的递推公式依次得出 γ_0^*、γ_1^*、γ_2^*……γ_m^* 的值。表 8-4 给出了下标 m 取 0 ～ 6 时 γ_m^* 的值。这样可利用式(8-23),得

$$y_{n+1} - y_n = h\sum_{m=0}^{q}\gamma_m^* \nabla^m f_{n+1}$$

求得 y_{n+1}。但高阶差分应用不便,可将高阶差分化为右函数 f 的线性组合,即

$$\nabla^m f_{n+1} = \sum_{k=0}^{m}(-1)^k \binom{m}{k} f_{n-k+1}$$

于是

$$\begin{aligned} y_{n+1} - y_n &= h\sum_{m=0}^{q}\gamma_m^* \sum_{k=0}^{m}(-1)^k \binom{m}{k} f_{n-k+1} \\ &= h\sum_{m=0}^{q}\sum_{m=k}^{m}(-1)^k \gamma_m^* \binom{m}{k} f_{n-k+1} \end{aligned}$$

令

$$\beta_k^* = \sum_{m=k}^{q}(-1)^k \gamma_m^* \binom{m}{k} \tag{8-26}$$

则

$$y_{n+1} - y_n = h\sum_{k=0}^{q}\beta_k^* f_{n-k+1} \tag{8-27}$$

表 8-4　部分 γ_m^* 的值

m	0	1	2	3	4	5	6
γ_m^*	1	$-\frac{1}{2}$	$-\frac{1}{12}$	$-\frac{1}{24}$	$-\frac{19}{720}$	$-\frac{3}{160}$	$-\frac{863}{60\,480}$

表 8-5 为部分 β_k^* 的值。从式(8-26)可以看出不同的阶数 q 其 β_k^* 也是不同的,表 8-5 中只列出了 q 取 3 ～ 5 时的 β_k^* 的值。

表 8-5　部分 β_k^* 的值

q		k					
		0	1	2	3	4	5
3	$\frac{1}{24}\times$	9	19	−5	1		
4	$\frac{1}{720}\times$	251	646	−264	106	−19	
5	$\frac{1}{1\,440}\times$	475	1 427	−798	482	−173	27

(三)亚当斯方法的截断误差与预报——校正算法

与其他的数值计算方法一样,亚当斯公式是一种解的近似。我们把精确解与近似解的差称为截断误差。

由于亚当斯公式是在牛顿后向差分值公式的基础上导出的，在考虑亚当斯公式的截断误差时先考虑牛顿后向差分公式的余项。自式(7-8)，得

$$R_q=\frac{f^{(q+1)}(\xi)}{(q+1)!}(t-t_0)(t-t_1)\cdots(t-t_q)$$

式中，ξ 界于 $\min(t,t_0,t_q)$ 和 $\max(t,t_0,t_q)$ 之间；q 为插值多项式的次数，也是亚当斯公式的阶数。尽管该式是依拉格朗日插值多项式推导而得的，考虑到插值多项式的基点确定之后有唯一的解，它同样适用于牛顿插值公式。

为了公式推导方便，将这一余项公式改变一下形式。做变换为

$$t=t_n+sh$$
$$t-t_i=h(s+i)$$

则，代入插值公式的余项公式，有

$$R_q(t)=\frac{f^{(q+1)}(\xi)}{(q+1)!}h^{q+1}s(s+1)(s+2)\cdots(s+q)$$

用广义二项式系数表示

$$\left.\begin{aligned}&R_q(t)=(-1)^{q+1}\binom{-s}{q+1}h^{q+1}f^{(q+1)}(\xi)\\&\min(t,t_n,t_{n-q})<\xi<\max(t,t_n,t_{n-q})\end{aligned}\right\}\tag{8-28}$$

将带有余项的插值公式(理论上是精确的)代入定积分式(8-12)，可得

$$y_{n+1}-y_n=h\sum_{m=0}^{q}\gamma_m\nabla^m f(t_n)+(-1)^{q+1}h^{q+1}\int_0^1\binom{-s}{q+1}y^{(q+2)}(\xi)\mathrm{d}s$$

注意到 $\binom{-s}{q+1}$ 为广义二项式系数，且它在[0,1]区间内不改变符号，$y^{(q+2)}(\xi)$ 为连续函数，利用积分中值定理可得截断误差为

$$\begin{aligned}R_q&=(-1)^{q+1}h^{q+2}y^{(q+2)}(\xi)\int_0^1\binom{-s}{q+1}\mathrm{d}s\\&=h^{q+2}y^{(q+2)}(\xi)\gamma_{q+1}\end{aligned}\tag{8-29}$$

式(8-29)即为亚当斯显式公式的截断误差。使用完全类似的方法可求得亚当斯隐式公式的截断误差，即

$$R_q^*=h^{q+2}y^{(q+2)}(\xi)\gamma_{q+1}^*\tag{8-30}$$

式(8-29)与式(8-30)中的 ξ 范围在所求步点与所使用的已知步点之间。

自上两式还可看出，亚当斯公式的截断误差的量级为 $O(h^{q+2})$，故亚当斯公式是解的 $q+1$ 阶近似表达式。通常称 $p=q+1$ 为亚当斯公式的阶。与插值公式或龙格-库塔公式一样，在估计亚当斯公式的精度时还必须顾及高阶导数 $y^{(q+2)}(\xi)$，即必须考虑函数本身的特性。

比较式(8-29)与式(8-30)，可以得出

$$R_q^*=\frac{\gamma_{q+1}^*}{\gamma_{q+1}}R_q\tag{8-31}$$

即同阶的显式公式要比隐式公式误差大 $\frac{\gamma_{q+1}^*}{\gamma_{q+1}}$ 倍。表8-6给出了部分数据的比较。

表 8-6　γ_{q+1} 与 γ_{q+1}^* 的比较

q	γ_{q+1}	γ_{q+1}^*	$\gamma_{q+1}^*/\gamma_{q+1}$
4	0.329 861 111 111 11	−0.018 750 000 000 00	−0.056 842 105 263 16
5	0.315 591 931 216 93	−0.014 269 179 894 18	−0.045 214 020 013 62
6	0.304 224 537 037 04	−0.011 367 394 179 89	−0.037 365 145 792 01
7	0.294 868 000 440 92	−0.009 356 536 596 12	−0.031 731 271 559 24
8	0.286 975 446 428 57	−0.007 892 554 012 35	−0.027 502 541 107 85
9	0.280 189 596 443 94	−0.006 785 849 984 63	−0.024 218 779 250 76
10	0.274 265 540 031 60	−0.005 924 056 412 34	−0.021 599 711 037 91
11	0.269 028 846 773 65	−0.005 236 693 257 95	−0.019 465 173 793 64
12	0.264 351 348 366 61	−0.004 677 498 407 04	−0.017 694 248 340 11

从表 8-6 中可以看出，对同一微分方程，采用相同阶数的亚当斯公式，隐式公式要比显式公式精度高，尤其是高阶公式，有明显的提高。

隐式公式在解算精度上较显式公式有明显提高，但是隐式公式是用迭代方法解算的，每次迭代都要按新的 y_{n+1} 估计值计算一次右函数 f_{n+1}。这样就大大增加了计算量。一个折中的办法是采用预报—校正(predictor-evaluation-corrector-evaluation，PECE)算法。经验表明，在使用亚当斯隐式公式时，如 y_{n+1} 的近似值比较精确，一次迭代解就可以使精度有较满意的提高。综合考虑精度与计算量，比较经济的计算方法是首先使用亚当斯显式公式计算 y_{n+1}，把它作为近似值(称为预报值)，再使用亚当斯隐式公式计算 y_{n+1}(称为校正值)。实践证明，预报—校正方法是比较有效的，在解卫星受摄运动方程时广为采用。

图 8-3 给出了采用亚当斯公式进行预报—校正算法的流程。

三、科威尔公式解卫星受摄运动方程

科威尔(Cowell)公式也是一种微分方程的多步解法。它可以解不显含一阶导数的二阶微分方程，如

$$\left.\begin{aligned}\ddot{y}(t)&=f(t,y)\\ \dot{y}(t_0)&=c_1\\ y(t_0)&=c_2\end{aligned}\right\}\tag{8-32}$$

它正是以卫星坐标表示的、卫星受摄运动方程的形式。

在 $[t_n,t]$ 区间对 $\ddot{y}(t)$ 求定积分，得

$$\dot{y}(t)-\dot{y}(t_n)=\int_{t_n}^{t}f(t,y)\,\mathrm{d}t\tag{8-33}$$

再于 $[t_n,t_{n+1}]$ 求定积分，即

$$y(t_{n+1})-y(t_n)-\dot{y}(t_n)(t_{n+1}-t_n)=\int_{t_n}^{t_{n+1}}\int_{t_n}^{t}f(t,y)\,\mathrm{d}t^2\tag{8-34}$$

对式(8-33)在 $[t_n,t_{n-1}]$ 求定积分，即

$$y(t_{n-1})-y(t_n)-\dot{y}(t_n)(t_{n-1}-t_n)=\int_{t_n}^{t_{n-1}}\int_{t_n}^{t}f(t,y)\,\mathrm{d}t^2\tag{8-35}$$

注意到 $t_{n+1}-t_n=-(t_{n-1}-t_n)=h$，将式(8-34)与式(8-35)相加，得

$$y_{n+1}-2y_n+y_{n-1}=\int_{t_n}^{t_{n+1}}\int_{t_n}^{t}f(t,y)\mathrm{d}t^2+\int_{t_n}^{t_{n-1}}\int_{t_n}^{t}f(t,y)\,\mathrm{d}t^2\tag{8-36}$$

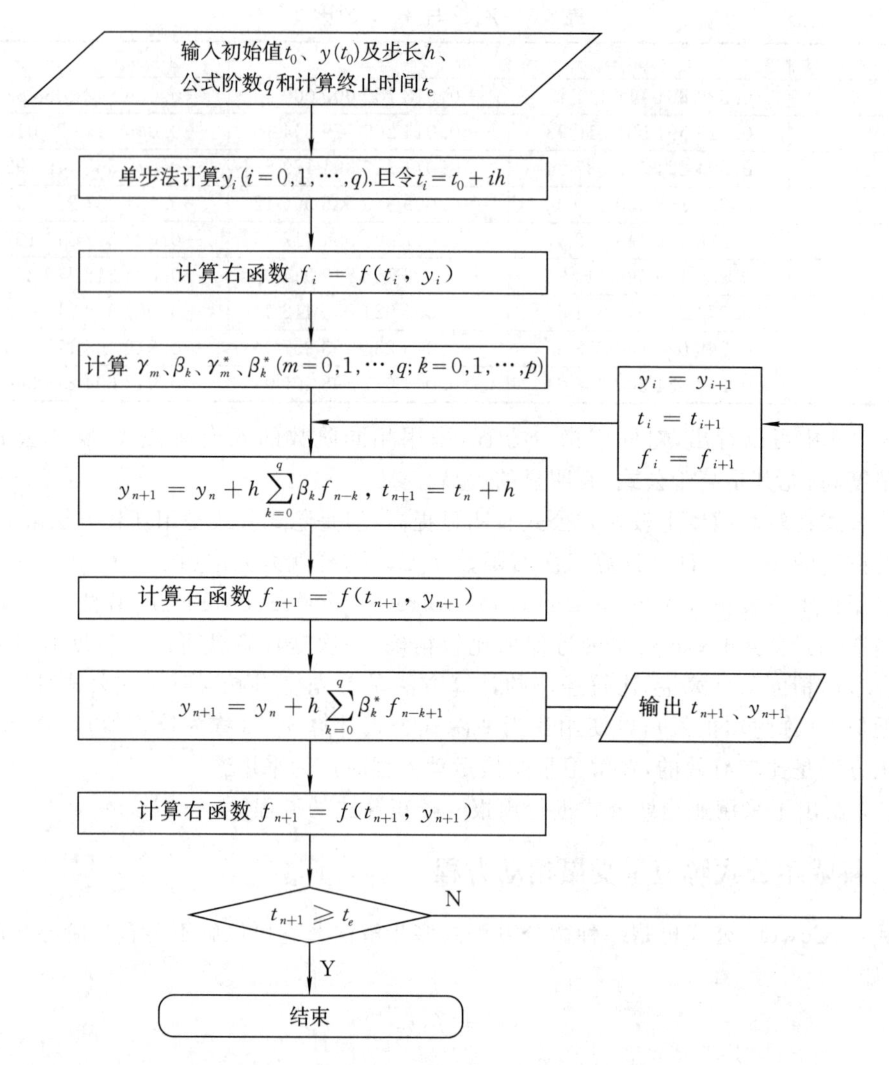

图 8-3　采用亚当斯公式进行预报—校正算法的流程

与亚当斯公式的推导方法相似，式(8-36)中的被积函数 $f(t,y)$ 可在已知 f_n、$f_{n-1}\cdots\cdots f_{n-q}$ 时，利用牛顿后向差分公式外推，这样就将得到科威尔公式的显式公式。也可在已知 f_n、f_{n-1}、f_{n-q}，还知 f_{n+1} 近似值的情况下，利用牛顿后向差分公式内插被积函数 $f(t,y)$，从而得到科威尔公式的隐式公式。

(一)显式公式——斯特默公式

斯特默(Stormer)公式是一种解不显含一阶导数的二阶微分方程的显式公式。

在已知 f_n、$f_{n-1}\cdots\cdots f_{n-q}$ 的情况下，用 q 阶牛顿后向差分公式表示式(8-36)中的被积函数，即

$$f(t,y)=f_n+\frac{1}{h}(t-t_n)\nabla f_n+\frac{1}{2!h^2}(t-t_n)(t-t_{n-1})\nabla^2 f_n+\cdots+\frac{1}{q!h^q}(t-t_n)(t-t_{n-1})\cdots(t-t_{n-q+1})\nabla^q f_n$$

代入式(8-36)可得

$$
\begin{aligned}
y_{n+1}-2y_n+y_{n-1}=&\left(\int_{t_n}^{t_{n+1}}\int_{t_n}^{t} f_n \mathrm{d}t^2+\int_{t_n}^{t_{n-1}}\int_{t_n}^{t} f_n \mathrm{d}t^2\right)+\\
&\left(\int_{t_n}^{t_{n+1}}\int_{t_n}^{t}\frac{1}{h}(t-t_n)\mathrm{d}t^2+\int_{t_n}^{t_{n-1}}\int_{t_n}^{t}\frac{1}{h}(t-t_n)\mathrm{d}t^2\right)\nabla f_n+\cdots+\\
&\left(\int_{t_n}^{t_{n+1}}\int_{t_n}^{t}\frac{1}{q!h^q}(t-t_n)(t-t_{n-1})\cdots(t-t_{n-q+1})\mathrm{d}t^2+\right.\\
&\left.\int_{t_n}^{t_{n-1}}\int_{t_n}^{t}\frac{1}{q!h^q}(t-t_n)(t-t_{n-1})\cdots(t-t_{n-q+1})\mathrm{d}t^2\right)\nabla^q f_n
\end{aligned}
\tag{8-37}
$$

式(8-37)右端各被积函数均为多项式,可求得其定积分。与推导亚当斯公式过程相似,式(8-37)可写为

$$
\left.
\begin{aligned}
\sigma_m=&\frac{1}{h^2}\left(\int_{t_n}^{t_{n+1}}\frac{1}{m!h^m}(t-t_n)(t-t_{n-1})\cdots(t-t_{n-m+1})\mathrm{d}t^2+\right.\\
&\left.\int_{t_n}^{t_{n-1}}\frac{1}{m!h^m}(t-t_n)(t-t_{n-1})\cdots(t-t_{n-m+1})\mathrm{d}t^2\right)\\
y_{n+1}=&2y_n-y_{n-1}+h^2\sum_{m=0}^{q}\sigma_m\nabla^m f_n
\end{aligned}
\right\}
\tag{8-38}
$$

与亚当斯公式一样,系数 σ_m 与右函数 f 无关,与积分步长 h 无关。且系数 σ_m 也不必直接推求,可借助于辅助函数(母函数)$G(t)=\sum_{m=0}^{\infty}\sigma_m t^m$,导出 σ_m 的递推公式,即

$$
\left.
\begin{aligned}
&\sigma_0=1\\
&\sigma_m=1-\frac{2}{3}c_2\sigma_{m-1}-\frac{2}{4}c_3\sigma_{m-2}-\cdots-\frac{2}{m+2}c_{m+1}\sigma_{m-m}
\end{aligned}
\right\}
\tag{8-39}
$$

式中

$$
c_j=1+\frac{1}{2}+\frac{1}{3}+\cdots+\frac{1}{j}
\tag{8-40}
$$

与亚当斯公式一样,可以将右函数 f_n 的高阶差分化为右函数 f_n 的线性组合,于是

$$
\left.
\begin{aligned}
&y_{n+1}=2y_n-y_{n-1}+h^2\sum_{k=0}^{q}\beta_k f_{n-k}\\
&\beta_k=\sum_{m=k}^{q}(-1)^k\binom{m}{k}\sigma_m\\
&\sigma_m=1-\sum_{j=1}^{m}\frac{2}{j+2}c_{j+1}\sigma_{m-j}\\
&c_j=\sum_{i=1}^{j}\frac{1}{i}
\end{aligned}
\right\}
\tag{8-41}
$$

式(8-41)即是科威尔显式公式,或称斯特默公式。它与亚当斯公式在形式上是相似的,只不过是 σ_m(它对应亚当斯公式中的 γ_m)的递推公式中的系数不像亚当斯公式那样简单,为表达明晰,引入了一个辅助系数 $c_j=\sum_{i=1}^{j}\frac{1}{i}$。表 8-7 给出了 m 取 $0\sim6$ 时 σ_m 的值。

表 8-7　部分 σ_m 值

m	0	1	2	3	4	5	6
σ_m	1	0	$\frac{1}{12}$	$\frac{1}{12}$	$\frac{19}{240}$	$\frac{3}{40}$	$\frac{863}{12\,066}$

(二)隐式公式——科威尔公式

与亚当斯隐式公式相似，在解 y_{n+1} 时，不仅利用 f_n、$f_{n-1}\cdots\cdots f_0$ 步点的函数值，且利用一定精度的 y_{n+1} 近似值得到 f_{n+1}，这样就可以使用精度高一些的内插插值代替外推值表示式(8-36)中的被积函数 $f(t,y)$。与科威尔显式公式相似的推导过程可以导出科威尔隐式公式，称为科威尔公式，即

$$\left.\begin{aligned}
y_{n+1} &= 2y_n - y_{n-1} + h^2\sum_{k=0}^{q}\beta_k^* f_{n-k+1}\\
\beta_k^* &= \sum_{m=k}^{q}\binom{m}{k}\sigma_m^*\\
\sigma_m^* &= -\sum_{j=1}^{m}\frac{2}{j+2}c_{j+1}\sigma_{m-j}^*\\
c_j &= \sum_{i=1}^{j}\frac{1}{i}
\end{aligned}\right\}\tag{8-42}$$

实际上，科威尔隐式公式经常与科威尔显式公式一并使用。利用显式公式作为 y_{n+1} 的预报值，求得具有一定精度的右函数 f_{n+1}，再用隐式公式求得 y_{n+1} 更精确的值，也就是预报—校正算法。

表 8-8 给出了 m 取 0 ～ 6 时 σ_m^* 的值。

表 8-8　部分 σ_m^* 值

m	0	1	2	3	4	5	6
σ_m^*	1	-1	$\frac{1}{12}$	0	$-\frac{1}{240}$	$-\frac{1}{240}$	$-\frac{221}{60\,480}$

科威尔公式与亚当斯公式都是利用牛顿后向差分公式导出的，其误差均为所略去的插值公式的余项。与亚当斯公式相似，可导出科威尔公式的截断误差。

对科威尔显式公式，有

$$R_q = h^{q+2}y^{(q+2)}(\xi)\sigma_{q+1}\tag{8-43}$$

对隐式公式，有

$$R_q^* = h^{q+2}y^{(q+2)}(\xi)\sigma_{q+1}^*\tag{8-44}$$

与亚当斯公式一样，科威尔公式是解的 $q+1$ 阶近似表达式，通常称为 $p=q+1$ 阶科威尔公式。比较 σ_{q+1} 与 σ_{q+1}^*（表 8-9)就可看出隐式公式的精度较同阶的显式公式高(在阶数较高的情况下)。具体公式为

$$R_q^* = \frac{\sigma_{q+1}^*}{\sigma_{q+1}}R_q\tag{8-45}$$

表 8-9　σ_{q+1} 与 σ^*_{q+1} 的比较

q	σ_{q+1}	σ^*_{q+1}	$\sigma^*_{q+1}/\sigma_{q+1}$
4	0.075 000 000 000 00	0.004 166 666 666 67	0.055 555 555 555 55
5	0.071 345 899 470 90	0.003 654 100 529 10	0.051 216 685 979 14
6	0.068 204 365 079 36	0.003 141 534 391 53	0.046 060 606 060 61
7	0.065 495 756 172 84	0.002 708 608 906 53	0.041 355 487 207 10
8	0.063 140 432 098 77	0.002 355 324 074 07	0.037 302 945 130 15
9	0.061 072 649 861 71	0.002 067 782 237 05	0.033 857 745 516 78
10	0.059 240 564 123 38	0.001 832 085 738 34	0.030 926 203 446 00
11	0.057 603 625 837 45	0.001 636 938 285 92	0.028 417 278 636 99
12	0.056 129 980 884 51	0.001 473 644 952 95	0.026 254 150 272 70

此外，从 γ_m 与σ_m（或 γ^*_m 与σ^*_m）的比较中还可以看到，同阶的科威尔公式较亚当斯公式的精度高（阶数高的情况），如表 8-10、表 8-11 所示。

表 8-10　科威尔公式与亚当斯公式的精度比较（显式公式）

q	r_{q+1}	σ_{q+1}	σ_{q+1}/r_{q+1}
4	0.329 861 111 111 11	0.075 000 000 000 00	0.227 368 421 052 63
5	0.315 591 931 216 93	0.071 345 899 470 90	0.226 070 100 068 11
6	0.304 224 537 037 04	0.068 204 365 079 36	0.224 190 874 752 03
7	0.294 868 000 440 92	0.065 495 756 172 84	0.222 118 900 914 66
8	0.286 975 446 428 57	0.063 140 432 098 77	0.220 020 328 862 81
9	0.280 189 596 443 94	0.061 072 649 861 71	0.217 969 013 256 82
10	0.274 265 540 031 60	0.059 240 564 123 38	0.215 997 110 379 06
11	0.269 028 846 773 65	0.057 603 625 837 45	0.214 116 911 729 99
12	0.264 351 348 366 61	0.056 129 980 884 51	0.212 330 980 081 35

表 8-11　科威尔公式与亚当斯公式的精度比较（隐式公式）

q	r^*_{q+1}	σ^*_{q+1}	σ^*_{q+1}/r^*_{q+1}
4	0.018 750 000 000 00	0.004 166 666 666 67	0.222 222 222 222 21
5	0.014 269 179 894 18	0.003 654 100 529 10	0.256 083 429 895 70
6	0.011 367 394 179 89	0.003 141 534 391 53	0.276 363 636 363 66
7	0.009 356 536 596 12	0.002 708 608 906 53	0.289 488 410 449 71
8	0.007 892 554 012 35	0.002 355 324 074 07	0.298 423 561 041 21
9	0.006 785 849 984 63	0.002 067 782 237 05	0.304 719 709 650 99
10	0.005 924 056 412 34	0.001 832 085 738 34	0.309 262 034 460 04
11	0.005 236 693 257 95	0.001 636 938 285 92	0.312 590 065 006 86
12	0.004 677 498 407 04	0.001 473 644 952 95	0.315 049 803 272 44

在解 GPS 卫星的轨道时，由于大气阻力可以略而不计，它的右函数不涉及卫星的速度，即不涉及一阶导数问题，因此使用科威尔预报一校正法。但是有些近地卫星，在计算右函数时，要顾及大气阻力，需要已知卫星的运动速度，即卫星位置的一阶导数。这时可平行地使用亚当斯公式和科威尔公式。在考虑大气阻力时的二阶微分方程为

$$\left.\begin{aligned}\ddot{y}(t) &= f(t, y, v)\\ \dot{y}(t_0) &= c_1\\ y(t_0) &= c_2\end{aligned}\right\}\tag{8-46}$$

设 $v(t)=\dot{y}(t)$，则

$$\left.\begin{aligned}\dot{v}(t)&=f(t,y,v)\\v(t_0)&=c_1\\y(t_0)&=c_2\end{aligned}\right\}\tag{8-47}$$

式(8-47)是 v 的一个一阶微分方程，在已知 v_n、v_{n-1}……v_{n-q}，得到 v_{n+1}（即 $\dot{y}_{n+1}$）和 y_{n-1} 后，又可求 f_{n+1}，这样逐步地平行使用两种公式求解。通常称这种方法为亚当斯-科威尔方法。由于科威尔公式的精度高于同阶的亚当斯公式，故亚当斯-科威尔方法较两次使用亚当斯公式求解的精度高。

至于科威尔公式的起步问题，与亚当斯公式一样，通常使用龙格-库塔公式求出起步所需要的前几步点值，只不过要将二阶微分方程化为两倍数量的一阶微分方程。

第二节　阶数与步长的选取

在采用数值法解卫星受摄运动时，首先要选定采用公式的阶数与步长。其选择原则是在保证所要求精度的前提下，节省计算量。和其他数值方法一样，这种选择更主要的是依靠经验（实验），但理论分析可以为实验提供原则和参考。主要的问题是分析各项误差源及其累积的规律。

一、舍入误差

从前述数值法解微分方程的过程可以看出，每推进一步都需要大量的运算（尤其是右函数，即卫星所受摄动力的计算），由于计算的有效位数有限，几乎每次运算都会产生舍入误差。通常假定初始值（推进一步所需已知的步点值）无任何误差，则推进一步所产生的舍入误差为局部舍入误差。实际上，在整体计算过程中，每推进一步都是依据前几步的步点值，而它们也是含有误差的。也就是说，在计算过程中每推进一步都包含了以前各步的累积误差和该步的计算误差。通常把推进至 N 步的误差称为全局误差。布劳威尔(Brouwer)证实，用科威尔方法积分椭圆轨道，把舍入误差视为高斯分布（正态分布）的随机误差，其全局舍入误差的或然误差为

$$R_D=0.112\,4r_dN^{\frac{3}{2}}\tag{8-48}$$

式中，N 为积分步数；r_d 为局部舍入误差，可以简单地看作计算机最后一位有效数字的值。尽管以后的研究证实了系数 0.112 4 有些偏小，但其误差传播规律仍然是以积分步数的 $\frac{3}{2}$ 次方增大的。这说明加大步长（即减小积分步数）不仅可以节省计算时间，而且有利于减少舍入误差。假定局部舍入误差 r_d 为 10^{-16}，按式(8-48)计算可得全局舍入误差与积分步数的关系（表 8-12）。

表 8-12　全局舍入误差与积分步数的关系

N	500	1 000	1 500	2 000
r_d	1.26×10^{-13}	3.55×10^{-13}	6.53×10^{-13}	1.01×10^{-12}

尽管上述对误差的估计有些偏低，在采用双精度值计算积分且步数不太多时，舍入误差并

不十分严重。

应该注意的是，上述估计是在二体问题的基础上导出的，在解卫星受摄运动的方程中，右函数(卫星运动中所受的力)的计算要复杂得多(运算次数多)，这将使局部舍入误差增大。注意程序的编写技巧可以有效地缓解这一问题。

众所周知，计算机是以浮点数进行计算的，对于数值为 10^0 量级的数，有效位数 16 位所产生的舍入误差为 10^{-16} 量级，而对于 10^{-3} 量级的数所产生的舍入误差为 10^{-19} 量级。在计算卫星运动所受的力中，其主项为地球质心引力，即二体问题中的地球引力，其量级为 10^0，而其他许多摄动项为 $10^{-8}\sim10^{-3}$ 量级。应先计算值小的项并求和，保持其一次运算的舍入误差在 10^{-19} 或更小的范围，最后再与主项求和。这样才能保证右函数的计算舍入误差在 10^{-16} 量级，如果每次将所计算的摄动项与主项求和，势必造成舍入误差以每次 10^{-16} 量级逐次累积。此外，如应用的是亚当斯公式，即

$$y_{n+1}=y_n+h\sum_{k=0}^{p-1}\beta_k^* f_{n-k+1}$$

式中，$p=q+1$，y_n 为 10^0 量级。后面 k 取 $0\sim q$ 的求和部分实际上是 y_n 与 y_{n+1}(推进一步)的坐标差，其和为小量，β_k^* 的数值随 k 的增大而递减(表 8-5)。也应按照先将数值小的数求和，后与大数相加的原则安排计算顺序(使用科威尔公式也一样)。

二、截断误差以及阶数与步长的选择

已经导出亚当斯公式和科威尔公式的截断误差为

$$\left.\begin{aligned}R_{\mathrm{T}}&=h^{p+1}y^{(p+1)}(\xi)\gamma_p\\R_{\mathrm{T}}&=h^{p+1}y^{(p+1)}(\xi)\sigma_p\end{aligned}\right\}\tag{8-49}$$

式中，$p=q+1$ 为公式的阶数。式(8-49)是不考虑误差积累情况下，推进一步由所采用公式不精确而带来的误差，故可称为局部截断误差。与舍入误差相似，在考虑了以前各步点截断误差的积累效应后，称为全局截断误差。

虽然许多人给出了各种各样的全局截断误差估计公式，但尚没有一个与实际计算有较好的符合，因此不能作为阶数与步长选择的基础。Henrici 研究了用亚当斯公式解椭圆轨道时截断误差的累积规律，得出用偶阶亚当斯公式的截断误差大体上以与时间 $t-t_0$ 成正比的规律积累，而奇阶亚当斯公式是以与 $(t-t_0)^2$ 成正比的规律积累。但该结论只适合于低阶公式、小步长的情况，对于使用高阶公式、加大步长的情况，不论奇阶或偶阶公式都以与 $(t-t_0)^2$ 成正比的规律累积，应用科威尔公式也可得出相似的结论。尽管如此，通常还是以选择偶数阶的亚当斯或科威尔公式为好。

不论截断误差是按什么规律累积的，局部截断误差是形成截断误差的基本因素，对局部截断误差进行一些分析，对选取阶数与步长是有一定意义的。

自式(8-49)可以看出，局部截断误差取决于三个因素，它们是 h^{p+1}、系数 γ_p 或 σ_p 和函数的高阶导数 $y^{(p+1)}(\xi)$。

首先讨论高阶导数 $y^{(p+1)}(\xi)$ 随公式阶数的变化情况。由于导航卫星和大地测量卫星大多为近圆轨道(如 GPS 卫星的偏心率为 0.005 左右)，我们讨论只受地球质心引力影响的圆形轨道情况。受摄运动方程的分量形式为

$$\frac{\mathrm{d}^2 x}{\mathrm{d}t^2}=\frac{F_x}{m}$$

$$\frac{\mathrm{d}^2 y}{\mathrm{d}t^2}=\frac{F_y}{m}$$

$$\frac{\mathrm{d}^2 z}{\mathrm{d}t^2}=\frac{F_z}{m}$$

式中，F_x、F_y、F_z 为地球质心引力在三个坐标轴上的引力分量。科威尔方法就是解这样的方程组。地球质心引力的位函数在采用人卫单位时为

$$v=\frac{1}{r}$$

由此可求得单位质点引力的各坐标轴的分量，以 x 轴为例，有

$$\begin{aligned} F_x &= \frac{\partial}{\partial x}\left(\frac{1}{r}\right) \\ &= -\frac{1}{r^2}\cos(\boldsymbol{r}^0, x^0) \\ &\approx -\frac{1}{a^2}\cos(\boldsymbol{r}^0, x^0) \end{aligned}$$

式中，$(\boldsymbol{r}^0, x^0)$ 表示卫星方向与 x 轴的夹角，自图 8-4 有

$$\cos(\boldsymbol{r}^0, x^0)=\cos\Omega\cos f-\sin\Omega\cos i\sin f$$

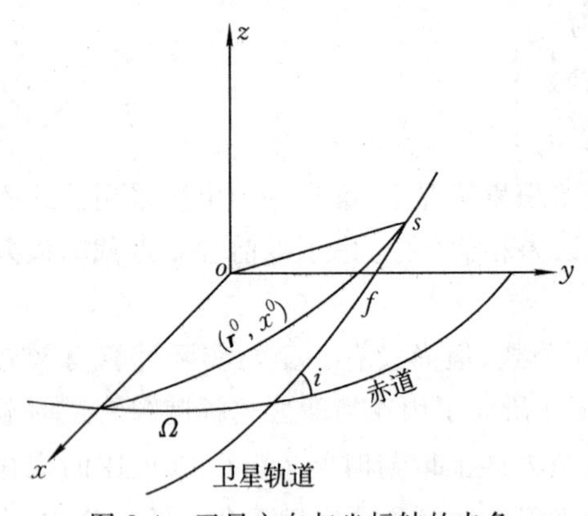

图 8-4 卫星方向与坐标轴的夹角

于是

$$\frac{\mathrm{d}^2 x}{\mathrm{d}t^2}=-\frac{1}{a^2}(\cos\Omega\cos f-\sin\Omega\cos i\sin f) \tag{8-50}$$

$$\begin{aligned} x^{(3)}(t) &= -\frac{1}{a^2}(\cos\Omega\cos f-\sin\Omega\cos i\sin f)\frac{\mathrm{d}f}{\mathrm{d}t} \\ &= \frac{1}{a^2}(c_1\sin f+c_2\cos f)n \end{aligned}$$

式中，c_1、c_2 为绝对值小于 1 的常数；n 为平近点角速度，也为常数。依此继续对 t 求导，得

$$x^{(4)}(t)=\frac{n^2}{a^2}(c_1\cos f+c_2\sin f)$$

$$x^{(5)}(t)=\frac{n^3}{a^2}(-c_1\sin f-c_2\cos f)$$

考虑到

$$c_1\sin f\pm c_2\cos f=\sqrt{c_1^2+c_2^2}\sin\left(f\pm\arctan\frac{c_1}{c_2}\right)$$

$$\cos^2\Omega+\sin^2\Omega\cos^2 i<1$$

则

$$|x^{p+1}(t)|<\frac{n^{p-1}}{a^2} \tag{8-51}$$

对于其他两个分量也可得到相似的结果。

又步长 h 为相邻两个步点的时刻之差，即

$$h=\Delta t=\frac{\Delta f}{n} \tag{8-52}$$

式中，Δf 为相邻点间近点角之差。将式(8-51)与式(8-52)代入式(8-49)，得

$$\left.\begin{array}{l}|R_{\mathrm{T}}|\leqslant\left(\dfrac{\Delta f}{n}\right)^{p+1}\dfrac{n^{p-1}}{a^{2}}\gamma_{p}\\ |R_{\mathrm{T}}|\leqslant a\Delta f^{p+1}\sigma_{p}\end{array}\right\} \tag{8-53}$$

可见局部截断误差取决于轨道半径、系数 γ_p、σ_p 和步长 h(时间)所对应的近点角之差 Δf(以弧度为单位)。

在实际工作中，普遍关心的问题是在保证所要求精度的前提下，如何最经济地完成轨道计算，即使计算量为最小。

用多步法解卫星受摄运动并采用预报—校正法时，不论选定的公式阶数多高，每推进一步需要计算右函数两次。考虑到卫星运动方程的右函数十分复杂，占数值方法计算量的绝大部分。因此，在要求求解的时间内(如计算 5 天的卫星星历表)设法增加步长对节省计算时间是非常重要的。此处，增加步长也就是减少积分时间内的步点数，对减少全局舍入误差也是十分有利的(全局舍入误差以步点的$\frac{3}{2}$次方的规律增加)。

通常 Δf 为小于 1 的值，从式(8-53)可以看出，在保持局部截断误差不变的情况下，可以通过增加公式阶数的方法增加步长。但是这种方法是有限度的，这涉及数值解法的稳定性问题。

在实际进行计算时，一方面起步值不一定完全准确，带有一定的误差；另一方面每步推进还有舍入误差和截断误差，而这些误差会在逐步计算中传播(累积)。所谓稳定性问题就是指这种误差的累积是否受控制的问题。粗略地说，如果计算结果对初始数据的误差和计算过程中的误差不敏感，就可以说计算方法是稳定的，否则就称之为不稳定。对于通常使用的数值积分方法，往往阶数愈高稳定性愈差。使用稳定性差的方法进行计算往往给出精度很差的结果。稳定性好坏同步长有关，一定阶数的公式超过某一步长就会产生不稳定的问题。表 8-13 给出了科威尔预报—校正法解椭圆轨道的稳定区域。

表 8-13　科威尔预报—校正法解椭圆轨道的稳定区域

p	8	9	10	11	12	13	14	15	16	17	18	19	20
$\Delta f_{\max}$	0.989	0.771	0.744	0.680	0.483	0.382	0.308	0.989	0.771	0.744	0.680	0.483	0.382

从表 8-13 中可看出，随阶数的提高，稳定区域变小，即稳定性变差。应该指出，表中给出步长对应的近点角差是最大值，接近这一数值其稳定性已很差。通常积分时间较长时应保证足够的稳定性，而积分时间较短时可适当放宽稳定性的要求。幸好在阶数不甚高时，如 8～14 阶，有较大的稳定区域。通常步长的选择是在保证有足够稳定性的条件下考虑的，表 8-14 给出了不同阶数和步长在用科威尔预报—校正法解 $a=1$ 的近圆轨道的局部截断误差及稳定区域。

表 8-14 科威尔公式预报—校正法的局部截断误差及稳定区域

p	Δf				
	0.025	0.05	0.10	0.20	0.40
8	8.99×10^{-18}	4.60×10^{-15}	2.36×10^{-12}	1.21×10^{-9}	6.18×10^{-7}
10	4.36×10^{-21}	8.94×10^{-18}	1.83×10^{-14}	3.73×10^{-11}	7.68×10^{-8}
12	2.19×10^{-24}	1.80×10^{-20}	1.47×10^{-16}	1.21×10^{-12}	9.88×10^{-9}
14	1.13×10^{-27}	3.71×10^{-23}	1.22×10^{-18}	3.99×10^{-14}	
16	5.89×10^{-31}	7.84×10^{-28}	1.03×10^{-20}		
18	3.22×10^{-34}	1.69×10^{-28}	8.84×10^{-28}	不稳定区	
20	1.75×10^{-37}	3.67×10^{-31}			

从表 8-14 中可以看出在精度相同的情况下，利用提高公式的阶数加大步长是有一定限度的。

此外，不同轨道高度对截断误差的影响远不如阶数和步长的影响灵敏。例如，子午卫星系统卫星与 GPS 卫星的轨道长半轴分别为地球长半轴的 1.16 倍和 4.18 倍，为同一量级，而阶数与步长变化 1 倍的影响往往是 1～3 个数量级。因此，对不同轨道的卫星，可以采用相近(或相同)的阶数和步长（以 Δf 表示步长）。如果以 h(时间) 表示步长，则 GPS 卫星较子午卫星系统卫星，可以加大步长约 4 倍而得到相差不多的精度。

应该指出，由于目前尚没有一个与实际计算符合得较好的全局截断误差模型，前面所给的一些数据只是比较性的。和大多数数值计算方法一样，阶数和步长的选取在实际工作中是建立在经验与试验的基础上的。在取得一定经验之后，上述公式与数据可作为计算方案灵活变化，以适应不同目的与要求的指导性参考。

大量经验表明，使用 12 阶左右的公式，采用 $\Delta f=0.05$ 计算导航与大地测量卫星的星历，是能满足米级(或稍高一些)精度要求的。

三、卫星动力学稳定性问题

应用数值法解卫星的受摄运动时，观察它的运动方程[式(8-1)]，即

$$\frac{\mathrm{d}a}{\mathrm{d}t}=\frac{2}{n\sqrt{1-e^2}}(1+2e\cos f+e^2)^{\frac{1}{2}}U$$

$$\vdots$$

$$\frac{\mathrm{d}M}{\mathrm{d}t}=n-\frac{1-e^2}{nae}(1+2e\cos f+e^2)^{-\frac{1}{2}}\left[\left(2\sin f+\frac{2e^2}{\sqrt{1-e^2}}\sin E\right)U+(\cos E-e)N\right]$$

式中，U、N、W 分别为卫星受摄动力产生的加速度沿卫星的切线方向、主法线方向和次法线方向的分量。在利用数值方法解上述方程组时，不论使用什么公式，总会在每一步点的解算中产生舍入误差和截断误差。如果在初始某一时刻 t_1，根数 a 中产生误差 Δa，按 $n=a^{-\frac{3}{2}}$，将使 n 具有同一量级的误差 Δn。即使以后不再产生误差，在积分至 t_2 时，将会使 M 产生 $\Delta M=\Delta n(t_2-t_1)$ 的误差。考虑到在5天的积分时间内，t_2-t_1 可以达到10^{-3} 量级，即初始阶段根数 a 的误差随积分时间将使M 的误差急剧增加，或M 对根数a 初始阶段的误差十分敏感，因而它

是不稳定的。

应该指出,这种不稳定性不是由数值方法所产生的,而是由微分方程组本身,即是由卫星运动的动力学性质所决定的,称为卫星动力学稳定性问题。这种动力学稳定性问题也称为在李亚普诺夫(Лялунов)意义下的不稳定性问题。

事实上,在以坐标三分量表示的运动方程中也存在这一问题,即在初始阶段的径向位置误差将导致以后积分中切向误差急剧增大。图 8-5 以圆形轨道形式给出这一问题的示意。

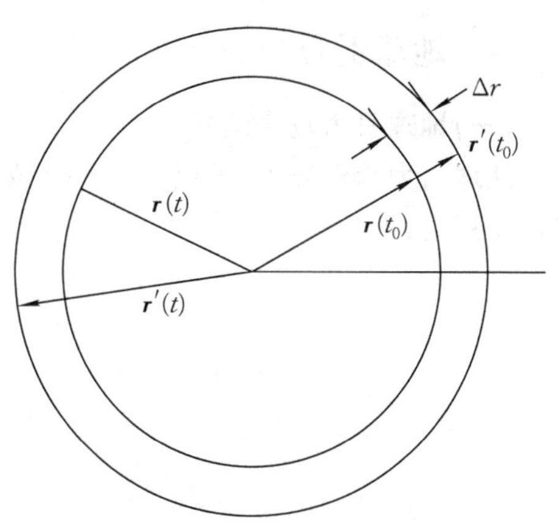

图 8-5　卫星运动中的径向误差与切向误差

这一问题在分析解法中也是一样的。为了保证一定的精度,在分析解中通常要求根数 a 的解算精度较其他根数高一阶(即精度高 10^3 倍)。在数值解法中,由于是六个方程并行计算的,它们的计算误差基本上是相同的(步长一样)。也就是说在计算方法上难以解决切向误差远大于径向误差这一问题。已经发展了一些稳定化的计算方法,这些方法主要是利用一些约束条件或对变量进行变换,设法提高根数 a 的计算精度。这些方法在解决李亚普诺夫动力学不稳定性问题是有效的。但是对解卫星受摄运动这一具体问题而言,它的效果还受到卫星所受摄动力计算精确程度的干扰。摄动力的误差会对卫星的位置(包括径向)产生影响,其中的径向误差也将随积分时间使切向误差急剧增加,从而影响稳定化方法的实际效果。目前就多数卫星而言(包括 GPS 卫星),摄动力数学模型的误差往往大于数值方法的计算误差。稳定化方法的意义在于在保证同样精度的条件下适当增加步长。

在当前计算机所能提供的条件下,更普遍的做法是在切向误差(或 M 的误差)的允许范围内选择数值计算的步长。也就是说当前计算机的性能在一定程度上可以做到在数值法计算精度上不受动力学稳定性的制约,只是对其他根数而言浪费了一些机时。

卫星动力学稳定性问题在实践中的另一个意义在于使我们理解一般卫星星历中(尤其是外推星历),其切向误差常大于其他分量。实际上,这一现象并未使切向误差与其他分量有量级上的差别。这一事实在一定程度上也是动力学稳定性在轨道测定中的贡献。卫星星历的精度不仅取决于解受摄运动方程及摄动计算的精度,还取决于微分方程组的初值,即历元轨道根数 a 的微小变化引起卫星位置在切向方向的明显变化,或者说观测量(如单差相位观测量)对根数 a 的变化十分敏感。其结果是根数 a 的测定精度高于其他根数,这一因素在一定程度上缓解了卫星星历切向分量误差过大的问题。

第三节　卫星所受作用力的计算

卫星运动取决于它所受的作用力和运动初始状态。卫星在运动中所受的作用力是许多作用力的合力,如地球引力、日月引力、潮汐作用力和光辐射压力等(大气阻力在上万千米的轨道高度上可以忽略不计)。其中地球质心引力最大,其他作用力约为它的千分之一或更小,通常将地球质心以外的作用力称为摄动力。卫星所受作用力(或摄动力)表现在受摄运动方程的右端函数中[见式(8-1)、式(8-3)],只有计算出作用力才能完整地给出受摄运动方程,进而解算该方程。随着所采用的受摄运动方程不同,要求作用力以不同的形式表示。例如,采用牛顿受摄运动方程时,要求以摄动力三个加速度分量的形式表示;采用直角坐标表示的受摄运动方程,则要求给出单位质量所受作用力在三个坐标轴上的分量。数值解法中多使用后者。

一、地球引力

(一)地球引力场表达式

地球引力为保守力,可以建立一个位函数 $V(\gamma,\varphi,\lambda)$ 来表示地球外部空间一个单位质点受的作用力,即

$$\boldsymbol{f}_{\mathrm{e}}=\begin{bmatrix}\dfrac{\partial v}{\partial x}\\ \dfrac{\partial v}{\partial y}\\ \dfrac{\partial v}{\partial z}\end{bmatrix} \tag{8-54}$$

由于地球形状不规则,以及其内部质量分布不均匀,位函数不能用一个简单的封闭公式表示,但可用下述无穷级数表示(球函数展开式),即

$$V(r,\varphi,\lambda)=\frac{GM}{r}\left[1+\sum_{n=2}^{\infty}\left(\frac{a_{\mathrm{e}}}{r}\right)^{n}J_{n}P_{n}(\sin\varphi)+\sum_{n=2}^{\infty}\sum_{m=1}^{n}\left(\frac{a_{\mathrm{e}}}{r}\right)^{n}P_{n}^{m}(A_{nm}\cos m\lambda+B_{nm}\sin m\lambda)\right] \tag{8-55}$$

式中,GM 为地球引为常数;a_{e} 为地球椭球的长半轴;$P_n(x)$ 为勒让德多项式;$P_n^m(x)$ 为缔合勒让德多项式,n 为阶数,m 为次数;J_n(也可写为 A_{n0})称为带谐系数,A_{nm}、B_{nm} 称为田谐系数(也将 $n=m$ 时的田谐系数称为扇谐系数)。所有这些系数一旦确定,就唯一地确定了地球引力场。谐系数 J_n、A_{nm}、B_{nm} 均与地球内部质量分布有关。其中

$$\left.\begin{aligned}J_n&=G\int_M\rho_iP_n(\sin\varphi)\,\mathrm{d}m_i\\ A_{nm}&=2\frac{(n-m)!}{(n+m)!}G\int_M\rho_i^nP_n^m(\sin\varphi_i)\cos m\lambda_i\,\mathrm{d}m_i\\ B_{nm}&=2\frac{(n-m)!}{(n+m)!}G\int_M\rho_i^nP_n^m(\sin\varphi_i)\sin m\lambda_i\,\mathrm{d}m_i\end{aligned}\right\} \tag{8-56}$$

式中,ρ_i、φ_i、λ_i 是微分质量 m_i 的坐标值。显然,由于地球内部质量分布十分复杂,无法精确地按式(8-56)计算这些系数,而是依靠卫星测量与地面重力测量解算。在研究卫星运动这样的问题中,通常认为它们是已知的。这样就可按式(8-54)、式(8-55)计算空间任何位置的地球引力。

勒让德多项式与缔合勒让德多项式的定义为

$$\left.\begin{aligned}P_n(x)&=\frac{1}{2^nn!}\frac{\mathrm{d}^n}{\mathrm{d}x^n}(x^2-1)^n\\ P_n^m(x)&=(1-x^2)^{\frac{m}{2}}\frac{\mathrm{d}^m}{\mathrm{d}x^m}P_n(x)\end{aligned}\right\} \tag{8-57}$$

按式(8-57),以 $\sin\varphi$ 代替 x 得

$$
\left.\begin{aligned}
&P_0(\sin\varphi)=1\\
&P_1(\sin\varphi)=\sin\varphi\\
&P_1^1(\sin\varphi)=\cos\varphi\\
&P_2(\sin\varphi)=\frac{1}{2}(3\sin^2\varphi-1)\\
&P_2^1(\sin\varphi)=3\cos\varphi\sin\varphi\\
&P_2^2(\sin\varphi)=3\cos^2\varphi\\
&P_3(\sin\varphi)=\frac{1}{2}(5\sin^3\varphi-3\sin\varphi)\\
&P_3^1(\sin\varphi)=\frac{3}{2}\cos\varphi(5\sin^2\varphi-1)\\
&P_3^2(\sin\varphi)=15\cos^2\varphi\sin\varphi\\
&P_3^3(\sin\varphi)=15\cos^3\varphi\\
&P_4(\sin\varphi)=\frac{1}{8}(35\sin^4\varphi-15\sin^2\varphi+3)\\
&P_4^1(\sin\varphi)=\frac{5}{2}\cos\varphi(7\sin^3\varphi-3\sin\varphi)\\
&P_4^2(\sin\varphi)=\frac{15}{2}\cos^2\varphi(7\sin^2\varphi-1)\\
&P_4^3(\sin\varphi)=105\cos^3\varphi\sin\varphi\\
&P_4^4(\sin\varphi)=105\cos^4\varphi\\
&\qquad\qquad\vdots\\
&P_8^8(\sin\varphi)=2\,027\,025\cos^8\varphi\\
&\qquad\qquad\vdots
\end{aligned}\right\}\tag{8-58}
$$

当阶次很高时，这样推求勒让德多项式是很烦琐的，可以利用下列递推公式自低阶次推求高阶次，即

$$
\left.\begin{aligned}
&P_{n+1}^{n+1}(x)=(1-x^2)^{\frac{1}{2}}(2n+1)P_n^n(x)\\
&P_n^{m+1}(x)=-2(m+1)x(x^2-1)^{-\frac{1}{2}}P_n^m(x)+(n-m)(n+m+1)P_n^{m-1}(x)\\
&P_{n+1}^m(x)=\frac{2n+1}{n-m+1}xP_n^m(x)-\frac{n+m}{n-m+1}P_{n-1}^m(x)
\end{aligned}\right\}\tag{8-59}
$$

为了满足量级估计及其他分析工作的需要，希望能从球谐函数各个系数（J_n、A_{nm}、B_{nm}）直观、简单地看出它们对引力的贡献。但在各阶次的勒让德多项式中，乘常数有很大差别，如$P_8^8(\sin\varphi)=2\,027\,025\cos^8\varphi$，而$P_2^2(\sin\varphi)=3\cos^2\varphi$，会在使用中带来不便。为此，定义一种完全正常化的勒让德多项式$\bar{P}_n^m(\sin\varphi)$，使$\bar{P}_n^m(\sin\varphi)\begin{bmatrix}\cos m\lambda\\ \sin m\lambda\end{bmatrix}$在全部$\varphi$、$\lambda$的取值范围内的均方值为1。按此，可得

$$\left.\begin{aligned}&\bar{P}_n^m(\sin\varphi)=\sqrt{\varepsilon(2n+1)\frac{(n-m)!}{(n+m)!}}P_n^m(\sin\varphi)\\&\varepsilon=\begin{cases}1, & m=0\\2, & m\neq 0\end{cases}\end{aligned}\right\}\tag{8-60}$$

当使用完全正常化的勒让德多项式代替式(8-55)中的勒让德多项式时，其对应的谐系数也相应改变为

$$V(\gamma,\varphi,\lambda)=\frac{GM}{r}\left[1+\sum_{n=2}^{\infty}\left(\frac{a_e}{r}\right)^n\bar{J}_n\bar{P}_n(\sin\varphi)+\sum_{n=2}^{\infty}\sum_{m=1}^{n}\left(\frac{a_e}{r}\right)^n\bar{P}_n^m(\bar{A}_{nm}\cos m\lambda+\bar{B}_{nm}\sin m\lambda)\right]\tag{8-61}$$

式中，$\bar{J}_n$、$\bar{A}_{nm}$、$\bar{B}_{nm}$ 称为完全正常化的球谐系数。$\bar{J}_n$、$\bar{A}_{nm}$、$\bar{B}_{nm}$ 对引力位的贡献是它本身乘以一个系数，此系数在全球范围内的统计上为1，这样就带来了方便。在卫星运动理论中这两种形式都常使用，在使用时应注意位系数与勒让德多项式要相适应，即使用正常化的位系数要对应使用正常化的勒让德多项式，反之亦然。

(二)地球引力的计算

为了便于计算地球引力位，可将式(8-55)写为

$$V=\sum_{n=0}^{N}\sum_{m=0}^{n}(A_{nm}U_n^m+B_{nm}V_n^m)\tag{8-62}$$

式中

$$\left.\begin{aligned}U_n^m&=\frac{GMa_e^nP_n^m(\sin\varphi)\cos m\lambda}{r^{n+1}}\\V_n^m&=\frac{GMa_e^nP_n^m(\sin\varphi)\sin m\lambda}{r^{n+1}}\end{aligned}\right\}\tag{8-63}$$

空间任一点 (r,φ,λ) 单位质量所受的地球引力为

$$\boldsymbol{f}_e=\sum_{n=0}^{N}\sum_{m=0}^{n}\left(A_{nm}\begin{bmatrix}\frac{\partial U_n^m}{\partial x}\\\frac{\partial U_n^m}{\partial y}\\\frac{\partial U_n^m}{\partial z}\end{bmatrix}+B_{nm}\begin{bmatrix}\frac{\partial V_n^m}{\partial x}\\\frac{\partial V_n^m}{\partial y}\\\frac{\partial V_n^m}{\partial z}\end{bmatrix}\right)\tag{8-64}$$

其中，包含 U_n^m、V_n^m 对三个坐标轴的偏导数，即

$$\left.\begin{aligned}\frac{\partial U_n^m}{\partial x}&=\frac{\partial U_n^m}{\partial r}\frac{\partial r}{\partial x}+\frac{\partial U_n^m}{\partial\varphi}\frac{\partial\varphi}{\partial x}+\frac{\partial U_n^m}{\partial\lambda}\frac{\partial\lambda}{\partial x}\\&\vdots\\\frac{\partial V_n^m}{\partial z}&=\frac{\partial V_n^m}{\partial r}\frac{\partial r}{\partial z}+\frac{\partial V_n^m}{\partial\varphi}\frac{\partial\varphi}{\partial z}+\frac{\partial V_n^m}{\partial\lambda}\frac{\partial\lambda}{\partial z}\end{aligned}\right\}\tag{8-65}$$

自式(8-63)可得

$$\frac{\partial U_n^m}{\partial r}=-(n+1)\frac{1}{r}U_n^m$$

$$\frac{\partial V_n^m}{\partial\lambda}=-mV_n^m$$

根据球谐函数的导数方式，有

$$\frac{\mathrm{d}}{\mathrm{d}x}P_n^m(x)=\frac{1}{\sqrt{1-x^2}}P_n^{m+1}(x)-\frac{mx}{1-x^2}P_n^m(x)$$

以 $\sin\varphi$ 代入上式中的 x，可得

$$\frac{\mathrm{d}}{\mathrm{d}\varphi}P_n^m(\sin\varphi)=P_n^{m+1}(\sin\varphi)-m\tan\varphi P_n^m(\sin\varphi)$$

故

$$\frac{\partial U_n^m}{\partial\varphi}=\frac{GMa_e^n}{r^{n+1}}P_n^{m+1}(\sin\varphi)\cos m\lambda-m\tan\varphi U_n^m$$

又自

$$r=\sqrt{x^2+y^2+z^2}$$

$$\varphi=\arctan\frac{z}{\sqrt{x^2+y^2}}$$

$$\lambda=\arctan\frac{y}{x}$$

和

$$x=r\cos\varphi\cos\lambda$$

$$y=r\cos\varphi\sin\lambda$$

$$z=r\sin\varphi$$

可得

$$\frac{\partial r}{\partial x}=\frac{x}{r}=\cos\varphi\cos\lambda$$

$$\frac{\partial\varphi}{\partial x}=-\frac{xz}{r^2\sqrt{x^2+y^2}}=\frac{\cos\lambda\sin\varphi}{r}$$

将以上各式代入式(8-65)，经整理，可得

$$\frac{\partial U_n^m}{\partial x}=\frac{1}{a_e}\left[\frac{1}{2}(n-m+1)(n-m+2)U_{n+1}^{m-1}-\frac{1}{2}U_{n+1}^{m+1}\right]\tag{8-66}$$

同样，可以推求 $\frac{\partial U_n^m}{\partial y}$、$\frac{\partial U_n^m}{\partial z}$、$\frac{\partial V_n^m}{\partial x}$、$\frac{\partial V_n^m}{\partial y}$ 和 $\frac{\partial V_n^m}{\partial z}$。将这些偏导数代入式(8-64)，并令

$$C_n^m=(n-m+1)(n-m+2)$$

可以得到地球引力为

$$\boldsymbol{f}_e=\sum_{n=0}^{N}\sum_{m=0}^{n}\left(\frac{A_n^m}{a_e}\begin{bmatrix}\frac{1}{2}C_n^mU_{n+1}^{m-1}-\frac{1}{2}U_{n+1}^{m+1}\\-\frac{1}{2}C_n^mV_{n+1}^{m-1}-\frac{1}{2}V_{n+1}^{m+1}\\-(n-m+1)U_{n+1}^m\end{bmatrix}+\frac{B_n^m}{a_e}\begin{bmatrix}\frac{1}{2}C_n^mV_{n+1}^{m-1}-\frac{1}{2}V_{n+1}^{m+1}\\\frac{1}{2}C_n^mU_{n+1}^{m-1}+\frac{1}{2}U_{n+1}^{m+1}\\-(n-m+1)V_{n+1}^m\end{bmatrix}\right)\tag{8-67}$$

式中，N 为所取地球引力场谐系数的最高阶次，a_e 为地球赤道半径。

求 U_n^m、V_n^m 所需的参数 γ、φ 和 λ 显然应是卫星在平地球坐标系中的坐标值。通常卫星的位置计算是在天球坐标系内进行的，这就要求进行相应的坐标变换。

U_n^m、V_n^m 可以按式(8-63)逐个计算出，但计算过程太烦琐，可以根据勒让德多项式的递推公式导出它们的递推公式，使计算简化。

自式(8-63)，利用递推公式，得

$$P_{n+1}^{n+1}(x)=\sqrt{1-x^2}(2n+1)P_n^n(x)$$

可得

$$\left.\begin{aligned}U_{n+1}^{n+1}&=(2n+1)\frac{a_e}{r}(U_n^n\cos\varphi\cos\lambda-V_n^n\cos\varphi\cos\lambda)\\V_{n+1}^{n+1}&=(2n+1)\frac{a_e}{r}(V_n^n\cos\varphi\cos\lambda+U_n^n\cos\varphi\cos\lambda)\end{aligned}\right\}\tag{8-68}$$

利用递推公式

$$P_{n+1}^m(x)=\frac{2n+1}{n-m+1}xP_n^m(x)-\frac{m+n}{n-m+1}P_{n-1}^m(x)$$

可得

$$\left.\begin{aligned}U_{n+1}^m&=\frac{a_e}{r(n-m+1)}\left[(2n+1)\sin\varphi U_n^m-\frac{a_e}{r}(n+m)U_{n-1}^m\right]\\V_{n+1}^m&=\frac{a_e}{r(n-m+1)}\left[(2n+1)\sin\varphi V_n^m-\frac{a_e}{r}(n+m)V_{n-1}^m\right]\end{aligned}\right\}\tag{8-69}$$

利用递推公式式(8-68)、式(8-69)就可自 U、V 的低阶次推至高阶次。若将 U_n^m、V_n^m 列成方阵，使用式(8-69)可进行同次的阶数递推(横向递推)，使用式(8-68)可进行阶数与次数相等的递推(对角线递推)。如

$$\begin{array}{ccccccccccccc}
U_0^0 & \rightarrow & U_1^0 & \rightarrow & U_2^0 & \rightarrow & U_3^0 & \rightarrow & U_4^0 & \rightarrow & U_5^0 & \cdots & U_N^0\\
 & \searrow & & & & & & & & & & & \\
0 & & U_1^1 & \rightarrow & U_2^1 & \rightarrow & U_3^1 & \rightarrow & U_4^1 & \rightarrow & U_5^1 & \cdots & U_N^1\\
 & & & \searrow & & & & & & & & & \\
 & & 0 & & U_2^2 & \rightarrow & U_3^2 & \rightarrow & U_4^2 & \rightarrow & U_5^2 & \cdots & U_N^2\\
 & & & & & \searrow & & & & & & & \\
 & & & & 0 & & U_3^3 & \rightarrow & U_4^3 & \rightarrow & U_5^3 & \cdots & U_N^3\\
 & & & & & & & \searrow & & & & & \\
 & & & & & & 0 & & U_4^4 & \rightarrow & U_5^4 & \cdots & U_N^4\\
 & & & & & & & & & \searrow & & & \\
 & & & & & & & & & 0 & U_5^5 & \cdots & U_N^5\\
 & & & & & & & & & & & \ddots & \\
 & & & & & & & & & & & & U_N^N
\end{array}$$

按上述方式递推时，可将 U、V 平行地进行递推，参见式(8-63)。此外，所需的低阶次初始值可通过将低阶次的勒让德多项式代入式(8-63)求得

$$U_0^0=\frac{GM}{r}$$

$$U_1^0=\frac{GMa_e}{r^2}\sin\varphi$$

$$V_0^0=0$$

$$V_1^0=0$$

在应用式(8-67)计算地球引力时，将遇到 $m=0$ 的情况，此时需要计算 U_{n+1}^{-1}、V_{n+1}^{-1}，可利用

$$\left.\begin{aligned}U_n^{-m}&=(-1)^m\frac{(n-m)!}{(n+m)!}U_n^m\\V_n^{-m}&=(-1)^{m+1}\frac{(n-m)!}{(n+m)!}V_n^m\end{aligned}\right\}\tag{8-70}$$

自式(8-63)可以看出 U_n^m、V_n^m 的数学表达式中均含有因子$\frac{a_e^n}{r^{n+1}}$。若取 $a_e=1$(人卫单位)，对GPS卫星而言，其 r 约为4。可见，GPS卫星的轨道特点使得地球引力场中，高阶次项对地球引力的影响随阶数的升高而迅速衰减。具体的分析与计算均说明，对于5天弧段(即5天卫星轨道)，可取至8×8阶。其略去的部分所产生的误差对卫星位置计算的影响小于分米。取至10×10阶，可取得更高的卫星位置计算精度，图8-6为 $n>8$ 项对卫星运动的影响。

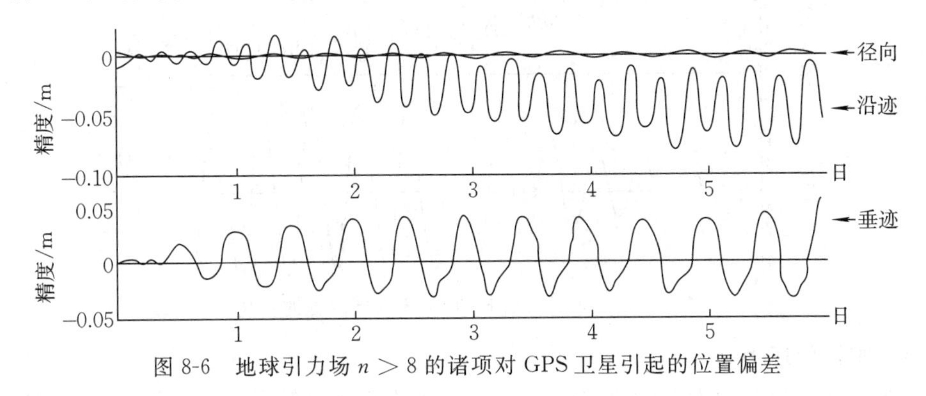

图8-6　地球引力场 $n>8$ 的诸项对GPS卫星引起的位置偏差

二、其他摄动力

与地球引力相较，其他作用力(如日月引力、潮汐作用力、光辐射压力等)要小得多，但在精密轨道计算中必须顾及它们的作用才能取得所需要的精度。在有些卫星的轨道计算中还应考虑大气阻力，在GPS卫星的轨道高度上(20 000 km)，大气阻力已微不足道，不必考虑。

(一)日月引力

卫星在运动中会受到太阳、月亮、木星等天体的引力作用，其中木星等行星所产生的引力已很小，可不予考虑。考虑到地球质心在日、月引力作用下的加速度(以地球质心为原点所建立的非惯性系)，日、月对卫星的作用力可写为

$$\boldsymbol{f}_s+\boldsymbol{f}_m=GM_s\left(\frac{\boldsymbol{R}_s-\boldsymbol{R}}{|\boldsymbol{R}_s-\boldsymbol{R}|}-\frac{\boldsymbol{R}_s}{|\boldsymbol{R}_s|^3}\right)+GM_m\left(\frac{\boldsymbol{R}_m-\boldsymbol{R}}{|\boldsymbol{R}_m-\boldsymbol{R}|}-\frac{\boldsymbol{R}_m}{|\boldsymbol{R}_m|^3}\right)\tag{8-71}$$

式中，G 为引力常数，M_s、M_m 分别表示太阳与月球的质量，$\boldsymbol{R}_s$、$\boldsymbol{R}_m$ 与 $\boldsymbol{R}$ 分别表示太阳、月球和卫星的位置矢量。日、月引力的量级约为 5×10^{-6} m/s^2，在5天弧段对卫星位置的影响可达1～3 km。这意味着需要以 10^{-5}～10^{-4} 的相对精度确定这些引力，即精确至 10^{-16} m/s^2。对于太阳和月亮的位置计算(或使用相应的历表)，应按这一相对精度要求进行。

图8-7为月球引力在5天内引起的GPS卫星位置变化。

(二)潮汐作用力

日月引力作用于地球，使之产生形变(固体潮)或质量移动(海潮)，从而引起地球质量分布的变化，这一变化将引起地球引力的变化。可以将这种变化视为在不变的地球引力中附加

一个小的摄动力——潮汐作用力。在 5 天的弧段中，固体潮对 GPS 卫星位置的影响可达 1 m，海潮的影响约为 0.1 m。

鉴于其影响的量级较小，可以采用较简单的数学模型，即

$$\boldsymbol{f}_{\mathrm{T}}=\frac{k_2}{2}\frac{GM_{\mathrm{d}}}{|\boldsymbol{R}_{\mathrm{d}}|^3}\frac{a_{\mathrm{e}}^5}{|\boldsymbol{R}|^4}\left[(3-15\cos^2\theta)\frac{\boldsymbol{R}}{|\boldsymbol{R}|}+6\cos\theta\frac{\boldsymbol{R}_{\mathrm{d}}}{|\boldsymbol{R}_{\mathrm{d}}|}\right] \tag{8-72}$$

式中，k_2 为二次勒夫数，一般取 0.30；M_{d} 是摄动体的质量（日或月）；$\boldsymbol{R}_{\mathrm{d}}$ 与 $\boldsymbol{R}$ 分别为摄动体与卫星在地球质心坐标系中的位置矢量；θ 为 $\boldsymbol{R}$ 与 $\boldsymbol{R}_{\mathrm{d}}$ 的夹角。至于海潮作用力，由于其影响很小，在卫星轨道计算精度要求不十分高时可暂不考虑。

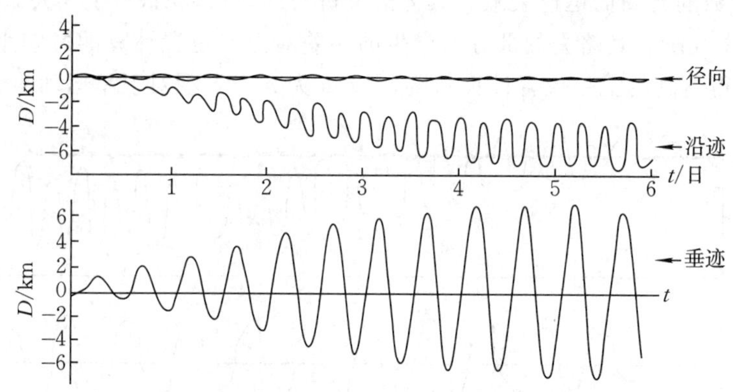

图 8-7　月球引力引起的 GPS 卫星位置的变化

（三）太阳辐射压力

卫星在运动中将受到太阳的直接辐射压力和地球反射辐射压力。太阳直接辐射压力可以表示为

$$\boldsymbol{f}_{\mathrm{pd}}=\gamma P_{\mathrm{s}}C_{\mathrm{r}}\frac{A}{m}|\boldsymbol{R}_{\mathrm{s}}|^2\frac{\boldsymbol{R}-\boldsymbol{R}_{\mathrm{s}}}{|\boldsymbol{R}-\boldsymbol{R}_{\mathrm{s}}|} \tag{8-73}$$

式中，γ 为蚀因子；P_{s} 为距太阳在地球轨道的半径处太阳辐射压的压强，通常取为 $4.5605\times10^{-6}\ \mathrm{N/m^2}$；$C_{\mathrm{r}}$ 是取决于卫星表面反射特性的因子；$\frac{A}{m}$ 是卫星的有效截面积与质量的比（常称为面质比）。蚀因子定义为

$$\gamma=1-\frac{\omega_{\mathrm{ec}}}{\omega_{\mathrm{s}}} \tag{8-74}$$

式中，ω_{ec} 为在卫星处观察太阳被地球所蚀的视立体角，ω_{s} 为太阳的视立体角。以 α_{s}、α_{m}、α_{e} 分别表示太阳、月球和地球的视半径，且

$$\alpha_{\mathrm{s}}=\arcsin\frac{a_{\mathrm{s}}}{|\boldsymbol{R}_{\mathrm{s}}-\boldsymbol{R}|}$$

$$\alpha_{\mathrm{m}}=\arcsin\frac{a_{\mathrm{m}}}{|\boldsymbol{R}_{\mathrm{m}}-\boldsymbol{R}|}$$

$$\alpha_{\mathrm{e}}=\arcsin\frac{a_{\mathrm{e}}}{|\boldsymbol{R}|}$$

式中，a_{s}、a_{m}、a_{e} 分别表示太阳、月球和地球的平均半径，则

$$\omega_s = \pi\alpha_s^2$$

$$\omega_e = \pi\alpha_e^2$$

$$\omega_m = \pi\alpha_m^2$$

自卫星处观察地心与月心至日心的角距分别为

$$\theta_{es} = \arccos\left(-\frac{\boldsymbol{R}(\boldsymbol{R}_s - \boldsymbol{R})}{|\boldsymbol{R}(\boldsymbol{R}_s - \boldsymbol{R})|}\right)$$

$$\theta_{ms} = \arccos\frac{(\boldsymbol{R}_m - \boldsymbol{R})(\boldsymbol{R}_s - \boldsymbol{R})}{|(\boldsymbol{R}_m - \boldsymbol{R})(\boldsymbol{R}_s - \boldsymbol{R})|}$$

这样被地球所蚀的立体角 ω_{es} 可按下述方式计算

$$\omega_{es} = \begin{cases} 0, & -\boldsymbol{R}(\boldsymbol{R}_s - \boldsymbol{R}) \leqslant 0 \text{ 或 } -\boldsymbol{R}(\boldsymbol{R}_s - \boldsymbol{R}) \geqslant 0 \\ & \text{而 } \theta_{es} \geqslant \alpha_e + \alpha_s \\ \sin(\omega_e, \omega_s), & -\boldsymbol{R}(\boldsymbol{R}_s - \boldsymbol{R}) > 0 \text{ 且 } \theta_{es} \leqslant |\alpha_e - \alpha_s| \\ \alpha_s^2 \arccos\left(\dfrac{\beta}{\alpha_s}\right) + \alpha_e^2 \arccos\left(\dfrac{\beta_{es} - \beta}{\alpha_e}\right) - & \\ \quad \theta_{es}\sqrt{\alpha_s^2 + \beta^2}, & -\boldsymbol{R}(\boldsymbol{R}_s - \boldsymbol{R}) > 0 \text{ 且 } |\alpha_e - \alpha_s| < \theta_{es} < |\alpha_e + \alpha_s| \end{cases} \tag{8-75}$$

式中

$$\beta = \frac{\theta_{es}^2\alpha_s^2 - \alpha_e^2}{2\theta_{es}}$$

对于月影所造成的蚀因子的计算方法相同。

按式(8-75)计算，对于 GPS 卫星 5 天弧段可使卫星位置的偏差达到 1 km。可见太阳辐射压力是主要摄动力之一，但按式(8-75)却难以得到 $10^{-4}\sim10^{-3}$ 的精度。其主要原因是反射特性因子 C_r 与面质比 A/m 不精确。此外，太阳辐射压强 P_s 也不精确。提高计算精度的一种途径，是将这一乘积的改正作为一个待定参数，参加轨道改进。事实上，由于 GPS 卫星是由不同反射特性的材料制成的、形状不规则的星体。此外，当它绕地球运转时，被太阳照射的表面积是变化的，因此假定一个不变的 C_r 与 A 所取得的效果是有限制的。

地球反射辐射压主要包括反照辐射和红外辐射，前者主要是地球对太阳直射光的漫反射，后者是地球吸收太阳直接辐射以后的长波辐射。公式为

$$\boldsymbol{f}_{pr} = \iint_{\omega} P_s\left(\frac{a_{es}}{R_s}\right)^2 \frac{1+\eta_s}{\pi}\left(\frac{A}{m}\right)\frac{A_e\cos\theta_s\cos\alpha}{\rho^2}\left(\frac{\boldsymbol{\rho}}{\rho}\right)\mathrm{sgn}(\cos\theta_s)\,\mathrm{d}s + \iint_{\omega}\frac{P_s}{4}\left(\frac{a_{es}}{R_s}\right)^2\frac{1+\eta_s}{\pi}\left(\frac{A}{m}\right)\frac{E_m\cos\alpha}{\rho^2}\left(\frac{\boldsymbol{\rho}}{\rho}\right)\mathrm{d}s \tag{8-76}$$

式中，a_{es} 为地球轨道半径，η_s 为卫星表面的反射率，θ_s 为地球上面积元 ds 的法线与太阳地心矢量间的夹角，α 为面积元 ds 的法线与该面积元至卫星方向的夹角，$\boldsymbol{\rho}$ 为面积元至卫星的矢量，ω 为卫星可见到的地球表面部分，sgn(x) 定义为

$$\mathrm{sgn}(x) = \begin{cases} 1, & x > 0 \\ 0, & x \leqslant 0 \end{cases}$$

A_e、E_m 分别表示地球反照率和发射率，即

$$A_e = 0.34 + 0.1\cos\left(\frac{2\pi}{365.25}(t - t_0)\right)\sin\varphi + 0.29\left(\frac{3}{2}\sin^2\varphi - \frac{1}{2}\right) \tag{8-77}$$

$$E_m = 0.68 - 0.07\cos\left(\frac{2\pi}{365.25}(t - t_0)\right)\sin\varphi - 0.18\left(\frac{3}{2}\sin^2\varphi - \frac{1}{2}\right) \tag{8-78}$$

其中，φ 为面积元的地理纬度，t 为以儒略日表示的时刻，t_0 取 2 444 960.5 日。

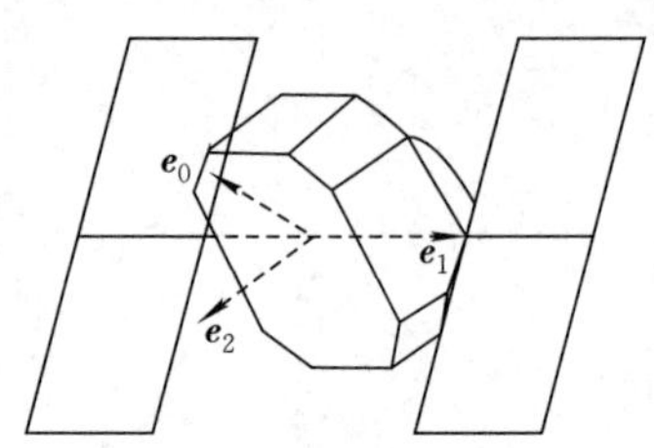

图 8-8　太阳辐射压的 y 偏差

显然，地球表面反射率及发射率还与面积元是海洋还是陆地，以及地表植被有关，上面涉及的数学模型的精度是有限的。幸好这一反射辐射压力的值仅有直接辐射压力的 1%。

除此之外，太阳光辐压力还会产生“y 偏差”。卫星在运动中太阳能电池翼板是靠绕其旋转轴（图 8-8 中 $\boldsymbol{e}_0$ 为太阳方向，$\boldsymbol{e}_1$ 为天线方向，$\boldsymbol{e}_2$ 为电池板旋转轴方向）旋转来保持与太阳辐射方向垂直的。保持这种垂直的精度取决于探测器分辨率及驱动系统。在一段时间内由绕 $\boldsymbol{e}_2$ 轴旋转不准确而造成的偏差带有随机性质。但是 $\boldsymbol{e}_2$ 轴的偏差为系统性偏差（产生沿 $\boldsymbol{e}_2$ 轴方向的分力），称为 y 偏差 $\boldsymbol{f}_{py}$，即

$$\boldsymbol{f}_{py} = \gamma P_s C_{rp}(2d_1 + d_2 + d_3)\boldsymbol{e}_2 \tag{8-79}$$

式中，C_{rp} 为太阳电池板反射率，d_1 为太阳传感器与轴的夹角，d_2 为电池板间的夹角，d_3 为航向姿态控制偏差。这种 y 偏差约为直射辐射压力的 0.5%。

图 8-9 给出了太阳辐射压力在 5 天内引起的 GPS 卫星位置的变化。

综合以上各种摄动力，有

$$\boldsymbol{F} = \boldsymbol{f}_e + \boldsymbol{f}_s + \boldsymbol{f}_m + \boldsymbol{f}_T + \boldsymbol{f}_p \tag{8-80}$$

$$\boldsymbol{f}_p = \boldsymbol{f}_{pd} + \boldsymbol{f}_{pr} + \boldsymbol{f}_{py} \tag{8-81}$$

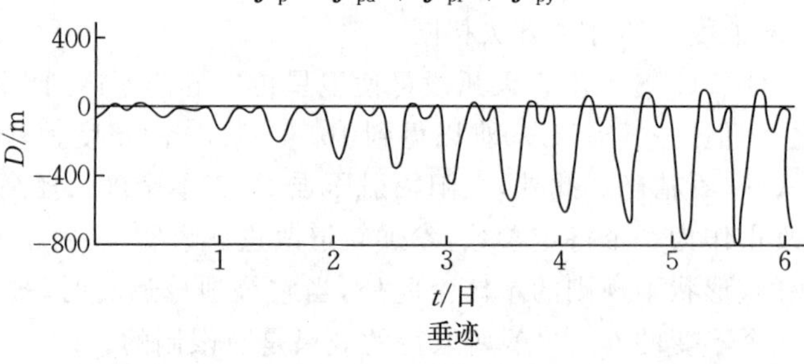

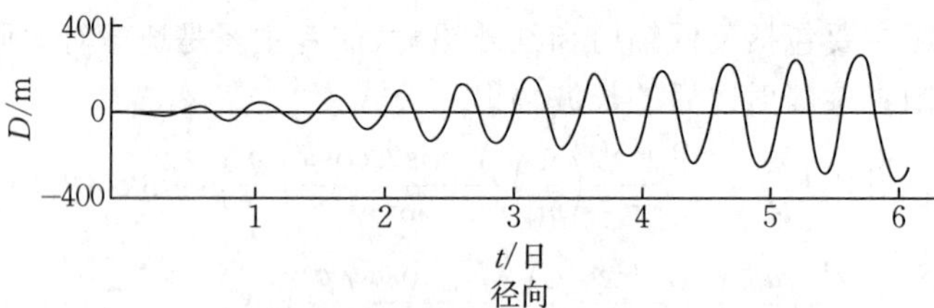

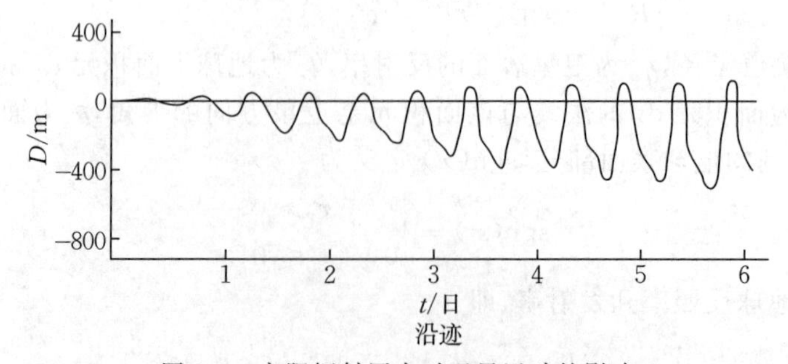

图 8-9　太阳辐射压力对卫星运动的影响

第九章　卫星的轨道测定

卫星导航应用及精密定位的数据处理(解算中)都要求提供卫星星历,即要求已知观测瞬间所测卫星的位置。从这些解(导航解、精密定位解)的精度分析中我们已经知道,卫星星历误差是主要误差源之一。可见这些应用技术都需要由保证部门提供一定精度的卫星轨道(可以是轨道参数或一定形式的广播星历)。美国的全球定位系统(GPS)本身即包括一个地面监控网,它用于不断地跟踪(观测)全部 24 颗 GPS 卫星并将观测数据送至计算中心。计算中心依据各跟踪站的观测数据计算卫星轨道,并以用户计算量最小的方式将卫星轨道信息注入全卫星存储单元,按时发播给用户使用。而规模更大的跟踪网及内插星历将以更高的精度,于事后提供给那些事后处理并要求更高星历精度的用户(如精密定位用户)。我国于 1984 年进行了这方面的研究。事实上,广域差分的中心站也需要考虑对 GPS 卫星的独立建轨问题。在条件成熟时我国也会发展自己的卫星导航系统,也需要对自己系统的卫星进行定轨。卫星定轨技术是卫星导航系统中不可缺少的一个重要环节。

第一节　局部地区 GPS 卫星定轨

我们研究 GPS 卫星定轨问题主要是为了解决我国独立测定 GPS 卫星轨道问题和我国导航卫星系统的卫星定轨问题。从我国的具体情况出发,我们将讨论以相位测量作为基本观测量,以及跟踪站设在我国国内的卫星的定轨问题。

相较其他卫星(如子午卫星系统的导航卫星),GPS 卫星的轨道高度和空间分布给卫星轨道测定提供了有利条件。影响卫星轨道测定精度的主要因素有大气阻力的不精确、地球引力场高阶谐系数的不准确和观测资料分布的缺陷。对于运行在 20 000 km 高度上的 GPS 卫星而言,大气密度已小到不会影响解算精度的程度。与此同时,地球引力场高阶项对卫星所产生的摄动力随阶次的提高而迅速衰减。图 9-1 给出了 GPS 卫星所受地球引力场高阶项摄动力与零阶项的比。为了比较,图 9-1 中还给出了子午卫星系统卫星的相应值。

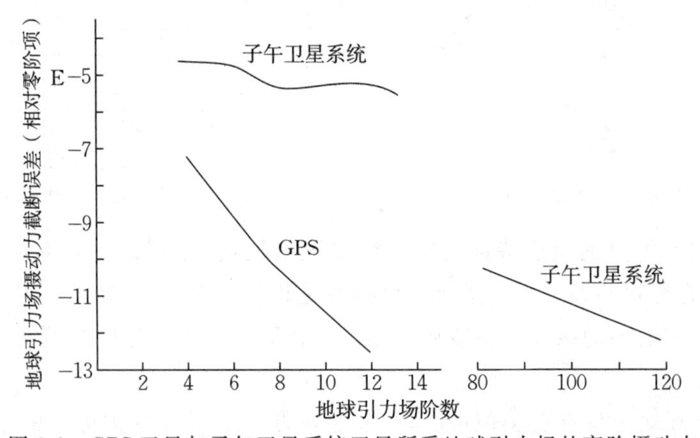

图 9-1　GPS 卫星与子午卫星系统卫星所受地球引力场的高阶摄动力

由图 9-1 可以看出，对于 GPS 卫星只需要取至 11 阶即可使地球引力场摄动力的截断误差小于 10^{-12}（相对零阶项）。对于子午卫星系统卫星，要达到同样的精度需要取至 110 阶。GPS 卫星的这一特点使我们可以避开已知的、地球引力场高阶谐系数不够准确的问题。此外，对于使用数值法计算卫星运动状态也是有利的（节省计算右函数的机时）。对于一般的卫星定轨，在局部地区设置跟踪站对卫星进行观测时，往往因地理位置的限制而难以取得较好的观测覆盖。GPS 卫星的轨道特点使这一状况有了较大的改善。图 9-2 给出了在我国中部地区的一个站（$L=107°$，$B=38.2°$）对一颗 GPS 卫星的可观测范围。为了比较，也给出了同一跟踪站对一颗子午卫星系统卫星的可观测范围。从图 9-2 中可以看出，一个跟踪站对某一颗 GPS 卫星的可观测范围达 150°，占卫星运动一周的 42%，在一段时间内（如几天）的观测覆盖率为 21%，而子午卫星系统卫星的相应值分别为 10% 和 3%。例如，在我国境内设 6 个边长为 1 600～1 800 km 的卫星跟踪站（图 9-3），并按不少于 3 个卫星跟踪站可对卫星进行观测时，对于 24 颗卫星的观测覆盖在 1 周内平均为 200°，在一段时间内的平均覆盖率为 27.8%（图 9-4）。

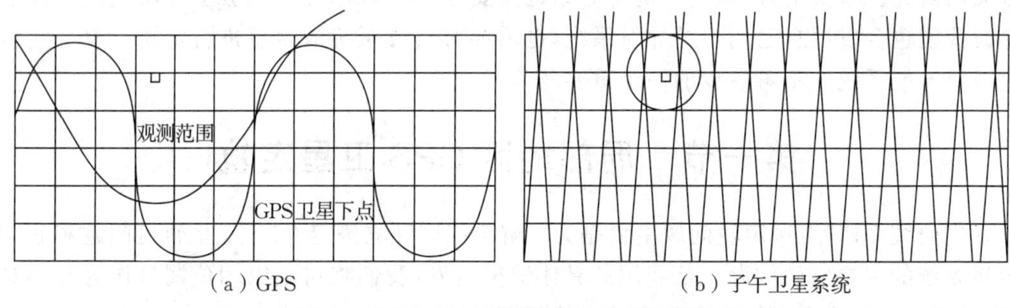

（a）GPS　　（b）子午卫星系统

图 9-2　GPS 和子午卫星系统卫星的观测覆盖

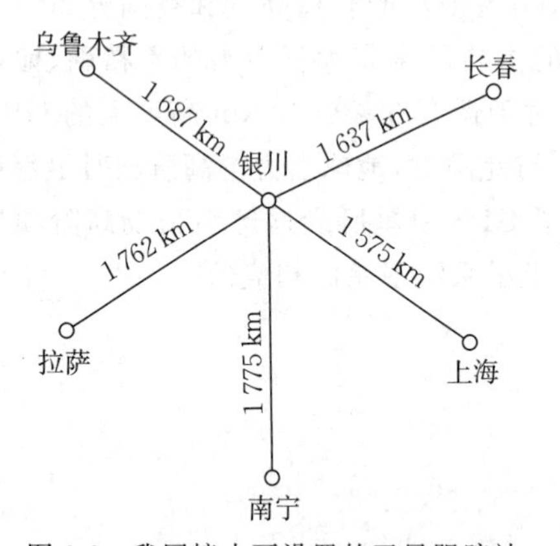

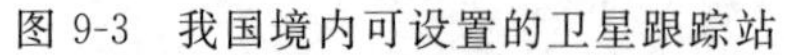

图 9-3　我国境内可设置的卫星跟踪站

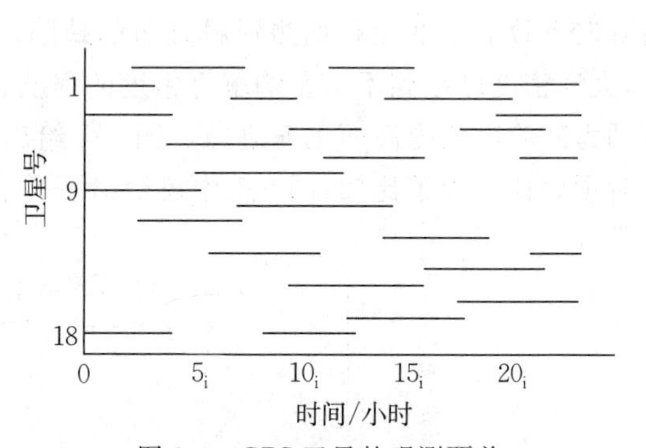

图 9-4　GPS 卫星的观测覆盖

综上所述，GPS 卫星的轨道特点给精密测定卫星轨道，尤其是在局部地区进行这样的轨道测定提供了十分有利的条件。这里所说的有利是相对其他卫星（如子午卫星系统卫星）而言的，显然一个全球范围内的跟踪网会较局部地区的跟踪网取得更好的观测覆盖，从而取得更好的轨道测定结果。

事实上，对于高轨卫星都有类似情况，一般会较低轨卫星能提供更好的定轨条件，至于其跟踪弧段的长短，对不同卫星轨道可能会有所区别。

第二节 卫星轨道根数的改进

第七章已经讨论了卫星精密星历的计算方法，不论哪一种方法都需要已知某一瞬间的卫星轨道根数（也称为历元轨道根数）或卫星的运动状态（对应该时刻的卫星位置、速度）。由第二章的讨论我们知道，在卫星的受摄运动中可自瞬时轨道根数 $\boldsymbol{\sigma}(t_0)$，经过计算，得到对应该瞬间的卫星位置 $\boldsymbol{r}(t_0)$ 和速度 $\dot{\boldsymbol{r}}(t_0)$。可见历元时刻的轨道根数或此时刻的卫星运动状态（它们都有六个参数）是等效的。初始轨道根数的改进，也称为轨道改进，是解历元轨道根数的常用方法。在卫星定轨的实际工作中，总是可以得到一定精度的历元轨道根数近似值。这种近似值可以是前期轨道测定的外推值。轨道改进的任务就是利用跟踪站对卫星的大量观测数据，按最小二乘法使历元轨道根数的近似值得到精化（改进）。事实上，建立卫星受摄运动方程（如拉格朗日行星运动方程），解受摄运动微分方程组（数值解或分析解），连同本章所要讨论的通过观测确定积分常数（历元轨道根数）共同构成一般动力学问题的完整解。

一、轨道改进的数学模型

轨道改进的基础是建立观测量与待改进量的关系。在卫星受摄运动中，其轨道根数是随时间而变化的，积分常数为对应某一时刻的瞬时轨道根数 $\sigma_j(t_0)(j=1,2,\cdots,6)$，称为历元轨道根数。为了书写方便，有时简写为 $\boldsymbol{\sigma}(t_0)$，它代表六个轨道根数。一般在天球坐标系中进行轨道改进，并以下标 1、2、3 表示直角坐标的三个分量。

按第六章所述，跟踪站 0、跟踪站 i 对卫星 j 进行同步观测所构成的单差观测量为

$$\Phi_{0i}^j(t)=f^j\delta t_{0i}(t)+N_{0i}^j-\frac{1}{c}f^j(\rho_i^j(t)-\rho_0^j(t))-\frac{1}{c}f^j(\dot{\rho}_0^j(t)\delta t_{0i}(t)+\delta\dot{\rho}_{0i}^j(t)\delta t_i(t))-\frac{1}{c^2}f^j(\dot{\rho}_0^j(t)\delta\rho_{0i}^j(t)+\rho_0^j(t)\delta\dot{\rho}_{0i}^j(t)) \tag{9-1}$$

式中

$$\delta t_{0i}(t)=\delta t_i(t)-\delta t_0(t)$$

$$\delta\rho_{0i}^j(t)=\rho_i^j(t)-\rho_0^j(t)$$

$$\delta\dot{\rho}_{0i}^j(t)=\dot{\rho}_i^j(t)-\dot{\rho}_0^j(t)$$

其中，t 表示观测时间；上标表示卫星序号，下标表示跟踪站序号并以 0 表示参考站，其他跟踪站均与参考站构成单差观测量；$\delta t(t)$ 表示接收机钟差；ρ 表示所测卫星至跟踪站接收机天线间的距离；$\dot{\rho}$ 为 ρ 的变率。此外，式(9-1)中

$$N_{0i}^j=N_i^j-N_0^j \tag{9-2}$$

式中，N_{0i}^j 为模糊参数。

式(9-1)左端为单差观测量的理论值，它等于实际观测值与观测误差之和，即

$$\Phi_{0i}^j(t)=[\Phi_{0i}^j(t)]'+v_{0i}^j(t) \tag{9-3}$$

式(9-1)右端中，ρ 与 $\dot{\rho}$ 是跟踪站位置 $\boldsymbol{R}$ 与卫星位置 $\boldsymbol{r}=[x_1\ \ x_2\ \ x_3]^{\mathrm{T}}$ 的函数，而卫星位置是瞬时轨道根数 $\boldsymbol{\sigma}^j(t)$ 的函数，后者又是历元轨道根数 $\boldsymbol{\sigma}^j(t_0)$ 的函数。引入历元轨道根数的近似值 $[\boldsymbol{\sigma}^j(t_0)]^0$ 及其改正数 $\Delta\boldsymbol{\sigma}^j(t_0)$，有

$$\boldsymbol{\sigma}^j(t_0)=[\boldsymbol{\sigma}^j(t_0)]^0+\Delta\boldsymbol{\sigma}^j(t_0) \tag{9-4}$$

对式(9-4)右端有关项进行级数展开。在级数展开中考虑式中最后含 $\dot{\rho}$ 的项为微小改正项，并略去改正数 $\Delta\sigma^j$ 的高次项，可以得到

$$v_{0i}^j(t) - f^j\delta t_{0i}(t) = N_{0i}^j + \sum_{l=1}^{3}\sum_{m=1}^{6}\sum_{n=1}^{6}\frac{\partial\Phi_{0i}^j}{\partial x_l^j}\frac{\partial x_l^j}{\partial\sigma_m^j(t)}\frac{\partial\sigma_m^j(t)}{\partial\sigma_n^j(t_0)}\Delta\sigma_n^j(t_0) + \Phi_{0i}^j([\boldsymbol{\sigma}^j(t_0)]^0, \boldsymbol{R}_0, \boldsymbol{R}_i, t) - [\Phi_{0i}^j(t)]' \tag{9-5}$$

式中，$\Phi_{0i}^j([\boldsymbol{\sigma}^j(t_0)]^0, \boldsymbol{R}_0, \boldsymbol{R}_i, t)$ 是以历元轨道根数的近似值、已知的跟踪站接收机天线位置和观测时间 t 代入式(9-3)的计算值。

式(9-5)还可以写为

$$v_{0i}^j(t) = f^j\delta t_{0i}(t) + N_{0i}^j + \boldsymbol{BCD}\Delta\boldsymbol{\sigma}^j(t_0) + l_{0i}^j(t) \tag{9-6}$$

式中

$$\boldsymbol{B} = [b_1 \quad b_2 \quad b_3], \quad \boldsymbol{C} = \begin{bmatrix} c_{11} & c_{12} & c_{13} & \cdots & c_{16} \\ c_{21} & c_{22} & c_{23} & \cdots & c_{26} \\ c_{31} & c_{32} & c_{33} & \cdots & c_{36} \end{bmatrix}, \quad \boldsymbol{D} = \begin{bmatrix} d_{11} & d_{12} & d_{13} & \cdots & d_{16} \\ d_{21} & d_{22} & d_{23} & \cdots & d_{26} \\ \vdots & \vdots & \vdots & & \vdots \\ d_{61} & d_{62} & d_{63} & \cdots & d_{66} \end{bmatrix} \tag{9-7}$$

其中

$$b_l = \frac{\partial\Phi_{0i}^j}{\partial x_l^j}, \quad c_{lm} = \frac{\partial x_l^j}{\partial\sigma_m^j(t)}, \quad d_{mn} = \frac{\partial\sigma_m^j(t)}{\partial\sigma_n^j(t_0)}$$

$$\left.\begin{aligned} \Delta\boldsymbol{\sigma}^j(t_0) &= \begin{bmatrix} \Delta\sigma_1^j(t_0) \\ \Delta\sigma_2^j(t_0) \\ \vdots \\ \Delta\sigma_6^j(t_0) \end{bmatrix} \\ l_{0i}^j(t) &= \Phi_{0i}^j([\boldsymbol{\sigma}^j(t_0)]^0, \boldsymbol{R}_0, \boldsymbol{R}_i, t) - [\Phi_{0i}^j(t)]' \end{aligned}\right\} \tag{9-8}$$

由于 N_{0i}^j 与 $\delta t_{0i}(t)$ 间存在线性相关，式(9-6)还需要做些改化，令

$$\delta t_{0i}(t_k) = \delta t_{0i}(t_1) + \Delta t_{0i}(t_k) \tag{9-9}$$

式中，下标 k 表示观测历元序号。这时式(9-6)可写为

$$v_{0i}^j(t_k) = f^j\Delta t_{0i}(t_k) + \overline{N}_{0i}^j + \boldsymbol{BCD}\Delta\boldsymbol{\sigma}^j(t_0) + l_{0i}^j(t_k) \tag{9-10}$$

式中

$$\overline{N}_{0i}^j = N_{0i}^j + f^j\delta t_{0i}(t_1) \tag{9-11}$$

式(9-10)即为联系单差观测量与历元轨道根数改正数的数学模型，也称为误差方程。在误差方程式中有如下待定参数。

(1)站间钟差参数 $\Delta t_{0i}(t_k)$：$(K-1)(I-1)$ 个。

(2)模糊参数 $\overline{N}_{0i}^j$：$\sum_{j=1}^{J} p^j(I-1)$ 个。

(3)历元轨道根数改正数 $\Delta\sigma^j(t_0)$：$6J$ 个。

其中，K 为观测历元数，I 为跟踪站数，J 为跟踪卫星数，p^j 为卫星 j 的通过次数(假定卫星通过过程中信号不中断)。应该说明，这里待定参数的数量是对典型化的情况而言的，实际工作中会有些出入。

可以应用最小二乘法解这些待定参数，即

$$\boldsymbol{Y}=(\boldsymbol{A}^{\mathrm{T}}\boldsymbol{P}\boldsymbol{A})^{-1}\boldsymbol{A}^{\mathrm{T}}\boldsymbol{P}\boldsymbol{L} \tag{9-12}$$

式中，$\boldsymbol{A}$ 为误差方程系数矩阵，$\boldsymbol{P}$ 为多站单差观测量的相关权矩阵，$\boldsymbol{L}$ 为自由项向量，$\boldsymbol{Y}$ 为解向量。

由于同一观测历元对同一卫星所组成的单差观测量都使用了同一参考站的相位观测量，这些观测量之间是相关的，其相关系数为$\frac{1}{2}$。在观测历元 t_k 对卫星 j，所取得的 $I-1$ 个单差观测量的协因数子矩阵为

$$\boldsymbol{Q}^{j}(k)=\begin{bmatrix}2 & 1 & \cdots & 1\\ 1 & 2 & \cdots & 1\\ \vdots & \vdots & & \vdots\\ 1 & 1 & \cdots & 2\end{bmatrix} \tag{9-13}$$

不同卫星、不同观测历元间的单差观测量彼此不相关，故一段时间内取得的观测量其协因数矩阵为一分块对角矩阵，即

$$\boldsymbol{Q}=\begin{bmatrix}\boldsymbol{Q}^{1}(1) & & & & & & & & & & \\ & \boldsymbol{Q}^{2}(1) & & & & & & & & & \\ & & \ddots & & & & & & & & \\ & & & \boldsymbol{Q}^{J}(1) & & & & & & & \\ & & & & \boldsymbol{Q}^{1}(2) & & & & & & \\ & & & & & \boldsymbol{Q}^{2}(2) & & & & & \\ & & & & & & \ddots & & & & \\ & & & & & & & \boldsymbol{Q}^{J}(2) & & & \\ & & & & & & & & \ddots & & \\ & & & & & & & & & \boldsymbol{Q}^{1}(K) & \\ & & & & & & & & & & \ddots \\ & & & & & & & & & & & \boldsymbol{Q}^{J}(K)\end{bmatrix} \tag{9-14}$$

由于

$$\boldsymbol{P}=\boldsymbol{Q}^{-1}$$

故也可将解写为

$$\boldsymbol{Y}=(\boldsymbol{A}^{\mathrm{T}}\boldsymbol{Q}^{-1}\boldsymbol{A})^{-1}(\boldsymbol{A}^{\mathrm{T}}\boldsymbol{Q}^{-1}\boldsymbol{L}) \tag{9-15}$$

如果选用双差观测量进行轨道改进，同样也可以得到联系观测量与历元轨道根数改正数的数学模型，稍有不同的是每一双差观测量将涉及两颗卫星的历元根数改正数。为了便于处理，我们规定在一个观测历元中各双差观测量都是由同一颗参考卫星 0 构成的，即有

$$v_{0i}^{0j}(t)=N_{0i}^{0j}+\boldsymbol{B}^{j}\boldsymbol{C}^{j}\boldsymbol{D}^{j}\Delta\boldsymbol{\sigma}^{j}(t_0)-\boldsymbol{B}^{0}\boldsymbol{C}^{0}\boldsymbol{D}^{0}\Delta\boldsymbol{\sigma}^{0}(t_0)+l_{0i}^{0j}(t) \tag{9-16}$$

式中

$$l_{0i}^{0j}(t)=\Phi_{0i}^{0j}([\boldsymbol{\sigma}^{j}(t_0)]^{0},[\boldsymbol{\sigma}^{0}(t_0)]^{0},\boldsymbol{R}_0,\boldsymbol{R}_i,t)-[\Phi_{0i}^{0j}(t)]' \tag{9-17}$$

其最小二乘解为

$$\boldsymbol{Y}=(\boldsymbol{A}^{\mathrm{T}}\boldsymbol{Q}^{-1}\boldsymbol{A})^{-1}(\boldsymbol{A}^{\mathrm{T}}\boldsymbol{Q}^{-1}\boldsymbol{L}) \tag{9-18}$$

它与单差观测量解的形式相似，只是由于双差观测量与单差观测量具有不同的相关特性，其协因数矩阵 $\boldsymbol{Q}$ 有所不同。

设在同一观测历元的两个双差观测量为

$$\Phi_{0i}^{0j}=\Phi_{i}^{j}-\Phi_{0}^{j}-\Phi_{i}^{0}+\Phi_{0}^{0}$$

$$\Phi_{0i'}^{0j'}=\Phi_{i'}^{j'}-\Phi_{0}^{j'}-\Phi_{i'}^{0}+\Phi_{0}^{0}$$

它们都是由四个相位观测量的线性组合构成的。如果所测的非参考卫星 $i\neq i'$，且非参考跟踪站 $j\neq j'$，则组成双差观测量的四个相位观测量中有一个共用的 Φ_{0}^{0}，故它们之间的相关系数为$\frac{1}{4}$。若 $i\neq i'$、$j=j'$，此时形成的双差观测量有两个相位观测量是共用的(Φ_{0}^{0}、Φ_{0}^{j})，它们之间的相关系数为$\frac{1}{2}$。同样道理，若 $i=i'$、$j\neq j'$，其相关系数为$\frac{1}{2}$。表 9-1 归纳了上述情况，并以协因数表示这种相关性。

表 9-1 多站双差观测量间的协因数

跟踪站序号	$i=i'$	$i=i'$	$i\neq i'$	$i\neq i'$
卫星序号	$j=j'$	$j\neq j'$	$j=j'$	$j\neq j'$
协因数	4	2	2	1

从以上的分析我们还可以看出，不同观测历元的各双差观测量间的相关系数为 0，即彼此不相关(构成双差观测量时没有共用的相位观测量)。作为例子，假定在三个跟踪站 0、1、2，于某一观测历元 t_k 观测四颗卫星 0、1、2、3，构成六个双差观测量，其协因数子矩阵为

$$\boldsymbol{Q}(k)=\begin{bmatrix}4&2&2&2&1&1\\2&4&2&1&2&1\\2&2&4&1&1&2\\2&1&1&4&2&2\\1&2&1&2&4&2\\1&1&2&2&2&4\end{bmatrix}\begin{matrix}\Phi_{01}^{01}\\\Phi_{01}^{02}\\\Phi_{01}^{03}\\\Phi_{02}^{01}\\\Phi_{02}^{02}\\\Phi_{02}^{03}\end{matrix}$$

在一段观测时间 ($k=1,2,\cdots,K$) 其协因数矩阵 $\boldsymbol{Q}$ 为一分块对角矩阵，即

$$\boldsymbol{Q}=\begin{bmatrix}\boldsymbol{Q}(1)&&&&\\&\boldsymbol{Q}(2)&&&\\&&\boldsymbol{Q}(3)&&\\&&&\ddots&\\&&&&\boldsymbol{Q}(K)\end{bmatrix}\tag{9-19}$$

二、三类偏导数

在前节讨论的误差方程式(9-6)中，尚未给出其偏导数的具体表达式，这些问题将在这一节讨论。这些偏导数可以分为三类。第一类偏导数是观测量对卫星位置(坐标)的偏导数，第二类是卫星位置对卫星瞬时轨道根数的偏导数，第三类是瞬时轨道根数对历元轨道根数的偏导数。

(一)第一类偏导数

第一类偏导数是观测量对卫星位置(坐标)的偏导数。

将式(9-1)略去微小项可以得到单差观测量与卫星位置的关系式，即

$$\Phi_{0i}^{j}(t)=f^{j}\delta t_{0i}(t)+N_{0i}^{j}-\frac{1}{c}f^{j}\left(\left|\boldsymbol{r}^{j}(t)-\boldsymbol{R}_{i}(t)\right|-\left|\boldsymbol{r}^{i}(t)-\boldsymbol{R}_{0}(t)\right|\right)\tag{9-20}$$

式(9-20)对卫星的三个坐标分量求偏导可得

$$\left.\begin{aligned}\frac{\partial\Phi_{0i}^{j}}{\partial(x_1)^j}&=-\frac{1}{c}f^j((e_1)_i^j-(e_1)_0^j)\\\frac{\partial\Phi_{0i}^{j}}{\partial(x_2)^j}&=-\frac{1}{c}f^j((e_2)_i^j-(e_2)_0^j)\\\frac{\partial\Phi_{0i}^{j}}{\partial(x_3)^j}&=-\frac{1}{c}f^j((e_3)_i^j-(e_3)_0^j)\end{aligned}\right\}\tag{9-21}$$

式中，$(e_1)_i^j$、$(e_2)_i^j$、$(e_3)_i^j$ 分别为跟踪站 i 对卫星 j 的观测方向上，三个坐标轴的方向余弦。

(二)第二类偏导数

第二类偏导数是卫星位置对瞬时轨道根数的偏导数。

可以用矢量的形式给出这些偏导数的表达式，即

$$\left.\begin{aligned}\boldsymbol{r}^{\mathrm{T}}&=[x_1\quad x_2\quad x_3]\\\left(\frac{\partial\boldsymbol{r}}{\partial\sigma_k}\right)^{\mathrm{T}}&=\left[\frac{\partial x_1}{\partial\sigma_k}\quad\frac{\partial x_2}{\partial\sigma_k}\quad\frac{\partial x_3}{\partial\sigma_k}\right]\end{aligned}\right\}\tag{9-22}$$

由于卫星的瞬时轨道根数 $\sigma(t)$ 是卫星瞬时位置与瞬时速度按二体问题所计算的轨道根数，故可用二体问题中的公式导出这些偏导数。在二体问题中，卫星的位置与速度可写为

$$\boldsymbol{r}=a(\cos E-e)\boldsymbol{P}+(a\sqrt{1-e^2}\sin E)\boldsymbol{Q}\tag{9-23}$$

$$\dot{\boldsymbol{r}}=\left(-\frac{\sqrt{a}\sin E}{r}\right)\boldsymbol{P}+\left(\frac{\sqrt{p}\cos E}{r}\right)\boldsymbol{Q}\tag{9-24}$$

式中

$$p=a(1-e^2)$$

$$\boldsymbol{P}=\begin{bmatrix}\cos\omega\cos\Omega-\sin\omega\sin\Omega\cos i\\\cos\omega\sin\Omega-\sin\omega\cos\Omega\cos i\\\sin\omega\sin i\end{bmatrix}$$

$$\boldsymbol{Q}=\begin{bmatrix}-\sin\omega\sin\Omega-\cos\omega\sin\Omega\cos i\\-\sin\omega\sin\Omega+\cos\omega\cos\Omega\cos i\\\cos\omega\sin i\end{bmatrix}$$

(1)卫星位置对轨道椭圆长半轴 a 的偏导数 $\dfrac{\partial\boldsymbol{r}}{\partial a}$ 为

$$\frac{\partial\boldsymbol{r}}{\partial a}=(\cos E-e)\boldsymbol{P}+(\sqrt{1-e^2}\sin E)\boldsymbol{Q}+\frac{\partial\boldsymbol{r}}{\partial E}\frac{\partial E}{\partial M}\frac{\partial M}{\partial n}\frac{\partial n}{\partial a}$$

式中，最后一项表示对 E 中隐含的 a 求偏导，即

$$\begin{aligned}\frac{\partial\boldsymbol{r}}{\partial a}&=\frac{1}{a}\boldsymbol{r}+\left[(-a\sin E)\boldsymbol{P}+(a\sqrt{1-e^2}\cos E)\boldsymbol{Q}\right]\frac{a}{r}(t-t_0)\left(-\frac{3}{2}a^{-\frac{5}{2}}\right)\\&=\frac{1}{a}\boldsymbol{r}-\frac{3}{2a}\dot{\boldsymbol{r}}(t-t_0)\end{aligned}\tag{9-25}$$

(2)卫星位置对轨道椭圆离心率的偏导数 $\dfrac{\partial\boldsymbol{r}}{\partial e}$，即

$$\frac{\partial\boldsymbol{r}}{\partial e}=\left(-a\sin E\frac{\partial E}{\partial e}-a\right)\boldsymbol{P}+\left(\frac{-2ae}{\sqrt{1-e^2}}\sin E+a\sqrt{1-e^2}\cos E\frac{\partial E}{\partial e}\right)\boldsymbol{Q}$$

式中

$$\frac{\partial E}{\partial e}=-\frac{\sin E}{1-e\cos E}$$

经化简可得

$$\frac{\partial \boldsymbol{r}}{\partial e}=H\boldsymbol{r}+K\dot{\boldsymbol{r}} \tag{9-26}$$

式中

$$H=-\frac{a}{p}(\cos E+e)$$

$$K=\frac{\sin E}{n}\left(1+\frac{r}{p}\right)$$

(3)卫星位置对平近点角 M 的偏导数$\frac{\partial \boldsymbol{r}}{\partial M}$,即

$$\frac{\partial \boldsymbol{r}}{\partial M}=-a\sin E\ \frac{\partial E}{\partial M}\boldsymbol{P}+a\sqrt{1-e^2}\cos E\ \frac{\partial E}{\partial M}\boldsymbol{Q}$$

式中

$$\frac{\partial E}{\partial M}=\frac{a}{r}$$

经化简可得

$$\frac{\partial \boldsymbol{r}}{\partial M}=\frac{1}{n}\dot{\boldsymbol{r}} \tag{9-27}$$

$$\frac{\partial \boldsymbol{r}}{\partial M}=-\frac{1}{n}\dot{\boldsymbol{r}} \tag{9-28}$$

$\boldsymbol{r}$ 对 Ω、ω、i 的偏导数原则上也可自式(9-23)导出($\boldsymbol{P}$、$\boldsymbol{Q}$ 是 Ω、ω、i 的函数),也可用矢量按某一旋转轴进行微分旋转的方法导出。

只考虑 Ω 的微小变化对 $\boldsymbol{r}$ 的影响,就相当于 $\boldsymbol{r}$ 绕 X_2 轴旋转了 $\mathrm{d}\Omega$ 角所产生的变化。同理,i 的微小变化对 $\boldsymbol{r}$ 的影响,相当于 $\boldsymbol{r}$ 绕原点至升交点 N 的方向,为以 $\boldsymbol{J}_N$ 为轴旋转 $\mathrm{d}i$ 角所产生的变化。ω 的微小变化对 $\boldsymbol{r}$ 的影响相当于 $\boldsymbol{r}$ 绕赤道平面法线 $\boldsymbol{J}_n$ 旋转 $\mathrm{d}\omega$ 所产生的变化(图 9-5)。

当矢量 $\boldsymbol{r}$ 绕某一过其原点的转轴 $\boldsymbol{J}^0$ 旋转 $\mathrm{d}\Psi$ 时(图 9-6),可得

$$\mathrm{d}\boldsymbol{r}=\boldsymbol{J}^0\times\boldsymbol{r}\,\mathrm{d}\Psi$$

$$\frac{\mathrm{d}\boldsymbol{r}}{\mathrm{d}\Psi}=\boldsymbol{J}^0\times\boldsymbol{r} \tag{9-29}$$

按此可以导出上述三个偏导数。

(4)卫星位置对升交点赤经 Ω 的偏导数$\frac{\partial \boldsymbol{r}}{\partial \Omega}$,即

$$\frac{\partial \boldsymbol{r}}{\partial \Omega}=\boldsymbol{x}_3^0\times\boldsymbol{r}$$

式中,矢量的上标 0 表示该矢量为单位矢量,即

$$\boldsymbol{x}_3^0=\begin{bmatrix}0\\0\\1\end{bmatrix}$$

故

$$\frac{\partial \boldsymbol{r}}{\partial \Omega}=\begin{bmatrix}-x_2\\ x_1\\ 0\end{bmatrix} \tag{9-30}$$

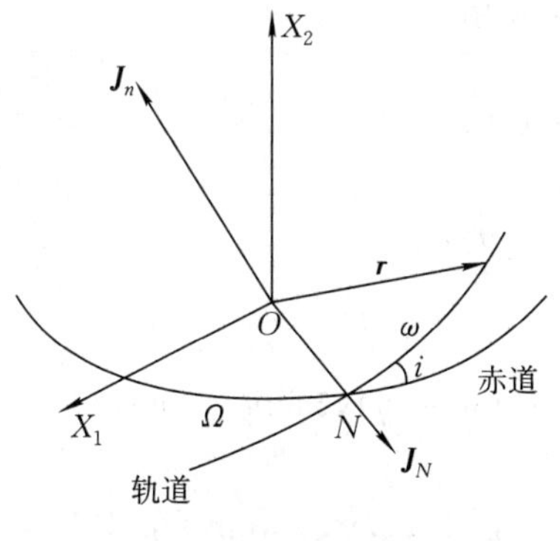

图 9-5　微分旋转

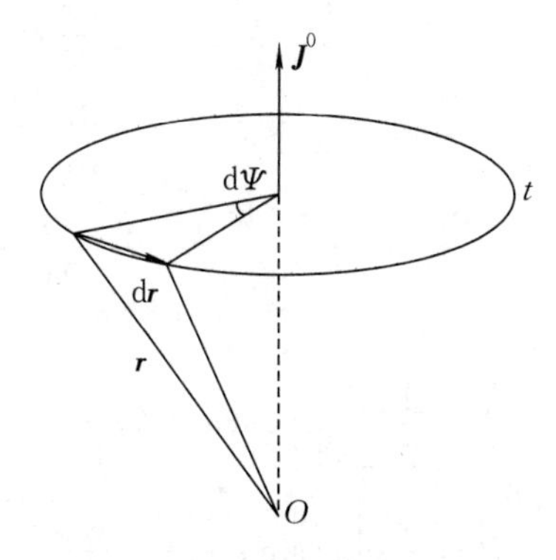

图 9-6　矢量绕轴的微分旋转

(5)卫星位置对轨道平面倾角 i 的偏导数$\frac{\partial \boldsymbol{r}}{\partial i}$为

$$\frac{\partial \boldsymbol{r}}{\partial i}=\boldsymbol{N}^0\times\boldsymbol{r}$$

$$\boldsymbol{N}^0=\begin{bmatrix}\cos\Omega\\ \sin\Omega\\ 0\end{bmatrix}$$

故

$$\frac{\partial \boldsymbol{r}}{\partial i}=\begin{bmatrix}x_3\sin\Omega\\ -x_3\cos\Omega\\ -x_1\sin\Omega+x_2\cos\Omega\end{bmatrix} \tag{9-31}$$

(6)卫星位置对升交点至近地点的夹角 ω 的偏导数$\frac{\partial \boldsymbol{r}}{\partial \omega}$为

$$\frac{\partial \boldsymbol{r}}{\partial \omega}=\boldsymbol{n}^0\times\boldsymbol{r}$$

$$\boldsymbol{n}^0=\begin{bmatrix}\sin\Omega\sin i\\ -\cos\Omega\sin i\\ \cos i\end{bmatrix}$$

故

$$\frac{\partial \boldsymbol{r}}{\partial \omega}=\begin{bmatrix}-x_3\cos\Omega\sin i-x_2\cos i\\ x_1\cos i-x_3\sin\Omega\sin i\\ x_2\sin\Omega\sin i+x_1\cos\Omega\sin i\end{bmatrix} \tag{9-32}$$

以上导出了全部以开普勒根数（a、e、i、ω、Ω、M_0）表示的第二类偏导数。由于是以位置矢量的形式表示的，公式总计为 6 组 18 个。当偏心率很小时，常采用另一组根数(a、i、Ω、ξ、η、λ_0)代替开普勒根数。这时 a、i、Ω 的第二类偏导数仍然是不变的，只需要给出 $\boldsymbol{r}$ 对 ξ、η、λ_0 的偏导数，其中

$$\xi = e\cos\omega$$
$$\eta = -e\sin\omega$$
$$\lambda_0 = M_0 + \omega$$

下面略去推导过程，给出这些偏导数，即

$$\frac{\partial \boldsymbol{r}}{\partial \xi} = A\boldsymbol{r} + B\dot{\boldsymbol{r}} \tag{9-33}$$

$$\frac{\partial \boldsymbol{r}}{\partial \eta} = C\boldsymbol{r} + D\dot{\boldsymbol{r}} \tag{9-34}$$

$$\frac{\partial \boldsymbol{r}}{\partial \lambda_0} = -\frac{1}{n}\dot{\boldsymbol{r}} \tag{9-35}$$

式中

$$A = \frac{1}{p}\left[-a\cos(u+\xi) - \frac{r}{1-e^2}(\sin u - \eta)(\xi\sin u - \eta\cos u)\right]$$

$$B = \frac{r}{\sqrt{p}}\left[a\left(\sin u - \frac{a}{r}\frac{\sqrt{1-e^2}}{1+\sqrt{1-e^2}}\eta\right) + \frac{r}{1-e^2}(\sin u - \eta)\right]$$

$$C = \frac{1}{p}\left[a(\sin u - \eta) - \frac{r}{1-e^2}(\cos u + \xi)(\xi\sin u + \eta\cos u)\right]$$

$$D = \frac{r}{\sqrt{p}}\left[a\left(\cos u + \frac{a}{r}\frac{\sqrt{1-e^2}}{1+\sqrt{1-e^2}}\xi\right) + \frac{r}{1-e^2}(\cos u + \xi)\right]$$

$$u = \omega + f$$

$$p = a(1-e^2)$$

(三)第三类偏导数

第三类偏导数是瞬时轨道根数对历元轨道根数的偏导数。第二章中给出了顾及一阶长期摄动的瞬时轨道根数 $\boldsymbol{\sigma}(t)$ 与历元轨道根数 $\boldsymbol{\sigma}(t_0)$ 的关系式，并指出其精度为 10^{-3}。与第二类偏导数一样，采用开普勒轨道根数（a、e、i、ω、Ω、M_0）与采用小偏心率轨道根数（a、i、Ω、ξ、η、λ_0）的第三类偏导数有所不同。

对于开普勒轨道根数，有

$$\left.\begin{aligned}
a(t) &= a(t_0)\\
e(t) &= e(t_0)\\
i(t) &= i(t_0)\\
\Omega(t) &= \Omega(t_0) + \Omega_1(t-t_0)\\
\omega(t) &= \omega(t_0) + \omega_1(t-t_0)\\
M_0(t) &= M_0(t_0)M_1(t-t_0)
\end{aligned}\right\} \tag{9-36}$$

式中

$$\left.\begin{aligned}
\Omega_1 &= -\frac{3}{2p^2}J_2 n\cos i\\
\omega_1 &= \frac{3}{2p^2}J_2 n\left(2-\frac{5}{2}\sin^2 i\right)\\
M_1 &= \frac{3}{2p^2}J_2 n\left(1-\frac{3}{2}\sin^2 i\right)\sqrt{1-e^2}
\end{aligned}\right\} \tag{9-37}$$

其中，J_2 为地球引力场二阶带谐系数。此外，式(9-37)中

$$p=a(1-e^2)$$

$$n=a^{-\frac{3}{2}}$$

对于 a、e、i 这三个根数而言，其瞬时轨道根数与历元轨道根数是一样的，故在表达式中不再标出其历元时间。对于其导出参数 n、P 也进行同样处理。

(1)瞬时根数 a 的偏导数$\dfrac{\partial a(t)}{\partial \boldsymbol{\sigma}(t_0)}$。自式(9-36)，有

$$a(t)=a(t_0)$$

故

$$\left.\begin{aligned}
\frac{\partial a(t)}{\partial a(t_0)}&=1\\
\frac{\partial a(t)}{\partial e(t_0)}&=0\\
\frac{\partial a(t)}{\partial i(t_0)}&=0\\
\frac{\partial a(t)}{\partial \Omega(t_0)}&=0\\
\frac{\partial a(t)}{\partial \omega(t_0)}&=0\\
\frac{\partial a(t)}{\partial M_0(t_0)}&=0
\end{aligned}\right\}\tag{9-38}$$

(2)瞬时根数 e 的偏导数$\dfrac{\partial e(t)}{\partial \boldsymbol{\sigma}(t_0)}$。自式(9-36)，有

$$e(t)=e(t_0)$$

故

$$\left.\begin{aligned}
\frac{\partial e(t)}{\partial a(t_0)}&=0\\
\frac{\partial e(t)}{\partial e(t_0)}&=1\\
\frac{\partial e(t)}{\partial i(t_0)}&=0\\
\frac{\partial e(t)}{\partial \Omega(t_0)}&=0\\
\frac{\partial e(t)}{\partial \omega(t_0)}&=0\\
\frac{\partial e(t)}{\partial M_0(t_0)}&=0
\end{aligned}\right\}\tag{9-39}$$

(3)瞬时根数 i 的偏导数$\dfrac{\partial i(t)}{\partial \boldsymbol{\sigma}(t_0)}$。自式(9-36)，有

$$i(t)=i(t_0)$$

故

$$\left.\begin{aligned}
\frac{\partial i(t)}{\partial a(t_0)} &= 0 \\
\frac{\partial i(t)}{\partial e(t_0)} &= 0 \\
\frac{\partial i(t)}{\partial i(t_0)} &= 1 \\
\frac{\partial i(t)}{\partial \Omega(t_0)} &= 0 \\
\frac{\partial i(t)}{\partial \omega(t_0)} &= 0 \\
\frac{\partial i(t)}{\partial M_0(t_0)} &= 0
\end{aligned}\right\} \tag{9-40}$$

(4)瞬时轨道根数 Ω 的偏导数$\frac{\partial \Omega(t)}{\partial \boldsymbol{\sigma}(t_0)}$。自式(9-36)、式(9-37),有

$$\Omega(t) = \Omega(t_0) + \Omega_1(t - t_0)$$

$$\begin{aligned}
\Omega_1 &= -\frac{3}{2p^2} J_2 n \cos i \\
&= -\frac{3}{2} J_2 a^{-\frac{7}{2}} (1 - e^2)^{-2} \cos i
\end{aligned}$$

故

$$\left.\begin{aligned}
\frac{\partial \Omega(t)}{\partial a(t_0)} &= -\frac{7}{2a}\Omega_1(t - t_0) \\
\frac{\partial \Omega(t)}{\partial e(t_0)} &= \frac{4e}{1 - e^2}\Omega_1(t - t_0) \\
\frac{\partial \Omega(t)}{\partial i(t_0)} &= -\tan i\,\Omega_1(t - t_0) \\
\frac{\partial \Omega(t)}{\partial \Omega(t_0)} &= 1 \\
\frac{\partial \Omega(t)}{\partial \omega(t_0)} &= 0 \\
\frac{\partial \Omega(t)}{\partial M_0(t_0)} &= 0
\end{aligned}\right\} \tag{9-41}$$

(5)瞬时根数 ω 的偏导数$\frac{\partial \omega(t)}{\partial \boldsymbol{\sigma}(t_0)}$。自式(9-36)、式(9-37),有

$$\omega(t) = \omega(t_0) + \omega_1(t - t_0)$$

$$\begin{aligned}
\omega_1 &= \frac{3}{2p^2} J_2 n \left(2 - \frac{5}{2}\sin^2 i\right) \\
&= \frac{3}{2} J_2 a^{-\frac{7}{2}} \left(2 - \frac{5}{2}\sin^2 i\right) (1 - e^2)^{-2}
\end{aligned}$$

故

$$\left.\begin{aligned}
&\frac{\partial\omega(t)}{\partial a(t_0)}=-\frac{7}{2a}\omega_1(t-t_0)\\
&\frac{\partial\omega(t)}{\partial e(t_0)}=\frac{4e}{1-e^2}\omega_1(t-t_0)\\
&\frac{\partial\omega(t)}{\partial i(t_0)}=-\frac{15}{2p^2}J_2 n\sin i\cos i(t-t_0)\\
&\frac{\partial\omega(t)}{\partial\Omega(t_0)}=0\\
&\frac{\partial\omega(t)}{\partial\omega(t_0)}=1\\
&\frac{\partial\omega(t)}{\partial M_0(t_0)}=0
\end{aligned}\right\}\tag{9-42}$$

(6)瞬时轨道根数 M_0 的偏导数$\frac{\partial M_0}{\partial\boldsymbol{\sigma}(t_0)}$。自式(9-36)、式(9-37)有

$$M_0(t)=M_0(t_0)+M_1(t-t_0)$$

$$\begin{aligned}
M_1&=\frac{3}{2p^2}J_2 n\left(1-\frac{3}{2}\sin^2 i\right)\sqrt{1-e^2}\\
&=\frac{3}{2}J_2 a^{-\frac{7}{2}}(1-e^2)^{-\frac{3}{2}}\left(1-\frac{3}{2}\sin^2 i\right)
\end{aligned}$$

故

$$\left.\begin{aligned}
&\frac{\partial M_0(t)}{\partial a(t_0)}=-\frac{7}{2a}M_1(t-t_0)\\
&\frac{\partial M_0(t)}{\partial e(t_0)}=\frac{3e}{1-e^2}M_1(t-t_0)\\
&\frac{\partial M_0(t)}{\partial i(t_0)}=-\frac{9}{2p^2}J_2 n\sin i\cos i(t-t_0)\\
&\frac{\partial M_0(t)}{\partial\Omega(t_0)}=0\\
&\frac{\partial M_0(t)}{\partial\omega(t_0)}=0\\
&\frac{\partial M_0(t)}{\partial M_0(t_0)}=1
\end{aligned}\right\}\tag{9-43}$$

若采用小偏心率轨道根数$(a、i、\Omega、\xi、\eta、\lambda_0)$，有

$$\left.\begin{aligned}
&a(t)=a(t_0)\\
&i(t)=i(t_0)\\
&\Omega(t)=\Omega(t_0)+\Omega_1(t-t_0)\\
&\xi(t)=\xi(t_0)\cos(\omega_1(t-t_0))+\eta(t_0)\sin(\omega_1(t-t_0))\\
&\eta(t)=\eta(t_0)\cos(\omega_1(t-t_0))-\xi(t_0)\sin(\omega_1(t-t_0))\\
&\lambda_0(t)=\lambda_0(t_0)+\lambda_1(t-t_0)
\end{aligned}\right\}\tag{9-44}$$

式中

$$\left.\begin{aligned}\Omega_1&=-\frac{3}{2p^2}J_2n\cos i\\\omega_1&=\frac{3}{2p^2}J_2n\left(2-\frac{5}{2}\sin^2 i\right)\\\lambda_1&=\frac{3}{2p^2}J_2n\left[\left(2-\frac{5}{2}\sin^2 i\right)+\left(1-\frac{3}{2}\sin^2 i\right)\sqrt{1-e^2}\right]\end{aligned}\right\}\tag{9-45}$$

其中

$$e^2=(\xi(t))^2(\eta(t))^2=(\xi(t_0))^2(\eta(t_0))^2$$

(1)瞬时轨道根数 a 的偏导数$\dfrac{\partial a(t)}{\partial \boldsymbol{\sigma}(t_0)}$。自式(9-44),有

$$a(t)=a(t_0)$$

故

$$\left.\begin{aligned}\frac{\partial a(t)}{\partial a(t_0)}&=1\\\frac{\partial a(t)}{\partial i(t_0)}&=0\\\frac{\partial a(t)}{\partial \Omega(t_0)}&=0\\\frac{\partial a(t)}{\partial \xi(t_0)}&=0\\\frac{\partial a(t)}{\partial \eta(t_0)}&=0\\\frac{\partial a(t)}{\partial \lambda_0(t_0)}&=0\end{aligned}\right\}\tag{9-46}$$

(2)瞬时轨道根数 i 的偏导数$\dfrac{\partial i(t)}{\partial \boldsymbol{\sigma}(t_0)}$。自式(9-44),有

$$i(t)=i(t_0)$$

故

$$\left.\begin{aligned}\frac{\partial i(t)}{\partial a(t_0)}&=0\\\frac{\partial i(t)}{\partial i(t_0)}&=1\\\frac{\partial i(t)}{\partial \Omega(t_0)}&=0\\\frac{\partial i(t)}{\partial \xi(t_0)}&=0\\\frac{\partial i(t)}{\partial \eta(t_0)}&=0\\\frac{\partial i(t)}{\partial \lambda_0(t_0)}&=0\end{aligned}\right\}\tag{9-47}$$

(3)瞬时轨道根数 Ω 的偏导数$\dfrac{\partial\Omega(t)}{\partial\boldsymbol{\sigma}(t_0)}$。自式(9-44)、式(9-45)，有

$$\Omega(t)=\Omega(t_0)+\Omega_1(t-t_0)$$

$$\begin{aligned}\Omega_1&=-\frac{3}{2p^2}J_2n\cos i\\&=-\frac{3}{2}J_2a^{-\frac{7}{2}}[1-(\xi(t_0))^2-(\eta(t_0))^2]^{-2}\cos i\end{aligned}$$

故

$$\left.\begin{aligned}&\frac{\partial\Omega(t)}{\partial a(t_0)}=-\frac{7}{2a}\Omega_1(t-t_0)\\&\frac{\partial\Omega(t)}{\partial i(t_0)}=-\tan i\Omega_1(t-t_0)\\&\frac{\partial\Omega(t)}{\partial\Omega(t_0)}=1\\&\frac{\partial\Omega(t)}{\partial\xi(t_0)}=\frac{4\xi(t_0)}{1-e^2}\Omega_1(t-t_0)\\&\frac{\partial\Omega(t)}{\partial\eta(t_0)}=\frac{4\eta(t_0)}{1-e^2}\Omega_1(t-t_0)\\&\frac{\partial\Omega(t)}{\partial\lambda_0(t_0)}=0\end{aligned}\right\}\tag{9-48}$$

(4)瞬时轨道根数 ξ 的偏导数$\dfrac{\partial\xi(t)}{\partial\boldsymbol{\sigma}(t_0)}$。自式(9-44)、式(9-45)，有

$$\xi(t)=\xi(t_0)\cos(\omega_1(t-t_0))+\eta(t_0)\sin(\omega_1(t-t_0))$$

$$\begin{aligned}\omega_1&=\frac{3}{2p^2}J_2n\left(2-\frac{5}{2}\sin^2 i\right)\\&=\frac{3}{2}J_2a^{-\frac{7}{2}}[1-(\xi(t_0))^2-(\eta(t_0))^2]^{-2}\left(2-\frac{5}{2}\sin^2 i\right)\end{aligned}$$

故

$$\left.\begin{aligned}&\frac{\partial\xi(t)}{\partial a(t_0)}=-\frac{7}{2a}\eta(t)\omega_1(t-t_0)\\&\frac{\partial\xi(t)}{\partial i(t_0)}=-\frac{15}{2p^2}J_2n\sin i\cos i\eta(t)(t-t_0)\\&\frac{\partial\xi(t)}{\partial\Omega(t_0)}=0\\&\frac{\partial\xi(t)}{\partial\xi(t_0)}=\cos(\omega_1(t-t_0))+\eta(t)\ \frac{4\xi(t_0)}{1-e^2}\omega_1(t-t_0)\\&\frac{\partial\xi(t)}{\partial\eta(t_0)}=-\sin(\omega_1(t-t_0))+\eta(t)\ \frac{4\eta(t_0)}{1-e^2}\omega_1(t-t_0)\\&\frac{\partial\xi(t)}{\partial\lambda_0(t_0)}=0\end{aligned}\right\}\tag{9-49}$$

(5)瞬时轨道根数 η 的偏导数$\dfrac{\partial\eta(t)}{\partial\boldsymbol{\sigma}(t_0)}$。自式(9-44)、式(9-45)，有

$$\eta(t)=\eta(t_0)\cos(\omega_1(t-t_0))-\xi(t_0)\sin(\omega_1(t-t_0))$$

$$\omega_1=\frac{3}{2p^2}J_2 n\left(2-\frac{5}{2}\sin^2 i\right)$$

$$=\frac{3}{2}J_2 a^{-\frac{7}{2}}[1-(\xi(t_0))^2-(\eta(t_0))^2]^{-2}\left(2-\frac{5}{2}\sin^2 i\right)$$

故

$$\left.\begin{aligned}
&\frac{\partial\eta(t)}{\partial a(t_0)}=\frac{7}{2a}\xi(t)\omega_1(t-t_0)\\
&\frac{\partial\eta(t)}{\partial i(t_0)}=\frac{15}{2p^2}J_2 n\sin i\cos i\xi(t)(t-t_0)\\
&\frac{\partial\eta(t)}{\partial\Omega(t_0)}=0\\
&\frac{\partial\eta(t)}{\partial\xi(t_0)}=-\sin(\omega_1(t-t_0))-\xi(t)\frac{4\xi(t_0)}{1-e^2}\omega_1(t-t_0)\\
&\frac{\partial\eta(t)}{\partial\eta(t_0)}=\cos(\omega_1(t-t_0))-\xi(t)\frac{4\eta(t_0)}{1-e^2}\omega_1(t-t_0)\\
&\frac{\partial\eta(t)}{\partial\lambda_0(t_0)}=0
\end{aligned}\right\}\qquad(9\text{-}50)$$

(6)瞬时轨道根数 λ_0 的偏导数$\dfrac{\partial\lambda_0(t)}{\partial\boldsymbol{\sigma}(t_0)}$。自式(9-44)、式(9-45),有

$$\lambda_0(t)=\lambda_0(t_0)+\lambda_1(t-t_0)$$

$$\lambda_1=\frac{3}{2p^2}J_2 n\left[\left(2-\frac{5}{2}\sin^2 i\right)+\left(1-\frac{3}{2}\sin^2 i\right)\sqrt{1-e^2}\right]$$

$$=\omega_1+M_1$$

$$=\frac{3}{2}J_2 a^{-\frac{7}{2}}[1-(\xi(t_0))^2-(\eta(t_0))^2]^{-2}\left(2-\frac{5}{2}\sin^2 i\right)+$$

$$\frac{3}{2}J_2 a^{-\frac{7}{2}}[1-(\xi(t_0))^2-(\eta(t_0))^2]^{-\frac{3}{2}}\left(1-\frac{3}{2}\sin^2 i\right)$$

故

$$\left.\begin{aligned}
&\frac{\partial\lambda_0(t)}{\partial a(t_0)}=-\frac{7}{2a}\lambda_1(t-t_0)\\
&\frac{\partial\lambda_0(t)}{\partial i(t_0)}=-\frac{3}{2p^2}J_2 n\sin i\cos i(5+3\sqrt{1-e^2})(t-t_0)\\
&\frac{\partial\lambda_0(t)}{\partial\Omega(t_0)}=0\\
&\frac{\partial\lambda_0(t)}{\partial\xi(t_0)}=(4\omega_1+3M_1)\frac{\xi(t_0)}{1-e^2}\lambda_1(t-t_0)\\
&\frac{\partial\lambda_0(t)}{\partial\eta(t_0)}=(4\omega_1+3M_1)\frac{\eta(t_0)}{1-e^2}\lambda_1(t-t_0)\\
&\frac{\partial\lambda_0(t)}{\partial\lambda_0(t_0)}=1
\end{aligned}\right\}\qquad(9\text{-}51)$$

三类偏导数都已导出,可以代入式(9-5)或式(9-6),构成实用的误差方程。

从全部推导过程可以看出,第三类偏导数只保证精度达到 10^{-3}。由于误差方程的系数是

三类偏导数的乘积，可以认为误差方程中轨道改正数系数的精度为 10^{-3}。它对误差方程式精确程度的影响取决于历元轨道根数改正数的大小，即取决于所采用的历元轨道根数近似值的精度。通常，轨道测定工作是连续进行的，其前期测定轨道的外推值可以足够精度作为历元轨道根数的近似值。在个别近似值的精度较差的情况下可以进行迭代求解。

三、自由项的计算与模型参数的改进

自由项的计算是轨道改进中计算量最大的一部分，它的计算精度直接影响轨道改进的效果。

单差观测量与双差观测量误差方程中的自由项分别为

$$l_{0i}^{j}(t)=\Phi_{0i}^{j}([\boldsymbol{\sigma}^{j}(t_0)]^0,\boldsymbol{R}_i,\boldsymbol{R}_0,t)-[\Phi_{0i}^{j}(t)]'$$

$$l_{0i}^{0j}(t)=\Phi_{0i}^{0j}([\boldsymbol{\sigma}^{j}(t_0)]^0,[\boldsymbol{\sigma}^{0}(t_0)]^0,\boldsymbol{R}_i,\boldsymbol{R}_0,t)-[\Phi_{0i}^{0j}(t)]'$$

它们的形式相似，计算方法也相同。式中，第二项 $[\Phi(t)]'$ 为观测值；第一项为将所测卫星历元轨道根数的近似值（初始值）、取得观测量的跟踪站（接收机天线）的坐标及观测时间，代入单差观测量的数学模型[式(9-1)]或双差观测量的数学模型，所得到的相应计算值。以单差观测量为例有

$$\Phi_{0i}^{j}(t)=f^{j}\Delta t_{0i}(t_k)+\overline{N}_{0i}^{j}-\frac{1}{c}f^{j}(\rho_i^{j}(t)-\rho_0^{j}(t))-\frac{1}{c}f^{j}(\dot{\rho}_0^{j}(t)\delta t_{0i}(t)+\delta\dot{\rho}_{0i}^{j}(t)\delta t_i(t))-\frac{1}{c^2}f^{j}(\dot{\rho}_0^{j}(t)\delta\rho_{0i}^{j}(t)+\rho_0^{j}(t)\delta\dot{\rho}_{0i}^{j}(t)) \tag{9-52}$$

式中，δt 为钟差，其中

$$\delta t_{0i}(t)=\delta t_i(t)-\delta t_0(t)$$

$$\Delta t_{0i}(t_k)=\delta t_{0i}(t_k)-\delta t_{0i}(t_1)$$

$$\delta\rho_{0i}^{j}(t)=\rho_i^{j}(t)-\rho_0^{j}(t)$$

$$\delta\dot{\rho}_{0i}^{j}(t)=\dot{\rho}_i^{j}(t)-\dot{\rho}_0^{j}(t)$$

在按式(9-52)计算单差相位观测量时，其中的 ρ 与 $\dot{\rho}$ 要利用所测卫星的坐标和取得的观测量的跟踪站坐标。跟踪站的坐标一般为已知值，其坐标值属平地球坐标系。轨道改进通常是在天球坐标系（如平天球坐标系）中进行的。前述误差方程中的偏导数即是在该坐标系中导出的。因此，应将跟踪站坐标通过坐标变换（以观测时间 t 为参数）改化至统一的天球坐标系。所测卫星的坐标则以历元轨道根数的初始值（近似值），按卫星星历计算的方法计算（以观测时间为参数）。顺便指出，尽管轨道改进是建立在卫星受摄运动分析解的基础上的，但在其自由项计算中，卫星位置计算可以用分析解法，也可以用数值解法。由于轨道改进对自由项计算精度要求较高（与观测量精度一样影响轨道改进的效果），一般多采用数值方法进行这一计算。

式(9-52)中的 $\Delta t_{0i}(t_k)$ 与 $\overline{N}_{0i}^{j}$ 是待定参数，其中 $\Delta t_{0i}(t_k)$ 是近于 0 的值，其初始值可以取为 0。$\overline{N}_{0i}^{j}$ 的值虽然可能很大，由于其相应的误差方程式的系数精度很高（整数 1），因此可以 0 作为其初始值。

式(9-52)中的最后两项是小改正项，对其中的钟差参数的精度要求不高（参见第六章），可将其他手段取得的钟差测定值代入而不会引起明显的误差。

对于使用双差观测量进行轨道改进,其自由项中的观测量计算值为

$$
\begin{aligned}
\Phi_{0i}^{0j} = N_{0i}^{0j} - \frac{1}{c}f^{j}(\rho_i^j(t) - \rho_0^j(t)) + \frac{1}{c}f^{0}(\rho_i^0(t) - \rho_0^0(t)) - \\
\frac{1}{c}f(\dot{\rho}_0^j(t) - \dot{\rho}_0^0(t))\delta t_{0i} - \frac{1}{c}f(\delta\rho_{0i}^j(t) - \delta\rho_{0i}^0(t))\delta t_i(t) - \\
\frac{1}{c^2}f(\dot{\rho}_0^j(t)\delta\rho_{0i}^j(t) + \rho_0^j(t)\delta\dot{\rho}_{0i}^j(t) - \dot{\rho}_0^0(t)\delta\rho_{0i}^0(t) - \rho_0^0(t)\delta\dot{\rho}_{0i}^0(t))
\end{aligned}
\tag{9-53}
$$

其计算方法与单差相位观测量相同,只是它涉及两颗卫星的坐标,需代入两颗卫星历元轨道根数的初始值。

图 9-7 给出单差观测量轨道改进中自由项计算的主要流程。

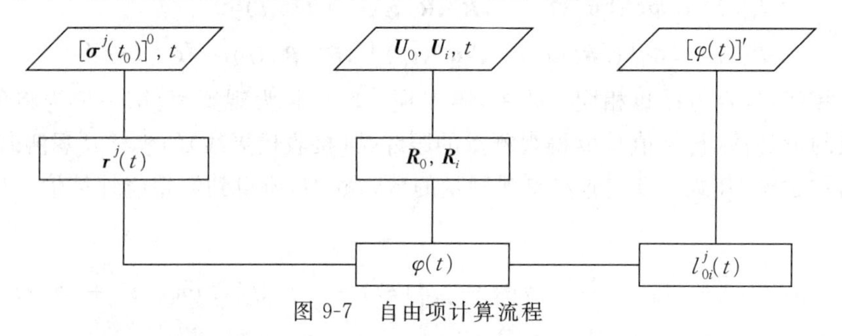

图 9-7 自由项计算流程

在第九章第二节中我们是将观测误差视为随机误差,使用最小二乘法求得参数解(历元轨道根数改正数)。实际上,可以将实际的观测误差和自由项计算误差(主要是观测量计算值的误差)的叠加视为等效观测误差,也就是自由项误差。一方面,自由项的随机误差的幅值将影响轨道改进的效果,这就是在前面所述中力求保证一定精度的自由项计算的原因;另一方面,不论在观测值中还是在观测量计算值中存在系统性偏差,都会违背应用最小二乘法的前提,而使轨道改进结果产生一定程度的偏差。自由项中系统性偏差主要来自观测值和观测量计算值。对 GPS 卫星定轨这一具体问题而言:观测值系统性偏差主要是由大气传播延迟改正的数学模型与实际延迟的偏差所造成的;观测量计算值的系统性偏差主要是由卫星位置计算中,卫星所受摄动力数学模型与实际摄动力不符所引起的。这两类偏差都是由数学模型的偏差所引起的,可以称为模型偏差。对于这样的偏差可以在具体分析的基础上,在平差中加设若干待定参数以削弱它对解的影响。可以用卫星所受太阳辐射压力的模型偏差作为例子说明这一问题。

由第八章知太阳辐射压力的数学模型为

$$
\boldsymbol{f}_{\mathrm{pd}} = \gamma P_{\mathrm{s}} C_{\mathrm{r}} \frac{A}{m} |\boldsymbol{R}_{\mathrm{s}}|^2 \frac{\boldsymbol{R} - \boldsymbol{R}_{\mathrm{s}}}{|\boldsymbol{R} - \boldsymbol{R}_{\mathrm{s}}|^3}
$$

模型的偏差来自太阳辐射压力的压强 P_{s}、卫星表面反射特性 C_{r} 和面质比 $\frac{A}{m}$ 的采用值的不精确和它的缓慢变化。可以将上式改写为

$$
\left.
\begin{aligned}
\boldsymbol{f}_{\mathrm{pd}} &= \gamma \overline{P} |\boldsymbol{R}_{\mathrm{s}}|^2 \frac{\boldsymbol{R} - \boldsymbol{R}_{\mathrm{s}}}{|\boldsymbol{R} - \boldsymbol{R}_{\mathrm{s}}|^3} \\
\overline{P} &= P_{\mathrm{s}} C_{\mathrm{r}} \frac{A}{m}
\end{aligned}
\right\}
\tag{9-54}
$$

由于已知 $\bar{P}$ 不精确，令

$$\bar{P}=P^0+\Delta P \tag{9-55}$$

式中，P^0 是 $\bar{P}$ 的采用值，ΔP 为其改正数。

事实上，自由项中观测量计算值不仅是卫星历元根数初始值、跟踪站坐标和观测时间的函数，也是卫星所受摄动力（包括太阳辐射压力）的函数，是摄动力计算因子 $\bar{P}$ 的函数。为了突出我们所要讨论的问题，可以将自由项写为

$$l_{0i}^j(t)=\Phi_{0i}^j([\boldsymbol{\sigma}^j(t_0)]^0,P,\boldsymbol{R}_0,\boldsymbol{R}_i,t)-[\Phi_{0i}^j(t)]' \tag{9-56}$$

又可写为

$$l_{0i}^j(t)=\Phi_{0i}^j([\boldsymbol{\sigma}^j(t_0)]^0,P^0+\Delta P,\boldsymbol{R}_0,\boldsymbol{R}_i,t)-[\Phi_{0i}^j(t)]'$$

如果简单地采用值 P^0 代替 $\boldsymbol{P}$，按式(9-56)计算自由项，忽略 ΔP 会使自由项产生偏差，从而影响列解。上式可进一步写为

$$l_{0i}^j(t)=\Phi_{0i}^j([\boldsymbol{\sigma}^j(t_0)]^0,P^0,\boldsymbol{R}_0,\boldsymbol{R}_i,t)-[\Phi_{0i}^j(t)]'+\frac{\partial\Phi}{\partial P}\Delta P \tag{9-57}$$

可以将最后一项作为待定参数从自由项中移去，这时自由项的计算式为

$$l_{0i}^j(t)=\Phi_{0i}^j([\boldsymbol{\sigma}^j(t_0)]^0,P^0,\boldsymbol{R}_0,\boldsymbol{R}_i,t)-[\Phi_{0i}^j(t)]' \tag{9-58}$$

此时误差方程为

$$v_{0i}^j(t)=f^j\Delta t_{0i}(t)+\bar{N}_{0i}^j+\boldsymbol{BCD}\Delta\boldsymbol{\sigma}^j(t_0)+\frac{\partial\Phi_{0i}^j}{\partial P}\Delta P^j+l_{0i}^j(t) \tag{9-59}$$

式(9-58)是以 $\bar{P}$ 的采用值（近似值）P^0 代替 $\bar{P}$ 计算的自由项。由于已将摄动力计算因子偏差 ΔP 对自由项的影响$\frac{\partial\Phi}{\partial P}\Delta P$ 分离出去，并作为待定参数，因此它不再使自由项计算产生偏差。这就是模型参数改进的实质。

使用式(9-59)进行带有模型参数的轨道改进时，需要给出 ΔP 的系数$\frac{\partial\Phi}{\partial P}$。与历元轨道根数改正数一样，可以应用分析的方法求此复合函数的偏导数，也可以用数值法（求偏差商）来代替偏导数。对于函数关系较复杂的情况，第二种方法的形式更为简洁，即

$$\begin{aligned}\frac{\partial\Phi}{\partial P}&=\frac{\delta\Phi}{\delta P}\\&=\frac{\Phi_{0i}^j([\boldsymbol{\sigma}^j(t_0)]^0,P^0+\Delta P,t)-\Phi_{01}^j([\boldsymbol{\sigma}^j(t_0)]^0,P^0,t)}{\delta P}\end{aligned} \tag{9-60}$$

实际计算式(9-60)将使卫星轨道的计算量增加一倍。在轨道改进的实际工作中，卫星轨道计算占用机时较多，故不宜对大量的待改进量采用数值方法。

在轨道改进中，原则上可以加入其他待改进参数（系统误差待估计参数）。大气传播延迟中的对流层延迟是观测量中主要的系统误差源，削弱这项系统误差的影响会明显提高解的精度。第六章已讨论了对流层延迟的修正，其中式(6-44)为

$$\Delta R_{\mathrm{T}}=(D_{\mathrm{Z}}+W_{\mathrm{Z}})\cdot CFA$$

$$\Delta\Phi_{\mathrm{T}}=\frac{f}{c}(D_{\mathrm{Z}}+W_{\mathrm{Z}})\cdot CFA$$

式中，ΔR_{T} 是以米为单位的对流层延迟改正，D_{Z} 和 W_{Z} 分别为干大气天顶延迟和湿大气天顶延迟，CFA 为几何分布因子。其中

$$D_Z = 0.227\,7\frac{P}{F}$$

$$W_Z = 0.227\,7\left(0.05 + \frac{1\,225}{T}\right)\frac{e}{F}$$

$$F = 1 - 0.002\,66\cos(2\varphi) - 0.000\,28H$$

$$CFA = \cfrac{1}{\sin h + \cfrac{A}{\cfrac{\tan h + B}{\sin h + C}}}$$

$$A = 0.001\,185[1 + 0.607\,1\times 10^{-4}(P - 1\,000) - 0.147\,1\times 10^{-3}e + 0.307\,2\times 10^{-2}(T - 293)]$$

$$B = 0.001\,144[1 + 0.116\,4\times 10^{-4}(P - 1\,000) - 0.279\,5\times 10^{-3}e + 0.310\,9\times 10^{-2}(T - 293)]$$

$$C = -0.009\,0$$

式中，h 为所测卫星的高度角，φ 为纬度，H 为椭球体高（单位为 km），e 为水汽压（单位为 mbar），T 为温度（单位为 K），P 为大气压（单位为 mbar）。

尽管在观测量中已经加入了这样的修正，但天顶延迟值中湿大气部分不甚准确，一般估计误差可达分米。这主要是因为信号传播路径上大气中水汽含量有较大变化，而所记录的接收机附近水汽含量不能很好地代表传播路径的水汽含量。因此，可认为天顶延迟值含有误差 $\delta\Phi_k$（不同测站不同），此时相位观测量为

$$\Phi_k^j(T_i) = (\Phi_k^f(T_i))^1 + \delta\Phi_k^j(T_i) + CFA\,\delta\Phi_k \tag{9-61}$$

将 $\delta\Phi_k$ 作为待估参数，误差方程为

$$v_{0i}^j(t) = f^j\Delta t_{0i}(t) + \overline{N}_{0j}^j + \boldsymbol{BCD}\Delta\boldsymbol{\sigma}^j(t_0) + CFA\,\delta\Phi_k + l_{0j}^j(t) \tag{9-62}$$

由于相对定位是以站间观测量之差影响定位结果的，可以用 $CFA(\delta\Phi_k - \delta\Phi_0)$，即以测站与参考站的天顶延迟之差代替式(9-62)中的 $CFA\,\delta\Phi_k$。

一般测轨观测时间较长，对流层天顶延迟可能有较大变化。但一段不长的时间内可以认为变化不大，应对不同时间段（如每一小时为一段）取不同的天顶延迟修正参数，即以 $\delta\Phi_k(t_N)$ 代替式(9-62)的 $\delta\Phi_k$，其中 N 为观测时刻的小时数。

以上讨论了两种系统性偏差的处理方法。原则上，类似的偏差都可以一并进行改进，需要注意的是，并非导出包括想要改进的参数的误差方程就可以得到满意的解。必须注意，加入新参数的法方程式系数矩阵的结构，尤其是参数间的相关特性。对于这样的问题需要慎重处理，采用一定的模拟计算是可取的。

四、伪距定轨和卫星钟钟差的测定

前节讨论了采用载波相位观测量的轨道测定问题，事实上也可以采用伪距观测量进行轨道测定。尽管伪距观测量和载波相位观测量的观测精度看似相差悬殊，但也可取得一定精度的定轨结果。

采用伪距观测量定轨与采用载波相位定轨的主要差别在于以下两个方面。

1. 观测量的精度不同

载波相位的观测分辨率可达毫米级，但受到电离层修正残差（主要是模型中高阶项，可达厘米级）、对流层修正残差（主要是湿大气部分的影响及测站气象条件的代表性误差，影响可达

数厘米)及多路径效应的影响。其实际精度约为 5 cm(或稍大)。这些外界影响中相当部分表现为系统性误差,长时间观测可望削弱其随机部分对定轨或定位的影响。

采用先进的双频伪距观测量可以达到的精度水平为 30 cm,它同样受到电离层、对流层等外界影响,由于量级的差别,对总的观测误差贡献不大。由于采样频率较高,使用载波相位平滑等技术,可进一步提高其精度。

综合以上情况,在解算的方差协方差矩阵相同的情况下,采用伪距观测量所取得的定轨解的精度将是采用载波相位观测量所取得的定轨解的精度的$\frac{1}{6}$。

2. 方程结构不同,待估参数数量不同

方程的结构不同主要指观测方程中待估参数的系数不同。相位观测量在取差时,其观测方程待估参数的系数也要取差。由于相邻站距离有限,相对伪距观测量的系数减小,这会影响待估参数的解算精度。此外,待估参数的数目除影响观测方程外还会影响解算精度。

采用伪距双差解算轨道,以 6 个观测站、24 颗卫星、观测 5 天弧段计。在不计少量附加参数的情况下,待估参数的总数为 24×6=114。

同样条件,采用载波相位双差解算轨道(3 天弧段),其待估参数将增加模糊参数,总数约为 24×6+23×5×6=144+690=834。即采用载波相位观测量将使待估参数比采用伪距双差观测量增加约 6 倍。这样不但使方程组的阶数增加,计算机时增大(200 多倍),尤其是采用序贯解算时将成为极大的负担,而且也将使解算精度降低。由于涉及协方差矩阵的结构,准确估计这种精度的降低是困难的。由于只涉及协方差矩阵的结构,两种解算的模拟计算及其比较可以较准确地给出这种精度的降低。

模拟条件如下:

(1)测轨站共 6 个,包括银川、乌鲁木齐、拉萨、南宁、上海、长春。

(2)观测量精度为 20 cm。

(3)卫星数为 18 颗。

(4)不考虑力学模型误差。

(5)弧长为 5 天。

模拟同样条件下无模糊参数与有模糊参数定轨解的精度比较,且不考虑力学模型误差。表 9-2 列出各轨道根数间的精度比较。

表 9-2　模拟计算结果

轨道根数	有模糊参数 /10^{-6}	无模糊参数 /10^{-6}	相对提高	对应误差 /m	误差特性
a	0.002 8	0.001 5	1.87	0.04	径向
i	0.089	0.016	5.56	0.43	次法向
Ω	0.123	0.023	5.35	0.61	次法向
ξ	0.072	0.019	3.79	0.76	切向、径向
η	0.111	0.018	6.17	0.47	切向、径向
λ	0.359	0.055	6.53	1.45	切向

从计算结果可以看出,如果观测量精度相同,采用伪距观测量较载波相位观测量长半轴 a 的测定精度提高约 2 倍,其余参数约提高 5 倍。虽然长半轴 a 的提高不大,但其本身解的精度

高于其他数近一个数量级。

此外还可看出,轨道误差的切向分量较其他量大约 3 倍。

通过以上数据及分析可以得出:尽管伪距观测量与载波相位观测量相较精度较低,但因待估参数的减少可以得到较充分的补偿,使用伪距观测量精度可以接近载波相位观测量定轨的精度。此外,与载波相位观测量定轨相较,计算量大幅度减少,有利于采用序贯算法,这对于提供实时导航定位是有利的。

作为导航系统(包括广域差分)还需要测定卫星钟钟差。采用双差观测量消除了卫星钟钟差的影响,因而不含卫星钟钟差的信息,也就不能解算钟差。可以在轨道确定后计算出卫星位置,利用伪距观测量再次平差解算卫星和监测站钟差。当然也可以在采用伪距观测量时(载波相位观测量不可)对轨道改正数与钟差一并求解,但是计算量会加大,对提供实时使用(如广播星历)不利。

第三节 轨道改进在定位中的应用

轨道改进作为一种数据处理方法,不仅可以用来测定 GPS 卫星轨道,而且可以用于定位。

一、测轨跟踪站地心坐标的改进

在应用前述轨道改进的方法测定 GPS 卫星轨道时,要已知测轨跟踪站的地心坐标,可以应用已有的其他方法的结果。事实上,在应用轨道改进的方法改进 GPS 卫星历元轨道的同时,还可以改进测轨跟踪站的坐标。由于测轨是不断进行的,随着测轨工作的延续进行,跟踪站的地心坐标逐渐得到精化。

与历元轨道根数的改进方法相似,只需在以历元轨道根数初始值对观测量函数进行级数展开时,代入跟踪站坐标的初始值和改正数,进行级数展开即可得到误差方程。

设跟踪站在地固坐标系的坐标值为

$$\boldsymbol{U}=[u_1 \quad u_2 \quad u_3]^{\mathrm{T}}=\boldsymbol{U}^0+\Delta\boldsymbol{U}$$

$$\Delta\boldsymbol{U}=[\Delta u_1 \quad \Delta u_2 \quad \Delta u_3]^{\mathrm{T}}$$

它在天球坐标系中的坐标值为 $\boldsymbol{R}=[x_1 \ x_2 \ x_3]^{\mathrm{T}}$。以双差观测值为例,经级数展开得

$$\begin{aligned} v_{0i}^{0j}(t)=N_{0i}^{0j}&+\sum_{l=1}^{3}\sum_{m=1}^{6}\sum_{n=1}^{6}\frac{\partial\Phi_{0i}^{0j}}{\partial x_l^j}\frac{\partial x_l^j}{\partial\sigma_m^j(t)}\frac{\partial\sigma_m^j(t)}{\partial\sigma_n^j(t_0)}\Delta\sigma_n^j(t_0)- \\ &\sum_{l=1}^{3}\sum_{m=1}^{6}\sum_{n=1}^{6}\frac{\partial\Phi_{0i}^{0j}}{\partial x_l^0}\frac{\partial\sigma x_l^0}{\partial\sigma_m^0(t)}\frac{2\partial\sigma_m^0(t)}{\partial\sigma_n^0(t_0)}\Delta\sigma_n^0(t_0)+ \\ &\sum_{l=1}^{3}\sum_{m=1}^{3}\frac{\partial\Phi_{0i}^{0j}}{(\partial x_l)_i}\frac{(\partial x_l)_i}{(\partial u_m)_i}(\Delta u_m)_i- \\ &\sum_{l=1}^{3}\sum_{m=1}^{3}\frac{\partial\Phi_{0i}^{0j}}{(\partial x_l)_0}\frac{(\partial x_l)_0}{(\partial u_m)_0}(\Delta u_m)_0+l_{0i}^{0j}(t) \end{aligned} \tag{9-63}$$

或写为

$$v_{0i}^{0j}(t)=N_{0i}^{0j}+\boldsymbol{B}^j\boldsymbol{C}^j\boldsymbol{D}^j\Delta\boldsymbol{\sigma}^j(t_0)-\boldsymbol{B}^0\boldsymbol{C}^0\boldsymbol{D}^0\Delta\boldsymbol{\sigma}^0(t_0)+\boldsymbol{E}_i\boldsymbol{F}_i\Delta\boldsymbol{U}_i-\boldsymbol{E}_0\boldsymbol{F}_0\Delta\boldsymbol{U}_0+l_{0i}^{0j}(t) \tag{9-64}$$

式中

$$\boldsymbol{E}_i = [e_1 \quad e_2 \quad e_3]_i$$

$$\boldsymbol{F}_i = \begin{bmatrix} f_{11} & f_{12} & f_{13} \\ f_{21} & f_{22} & f_{23} \\ f_{31} & f_{32} & f_{33} \end{bmatrix}_i$$

$$(e_l)_i = \frac{\partial \Phi_{0i}^{0j}}{(\partial x_l)_i}$$

$$(f_{lm})_i = \frac{(\partial x_l)_i}{(\partial u_m)_i}$$

$$l_{0i}^{0j}(t) = \Phi_{0i}^{0j}([\boldsymbol{\sigma}^j(t_0)]^0, [\boldsymbol{\sigma}^0(t_0)]^0, [\boldsymbol{U}_i]^0, [\boldsymbol{U}_0]^0, t) - [\Phi_{0i}^{0j}(t)]'$$

$$\Delta \boldsymbol{U}_i = \begin{bmatrix} (\Delta u_1)_i \\ (\Delta u_2)_i \\ (\Delta u_3)_i \end{bmatrix}$$

其中，矩阵的下标表示跟踪站序号。

式(9-63)或式(9-64)即为联系观测量与历元轨道根数偏导数和跟踪站坐标改正数的数学模型。其中，观测值函数在历元轨道根数初始值处的偏导数已在前面给出，尚需要给出观测函数在跟踪站坐标初始值处的偏导数。它们可以分为两类，第一类偏导数是观测量函数对跟踪站的天球坐标坐标系的坐标的偏导数，第二类偏导数是跟踪站天球坐标对地球坐标的偏导数。

双差观测量的数学模型略去微小项可以写为

$$\Phi_{0i}^{0j}(t) = N_{0i}^{0j} - \frac{1}{c} f(|\boldsymbol{r}^j(t) - \boldsymbol{R}_i(t)| - |\boldsymbol{r}^j(t) - \boldsymbol{R}_0(t)| - |\boldsymbol{r}^0(t) - \boldsymbol{R}_i(t)| + |\boldsymbol{r}^0(t) - \boldsymbol{R}_0(t)|) \tag{9-65}$$

式(9-65)对跟踪站的三个坐标分量求偏导可得

$$\left.\begin{aligned} \frac{\partial \Phi_{0i}^{0j}}{\partial (x_1)_i} &= \frac{1}{c} f((e_1)_i^j - (e_1)_i^0) \\ \frac{\partial \Phi_{0i}^{0j}}{\partial (x_2)_i} &= \frac{1}{c} f((e_2)_i^j - (e_2)_i^0) \\ \frac{\partial \Phi_{0i}^{0j}}{\partial (x_3)_i} &= \frac{1}{c} f((e_3)_i^j - (e_3)_i^0) \end{aligned}\right\} \tag{9-66}$$

式中，$(e_1)_i^j$、$(e_2)_i^j$、$(e_3)_i^j$ 表示跟踪站 i 对卫星 j 的观测方向上与三个坐标轴的方向余弦。

第二类偏导数是跟踪站天球坐标系的坐标对相应的地球坐标系坐标的偏导数。当所采用的天球坐标系为真天球坐标系或靠近观测时间的历元平天球坐标系时，可以略去岁差、章动和极移的影响。此时，跟踪站在天球坐标系中的位置矢量 $\boldsymbol{R}$ 与其相应的地球坐标系中位置矢量 $\boldsymbol{U}$ 存在如下关系，即

$$\boldsymbol{U} = \boldsymbol{R}_z(\theta_G)\boldsymbol{R} \text{ 或 } \boldsymbol{R} = \boldsymbol{R}_z(\theta_G)\boldsymbol{U} \tag{9-67}$$

式中，$\boldsymbol{R}_z$ 为绕第三轴的旋转矩阵；θ_G 为旋转角，采用格林尼治恒星时。 式(9-67)可写为

$$\begin{bmatrix} x_1 \\ x_2 \\ x_3 \end{bmatrix} = \begin{bmatrix} \cos\theta_G & -\sin\theta_G & 0 \\ \sin\theta_G & \cos\theta_G & 0 \\ 0 & 0 & 1 \end{bmatrix} \begin{bmatrix} u_1 \\ u_2 \\ u_3 \end{bmatrix}$$

可得

$$\left.\begin{aligned}\left(\frac{\partial \boldsymbol{R}}{\partial \boldsymbol{u}_1}\right)^{\mathrm{T}}&=[\cos\theta_G \quad \sin\theta_G \quad 0]\\ \left(\frac{\partial \boldsymbol{R}}{\partial \boldsymbol{u}_2}\right)^{\mathrm{T}}&=[-\sin\theta_G \quad \cos\theta_G \quad 0]\\ \left(\frac{\partial \boldsymbol{R}}{\partial \boldsymbol{u}_3}\right)^{\mathrm{T}}&=[0 \quad 0 \quad 1]\end{aligned}\right\} \tag{9-68}$$

将以上两类偏导数代入式(9-63)或式(9-64)即可得到误差方程。

误差方程已经导出,似可应用最小二乘法求得历元轨道根数改正数和跟踪站坐标改正数的解。这里重申一个应注意的问题,并非导出包括想要改进的参数的误差方程就可以得到满意的解,必须注意法方程系数矩阵的结构,尤其是参数间的相关特性。

当观测为标量且没有定向的已知数据时,由于坐标系统没有明确的定义,轨道改进将不能得到唯一解。它表现为跟踪站坐标的经度与卫星轨道根数的 Ω 强相关,法方程系数矩阵秩亏。这实际上是 X 轴指向没有定义的反映。全部跟踪站坐标与轨道改进正是这样的。解决这一问题的办法之一是加入方向的观测值或可定向的已知值,但在实际工作中有时难以做到这一点(考虑到精度因素)。一种较简便的做法是应用带有参数先验权的最小二乘法解待定参数,即

$$\boldsymbol{X}=(\boldsymbol{A}^{\mathrm{T}}\boldsymbol{P}\boldsymbol{A}+\boldsymbol{P}_x)^{-1}\boldsymbol{A}^{\mathrm{T}}\boldsymbol{P}\boldsymbol{L} \tag{9-69}$$

式中,$\boldsymbol{P}_x$ 是待定参数的先验权矩阵。轨道根数与跟踪站位置的初始值通常都已知其验前方差。如果使用大地坐标作为跟踪站坐标的初始值并赋以相应的大地测量解的先验权(不排除前期轨道改进解的先验权),而对卫星轨道初始值(如取自广播星历)赋以相应的先验权,所得解的 X 轴指向接近 WGS-84 坐标系统。

如果跟踪站是或曾是甚长基线干涉测量(VLBI)网的一部分,这将简化这一轨道改进并使精度有所提高。甚长基线干涉测量可以提供包括方向在内的跟踪站间相对位置,精度可达 2～3 cm。可以认为各跟踪站具有共同的相对地心坐标系的改正数,此时误差方程为

$$v_{0i}^{0j}(t)=N_{0i}^{0j}+\boldsymbol{B}^j\boldsymbol{C}^j\boldsymbol{D}^j\Delta\boldsymbol{\sigma}^j(t_0)-\boldsymbol{B}^0\boldsymbol{C}^0\boldsymbol{D}^0\Delta\boldsymbol{\sigma}_0(t_0)+(\boldsymbol{E}_i\boldsymbol{F}_i-\boldsymbol{E}_0\boldsymbol{F}_0)\Delta\boldsymbol{U}_0+l_{0i}^{0j}(t) \tag{9-70}$$

此外,也不会产生法方程组秩亏问题。

二、轨道改进定位

在第六章讨论的精密基线测量中,GPS 卫星的位置是作为已知值参加计算的,卫星星历的误差将不可避免地引入解中。尽管在相对测量中这一误差的影响被大大削弱(参见第六章),但是在星历精度不高,尤其基线较长时,它是限制精度进一步提高的主要误差源之一。应用轨道改进于定位解算中,可以进一步削弱卫星星历误差对解的影响,在这一误差比较显著时可提高定位解的精度。这对于无法取得精密星历的用户来讲更有实用价值。

对于通常的定位测量,其观测时间并不太长,在这样一个不长的观测时间内,卫星星历误差可以视为由某一观测历元(如对某一卫星的第一次观测时刻,或者统一选为观测的开始时刻)的历元轨道根数误差所产生的,此时摄动力模型误差的贡献不大。可以将这一历元根数改正数与未知点的坐标改正数一并进行最小二乘法求解。这实际上是本章第二节轨道改进方法

在小范围、短时间内的应用。

参考式(9-64)可以写出基线测量中轨道改进定位的误差方程，即

$$v_{0i}^{0j}(t)=N_{0i}^{0j}+\boldsymbol{B}^j\boldsymbol{C}^j\boldsymbol{D}^j\Delta\boldsymbol{\sigma}^j(t_0)-\boldsymbol{B}^0\boldsymbol{C}^0\boldsymbol{D}^0\Delta\boldsymbol{\sigma}^0(t_0)+\boldsymbol{E}_i\boldsymbol{F}_i\Delta\boldsymbol{U}_i+l_{0i}^{0j}(t) \tag{9-71}$$

式中，矩阵 $\boldsymbol{B}$、$\boldsymbol{E}$、$\boldsymbol{F}$ 与前节定义相同。考虑到 GPS 卫星为近圆轨道，在不长的时间内根数 M 与 ω 的相关性较强，为改善法方程系数矩阵的结构，增加解的稳定性，因此将这两个参数合并。式(9-71)中

$$\boldsymbol{C}=\begin{bmatrix}c_{11} & c_{12} & \cdots & c_{15}\\ c_{21} & c_{22} & \cdots & c_{25}\\ c_{31} & c_{32} & \cdots & c_{35}\end{bmatrix},\quad \boldsymbol{D}=\begin{bmatrix}d_{11} & d_{12} & \cdots & d_{15}\\ d_{21} & d_{22} & \cdots & d_{25}\\ \vdots & \vdots & & \vdots\\ d_{51} & d_{52} & \cdots & d_{55}\end{bmatrix}$$

其中

$$c_{lm}=\frac{\partial x_l^j}{\partial\sigma_m^j(t)}$$

$$d_{mn}=\frac{\partial\sigma_m^j}{\partial\sigma_n^j(t_0)}$$

它的最小二乘解为

$$\boldsymbol{X}=(\boldsymbol{A}^{\mathrm{T}}\boldsymbol{PA}+\boldsymbol{P}_x)^{-1}\boldsymbol{A}^{\mathrm{T}}\boldsymbol{PL} \tag{9-72}$$

通常是对卫星历元轨道根数的初始值(取自广播星历)赋以适当的先验权 $\boldsymbol{P}_x$。模拟计算表明，解是稳定的，而且解的精度对先验权的变动不敏感。

显然，由于观测时间较短，基线的分布不理想，其观测量(单差或双差)可能对某些卫星的某些轨道根数的变化不敏感，这表现为某一(或某些)根数改正数的系数过小。这样解出的轨道根数不适合作为轨道测定的结果，但是它“吸收”了定位中的轨道误差的影响，使定位解中星历误差的影响削弱，从而提高了定位解的精度。模拟计算表明，当卫星星历误差较大时可以明显提高定位解的精度。通常用数台接收机分布在几个点上同时观测，即构成一个网，由于观测量增多且法方程系数矩阵的结构得到改善，轨道改进定位的效果会更好。

轨道改进定位的精度提高是以增加计算量为代价的。与一般的基线测量数据处理比较，它不仅增加了误差方程系数矩阵的计算量，还增加了法方程式的阶数，更主要的是自由项计算中将涉及卫星的轨道计算。通常基线测量的数据处理是在微机上进行的，采用运算速度较高的机型并考虑事后处理对时间的要求，这一问题是可以解决的。

还有一种改进的方式是加入一些已知点参与平差，这些已知点可以视为固定的，也可以视为具有一定先验权的待定点(可修正点)，其效果会更好。和前述轨道测定相似，也可以加入一些系统误差作为待估参数一并进行平差解算。通常把对流层天顶延迟的修正值作为待估参数。由于对流层天顶延迟值随时间变化，可以将 1～2 小时的延迟修正值设为一个待估参数。

参考文献

陈俊勇,1983.卫星多普勒定位[M].北京:测绘出版社.

陈俊勇,1999.世纪之交的全球定位系统及其应用[J].测绘学报,28(1):6-10.

陈俊勇,刘经南,1997.分布式广域差分 GPS 实时定位系统的技术特点[J].测绘通报(10):2-4.

段定乾,1990.电磁波测距[M].郑州:解放军测绘学院.

葛茂荣,陈永奇,1998.整数模糊度参数的快速检索算法[J].测绘学报,27(2):99-104.

何海波,杨元喜,1999.GPS 动态测量连续周跳检验[J].测绘学报,28(3):199-204.

黄维彬,1992.近代平差理论及其应用[M].北京:解放军出版社.

李毓麟,刘经南,葛茂荣,等,1996.中国国家 A 级 GPS 网的数据处理和精度评估[J].测绘学报,25(2):81-86.

林可祥,汪一飞,1978.伪随机码的原理与通讯[M].北京:人民邮电出版社.

刘基余,李征航,王跃虎,等,1993.全球定位系统原理及其应用[M].北京:测绘出版社.

刘经南,葛茂荣,1998.广域差分 GPS 的数据处理方法及结果分析[J].测绘工程,7(1):1-5.

刘林,1984.24 小时同步卫星的轨道变化及其计算方法[J].天文学报(3):255-264.

柳仲费,1996.GLONASS 导航电文及其解[J].导航,32(2):61-71.

南京大学数学系计算数学专业,1978.数值逼近方法[M].北京:科学出版社.

南京大学数学系计算数学专业,1979.常微分方程数值解法[M].北京:科学出版社.

宋华统,1990.常用大地坐标系统及其变换[M].北京:解放军出版社.

王刚,魏子卿,2000.格网电离层延迟模型的建立方法与试算结果[J].测绘通报(9):1-2.

王广运,等,1992.GPS 测地研究与应用文集[M].北京:测绘出版社.

王莉,1999.区域导航卫星系统的星座设计与比较[J].飞行器测控学报(4):1-8.

魏子卿,1998.广域增强计划及其进展[J].导航,34(1):9-15.

吴延忠,李贵琦,1992.地球同步卫星定位[M].北京:解放军出版社.

肖国镇,梁国镇,王育民,1985.伪随机序列及其应用[M].北京:人民邮电出版社.

熊介,1988.椭球大地测量学[M].北京:解放军出版社.

许其凤,1987.精密定位对 GPS 卫星轨道的精度要求及局部地区 GPS 卫星定轨[J].天文学报(3):14-24.

许其凤,1989.GPS 卫星导航与精密定位[M].北京:解放军出版社.

许其凤,1997.GPS 技术及其军事应用[M].北京:解放军出版社.

许其凤,蒋善学,封延昌,等,1997.地区级 GPS 控制网的布设和数据处理[J].解放军测绘学院学报,14(1):1-6.

许其凤,张素丽,1989.模糊参数整数约束的 GPS 卫昆定轨与轨道改进定位[J].测绘学报,18(1):30-38.

袁洪,万卫星,宁百齐,等,1998.基于三差解检测与修复 GPS 载波相位周跳的新方法[J].测绘学报,27(3):189-194.

张守信,1996.GPS 卫星测量定位理论与应用[M].长沙:国防科技大学出版社.

张守信,等,1985.人造地球卫星大地测量学[M].郑州:解放军测绘学院.

赵进义,1983.天体力学[M].上海:上海科学技术出版社.

钟义信,1979.伪随机编码通讯[M].北京:人民邮电出版社.

周其焕,陈惠萍,1997.欧洲对民用 GNSS 的策略和方案[J].导航(4):12-18.

周其焕,朱潄莉,1996.GLONASS 的发展历程和应用展望[J].导航(3):11-22.

周忠谟,易杰军,周琪,1992.GPS 卫星测量原理与应用[M].北京:测绘出版社.

ASHKENAZI V, HEIN G, LEVY D, et al, 1998. GNSS SAGE: SATNAV advisory group of experts[C]//

Proceedings of the 11th International Technical Meeting of the Satellite Division of the Institute of Navigation. Manassas:The Institute of Navigation:1097-1101.

COLOMBO O L,EVANS A G,1998. Testing decimeter-level,kinematic, differential GPS over great distance at sea and on land[C]//Proceedings of the 11th International Technical Meeting of the Satellite Division of the Institute of Navigation. Manassas:The Institute of Navigation:1257-1264.

FRODGE S L,BENJAMIN R,LAPUCHA D,1994. Results of real-time testing and demonstration of the U. S. army corps of engineers real-time on-the-fly positioning system[C]//Proceedings of the 1994 National Technical Meeting of the Institute of Navigation. Manassas:The Institute of Navigation:883-892.

FRODGE S L,DELOACH S R,REMONDI B,et al,1994. Real-time on-the-fly kinematic GPS system results [J]. Navigation,41(2):175-186.

KEE C,PAKINSON B W,AXELRAD P,1991. Wide area differential GPS[J]. Navigation,38(2):123-145.

KOZLOV A, KOSENKO V, VOLOSHKO Y, et al, 1997. Analysis of the accuracy charactertics of the GLONASS system with high probability levels[C]//Proceedings of the 10th International Technical Meeting of the Satellite Division of the Institute of Navigation. Manassas:The Institute of Navigation:1505-1510.

LAURILA S,1976. Electronic surveying and navigation[M]. New York:Wiley.

LOH R,WULLSCHLEGER V,ELROD B,et al,1995. The U. S. wide-area augmentation system(WAAS) [J]. Navigation, 42(3):435-465.

PARKNSON B W, SPILKER Jr. J, AXELRAD P, et al, 1996. Global positioning system: theory and application[M]. Washington DC:Progress in Astronautics and Aeronautics.

REMONDI B W,1985. Global positioning system carrier phase:description and use[J]. Bulletin Géodésique,59 (4):361-377.

ROMAY-MERINO M M,PULIDO COBO J A,HERRAIZ-MONSECO E,1998. Design of high performance and cost efficient constellations for a future global navigation satellite system[C]//Proceedings of the 11th International Technical Meeting of the Satellite Division of the Institute of Navigation. Manassas: The Institute of Navigation:1085-1096.

TSAI Y,CHAO Y,WALTERET T,et al,1995. Evaluation of orbit and clock models for real time WAAS [C]//Proceedings of the 1995 National Technical Meeting of the Institute of Navigation. Manassas: The Institute of Navigation:539-547.

后 记

战略支援部队信息工程大学许其凤院士是我国著名的大地测量、卫星导航定位专家，中国工程院院士，长期从事卫星大地测量和卫星导航定位领域的教学科研工作。许院士 1953 年考入解放军测绘学院大本 6 班，本科毕业后留校，在学院学习和工作了 67 年，他用"卫星需要定位、人生更需要定位"的格言，把自己牢牢定位在了中国的卫星导航事业和高尚的人格追求上，为军事测绘、导航教育事业奉献了自己的一生。

导航和测绘有天然的联系，无论是指南针、地图、天文观测，还是无线电测量，都是导航和测绘专业必修的课程。人类进入太空时代也是如此。解放军测绘学院从 20 世纪 60 年代便开始了卫星大地测量领域的科研和教学工作，并逐步从测绘领域进入卫星导航领域，是国内最早一批从事卫星导航高等教育的院校。学院的前瞻性教学很幸运地契合了中华民族的"航天梦"和北斗导航卫星系统的建设进程，而许其凤院士在这一进程中发挥了突出的作用。许院士是中国最早开展卫星大地测量与 GPS 技术研究的学者之一，专注教学、潜心育人，经常教导学生"主动把个人的奋斗融入国家和军队的事业中"，最喜欢别人称他为"许教员"，培养的毕业学员中涌现出了许多我国航天测控领域、卫星导航领域的优秀专家学者。

许院士一生践行"避短扬长"思路开展科研创新工作，建立了"双光楔跟踪摄影"理论与方法，和解放军第 1001 厂合作研制的 WCX-1 型卫星测向仪性能达到当时国际先进水平，并于 1978 年获全国科学大会奖。早在 1986 年许院士便基于 GPS 轨道特点分析，在国际上首创提出局部地区可对 GPS 卫星进行精密定轨，为我国开展高轨卫星精密定轨奠定了理论基础。1997 年首次提出发展我国第二代导航卫星系统（北斗二号导航卫星系统）的建议和主要技术途径，在国际上首先采用地球同步轨道卫星代替中圆地球轨道卫星，提出了既具有建设性，又具有长远经济效益的星座设计方案，成功应用于北斗导航卫星系统建设。许院士是我国北斗二号导航卫星系统的星座设计者，为发展我国独立自主的卫星导航系统做出了卓越贡献，也为世界卫星导航系统的建设提供了中国智慧。许院士长期钻研卫星定位定向技术，提出了新的大地方位角测定理论与方法，采用单 GNSS 接收机旋转方式可实现快速精确定位与定向，极大提升了作业效率。

我与许院士的缘分始于我从解放军测绘学院毕业留校后的 1983 年，一晃和院士从相识到他去世已过去了 37 年的时间。2005 年底我任测量与导航工程系主任，2012 年任导航与空天目标工程学院院长，这期间许院士一直鼎力支持导航学科的全面建设，也对我的工作给予了巨大的帮助。许院士为人谦和、淡泊名利，专注事业、作风严谨，是儒雅的学者、博学的大师，一生只专注自己的科研方向，生病住院时已经是 80 多岁高龄，即便如此还常在病房里编程验证自己的科研思路，直到生命的尽头还在思考复杂环境下如何保持导航定位能力，不由让人深深地敬佩与赞叹。

许院士对于涉及个人宣传的工作一直十分低调，之前学院曾多次倡议举办学术交流活动或出版院士学术论文集，借此总结一下许院士的学术思想，都被院士婉言谢绝了。但院士对卫星导航教育事业十分重视，每年受邀为培训班学员或本科生举行学术讲座。2018 年中国卫星导航年会科学委员会授予其“北斗奖”，院士曾几次联系我，要把奖金捐给学校，用于资助年轻人开展科学研究。

许院士特别注重教材建设，1985 年在为大地测量专业编写的《人造地球卫星大地测量学》教材中对卫星大地测量技术进行了详细阐述；1989 年出版了国内第一部全面论述 GPS 技术的专著《GPS 导航与精密定位技术》；2001 年出版了“九五”国家级重点教材《空间大地测量学——卫星导航与精密定位》。《空间大地测量学——卫星导航与精密定位》这本书凝集了许院士几十年来对卫星导航领域的全面思考，书中对局部地区卫星精密定轨和定位等关键问题进行了深入的理论分析与阐述，对提出的利用地球静止轨道（GEO）卫星和倾斜地球同步轨道（IGSO）卫星构建区域卫星导航系统的构想进行了系统总结。

2019 年 8 月，测绘出版社巩岩编辑来学校参加学术交流，我们一起探讨了学院的教材出版计划，在谈到许院士的学术贡献时，我提出《空间大地测量学——卫星导航与精密定位》这本书是许院士学术思想的代表作，虽然是于 2001 年出版的，但里面很多学术思想在今天依然有很多的借鉴意义。由于出版时间较早，且后期一直没有再版，目前市场上很难见到这部著作了，为此我们商议共同再版这本著作，也是想作为纪念许院士学术思想的丛书之一。学院安排院士秘书丛佃伟向许院士表达了这个意愿，当院士听到有很多人还想看这本教材，但网上已经买不到时，觉得这是对卫星导航教育事业有益的事那就值得去做，欣然答应了教材的再版计划。

2020 年 7 月 2 日，与病魔顽强战斗了五年多的许院士因病逝世于北京 301 医院。在北斗三号卫星导航系统完成全球组网之际，许院士永远地离开了我们，他为北斗建设发展和国防教育事业贡献了毕生的精力。今天的北斗三号卫星导航系统已实现从跟跑、并跑到领跑，这其中就有许院士的心血与智慧。这本凝结了许其凤院士学术思想著作的再版，既反映了院士在卫星导航领域的学术贡献，也寄托了我们对院士的深刻怀念之情。我们一定会继承院士遗志，不忘初心，牢记使命，扎实开展北斗导航卫星系统的教学科研和应用推广工作，为北斗导航卫星系统更好地服务全球、造福人类贡献智慧和力量，为军事测绘导航学科的发展和高层次人才培养做出贡献。

让我们记住院士在病床上写下的话“推广北斗应用，振兴民族导航产业”。

信息工程大学地理空间信息学院
李广云
2021 年 5 月 1 日于郑州

编后语

本书为卫星导航与定位领域的经典教材。本书于 2001 年由解放军出版社出版，入选普通高等教育“九五”国家级重点教材，现已绝版。鉴于其学术思想在今天依然具有借鉴意义，2019 年在经出版社与作者协商后决定再版。

为尊重历史版本，本书除对部分专业术语进行更新外，并未对书中涉及的历史资料及其他背景情况进行修改，特此说明。